HISTOIRE NATURELLE

DES

ANIMAUX SANS VERTÈBRES.

DE L'IMPRIMERIE D'ABEL LANOE,
RUE DE LA HARPE, N.º 78.

HISTOIRE NATURELLE

DES

ANIMAUX SANS VERTÈBRES,

PRÉSENTANT

LES CARACTÈRES GÉNÉRAUX ET PARTICULIERS DE CES ANIMAUX, LEUR DISTRIBUTION, LEURS CLASSES, LEURS FAMILLES, LEURS GENRES, ET LA CITATION DES PRINCIPALES ESPÈCES QUI S'Y RAPPORTENT;

PRÉCÉDÉE

D'UNE INTRODUCTION offrant la Détermination des caractères essentiels de l'Animal, sa distinction du végétal et des autres corps naturels, enfin, l'Exposition des Principes fondamentaux de la Zoologie.

PAR M. LE CHEVALIER DE LAMARCK,

Membre de l'Académie Royale des sciences de Paris, de la Légion d'Honneur, et de plusieurs Sociétés savantes de l'Europe, Professeur de Zoologie au Muséum d'Histoire naturelle.

Nihil extrà naturam observatione notum.

TOME CINQUIÈME.

PARIS,

CHEZ { DETERVILLE, Libraire, rue Hautefeuille, n.º 8.
VERDIERE, Libraire, Quai des Augustins, n.º 27.

Juillet. — 1818.

HISTOIRE NATURELLE

DES

ANIMAUX SANS VERTÈBRES.

CLASSE SEPTIÈME.

LES ARACHNIDES. (Arachnidæ.)

Animaux ovipares, ayant en tout temps des pattes articulées, ne subissant point de métamorphose, et n'acquérant jamais de nouvelles sortes de parties.

Respiration trachéale ou branchiale : les ouvertures, pour l'entrée de l'air, stigmatiformes. Un cœur et la circulation ébauchés dans plusieurs. La plupart exécutent plusieurs accouplemens dans le cours de la vie.

Animalia ovipara, pedibus articulatis in omni tempore instructa, ad metamorphoses non subjecta, nec nova partium genera acquirentia.

Respiratio trachealis aut branchialis : orificiis pro aeris intromissione stigmatiformibus. Cor circulatioque in pluribus inchoatis. Copulationes plures per vitam in plurimis.

OBSERVATIONS.

Tous les naturalistes, tant anciens que modernes, confondaient les *arachnides*, les uns avec les crustacés, les autres avec les insectes ; et *Linnœus*, dont la classification des animaux fut suivie généralement, réunissait les arachnides et les crustacés dans le dernier ordre de sa classe des insectes ; lorsqu'en 1800, j'établis, dans mon cours public au Muséum, la classe des arachnides, comme embrassant des animaux qui ne pouvaient appartenir ni à celle des crustacés, ni à celle des insectes.

Dans son Tableau de l'histoire naturelle des animaux, M. *Cuvier* rangeait encore les arachnides, ainsi que les crustacés, parmi les insectes ; mais, au lieu de les placer, comme Linnæus, à la fin de leur classe, il en formait sa troisième division des insectes, les crustacés occupant la première ; nos myriapodes la seconde ; les araignées, etc., la troisième ; les névroptères la quatrième ; et de suite le reste des insectes.

Ainsi, l'on tenait encore tellement à la classification des animaux de Linnæus, que ma classe des arachnides, dès lors néanmoins suffisamment motivée, et qui fut publiée dans la première édition de mon *Système des animaux sans vertèbres*, ne fut point admise.

Cependant la nécessité de reconnaître cette classe particulière se fit enfin ressentir ; et, en 1810, M. Latreille admit la classe des arachnides dans son ouvrage intitulé : *Considérations générales sur l'ordre naturel des animaux* [p. 105]. Ce savant vient encore de la reproduire, mais partiellement, dans la partie dont il s'est chargé, de l'ouvrage de M. *Cuvier*, intitulé : *le Règne animal distribué d'après son organisation.*

Ce n'est cependant pas tout-à-fait comme résultat des observations anatomiques faites sur ces animaux, dans ces derniers temps, que les arachnides obtiennent le fondement de leur distinction particulière; car la diversité qu'on remarque dans certaines parties de l'organisation de ces animaux, même de ceux qui sont entre eux évidemment liés par l'ensemble des rapports, et les grandes différences à cet égard qu'offrent leurs diverses familles, ne permettraient nullement d'assigner à leur classe, un caractère anatomique ayant la simplicité nécessaire, à moins de la réduire aux araignées et aux scorpions qui constituent sa dernière famille. Nous allons essayer de le prouver.

On sait que, parmi les animaux vertébrés, ceux qui ont des pattes, n'en ont jamais plus de quatre, et que, parmi les invertébrés, ceux qui, étant tout-à-fait développés, sont munis de pattes, n'en ont pas moins de six.

Parmi les invertébrés munis de pattes, les insectes en ont essentiellement le moindre nombre; car ceux de tous les ordres et de toutes les familles, étant parvenus à l'état parfait, n'en ont jamais plus de six.

Il n'en est pas de même des arachnides et des crustacés; la plupart ont toujours plus de six pattes. Certains, parmi ces animaux, n'en ont que six au moment de leur naissance; mais à mesure qu'ils se développent, leurs autres pattes paraissent. Enfin, parmi eux encore, il s'en trouve un petit nombre qui n'obtiennent que six pattes; mais, outre leur caractère classique qui décide leur rang, l'ensemble de leurs rapports et l'analogie de leur famille avec celles qui les avoisinent, montrent qu'ils ne sont point des insectes.

A cette première considération, qu'il importe de ne

pas perdre de vue pour juger les diverses familles des arachnides, je joins la suivante, comme étant celle qui caractérise principalement la classe de ces différens animaux.

Parmi les animaux articulés qui ne possèdent point un système d'organes pour la circulation, il n'y a absolument que les insectes qui acquièrent, soit de nouvelles formes, soit de nouvelles sortes de parties, qu'ils n'avaient pas en naissant; et aucune arachnide n'est nullement dans ce cas. Or, comme toutes les arachnides sont essentiellement distinctes des crustacés, et qu'elles diffèrent des insectes par la considération que je viens de citer, il en résulte qu'elles constituent un ensemble d'êtres qu'on ne doit pas désunir, quoique ces êtres soient des animaux fort diversifiés en organisation.

Sans doute, ces animaux sont singuliers en ce que, parmi eux, les uns jouissent d'une circulation évidente, tandis que les autres n'en offrent pas encore l'ébauche; en ce que les premiers respirent par des poches branchiales, tandis que les seconds ne respirent que par des trachées; enfin, en ce qu'il y en a qui ont des antennes, et que beaucoup d'autres n'en ont jamais. Mais il paraît que ces singularités tiennent à ce que, dans l'étendue de leur classe, l'organisation de ces animaux subit des changemens rapides.

Après eux, l'on connaît encore beaucoup d'animaux articulés, à peau cornée ou crustacée; mais ils sont tous de nature ou d'origine aquatique; aucun d'eux ne respire par des organes trachéaux; et c'est avec ces animaux aquatiques que la nature termine le mode si remarquable des articulations, à l'égard d'un grand nombre d'animaux qui n'ont point de squelette.

Ainsi, ce mode si particulier, parmi les animaux sans vertèbres, a commencé avec des animaux qui ne peuvent respirer que l'air libre, tels que tous les insectes, s'est étendu aux arachnides qui, toutes, le respirent encore nécessairement, et ne s'est ensuite montré que dans des animaux aquatiques avec lesquels il s'anéantit et disparaît entièrement.

Au lieu de borner son attention à ne considérer que des différences de parties, tant extérieures qu'internes, si l'on eût ici étudié la nature, dans l'ordre de ses productions, l'on eût saisi cette marche, qui est la sienne, et l'on eût pressenti la cause qui a amené, dans les arachnides, une succession si rapide de grands changemens d'organisation, même dans des animaux véritablement liés entre eux par un grand ensemble de rapports; enfin, l'on n'eût pas regardé comme nécessaire de reporter dans une autre classe, celles des arachnides qui sont antennifères, parce que l'on eût senti alors qu'il était impossible de leur y assigner un rang convenable.

La classe des arachnides, telle que je l'ai établie dans mes cours, embrasse cinq ou six petites familles qui semblent très-particulières, et cependant dont on ne saurait séparer aucune du cadre commun que je leur ai assigné, sans un grand inconvénient pour celles des classes avoisinantes où on la reporterait.

Si, par exemple, l'on reporte les arachnides antennifères parmi les insectes, on détruit alors la seule définition simple et raisonnable que l'on puisse donner de ces derniers, et l'on se trouve forcé d'assigner aux animaux que l'on y réunit, un rang tout-à-fait inconvenable : il serait facile de le prouver et de montrer l'impossibilité de placer dans le voisinage des *coléoptères*, des parasites suceurs, tels que les poux et les ricins, etc.

Si, de même, l'on reportait les arachnides trachéales parmi les insectes, afin de caractériser la classe de ceux-ci par cette particularité exclusive de ne respirer que par des trachées, tous les insectes ne seraient plus munis d'antennes, et les faucheurs, ainsi probablement que les galéodes, etc., seraient séparés classiquement des araignées. L'inconvenance du rang à assigner à ces singuliers insectes, resterait d'ailleurs la même. Le cadre qui embrasse nos arachnides, soit antennifères, soit exantennées, doit donc conserver son intégrité, si l'on ne veut tomber dans l'inconvénient d'associer aux insectes des animaux que la nature en a distingués et auxquels il n'est pas possible d'assigner un rang dans leur classe, que les rapports ne désavouent.

Une classe peut être très-naturelle, convenablement limitée, et offrir, néanmoins, dans les animaux des diverses coupes ou familles qu'elle embrasse, des formes et des parties très-différentes. Dans tous les temps de sa vie, un papillon est fort différent d'un scarabé; l'un et l'autre cependant ne sont-ils pas de véritables insectes?

Lorsqu'il y a de grandes analogies d'ensemble, les diverses particularités d'organisation que l'on observe quelquefois, ne permettent cependant pas de séparer classiquement les objets qui les offrent. Qu'y a-t-il, en effet, de plus voisin des *araignées* que les *faucheurs*, les *galéodes*, etc.! Cependant les premières respirent par des poches évidemment branchiales, tandis que les autres ne respirent que par des trachées.

On sait que les arachnides non antennifères ont, en général, huit pattes; on sait aussi que les *acarides* et les *pycnogonides* conduisent naturellement aux *phalangides*, c'est-à-dire, aux faucheurs, etc. Or, si ces acarides sont essentiellement des arachnides, reportera-t-on dans une autre classe les parasites suceurs, tels que les poux et les ricins qui y conduisent d'une manière évidente, quoiqu'ils aient des antennes. La transition, à cet égard, est tellement préparée, que les acarides, munies la plupart de huit pattes, comme les autres arachnides exantennées, offrent cependant plusieurs genres dont les espèces n'ont toujours que six pattes [astomes, leptes et caris].

Je persiste donc à penser qu'il est nécessaire de conserver la classe des arachnides telle que je l'ai établie; parce que sa conservation débarrasse celle des insectes, d'animaux qu'on n'y pourrait réunir sans de grands inconvéniens, et qui, véritablement, n'y appartiennent point.

Sans citer de nouveau l'impossibilité d'assigner un rang convenable, parmi les insectes, à des animaux, tels que les parasites, les thysanoures et les myriapodes, le plus grand des inconvéniens que je trouve à la réunion de ces animaux aux insectes, est qu'ils en altéreraient le caractère général et vraiment naturel, savoir :

D'offrir, après la naissance, un état de larve très-particulier, lequel est singulièrement varié, selon les ordres, dans les formes et les parties de l'animal; et de présenter, en dernier lieu, un état parfait, toujours très-distinct de celui de larve, et dans lequel les insectes, si diversifiés dans leur premier état, ont tous généralement six pattes articulées, deux yeux à réseau ou à facettes, et deux antennes.

Bien différentes, à cet égard, de tous les insectes, les

arachnides, même celles qui ont des antennes, éprouvent, comme tout être vivant, des développemens successifs après leur naissance; mais aucune d'elles n'offre un état de larve clairement distinct d'un état parfait; elles conservent, toute leur vie, non les dimensions, mais la forme et les parties qu'elles avaient en naissant; et si certaines d'entre elles acquièrent des parties de plus dans leurs développemens, ce n'en sont pas de nouvelles sortes, ce sont des pattes et quelquefois aussi des anneaux en tout semblables aux autres.

Certes, ce n'est pas là le mode que nous offrent les insectes dans la succession de leurs développemens. Tous, après leur naissance, acquièrent, soit une forme, soit de nouvelles sortes de parties, qu'ils ne possédaient point après leur sortie de l'œuf; et leur état de larve, clairement distinct de leur état parfait, n'est jamais équivoque, sauf les avortemens.

Ainsi, les arachnides, généralement distinguées des insectes par leur défaut de métamorphose, et cependant toutes respirant uniquement l'air libre, même celles en petit nombre qui vivent dans les eaux, sont remarquables par les changemens singuliers et rapides que leur organisation nous offre dans leurs différentes familles. En effet, ces animaux présentent, dans leur ensemble, différens groupes qui offrent entre eux de si grandes dissemblances d'organisation qu'on pourrait en former autant de classes particulières; ce qui nuirait à la simplicité de la méthode, et serait d'autant plus inconvenable que ces groupes peuvent être liés ensemble par des caractères propres à les embrasser généralement, tels que ceux que j'ai assignés à cette classe.

Quoiqu'il y ait des arachnides qui possèdent un système d'organes pour la circulation, aucune d'elles ne saurait appartenir à la classe des crustacés. Bien des motifs s'y opposent, parmi lesquels on doit compter celui-ci, savoir : que les organes respiratoires, trachées ou branchies, sont toujours à l'intérieur du corps dans les arachnides, tandis qu'ils sont au dehors dans les crustacés. Dans les premières, l'ouverture qui donne entrée au fluide à respirer est stigmatiforme, et elle ne l'est pas dans les seconds.

La seule considération des yeux offre déjà l'indice d'un ordre de choses très-particulier dans les arachnides. En effet, tous les insectes ont deux yeux à facettes planes, offrant un réseau très-délicat; dans les arachnides, au contraire, les yeux sont lisses, soit isolés, comme dans le plus grand nombre, soit groupés plusieurs ensemble, formant des amas dont la surface est granuleuse ou subgranuleuse, et non à facettes planes.

J'ai dû placer les arachnides après les insectes, parce que celles de leurs races qui sont plus avancées en organisation exigent ce rang, et qu'elles avoisinent plus les crustacés que ne le font les insectes. Mais il ne s'ensuit pas que toutes les arachnides soient supérieures en organisation aux insectes les plus perfectionnés; et surtout qu'elles aient reçu leur existence par une transition de ces derniers aux nouveaux animaux produits, c'est-à-dire, par une continuité des progrès de l'organisation dans son perfectionnement : ce serait nous attribuer une erreur que de croire que nous le supposions ainsi.

Dans l'échelle animale, les arachnides commencent presqu'en même temps que les insectes; et, dès leur commencement, elles offrent deux branches séparées, qui néanmoins leur appartiennent. Ces deux branches sont presque en niveau avec celle qui amène tous les insectes. Il y a donc, en ce point de l'échelle animale, après les *épizoaires*, trois branches distinctes, savoir :

1.° Celle des insectes aptères [les puces] : elle amène successivement tous les autres insectes ;

2.° Celle des arachnides antennées parasites [les poux, les ricins] : elle amène les acarides et toutes les autres arachnides exantennées ;

3.° Celle des arachnides antennées vagabondes [les thysanoures, les myriapodes] : elle fournit la source où les crustacés ont puisé leur existence.

Ainsi, de ces trois branches qui paraissent partir presque d'un même point, la première est formée d'une suite immense d'animaux qui offrent tous un état de larve très-distinct de l'état parfait de l'animal. Les deux autres branches appartiennent aux arachnides, et embrassent des animaux qui n'offrent nullement cette distinction constante d'un état de larve et d'un état parfait pour chaque animal.

Or, si tout insecte acquiert, soit des formes qu'il n'avait point à sa naissance, soit de nouvelles sortes de parties, qui sont au moins des ailes, on peut assurer que ce n'est jamais par des suites d'avortemens que les arachnides sont toujours sans ailes, et conservent la même forme. En effet, aucune congénère n'offre d'exception à cet égard ; et il est évident que cet ordre de choses, constant et général dans les arachnides, résulte d'un état particulier de l'organisation de ces animaux, qui n'a point lieu dans les insectes.

Dans les arachnides les plus perfectionnées, telles que

les araignées et les scorpions, M. *Cuvier* a récemment découvert un cœur musculaire et dorsal, qui éprouve des mouvemens très-sensibles de systole et de diastole ; et sous le ventre il a observé plusieurs ouvertures stigmatiformes [deux ou huit] qui conduisent à autant de cavités particulières et en forme de bourse, dans chacune desquelles se trouve un grand nombre de petites lames très-déliées. Ces cavités isolées et les petites lames qu'elles renferment sont sans doute l'organe respiratoire des animaux dont il s'agit. M. *Cuvier* les regarde comme autant de poumons, et moi je les considère comme des cavités branchiales analogues à celles qu'on observe dans les sang-sues, les lombrics, etc. ; le propre des branchies étant, premièrement, de pouvoir s'habituer à respirer l'air en nature, comme l'eau qu'elles respirent le plus ordinairement, tandis que le poumon ne saurait respirer que l'air ; et, deuxièmement, de n'exister, comme le poumon, que dans des animaux qui possèdent une circulation.

Enfin, du cœur dorsal déjà cité, deux grands vaisseaux partent pour se rendre à chaque cavité respiratoire et se ramifier sur sa membrane. M. *Cuvier* les regarde, l'un comme une artère, l'autre comme une veine, et suppose que ce sont les vaisseaux pulmonaires. D'autres vaisseaux partent encore du même tronc dorsal pour se rendre à toutes les parties. Ce n'est pas tout : dans ces mêmes animaux, ce savant a vu le foie se composer de quatre paires de grappes glanduleuses qui versent leur liqueur dans quatre points différens de l'intestin (1).

(1) Analyse des travaux de la classe des sciences de l'Institut, pendant l'année 1810, p. 44 et 45.

Ainsi, c'est vers la fin des arachnides que la nature a commencé l'établissement d'un système d'organes particulier pour la circulation des fluides de l'animal ; c'est aussi dans cette classe d'animaux qu'elle a terminé la respiration trachéale par des trachées rameuses, pour y substituer celle du système branchial, système respiratoire très-varié, mais qui est toujours local ; enfin, c'est encore dans cette même classe qu'elle a commencé à établir la principale des glandes conglomérées [le foie], la formant d'abord de portions séparées, mais rassemblées sous la forme de grappes, et les réunissant ensuite en masses moins divisées, plus solitaires et plus considérables.

Les bourses respiratoires que M. Cuvier a vues dans les araignées et les scorpions, M. Latreille les a observées dans les phrynés ; en sorte que les deux dernières familles, savoir : les arachnides pédipalpes et les arachnides fileuses, sont liées entre elles par ce grand trait d'organisation, tel qu'une circulation ébauchée et la respiration par des poches branchiales.

Si, dans les phalangides, ces bourses n'existent pas encore, du moins les trachées aérifères y ont changé de mode, et ne sont plus bicordonnées avec une série de plexus, mais sont seulement rameuses. La même chose paraît avoir lieu dans les acarides ; et cela provient de la réduction du nombre des stigmates et de leur position. Dans les arachnides antennées, où les stigmates sont plus nombreux et en général latéraux, les cordons trachéaux ont autant de plexus que de stigmates, comme dans les insectes ; et ces arachnides en sont effectivement plus voisines, sans être pour cela des insectes. Ainsi la respiration trachéale a changé peu-à-peu son mode, comme les stigmates ont changé dans leur nombre et leur situation ; et, se trouvant de plus en plus réduite, elle a, en quelque sorte, préparé la respiration branchiale, qui se montre effectivement dès que la circulation se trouve établie.

Il résulte de ces considérations que, malgré les différences d'organisation observées dans les arachnides de différentes familles, ces familles néanmoins sont liées entre elles par des rapports qu'on ne peut méconnaître, et qui ne permettent pas de les séparer ; enfin, qu'elles sont toutes assujéties à un ordre de choses qui les éloigne presque également des crustacés et des insectes. On trouve cependant dans l'aspect des arachnides, en général, quelque chose qui semble les rapprocher un peu plus des crustacés.

En effet, quoique très-distinctes des crustacés, les arachnides ont, la plupart, dans leur forme générale, certains traits de ressemblance avec ceux-ci, qui en rappellent l'idée à leur aspect.

Les cancérides, par leur corps court et leur tête confondue avec le corselet, nous rendent, en quelque sorte, la forme des araignées ; les écrevisses, la thalassine, nous rappellent, jusqu'à un certain point, la figure des scorpions ; il n'y a pas jusqu'aux crévettines qui ne semblent offrir une sorte de modèle des scutigères, etc.

Les arachnides vivent les unes sur la terre, d'autres, mais en petit nombre, dans les eaux, et d'autres, enfin, sont parasites de différens animaux dont elles sucent la substance. En général, elles sont carnassières et vivent de proie ou de sang qu'elles sucent ; il n'en existe qu'un petit nombre qui se nourrissent de matières végétales. Aussi plusieurs ont-elles des mandibules qui font les fonctions de suçoir, et d'autres ont-elles un suçoir isolé, quoique accompagné souvent de mandibules et de palpes.

Cette classe d'animaux est très-suspecte : beaucoup d'entre eux sont venimeux; en sorte que leur morsure ou leur piqûre est quelquefois très-dangereuse, et toujours malfaisante, même à l'égard de certaines des races qui sont antennifères [les scutigères, plusieurs scolopendres].

La plupart des arachnides sont terrestres, solitaires et ont un aspect hideux; beaucoup d'entre elles fuient la lumière et vivent cachées. Je partage les animaux de cette classe en trois ordres, et les divise de la manière suivante.

DIVISION DES ARACHNIDES.

ORDRE I.er *Arachnides antennées-trachéales.*

Deux antennes à la tête. Des trachées bicordonnées et ganglionnées pour la respiration.

I.re SECT. *Arachnides crustacéennes.*

Deux yeux composés, granuleux ou subgranuleux à leur surface. Animaux vagabonds, à corps souvent écailleux, et ayant des mandibules propres à inciser et à diviser.

Les thysanoures.

Les myriapodes.

II.e SECT. *Arachnides acaridiennes.*

Deux ou quatre yeux lisses. Animaux parasites, à corps jamais écailleux, et ayant à la bouche, soit un suçoir rétractile, soit deux mandibules en crochet pour la fixer.

Les parasites.

ORDRE II.e *Arachnides exantennées-trachéales.*

Point d'antennes. Des trachées rameuses non ganglionnées pour la respiration. Deux ou quatre yeux lisses.

I.ere SECT. Corps, soit sans division, la tête, le tronc et l'abdomen étant réunis en une seule masse, soit divisé en deux, au moins par un étranglement.

Les acarides.

Les phalangides.

II.e SECT. Corps partagé en trois ou quatre segmens distincts.

Les pycnogonides.

Les faux scorpions.

ORDRE III.e *Arachnides exantennées-branchiales.*

Point d'antennes. Des poches branchiales pour la respiration. Six à huit yeux lisses.

I.ere SECT. *Les pédipalpes ou les scorpionides.*

Palpes très-grands, en forme de bras avancés, terminés en pince ou en griffe. Abdomen à anneaux distincts, sans filière au bout.

Scorpion.

Théliphone.

Phryné.

II.e SECT. *Les aranéides ou les fileuses.*

Palpes simples, en forme de petites pattes : ceux du mâle portant les organes sexuels. Mandibules terminées par un crochet mobile. Abdomen sans anneaux, et ayant quatre à six filières à l'anus.

Araignée.

Atype.

Mygale.

Aviculaire.

ORDRE PREMIER.

ARACHNIDES ANTENNÉES-TRACHÉALES.

Elles ont deux antennes à la tête, et respirent par des trachées bicordonnées et ganglionnées ou plexifères.

Cet ordre comprend des animaux que l'on a cru pouvoir réunir à la classe des insectes, qui en diffèrent néanmoins par un état de choses dans leur organisation qui amène constamment des résultats dont aucun insecte non altéré n'offre d'exemple, et qui, dans la classe dont il s'agit, ne peuvent trouver nulle part un rang convenable.

Ces animaux sont, à la vérité, plus voisins des insectes par leurs rapports généraux que les autres arachnides, dont l'organisation est beaucoup plus avancée dans ses progrès ; et cependant la nature des uns et des autres n'est pas la même que celle des insectes. En effet, le produit de leur organisation donne lieu pour eux à un ordre de choses qui n'est plus le même que celui auquel tous les insectes sont assujétis, et qu'on ne retrouvera plus dans les animaux des classes suivantes.

Effectivement, aucune de ces arachnides ne subit de métamorphose réelle; aucune n'offre, après sa naissance, un état de larve tout-à-fait distinct de l'état parfait qui termine ses développemens; toutes conservent la forme et les parties qu'elles avaient en naissant, sans en acquérir aucune sorte nouvelle ; et si elles n'ont jamais d'ailes, c'est que le propre de leur organisation est de ne leur en point donner, ce qui est opposé à ce qui a lieu à l'égard des insectes.

Les *arachnides antennées-trachéales* ont toutes la tête distincte, munie de deux antennes ; des yeux lisses, quelquefois isolés, d'autrefois groupés, formant des amas à surface subgranuleuse ; six pattes ou beaucoup davantage. Certaines, parmi elles, acquièrent, en se développant, plus d'anneaux et plus de pattes qu'elles n'en avaient d'abord. Toutes sont toujours sans ailes, et conservent pendant leur vie les mêmes habitudes.

Je partage cet ordre en deux sections, formant chacune une branche particulière, savoir :

1.° Les arachnides crustacéennes ;

2.° Les arachnides acaridiennes.

PREMIÈRE SECTION.

ARACHNIDES CRUSTACÉENNES.

[*Branche qui conduit aux crustacés.*]

Elles sont vagabondes, à corps souvent écailleux, et ont des yeux composés, granuleux ou subgranuleux.

Ces arachnides ne sont assurément point des crustacés, et encore moins des insectes. Je leur donne cependant le nom de *crustacéennes*, parce qu'elles constituent une branche isolée qui paraît être la source où les crustacés ont puisé leur existence. Elles se lient effectivement aux crustacés par les cloportides, les asellotes, etc., sans cesser néanmoins d'appartenir à la classe où je les rapporte.

Les arachnides crustacéennes ne vivent point habituellement, comme parasites, sur certains animaux, ce que j'ai voulu exprimer en les disant vagabondes. Elles offrent deux familles distinctes, savoir : les *thysanoures* et les *myriapodes* ; en voici l'exposition.

LES THYSANOURES.

Deux antennes ; des mandibules ; quelquefois des mâchoires et des palpes distincts. Six pattes, et en outre des organes de mouvement, soit sur les côtés de l'abdomen, soit à son extrémité.

M. Latreille a nommé *thysanoures* [queue frangée] les arachnides de cette famille, parce qu'elles ont à l'extrémité de l'abdomen, soit des filets articulés, soit une queue fourchue. Ce sont, selon nous, ces animaux qui commencent la branche véritablement isolée des arachnides crustacéennes. Les premiers, parmi eux, étant des animaux très-petits, ont le corps plus mou qu'écailleux, et néanmoins le luisant ou le brillant qu'il offre dans plusieurs, semble être un indice de sa tendance à le devenir. Dans les derniers animaux de cette famille, les pièces crustacées et luisantes qui couvrent le corps ne sont plus douteuses.

Tous les thysanoures n'ont jamais que six pattes; mais, soit la queue fourchue des uns et qui leur sert à sauter, soit les appendices mobiles qu'ont les autres de chaque côté de l'abdomen en dessous, et qui semblent de fausses pattes, tout indique en eux des rapports qui les rapprochent des *myriapodes* qui appartiennent à la même branche. Les thysanoures se divisent de la manière suivante.

(1) Antennes de quatre pièces. Point de palpes distincts. Abdomen terminé par une queue fourchue, repliée sous le ventre dans l'inaction.

Smynthure.

Podure.

(2) Antennes multiarticulées. Des palpes distincts; des appendices mobiles de chaque côté de l'abdomen en dessous, et des filets articulés à son extrémité.

Machile.

Forbicine.

SMYNTHURE. (Smynthurus.)

Antennes comme brisées, divisées en quatre parties, plus grêles vers leur sommet : à dernier article annelé ou composé. Deux mandibules dentelées au sommet. Palpes non distincts.

Tête séparée. Corps court; abdomen subglobuleux. Queue fourchue, cachée sous le ventre dans l'inaction.

Antennæ subfractæ, in partes quatuor divisæ, versùs apicem graciliores : articulo ultimo annulato aut composito. Mandibulæ duæ apice denticulato. Palpi non distincti.

Caput distinctum. Corpus breve; abdomine subgloboso. Caudâ furcatâ, in quiete infrà ventrem absconditâ.

OBSERVATIONS.

Les *smynthures*, que je préférerais nommer *podurelles*, sont de très-petits animaux que Linné et Fabricius n'ont pas distingués des podures, qui, en effet, s'en rapprochent beaucoup par leurs rapports, et qui, les uns et les autres, sautent comme des puces, à l'aide de leur queue, lorsqu'on en approche. Néanmoins, ceux dont il s'agit ici ont le corps court, le tronc et l'abdomen réunis en une masse ovale, renflée, subglobuleuse. On les rencontre souvent sur la terre, rassemblés en société nombreuse; on les voit quelquefois marcher sur l'eau comme sur un corps solide.

ESPECES.

1. Smynthure brune. *Smynthurus fuscus.*
   S. globosus, fuscus, nitidus; antennis capite longioribus.
   Smynthurus fuscus. Latr. gen. 1. p. 166.
   Podura atra. Lin.
   Degeer, ins. 7. pl. 3. f. 7—14.
   Habite en Europe, sur la terre.

2. Smynthure verte. *Smynthurus viridis.* Latr.
   S. globosus, viridis; capite flavescente.
   Podura viridis. Lin. Geoff. 2. p. 607. n.° 2.
   Fab. ent. syst. 2. p. 65.
   Habite en Europe, sur les plantes.

3. Smynthure marquée. *Smynthurus signatus.* Latr.
   S. subglobosus, fuscus; abdominis lateribus fulvo-maculatis.
   Podura, n.° 1. Geoff. 2. p. 607.
   Podura signata. Fab. ent.
   Habite en Europe, aux lieux humides.
   Etc.

PODURE. (Podura.)

Antennes subfiliformes, quadriarticulées, plus longues que la tête. Deux mandibules. Palpes non distincts.

Tête séparée. Corps allongé, subcylindrique. Queue fourchue, cachée sous le ventre dans l'inaction.

Antennæ subfiliformes, quadriarticulatæ, capite longiores. Mandibulæ duæ. Palpi non distincti.

Caput distinctum. Corpus elongatum, subcylindricum. Cauda furcata, in quiete infrà ventrem abscondita.

OBSERVATIONS.

Les *podures* sont sans doute très-voisines des smynthures par leurs rapports, et elles sautent de même en déployant leur queue lorsqu'on s'en approche. Cependant elles ont une forme plus allongée, plus grêle, et leur abdomen n'est point renflé, mais étroit et oblong. Elles ont même le corselet distinctement articulé, et la quatrième pièce des antennes est sans anneaux. Ces animaux sont plus luisans que les smynthures; quelques-uns même ont de petites écailles que le frottement détache aisément. Ils marchent aussi sur l'eau sans s'y enfoncer, et y sautent aussi facilement que sur la terre.

ESPÈCES.

1. Podure aquatique. *Podura aquatica.*

   P. nigra, aquatica; antennis corporis sublongitudine.
   Podura aquatica. Lin. Fab.
   Geoff. 2. p. 610. n.° 8. Degeer, ins. 7. pl. 11. f. 11–17.
   Habite en Europe, près des eaux ou sur les eaux tranquilles.

2. Podure velue. *Podura villosa.*

   P. oblonga, villosa, fusco nigroque varia.
   Podura villosa. Lin. Fab.
   Geoff. 2. p. 608. n.° 4. pl. 20. f. 2.
   Habite en Europe.

3. Podure grise. *Podura plumbea.*

   P. fusco-cærulea, nitida; capite pedibusque griseis.
   Podura plumbea. Lin. Fab. Latr. gen. 1. p. 166.
   Degeer, ins. 7. pl. 3. f. 1. Geoff. 2. p. 610. n.° 9.
   Habite en Europe, sous les pierres. Elle a de petites écailles sur le corps.

   Etc.

MACHILE. (Machilis.)

Antennes filiformes-sétacées, multiarticulées, insérées sous les yeux. Deux mandibules; deux mâchoires; palpes maxillaires très-grands, saillans. Les yeux composés, presque contigus postérieurement.

Corps allongé, convexe, à dos arqué. Abdomen conique, terminé par plusieurs soies, dont celle du milieu plus grande. Elles servent à sauter.

Antennæ filiformi-setaceæ, multiarticulatæ, sub oculis insertæ. Mandibulæ maxillæque duæ. Palpi maxillares maximi exserti. Oculi compositi, posticè subcontigui.

Corpus elongatum, convexum; dorso arcuato. Abdomen conicum, setis terminatum: setâ mediâ longiore. Setæ caules ad saltus idoneæ.

OBSERVATIONS.

Les *machiles* forment la transition des podures, aux forbicines. Plus grands que les podures, ils ont encore, comme elles, la faculté de sauter, non en déployant une queue fourchue, mais en frappant le plan qui les soutient, avec les soies inégales de leur queue. Leur corps est allongé, conique, convexe, comprimé sur les côtés, à dos voûté ou arqué. Il est couvert de petites écailles peu brillantes, et a en dessous, de chaque côté, une rangée d'appendices mobiles, qui paraissent être de fausses pattes.

ESPECE.

1. Machile polypode. *Machilis polypoda.*

M. saltatrix; corpore cylindraceo-conico; setis caudæ inæqualissimis.

Lepisma polypoda. Lin. Fab.
Forbicina teres saltatrix. Geoff. 2. p. 614.
Machilis polypoda. Latr. gen. 1. p. 165. tab. 6. f. 4.
Habite l'Europe tempérée et australe. Cette espèce est encore la seule connue ; mais je crois qu'on en a observé d'autres qui sont inédites.

FORBICINE. (Lepisma.)

Antennes sétacées, longues, multiarticulées, à articles très-petits. Un labre, deux mandibules, deux mâchoires, quatre palpes et une lèvre distincts.

Corps allongé, aplati, écailleux, muni d'appendices en dessous. Six pattes ; trois filets principaux à la queue.

Antennæ setaceæ, longæ, multiarticulatæ ; articulis minimis. Labrum, mandibulæ, maxillæ, palpi quatuor, labiumque distincta.

Corpus elongatum, depressum, squamosum, subtùs appendiculatum. Pedes sex. Cauda setis tribus principalibus.

OBSERVATIONS.

De tous les thysanoures, les plus écailleux sont les *forbicines*. Ce sont elles qui montrent l'ordre de choses auquel tendait la nature en commençant les smynthures, l'avançant davantage dans les podures et les machiles, enfin le terminant dans les forbicines qui indiquent, en quelque sorte, le voisinage des *myriapodes*, et, de suite, celui des cloportes et autres crustacés qui y succèdent.

Les forbicines n'ont plus la faculté de sauter, comme les thysanoures précédens. Leur corps est aplati, écailleux, brillant ; et l'espèce commune, que tout le monde connaît de vue, est un petit animal très-remarquable par sa couleur argentine, par sa vivacité à courir, et par l'espèce de ressemblance qu'il a avec un petit poisson. Ses palpes maxillaires, quoique très-distincts, ne font point de saillie hors de la bouche, comme dans le machile; ses yeux sont granuleux, et ne se joignent pas postérieurement; enfin, ses pattes ont des hanches très-grandes.

De chaque côté, sous l'abdomen, la rangée d'appendices mobiles et articulés à leur base, indique assez que la nature de ces animaux est fort différente de celle des insectes.

ESPÈCES.

1. Forbicine argentée. *Lepisma saccharina.*

   L. unicolor, argentea; caudæ setis lateralibus divaricatis.

   Lepisma saccharina. Lin. Fab.

   Forbicina plana. Geoff. 2. pl. 20. f. 3.

   Lepisma saccharina. Lat. gen. 1. p. 164.

   Habite en Europe. Commune dans les maisons.

2. Forbicine rayée. *Lepisma lineata.*

   L. corpore fusco: vittis duabus albis.

   Lepisma lineata. Lin. Fab.

   Oliv. dict. n.° 3.

   Habite en Suisse.

   Etc.

LES MYRIAPODES.

Deux antennes; deux mandibules propres à inciser ou à broyer des alimens; point de vraies mâchoires; quelquefois deux faux palpes labiaux.

Tête distincte; corps allongé, articulé, sans distinction de corselet, et ayant, après sa naissance, toujours plus de six pattes, souvent un très-grand nombre.

Les *myriapodes* constituent la seconde famille des arachnides crustacéennes, et terminent cette branche isolée de la classe. La plupart sont connus sous le nom de *mille-pieds ;* et tous ensemble forment une coupe particulière, très-distinguée de la précédente, en ce que leur corps n'offre point de corselet distinct de l'abdomen, et que, dans beaucoup de races, ce corps, dans ses développemens, acquiert progressivement plus d'anneaux et de pattes, d'une manière presque indéterminée. Aussi ces myriapodes, fort allongés, soit sous la forme de néréides, soit sous celle de petits serpens, offrent-ils souvent une suite d'anneaux et un nombre de pattes très-considérables. Leurs pattes sont terminées par un seul crochet.

La tête de ces animaux présente : 1.° deux antennes courtes en général ; 2.° deux yeux, qui sont une réunion d'yeux lisses, formant des amas subgranuleux, quelquefois néanmoins presque à facettes ; 3.° deux mandibules dentées, divisées transversalement par une suture ; 4.° une sorte de lèvre inférieure sans palpes, divisée et composée de plusieurs pièces soudées. M. *Savigny* considère ces pièces réunies de cette lèvre inférieure, comme les analogues des quatre mâchoires supérieures des crustacés. Les deux pattes antérieures de plusieurs de ces animaux se joignent à la base de cette lèvre, s'appliquent ou se couchent sur elle, et concourent, avec les deux autres pattes suivantes, à la manducation, tantôt sans changer de forme, tantôt converties, les unes en deux palpes, les autres en une lèvre avec deux crochets articulés et mobiles. Ces parties semblent répondre aux pieds-mâchoires des crustacés. Voyez, dans l'ouvrage de M. *Cuvier*, intitulé le *Règne animal distribué d'après son organisation*, vol. 3, pag. 148 et suiv., de plus amples détails sur ces animaux, donnés par M. Latreille.

Les myriapodes font leur habitation dans la terre, sous différens corps placés à sa surface, sous les écorces des arbres, etc. Ces arachnides vivent de rapine, et se nourrissent de petits insectes ou d'autres petits animaux; quelques-unes vivent de substances végétales; beaucoup d'entre elles aiment l'obscurité. Les animaux de cette famille se divisent de la manière suivante.

DIVISION DES MYRIAPODES.

(1) Antennes de quatorze articles ou au-delà, plus grêles vers leur extrémité. Lèvre inférieure double. (Les *scolopendracées.*)

(a) Le dessus du corps recouvert de huit plaques, et le dessous divisé en quinze demi-segmens, portant chacun une paire de pattes.

Scutigère.

(b) Le corps divisé, tant en dessus qu'en dessous, en un pareil nombre de segmens.

Lithobie.

Scolopendre.

(2) Antennes de sept articles, soit égales dans leur longueur, soit plus grosses au bout. Lèvre inférieure unique. (Les *iulacées.*)

(a) Le corps membraneux, très-mou, et terminé par des pinceaux d'écailles.

Polyxène.

(b) Le corps crustacé, cylindracé, sans appendices au bout.

Iule.

Gloméris.

LES SCOLOPENDRACÉES.

Antennes de quatorze articles et au-delà, plus grêles vers leur extrémité. Lèvre inférieure double : l'une intérieure ; l'autre externe, fermant la bouche en dessous, et munie de deux crochets.

Cette section comprend les scolopendres et quelques

genres qui les avoisinent par leurs rapports. Ce sont des animaux à corps un peu aplati, en général fort allongé, submembraneux, recouvert de plaques subcoriacès, et ayant des pattes nombreuses. Chaque anneau de leur corps n'en porte qu'une seule paire. Ces animaux paraissent avoir une double lèvre inférieure : l'une, plus intérieure, a postérieurement deux espèces de palpes grêles, saillans, et que l'on croit résultans des deux pattes antérieures avancées dans la bouche ; l'autre, externe, ferme la bouche en dessous, porte les deux crochets à venin, et paraît formée de la deuxième paire de pattes ainsi modifiée.

Les scolopendracées ont, en général, la morsure malfaisante ; mais elle n'est dangereuse que de la part de certaines de leurs races, surtout parmi celles qui habitent des climats chauds. Leur vivacité à courir inquiète lorsqu'on les rencontre, parce qu'on sent qu'il n'est pas toujours facile de s'en rendre maître. Elles fuient la lumière, se cachent sous les pierres, les vieux bois, les écorces, et dans les maisons, derrière les vieux meubles. On rapporte à cette section les trois genres qui suivent.

SCUTIGÈRE. (Scutigera.)

Antennes sétacées, multiarticulées, beaucoup plus longues que la tête. Deux mandibules. Deux palpes grêles, saillans, spinuleux, adhérens à la face postérieure de la lèvre interne. Lèvre postérieure armée de deux crochets forts, arqués, percés d'un petit trou sous leur pointe.

Corps allongé, linéaire, déprimé, couvert en dessus

d'environ huit plaques coriaces, subimbriquées, et divisé en dessous en quinze segmens. Trente pattes, à tarses longs, grêles, multiarticulés.

Antennæ setaceæ, multiarticulatæ, capite multò longiores. Mandibulæ duæ. Palpi duo, graciles, exserti, spinulosi, ad faciem posticam labii interni adhærentes. Labium posticum biungulatum : ungulis validis arcuatis infrà apicem poro foratis.

Corpus elongatum, lineare, depressum, supernè scutis coriaceis, suboctonis imbricatum; subtùs segmentis quindenis divisum. Pedes trigenta : tarsis longis, gracilibus, multiarticulatis.

OBSERVATIONS.

Le corps des *scutigères* étant couvert de plaques dorsales en nombre beaucoup moindre que celui des anneaux inférieurs ou demi-anneaux qui divisent ce corps en dessous, distingue fortement ces arachnides des scolopendres avec lesquelles on les avait confondues. Elles ont d'ailleurs des pattes longues, quelquefois analogues, sous ce rapport, à celles des faucheurs, et qui le sont surtout par le caractère de leurs tarses. Elles le sont en outre par cette particularité, savoir : que si on écrase l'animal, elles exécutent encore des mouvemens long-temps de suite, comme celles des faucheurs.

Les scutigères sont fort agiles, moins longues, en général, que les scolopendres, et ont deux yeux composés, presque à facettes.

ESPECES.

1. Scutigère à longues pattes. *Scutigera longipes.*

S. grisea, fusco-fasciata; pedibus longis, gracilibus, fusco albidoque annulatis : posterioribus longioribus.

Scolopendre à vingt-huit pattes. Geoff. 2. p. 675. n.° 2.

An iulus araneoides? Pall. Spicileg. zool. 9. p. 85. t. 4. f. 16.

Habite à Paris, dans les parties inhabitées des maisons. Je l'ai vue souvent; la figure citée de Pallas la rend assez bien.

2. Scutigère longicorne. *Scutigera longicornis.*

S. pedibus utrinque 15 elongatis; corpore scutellato; antennis longissimis flavescentibus. F.

Scolopendra longicornis. Fab. ent. 2. p. 390.

Habite à Tranquebar. Est-elle vraiment distincte de la précédente?

3. Scutigère à pattes courtes. *Scutigera coleoptrata.*

S. rufo-flavescens; pedibus brevibus utrinque 15.

Scolopendra coleoptrata. Panz. fasc. 50. t. 12.

Habite en Europe. Elle est plus petite que les précédentes.

LITHOBIE. (Lithobius.)

Antennes sétacées, de sept articles et au-delà, un peu plus longues que la tête. Bouche des scolopendres.

Corps allongé, déprimé, linéaire, également divisé en dessus et en dessous, à plaques dorsales alternativement plus grandes et plus petites.

Antennæ setaceæ, capite paulò longiores; articulis septem et ultrà. Os scolopendrarum.

Corpus elongatum, lineare, depressum, supernè infernèque æqualiter divisum; scutis dorsalibus alternè majoribus et minoribus.

OBSERVATIONS.

Ce genre, établi par M. *Leach*, sépare des scolopendres de Linné et de Fabricius, celles qui ont des plaques dorsales fort inégales, c'est-à-dire, alternativement plus longues et plus courtes, les unes recouvrant en grande partie les autres; ce qui paraît les distinguer suffisamment des vraies scolopendres, en qui ce caractère n'existe point.

ESPECE.

1. Lithobie fourchue. *Lithobius forficatus.*

L. rufo-fuscus; pedibus utrinque 15.

Scolopendra forficata. Lin. Fab. ent. 2. p. 390.

Panz. fasc. 50. t. 13.

Scolopendre à trente pattes. Geoff. 2. p. 674. pl. 22. f. 3.

Habite en Europe, sous les pierres.

SCOLOPENDRE. (Scolopendra.)

Antennes subulées, un peu plus longues que la tête; à articles courts, au nombre de quatorze et au-delà. Deux yeux composés, subgranuleux. Deux mandibules. Lèvre inférieure double : l'intérieure subquadrifide; la postérieure armée de deux crochets forts et arqués en pince.

Corps très-long, linéaire, déprimé, également divisé en dessus et en dessous; à articles nombreux, non imbriqués, portant chacun une paire de pattes.

Antennœ subulatœ, capite paulò longiores; articulis brevibus, quatuordecim et ultrà. Oculi duo compositi, subgranulosi. Mandibulœ duœ. Labium duplex : internum subquadrifidum; posticum ungulis validis chelatim arcuatis armatum.

Corpus prœlongum, lineare, depressum, suprà infràque œqualiter divisum; articulis numerosis, non imbricatis, pedum pari unico instructis.

OBSERVATIONS.

Les *scolopendres* constituent le principal genre de la section qui les comprend, et nous présentent des animaux dont le mode d'existence et de développement est fort différ ent de celui des insectes. Ce sont des arachnides, la plupart suspectes par leur morsure malfaisante, et fort remarquables par la longueur de leur corps, leurs pattes nombreuses et courtes, et leur vivacité à courir. On les distingue des lithobies, parce que les segmens de leur corps sont à-peu-près égaux entre eux, et ne se recouvrent point; elles diffèrent des scutigères en ce que leur corps est également divisé en dessus et en dessous. Les unes ont les deux pattes postérieures presque égales aux autres, et dans d'autres ces pattes sont plus longues; il y a des espèces dont les yeux sont peu distincts; enfin, l'on prétend que quelques-unes répandent une lumière phosphorique. Ces animaux ont les stigmates latéraux, et leurs pattes sont terminées par un seul onglet. Ils courent en serpentant. On les trouve sous les pierres, dans les trous des murailles, etc. La plupart se nourrissent de petits insectes.

ESPECES.

1. Scolopendre des Indes. *Scolopendra morsitans.*

S. maxima; pedibus utrinque viginti: posterioribus longioribus subspinosis.

Scolopendra morsitans. Lin. Fab. ent. 2. p. 390.

Degeer, ins. 7. pl. 43. f. 1-3.

Petiv. gaz. tab. 13. f. 3.

Habite aux Antilles, dans l'Inde, etc. La scolopendre de Brown, Jam. tab. 42. f. 4., n'en paraît être qu'une variété, à dix-huit paires de pattes.

2. Scolopendre ferrugineuse. *Scolopendra ferruginea.*

S. pedibus utrinque viginti duo: posterioribus longioribus.

Scolopendra ferruginea. Lin. Fab. ent. p. 391.

Degeer, ins. 7. tab. 43. f. 6.

Habite en Afrique.

3. Scolopendre ligulaire. *Scolopendra electrica.*

S. fusco-rubens; corpore lineari perangusto; pedibus brevibus, pallidis utrinque septuaginta.

Scolopendra electrica. Lin. Fab. ent. p. 391.

Scolopendre n.º 4 et n.º 5. Geoff. 2. p. 676.

Habite en Europe, sous les pierres. Elle est commune, à corps étroit, ligulaire, rougeâtre.

Etc.

LES IULACÉES.

Antennes de sept articles, soit égales dans leur longueur, soit plus grosses au bout. Lèvre inférieure unique, sans crochets en pince.

Les *iulacées* sont des myriapodes très-voisins des précédens par leurs rapports, ayant aussi, comme eux, après leur naissance, plus de six pattes, et la plupart en acquérant un nombre très-considérable. Mais, outre qu'elles sont distinguées des scolopendracées par le caractère de leurs antennes, les pattes de ces iulacées sont très-courtes, en sorte que la locomotion de ces animaux se fait toujours avec lenteur et par des mouvemens ondulatoires. Parmi ceux de leurs segmens qui portent des pattes, on en voit beaucoup qui en ont chacun deux paires. Dans le repos, ces animaux se roulent, les uns en spirale, les autres en boule.

Les deux ou quatre premières pattes des iulacées sont avancées sur la bouche, réunies à leur base, rapprochées de la lèvre inférieure; elles sont d'ailleurs semblables aux autres.

Ces animaux se nourrissent de substances, soit végétales, soit animales. On n'en connaît aucun dont la morsure soit malfaisante. Quelques-uns ont le corps très-mou et membraneux, et tous les autres ont le corps véritablement crustacé, convexe, presque cylindrique. Ce sont ces derniers qui avoisinent le plus les *crustacés*, et qui terminent cette branche particulière des arachnides qui paraît offrir une transition naturelle à la classe des *crustacés*. Nous ne rapporterons aux iulacées que les trois genres qui suivent.

POLYXÈNE. (Polyxenus.)

Antennes très-courtes, filiformes, moniliformes, insérées sous le bord antérieur de la tête. Point de palpes.

Corps mou, allongé, déprimé, ayant sur les côtés des faisceaux d'écailles piliformes, et le segment postérieur terminé par un pinceau d'écailles ciliées. Douze paires de pattes.

Antennæ brevissimæ, filiformes, moniliformes, sub capitis margine antico insertæ. Palpi nulli.

Corpus molle, elongatum, depressum, squamulis piliformibus fasciculatis ad latera instructum: segmento postico penicillo squamularum ciliatarum terminato. Pedum pares duodecim.

OBSERVATIONS.

La *polyxène*, dont M. Latreille a fait le type d'un genre, fut d'abord rangée parmi les scolopendres; mais elle en est très-distincte; elle l'est aussi des autres iulacées, et néanmoins elle s'en rapproche par les articles de ses antennes, qui sont seulement au nombre de sept. On ne connaît que l'espèce suivante.

ESPÈCE.

1. Polyxène à pinceau. *Polyxenus lagurus.*

Scolopendra lagura. Lin. Fab. ent. 2. p. 389.

Scolopendre, n.o 6. Geoff. 2. p. 677. pl 22. f. 4.

Polyxenus lagurus. Latr. gen. 1. p. 77.
Habite en Europe, sous les vieilles écorces.

IULE. (Iulus.)

Antennes courtes, submoniliformes, un peu plus épaisses vers leur sommet; à sept articles. Deux mandibules à sommet tronqué, muni de dents cornées. Point de palpes. Lèvre inférieure aplatie, à bord supérieur subcrénelé par des tubercules.

Corps allongé, cylindracé, crustacé; à segmens transverses nombreux, étroits et lisses. La plupart des segmens portent chacun deux paires de pattes.

Antennæ breves, submoniliformes, versùs apicem paululò crassiores; articulis septem. Mandibulæ duæ apice truncato-dentatæ, corneæ. Palpi nulli. Labium planulatum, margine supero tuberculis subcrenatum.

Corpus elongatum, cylindraceum, crustaceum; segmentis transversis numerosis angustis, lævibus. Segmenta pleraque tetrapoda sunt.

OBSERVATIONS.

Les rapports des *iules* avec les scolopendres sont si marqués que de tout temps les naturalistes les en ont rapprochées en les plaçant dans la même famille. Elles y forment néanmoins, avec la polyxène et les gloméris, une division particulière très-distincte, les animaux de cette division n'ayant point leur lèvre inférieure armée de deux crochets en pince, comme les scolopendracées. Leurs antennes d'ailleurs n'ont que sept articles, et ne sont point sétacées ou en alène comme celles des scolopendres. Comme les iules n'offrent point de mâchoires libres, on pense que ces parties sont réunies à la lèvre inférieure.

Les iules ont généralement le corps crustacé, et, dans leurs développemens, acquièrent plus d'anneaux et plus de pattes. Quoique assez agiles dans les mouvemens de leurs pattes, elles ne marchent qu'avec beaucoup de lenteur, parce que ces pattes sont très-courtes. Les premiers et les derniers segmens de leur corps ne portent chacun qu'une paire de pattes, et même, dans les mâles, le septième segment n'en a aussi qu'une paire; parce que, selon les observations de M. Latreille, la place de la deuxième paire est occupée par l'organe sexuel. Lorsque ces animaux marchent, leurs pattes agissant successivement, leur font exécuter une ondulation non interrompue, comme s'ils rampaient à la manière des serpens.

La plupart des iules sont terrestres, vivent sous les pierres, sous les écorces, etc. Elles se nourrissent de petits insectes, de substances végétales, de fruits, surtout les petites espèces.

Toutes les iules ont le corps allongé, linéaire, et se roulent en spirale dans le repos; mais, dans les unes, le corps est cylindracé et sans angles; tandis que, dans d'autres, il est aplati sur les côtés inférieurs, offrant en dessus un rebord anguleux qui règne de chaque côté dans la longueur de ce corps. Ces dernières forment le genre *polydème* de M. Latreille.

ESPECES.

Corps cylindracé, immarginé.

1. Iule gigantesque. *Iulus maximus.*

I. flavescens, maximus; pedibus utrinque 134.

Iulus maximus. Lin. Fab. ent. 2. p. 396.

Margr. Bras. p. 255.

Habite l'Amérique méridionale. Sept à huit pouces de longueur. Les anneaux sont bruns postérieurement.

2. Iule des sables. *Iulus sabulosus.*

I. fusco-cinereus; lineis duabus longitudinalibus dorsalibus rufescentibus; pedibus utrinque 120.

Iulus sabulosus. Lin. Fab. Latr. gen. 1. p. 75.
Iule, n.° 2. Geoff. 2. p. 679. pl. 22. f. 5.
Habite en Europe, aux lieux sablonneux.

3. Iule terrestre. *Iulus terrestris.*

I. cinereo-cœrulescens; pedibus utrinque 100.
Iulus terrestris. Lin. Fab. Lat. gen. 1. p. 75.
Iule, n.° 1. Geoff. 2. p. 679.
Habite en Europe, aux lieux sablonneux.

4. Iule des fraisiers. *Iulus fragariarum.*

I. albidus; corpore gracillimo : stigmatibus purpureis; pedum paribus circiter 50.
Habite en France. Commune dans les fraises. Longueur, quinze lignes.
Etc.

Corps marginé, aplati sur les côtés inférieurs.

5. Iule aplatie. *Iulus complanatus.*

I. corpore planiusculo; caudâ acutâ; pedibus utrinque 30.
Iulus complanatus. Fab. ent. 2. p. 393.
Scolopendre, n.° 3. Geoff. 2. p. 675.
Polydesmus complanatus. Lat. gen. 1. p. 76.
Habite en Europe.
Etc.

GLOMÉRIS. (Glomeris.)

Antennes très-courtes, submoniliformes, de sept articles : le sixième enveloppant le dernier.

Corps allongé-ovale, convexe en dessus, concave en dessous, se contractant en boule, et ayant en dessous, de chaque côté, une rangée de petites écailles. Segmens du corps au nombre de onze ou douze, crustacés : le dernier étant plus grand, concave, semi-circulaire. Seize à vingt paires de pattes.

Antennœ brevissimœ, submoniliformes; septem-articulatœ : articulo sexto ultimum obvolvente.

Corpus elongato-ovale, suprà convexum, subtùs fornicatum, in globum contractile, squamularum serie subtùs utroque latere instructum. Corporis segmenta undecim vel duodecim crustacea : ultimo majore fornicato semi-circulari. Pedum pares sexdecim ad vigenti.

OBSERVATIONS.

Les *gloméris* paraissent véritablement distincts des iules. Leur corps ne se roule point en spirale, mais se contracte en boule comme celui des cloportes, et offre en dessous une rangée de petites écailles de chaque côté, qui recouvrent la base des pattes. Les parties de leur bouche ne sont pas encore déterminées, mais il est probable qu'elles sont analogues à celles des iules.

Ce genre, établi par M. Latreille, termine les myriapodes et la branche isolée des arachnides crustacéennes. Les animaux qu'il comprend sont, les uns, terrestres, et vivent sous les pierres, aux lieux montueux, et les autres vivent dans la mer. Ils semblent conduire aux cloportes dont ils diffèrent au moins par leurs pattes plus nombreuses et par leur défaut de queue. Nous pensons, comme M. Latreille, que c'est près d'eux qu'il faudrait ranger les *trilobites*, si leurs caractères essentiels étaient connus.

ESPECES.

1. Gloméris ovale. *Glomeris ovalis.*

Gl. lutescens; pedum viginti paribus.
Iulus ovalis. Lin. Amœn. acad. 4. p. 253. tab. 3. f. 4.
Oniscus. Gronov. Zooph. n.° 995. t. 17 f. 4—5.
Glomeris ovalis. Latr. gen. 1. p. 74. *Iulus ovatus.* Fab.
Habite l'Océan.

2. Gloméris bordé. *Glomeris limbatus.*

Gl. niger; segmentis margine lutescentibus; pedum sexdecim paribus.

Oniscus zonatus. Panz. fasc. 9. t. 23.
Glomeris limbata. Lat. gen. 1. p. 74.
Habite en France, sous les pierres.

3. Gloméris pustulé. *Glomeris pustulatus.*

Gl. ater, rubro-punctatus; pedum sexdecim paribus.
Oniscus pustulatus. Fab. ent. 2. p. 396.
Panz. fasc. 9. t. 22.
Glomeris pustulata. Lat. gen. 1. p. 74.
Habite la France, l'Allemagne, dans les régions australes.

DEUXIÈME SECTION.

ARACHNIDES ACARIDIENNES.

[*Branche qui conduit aux acarides.*]

Elles sont parasites, à corps jamais crustacé, et ont un ou deux yeux lisses de chaque côté de la tête. Leur bouche offre, soit un museau renfermant un suçoir rétractile, soit deux mandibules en crochets et deux lèvres.

Ces arachnides constituent la deuxième branche des antennées-trachéales, celle qui conduit évidemment aux acarides, et par suite à toutes les autres arachnides exantennées. En effet, par la pensée, qu'on raccourcisse le corps de ces animaux, qu'on resserre sur le corselet, d'une part, la tête, de l'autre l'abdomen, au point de confondre ces parties, on aura à-peu-près la forme générale des acarides, qui ont aussi des yeux lisses, et des habitudes presque toujours analogues à celles des parasites dont il s'agit.

Outre que les animaux de cette section conservent toute leur vie la forme qu'ils avaient à leur naissance, sans acquérir aucune partie nouvelle, la seule considération de leurs yeux lisses, montre qu'ils ne sont pas des insectes, quelque peu avancée que soit encore leur organisation. Dans les premiers, parmi eux, la bouche étant à l'extrémité antérieure ou très-près de cette extrémité, l'œsophage, pour s'y réunir, traverse une partie de la tête, ce qui n'a pas lieu ainsi dans les insectes où la bouche est plus sous la tête. En effet, quoique ces animaux parasites n'ayent que six pattes, et des trachées bicordonnées, ils offrent, dans leur organisation, un mode particulier qui, à mesure qu'il se développe, amène des résultats fort différens de ceux que nous montre l'organisation de tous les insectes.

La branche particulière que forment les *arachnides acaridiennes* paraît commencer à-peu-près dans le même point de l'échelle animale où commence aussi celle qui amène tous les insectes. Mais, quelle est la véritable source de ces arachnides? succèdent-elles à d'autres animaux qui aient préparé leur formation? en un mot, d'où proviennent ces produits de la nature? Ce sont des questions que je n'ose faire, tant leur solution me paraît difficile. Les faits que j'ai recueillis à leur égard, ceux même que j'ai observés et qui vont jusqu'à embrasser certaines acarides, telles que les *mittes*, me conduisent à une conséquence si étonnante, que je préfère suspendre mon jugement sur le sujet dont il s'agit.

Les arachnides acaridiennes sont parasites des mammifères et des oiseaux : elles terminent le premier ordre de la classe, et ne se divisent qu'en deux genres qui sont les suivans.

POU. (Pediculus.)

Deux antennes filiformes, de la longueur du corselet. Deux yeux lisses, un seul de chaque côté. Bouche à museau terminal très-court, ayant un suçoir rétractile.

Tête séparée. Corps ovale, un peu aplati, à abdomen grand, nu, ayant des segmens distincts. Six pattes.

Antennæ duæ, filiformes, longitudine thoracis. Oculi duo simplices: utroque latere unico. Os rostro terminali brevissimo: haustello retractili.

Caput distinctum. Corpus ovatum, subdepressum; abdomine magno nudo: segmentis distinctis. Pedes sex.

OBSERVATIONS.

Les *poux* sont de petits animaux parasites, qui vivent sur différens mammifères, et principalement sur l'homme, surtout dans son enfance. Il paraît que les espèces en sont nombreuses, et que souvent l'individu sur lequel vivent ces parasites, en nourrit plusieurs races différentes. Les générations de ces animaux se succèdent très-rapidement, et, dans certaines maladies, on est étonné de la manière extraordinaire avec laquelle ils pullulent. On dit que les mêmes espèces se rencontrent constamment sur les mêmes animaux. Hors de son enfance, les soins, la propreté, garantissent l'homme de cette vermine.

Les poux ont le corps transparent, et se meuvent avec une sorte de lenteur. On les croit hermaphrodites; leurs œufs sont connus sous le nom de *lentes*.

ESPECES.

1. Pou du corps. *Pediculus corporis.*

P. corpore ovali, lobato, albido, subimmaculato; thorace segmentis tribus æqualibus.

Pediculus humanus. Lin. Fab. Lat. gen. 1. p. 167.

Degeer, ins. 7. pl. 1. f. 7.

Habite sur le corps de l'homme et dans ses vêtemens.

2. Pou de la tête. *Pediculus capitis.*

P. corpore ovali, lobato, cinereo: utrinque fasciâ nigrâ interruptâ; thorace segmentis tribus æqualibus.

Pediculus humanus capitis. Degeer, ins. 7. pl. 1. f. 6.
Le pou ordinaire. Geoff. 2. p. 597.
Pediculus cervicalis. Lat. gen. 1. p. 168.
Habite sur la tête de l'homme, surtout dans son enfance.

3. Pou du pubis. *Pediculus pubis.*

P. thorace brevissimo, vix distincto; abdomine posticè bicornuto; pedibus validis.
Pediculus pubis. Lin. Fab. Lat. gen. 1. p. 168.
Redi, exp. t. 19. f. 1.
Le morpion. Geoff. 2. p. 597.
Habite sur le pubis de l'homme.
Etc. Voyez les espèces connues, qui vivent sur des mammifères.

RICIN. (Ricinus.)

Deux antennes très-petites, plus courtes que la tête, souvent écartées à leur insertion. Les yeux lisses : un seul ou deux de chaque côté. Deux mandibules en crochet. Bouche inférieure, tantôt sous le sommet de la tête, tantôt presque centrale : l'ouverture en fente, ayant deux lèvres.

Tête séparée. Corps allongé-ovale ; six pattes.

Antennæ duæ, minimæ, capite breviores, sæpè insertioni remotæ. Oculi simplices : utrinque unico vel duobus. Mandibulæ duæ, unciniformes. Os inferum, modò capitis infrà apicem, modò subcentrale, rimosum ; labiis duobus.

Caput distinctum ; corpus elongato-ovatum ; pedes sex.

OBSERVATIONS.

Linné et *Fabricius* n'ont point distingué les *ricins* des poux, et c'est à Degeer et à M. Latreille qu'on doit l'établissement de ce genre. Quelques rapports qu'aient les ricins avec les poux, ils en sont très-distincts par les caractères de leur bouche. Ils en ont les parties plus composées; car, outre les deux mandibules en crochet déjà observées, ces animaux, suivant M. *Savigny*, ont des mâchoires avec un très-petit palpe sur chacune d'elles, etc. Dans les espèces que M. Latreille a examinées, il a vu, de chaque côté de la tête, deux yeux lisses, très-petits et rapprochés.

L'abdomen des ricins, comme celui des parasites qui se nourrissent de sang, est plus grande que le reste du corps de l'animal. Sauf une espèce qui vit sur le chien, les autres ricins connus se trouvent sur le corps des oiseaux; leurs espèces sont fort nombreuses.

ESPECES.

[*Bouche sous l'extrémité antérieure de la tête*.]

1. Ricin du corbeau. *Ricinus corvi.*

R. abdomine ovato : margine striato.
Pediculus corvi. Lin. Fab. ent. 4. p. 420.
Degeer, ins. 7. pl. 4. f. 11.
Lat. hist. nat., etc. 8. p. 105.
Habite sur le corbeau.

2. Ricin de la mouette. *Ricinus sternæ.*

R. capite trigono; abdomine ovato pallido : dorso longitudinaliter nigricante.
Pediculus sternæ. Lin. Fab. ent. 4. p. 422.
Degeer, ins. 7. p. 77. pl. 4. f. 12.
Habite sur la mouette.

3. Ricin de la cresserelle. *Ricinus tinnunculi.*

R. capite sagittato, postice utrinque mucronato.
Pediculus tinnunculi. Lin. Fab. 4. p. 420.
Panz.
Habite sur la cresserelle (*falco tinnunculus*).
Etc.

[*Bouche subcentrale, sous la tête.*]

4. Ricin de la poule. *Ricinus gallinæ.*

R. capite lunato : angulis acuminatis; thorace utrinque mucronato.

Pediculus gallinæ. Lin. Fab. ent. 4. p. 423. Geoff. n.o 11.
Habite en Europe, sur les poules, les perdrix.

5. Ricin du paon. *Ricinus pavonis*.
R. capite globoso maximo; corpore pallido fuscoque striato.
Pediculus pavonis. Lin. Fab. 4. p. 423.
Ricinus pavonis, Lat. hist. nat. des fourmis, p. 389.
Habite en Europe, sur les paons.

6. Ricin du plongeon. *Ricinus mergi*.
R. albidus; capite flavescente; corpore elongato.
Ricinus mergi serrati. Degeer ins. 7. pl. 4. f. 13.—14.
Pediculus mergi. Fab. ent. 4. p. 421.
Habite en Europe, sur le plongeon.
Etc.

ORDRE SECOND.

ARACHNIDES EXANTENNÉES - TRACHÉALES.

Elles n'ont point d'antennes, et respirent par des trachées rameuses, non ganglionnées. Deux ou quatre yeux lisses.

Les arachnides qui appartiennent à cet ordre sont véritablement moyennes ou intermédiaires entre celles du premier et celles du troisième ordre de la classe. Si les arachnides du premier ordre sont singulièrement distinguées de toutes les autres par leur tête toujours antennifère, celles du troisième ordre sont pareillement fort distinguées de toutes les autres, étant les seules qui respirent par des poches branchiales et qui possèdent un système d'organes pour la circulation. Comme je l'ai dit, les progrès de l'organisation dans la composition de ses parties sont rapides dans les animaux de cette classe : ensorte que d'une famille à l'autre, les différences, à cet égard, sont fort grandes.

Ici, les arachnides n'ont point d'antennes, et cependant, comme celles de l'ordre premier, elles respirent encore par des trachées ; mais les stigmates qui forment l'ouverture au dehors de ces trachées, étant peu nombreux, et plutôt postérieurs ou inférieurs que latéraux, ne donnent plus lieu à ces deux trachées latérales ganglionnées, qui se trouvent encore dans les arachnides du premier ordre. Dans les arachnides, dont il s'agit maintenant, les trachées sont rayonnantes et ramifiées, selon les observations de M. Latreille, s'étendent encore partout, et ne viennent point, de chaque côté, s'ouvrir au dehors par des conduits latéraux.

Dans toutes ou presque toutes les arachnides de cet ordre, la tête est confondue avec le corselet ; dans un grand nombre même, la tête, le corselet et l'abdomen sont confondus dans la même masse. Leurs yeux sont lisses et au nombre de deux ou quatre. Quant aux pattes, on n'en voit que six dans les arachnides des trois premiers genres de cet ordre ; mais celles des autres genres en ont huit, et les femelles quelquefois ont deux fausses pattes en surplus.

La bouche varie beaucoup selon les familles et les genres dans les animaux de cet ordre. Elle est quelquefois très-simple et n'offre qu'une cavité sans parties différentes ou distinctes ; d'autres fois elle présente un suçoir formé de lames réunies, et d'autres fois encore on y observe des mandibules, des mâchoires et des palpes. Ces animaux sont la plupart terrestres et, en général, des suceurs, malgré les diverses compositions de leur bouche. Je les divise en deux sections, de la manière suivante.

DIVISION
DES ARACHNIDES EXANTENNÉES-TRACHÉALES.

I.ere Sect. *Corps, soit sans division, la tête, le tronc et l'abdomen étant réunis en une seule masse, soit divisé en deux, au moins par un étranglement.*

(a) Bouche tantôt en suçoir, sans mandibules distinctes, et tantôt ayant des mandibules d'une seule pièce, en pince ou en griffe.

Le corps en une masse sans division et sans anneaux distincts.

Les acarides.

(b) Bouche munie de mandibules très-apparentes, et coudées ou composées de deux ou trois pièces : la dernière toujours en pince.

Le corps, soit divisé en deux, soit offrant des apparences d'anneaux.

Les phalangides.

II.e Sect. *Corps partagé en trois ou quatre segmens distincts.*

(a) Corps allongé, sublinéaire, partagé en quatre segmens, sous forme d'articulations.

Les pycnogonides.

(b) Corps ovale ou oblong, partagé en trois segmens, dont l'antérieur, plus grand, est en forme de corselet.

Les faux-scorpions.

LES ACARIDES.

Bouche tantôt en suçoir, sans mandibules distinctes, et tantôt ayant des mandibules d'une seule pièce, soit en pince, soit en griffe. Tête, corselet et abdomen confondus en une seule masse. Point d'anneaux distincts.

Les *acarides*, selon nous, ne sont que des poux modifiés et raccourcis. Toutes ont perdu les antennes, et la plupart ont acquis une paire de pattes de plus. Dans les poux et les ricins, l'abdomen, déjà fort grand, formait la principale partie du corps, et, dans les acarides, l'abdomen lui seul forme presque le corps entier. En effet, leur corselet, très-réduit, semble avoir disparu, et leur tête, qui s'y trouve réunie, paraît située à l'extrémité antérieure de l'abdomen. Comme ceux des poux, les yeux sont lisses, très-petits, quelquefois même nuls ou avortés, et de chaque côté, au nombre d'un ou deux seulement, ou rapprochés en dessus.

Les animaux de cette famille sont, en général, très-petits, et souvent ne paraissent que comme des points mouvans. Les uns, comme les poux, sont des parasites de différens animaux, de l'homme même, dans certaines maladies, et pullulent aussi d'une manière extraordinaire; tandis que les autres sont errans, et vivent, soit sur la terre, de matières animales ou végétales putréfiées, soit dans le sein des eaux.

Le corps de ces arachnides est ovale ou globuleux, très-mou en général; et comme il est habitué à se gonfler du sang ou des fluides que l'animal pompe pour sa nourriture, il est souvent moins aplati que celui des poux. La bouche, à l'extrémité antérieure et un peu en dessous de ce corps, varie beaucoup selon les races, à raison des progrès rapides de leur organisation, mais plus ou moins avancés dans ces races. Dans les unes, elle n'offre qu'un suçoir formé de lames étroites et réunies, et quelquefois qu'une ouverture sans aucune pièce particulière apparente. Dans les autres, elle est munie de mandibules cachées ou peu saillantes, d'une seule pièce, soit en pince, soit en griffe.

Si, comme il nous le paraît, ces arachnides ont une origine fort analogue à celle des poux, et viennent naturellement à leur suite, elles conduisent évidemment aux phalangides par les trogules, les sirons, et de là aux faucheurs, etc.

Les acarides, dont Linné n'a formé qu'un seul genre, sous le nom d'*acarus*, sont très-nombreuses, fort diversifiées dans leurs races, et constituent une famille sur laquelle M. Latreille a répandu beaucoup de jour par ses observations délicates : nous les divisons de la manière suivante.

DIVISION DES ACARIDES.

§. *Six pattes, en tout temps, à l'animal.*

Astome.

Lepte.

Caris.

§§. *Huit pattes, dans l'entier développement de l'animal.*

(1) Pattes simplement ambulatoires (acarides non aquatiques).

(a) Un suçoir, avec ou sans palpes. Point de mandibules apparentes.

Ixode.

Argas.

Uropode.

Smaris.

Bdelle.

(b) Des mandibules distinctes, et toujours des palpes.

* Palpes sans appendices sous leur extrémité. Les mandibules en pince (ou didactyles).

Mitte.

Cheylète.

Gamase.

Oribate.

** Palpes subchélifères; ayant un appendice mobile sous leur extrémité. Mandibules en griffe.

Érythrée.

Trombidion.

(2) Pattes ciliées ou frangées, et propres à nager (acarides aquatiques).

Hydrachne.

Elays.

Limnocare.

ASTOME. (Astoma.)

Bouche inférieure, pectorale, très-petite : le suçoir et les palpes non apparens.

Corps ovale, arrondi aux extrémités, mou. Six pattes très-courtes.

Os inferum, pectorale, perparvum : haustello palpisque inconspicuis.

Corpus ovale, ad extremitates rotundatum, molle. Pedes sex brevissimi.

OBSERVATIONS.

Les *astomes* nous paraissent les plus imparfaits des acarides; sans yeux, n'ayant que six pattes courtes, et la bouche n'offrant qu'une petite ouverture pectorale, ils n'ont encore qu'une organisation peu avancée. Ce sont des parasites d'insectes.

ESPECE.

1. Astome parasite. *Astoma parasiticum.*

Latr. gen. 1. p. 162. et hist. nat., etc., 8. p. 55. pl. 7. f. 10.

Mitte parasite. Degeer. ins. 7. pl. 7. f. 7.
Habite sur les mouches et autres insectes. Il est d'un rouge de sang. Voyez le *trombidium parasiticum*. Hermann, apt. p. 48.

LEPTE. (Leptus.)

Bouche ayant un bec avancé antérieurement et des palpes courts. Deux yeux dans plusieurs.

Corps mou, ovale-arrondi. Six pattes.

Os rostro anticè porrecto; palpis conspicuis brevibus. Oculi duo in pluribus.

Corpus molle, ovato-rotundatum. Pedes sex.

OBSERVATIONS.

Les *leptes*, plus avancés en organisation que les astomes, y tiennent néanmoins par leur corps mou. Leurs pattes sont plus longues, et leur bec est un suçoir avancé, accompagné de palpes. Ces acarides sont errantes, mais se jettent sur les animaux et souvent sur différens insectes qu'elles sucent.

ESPÈCES.

1. Lepte automnal. *Leptus autumnalis.*

L. globoso-ovatus, ruber; abdomine posticè setoso.
Acarus autumnalis. Shaw. Miscell. zool. 2. pl. 42.
Habite en Europe, sur les plantes, les graminées, etc.; commune en automne, grimpant aux jambes, s'insinuant dans la peau, et causant des démangeaisons insupportables.

2. Lepte des insectes. *Leptus insectorum.*

L. corpore ovali coccineo; rostro subconico; pedibus subæqualibus.
Acarus phalangii. Degeer, ins. 7. p. 117. pl. 7. f. 5—6.
Trombidium insectorum. Hermann, apt. p. 46. pl. 1. f. 16.
Leptus phalangii. Latr. gen. 1. p. 161.
Habite en Europe; sur des faucheurs, des tipules, etc.

La tique des chiens. Geoff. 2. p. 621.

Habite en Europe, dans les bois; sur les chiens, les bœufs, etc.

2. Ixode réticulé. *Ixodes reticulatus.* Latr.

I. suprà cinereus; maculis lineolisque fusco-rubris variegatus; palpis subovalibus.

Acarus reticulatus. Fab. ent. 4. p. 428.

Acarus reduvius. Schrank, ins. austr. n.o 1043. t. 3. f. 1—2.

Cynorhæstes pictus. Herm. apt. p. 67.

Habite en France, sur les bœufs.

Etc. Ajoutez *acarus ægyptius*, Lin. Herm. apt. pl. 4. f. 9. *Acarus americanus*, Lin. etc.

ARGAS. (Argas.)

Bouche inférieure; suçoir à découvert; deux palpes coniques, courts, quadriarticulés. Point d'yeux distincts.

Corps ovale-elliptique, déprimé, coriace. Huit pattes.

Os inferum; haustello distincto; palpis duobus brevibus conicis quadriarticulatis. Oculi nulli conspicui.

Corpus ovato-ellipticum, depressum, coriaceum. Pedes octo.

OBSERVATIONS.

L'*argas* diffère éminemment des ixodes par sa bouche inférieure, et parce que ses palpes, qui n'engaînent point le suçoir, ont quatre articles. La seule espèce que l'on connaisse vit sur les pigeons, et souvent en très-grande quantité.

ESPECE.

1. Argas bordé. *Argas marginatus.*

Latr. gen. 1. p. 155. tab. 6. f. 3.

Rhyncoprion columbæ. Herm. apt. p. 69. pl. 4. f. 10—11.

Acarus marginatus. Fab. 4. p. 427.
Habite en Europe, dans les colombiers. Il suce le sang des pigeons.

UROPODE. (Uropoda.)

Bouche s'ouvrant sous le bord antérieur du corps, dans le milieu. Le suçoir et les palpes n'étant point apparens. Point d'yeux distincts.

Corps ovale, arrondi postérieurement; à dos coriace, un peu convexe. Un long filament fixé à l'anus. Huit pattes courtes.

Os infrà corporis marginem anticum medio aperiens : haustello palpisque inconspicuis. Oculi nulli distincti.

Corpus ovale, posticè rotundatum, dorso coriaceo convexiusculo. Filamentum longum ano infixum. Pedes octo breves.

OBSERVATIONS.

Peut-être le long filet, fixé à l'anus de l'animal, ne devrait-il être considéré que comme une particularité d'espèces, et, dans ce cas, peut-être encore, devrait-on réunir à ce genre l'*acarus spinitarsus* d'Hermann (apt., p. 85, pl. 6. f. 5.) qui est aussi parasite d'insectes. L'*uropode* se fixe sur le corps de différens coléoptères par son filet caudiforme.

ESPECE.

1. Uropode végétante. *Uropoda vegetans.*

Latr. gen. 1. p. 158. et hist. nat., etc., vol. 7. p. 381. et vol. 8. p. 67. f. 8.
Mitte végétative. Degeer, ins. 7. p. 123. pl. 7. f. 15.
Habite en Europe, sur différens coléoptères. M. Latreille présume qu'elle a des mandibules, quoique non aperçues.

SMARIS. (Smaris.)

Bouche terminale, ayant un bec avancé, cylindrique, plus grêle vers son sommet. Deux palpes avancés, droits, de la longueur du bec, sans soie au bout. Deux yeux.

Corps ovale, presque rhomboïde, écailleux ou velu. Huit pattes : les antérieures plus longues.

Os terminale : rostro porrecto, cylindrico, versùs apicem graciliore. Palpi duo porrecti, recti, rostri longitudine; setâ terminali nullâ. Oculi duo.

Corpus ovatum, subrhumbeum, squamosum aut villosum. Pedes octo : anticis longioribus.

OBSERVATIONS.

Les *smaris* sont des acarides errantes, qui ont des rapports avec les bdelles, mais s'en distinguent principalement par leurs palpes plus courts et sans soies au bout.

ESPECES.

1. Smaris du sureau. *Smaris sambuci.*

S. subvillosus; antice acutiusculo, postice retuso.

Latr. gen. 1. p. 153.

Acarus sambuci. Schranck, austr. n.o 1085.

Herm. apter. p. 30. pl. 2. f. 8.

Habite en France, en Autriche, sur les arbres, et par terre sur les feuilles.

2. Smaris miniacé. *Smaris miniatus.*

S. villosus, pallidè miniatus; corpore utrâque extremitate subacuto.

Trombidium miniatum. Herm. apterol. p. 28. pl. 1. f. 7.

Habite par terre, entre les débris, les ordures.

3. Smaris papilleux. *Smaris papillosus.*

S. miniatus, papillis brevibus obsitus; anticè latiore depresso.

Trombidium papillosum. Herm. apterol. p. 29. pl. 2. f. 6.
Habite en Europe, sur les troncs d'arbres et entre les mousses. Etc. Ajoutez le *tr. squamatum.* Herm. pl. 2, f. 7.

BDELLE. (Bdella.)

Bouche ayant un bec terminal, avancé, subulé, composé de trois lames. Deux palpes longs, filiformes, divergens, coudés, terminés par deux soies. Quatre yeux.

Corps ovale, arrondi postérieurement. Huit pattes; les postérieures plus longues.

Os rostro terminali, porrecto, subulato, trilamellato. Palpi duo longi, filiformes, divaricati, fracti, setis duabus terminati. Oculi quatuor.

Corpus ovatum, posticè rotundatum. Pedes octo: posticis longioribus.

OBSERVATIONS.

Les deux grands palpes des *bdelles* ressemblent à des bras, et ont porté Geoffroy à former avec la bdelle commune, une deuxième espèce du genre pince. Mais les bdelles n'ont point de mandibules, et constituent un genre particulier établi par M. Latreille. Leur corps est mou, rétréci en pointe antérieurement.

ESPECES.

1. Bdelle commune. *Bdella rubra.*

B. coccinea; pedibus pallidis; palpis quadriarticulatis, bisetis.
Acarus longicornis. Lin. Fab. ent. p. 433.
La pince-ronge. Geoff. 2. p. 618. pl. 20. f. 5.
Scirus vulgaris. Herm. apt. p. 61. pl. 3. f. 9. et pl. 9. *fig.* S.
Habite en Europe, sous les pierres.

2. Bdelle longirostre. *Bdella longirostris.*

B. miniata; rostro thorace longiore; corpore ovali.
Scirus longirostris. Herm. apt. p. 62. pl. 6. f. 12.
Habite en Europe, entre les mousses.
Etc. Ajoutez les *scirus latirostris* et *setirostris.* Herm. apt. p. 62. pl. 3. f. 2. et f. 12.

MITTE. (Acarus.)

Bouche ayant un bec court, terminal; deux mandibules en pince; deux palpes de la longueur du bec ou plus courts. Deux yeux apparens.

Corps mou, ovale ou suborbiculé, souvent hérissé de soies. Huit pattes.

Os rostro brevi terminali. Mandibulæ duæ chelatæ. Palpi duo, longitudine rostri vel breviores. Oculi duo conspicui.

Corpus molle, ovatum aut suborbiculatum, sæpè setis hispidum. Pedes octo.

OBSERVATIONS.

Il s'agit ici, non du genre *acarus* de Linné et de Fabricius, mais d'un genre établi par M. Latreille, sous le nom de *sarcopte*, et qui embrasse la mitte de la gale, ainsi que beaucoup d'autres qui sont pour nous les *mittes* proprement dites. Ces animaux ont une pelotte vésiculeuse à l'extrémité de leurs tarses.

Les mittes sont les plus petites acarides connues; la plupart sont trop petites pour être aperçues à la vue simple. Leur suçoir est un bec court, très-fin, qui se compose de deux ou trois lames. Les unes, parasites, vivent dans les ulcères de la gale de l'homme et de quelques animaux; d'autres, parasites encore, vivent sur des oiseaux, et d'autres se nourrissent de diverses substances alimentaires de l'homme. Celle de la gale donne lieu, soit à l'égard de son origine, soit à celui de sa pullulation extraordinaire, à des considérations étonnantes. Celle du fromage est à-peu-près dans le même cas.

ESPÈCES.

1. Mitte de la gale. *Acarus scabiei.*

A. subrotundus; pedibus brevibus rufescentibus: posticis quatuor setâ longissimâ.

Acarus scabiei. Fab. ent. 4. p. 430.

Degeer, ins. 7. p. 94. pl. 5. f. 12-13.

Ciron de la gale. Geoff. 2. p. 622.

Sarcoptes scabiei. Lat. gen. 1. p. 152.

Habite dans les ulcères de la gale. Selon des observations du docteur *Gallée*, on trouve dans les ulcères de la gale, une mitte d'une forme différente. Y en aurait-il de diverses espèces?

2. Mitte domestique. *Acarus domesticus.*

A. albus: maculis binis fuscis; corpore ovato, medio coarctato: pilis longissimis; pedibus œqualibus.

Degeer, ins. 7. p. 89. pl. 5. f. 1—4.

Lat. hist. nat., etc., vol. 7. pl. 66. f. 2—3.

Habite en Europe, dans les maisons, dans les collections d'insectes, d'oiseaux.

3. Mitte du fromage. *Acarus siro.*

A. albidus; femoribus capiteque ferrugineis; abdomine setoso.

Acarus siro. Lin. Fab. ent. 4. p. 430.

Habite dans le fromage trop long-temps gardé. On se la procure, à volonté, avec cette substance, ainsi que la mitte de la farine, qu'il en faut distinguer. Voyez Degeer, ins. 7. p. 97. pl. 5. f. 15.

Etc. Ajoutez l'*acarus passerinus* de Fab. (*Sarcoptes passerinus*, Lat.), l'*acarus dimidiatus* d'Herm. apterol. p. 85. pl. 6. f. 4, etc.

CHEYLÈTE. (Cheyletus.)

Bouche terminale : deux mandibules en pince. Deux palpes épais, en faulx à l'extrémité, saillans, en forme de bras. Les yeux apparens.

Corps mou, ovale.

Os terminale : mandibulæ duæ chelatæ. Palpi duo, crassi, apice falcati, exserti, brachiiformes. Oculi conspicui.

Corpus molle, ovatum.

OBSERVATIONS.

Parmi les acarides qui ont des mandibules, M. Latreille distingue comme genre le *cheylète*, à cause de ses deux gros palpes avancés en forme de bras. C'est une acaride errante, extrêmement petite.

ESPECE.

1. Cheylète des livres. *Cheyletus eruditus.*

Acarus eruditus. Schrank. austr. n.º 1058. tab. 2. *fig.* 1.
Ejusd. *pediculus musculi*, ibid., n.º 1024. t. 1. f. 5.
Acarus eruditus. Oliv. encycl. n.º 13.
Cheyletus eruditus. Lat. gen. 1. p. 153.
Habite dans les collections d'hist. naturelle, dans les livres exposés à l'humidité.

GAMASE. (Gamasus.)

Bouche terminale : deux mandibules en pince. Deux palpes filiformes, soit saillans, soit très-distincts, sans appendice mobile sous leur extrémité.

Corps ovale, soit entièrement mou, soit coriace en dessous.

Os terminale. Mandibulæ duæ chelatæ. Palpi duo filiformes, exserti aut distinctissimi; appendice mobili infrà extremitatem nullâ.

Corpus ovatum, modò penitùs molle, modò suprà coriaceum. Pedes octo.

OBSERVATIONS.

Les *gamases* diffèrent des cheylètes par leurs palpes filiformes; des érythrées et des trombidions, parce que ces palpes n'ont pas un appendice mobile sous leur extrémité; et se rapprochent des oribates par celles de leurs espèces qui ont le dessus du corps coriace.

ESPÈCES.

1. Gamase tisserand. *Gamasus telarius.*

G. rubicundo-hyalinus; abdomine utrinque macula fusca.

Acarus telarius. Lin. Fab. ent. 4. p. 430.

Le tisserand d'automne. Geoff. 2, p. 626. n.o 13.

Habite sur les feuilles de différens arbres, et y forme des toiles très-fines.

2. Gamase des coléoptères. *Gamasus coleoptratorum.*

G. ovatus, rufus; ano albicante.

Acarus coleoptratorum. Lin. Fab. ent. 4. p. 432.

La mitte des coléoptères. Geoff. 2. p. 623. n.o 4.

Gamasus coleoptratorum. Latr. gen. 1. p. 147.

Habite sur les excrémens des bœufs, des chevaux, et s'attache en grand nombre sur les coléoptères qui s'y rendent.

3. Gamase bordé. *Gamasus marginatus.*

G. ovatus, brunneus, coriaceus; abdominis marginibus membranaceis, albidis; pedibus anticis longioribus.

Acarus marginatus. Herm. apterol. p. 76. pl. 6. f. 6.

Gamasus marginatus. Lat. gen. 1. p. 148.
Habite sur des fumiers de végétaux ; trouvé par Hermann, sur le corps calleux du cerveau d'un homme.
Etc.

ORIBATE. (Oribata.)

Bouche en bec conique. Mandibules en pince. Palpes très-courts, non saillans.

Corps ovale, rétréci en pointe antérieurement ; à peau du dos coriace, dure, presqu'en bouclier. Huit pattes un peu longues.

Os rostro conico; mandibulis chelatis ; palpis brevissimis, non exsertis.

Corpus ovatum, anticè angustato-acutum; cute dorsali coriaceâ, durâ, subclypeiforme. Pedes octo longiusculi.

OBSERVATIONS.

Les *oribates*, qu'Hermann désigna sous le nom de *notaspes*, sont des acarides très-petites, à dos couvert d'une peau dure, qui ressemble à une écaille clypéacée, ou, en quelque sorte, à des élytres réunies. Ces acarides sont errantes, marchent lentement, et se trouvent entre les mousses, sur les pierres et sur l'écorce des arbres.

ESPECES.

1. Oribate géniculé. *Oribata geniculata.*

O. fusco-castanea, nitida, pilosa ; femoribus subclavatis.
Acarus geniculatus. Lin.
Acarus corticalis. Degeer, ins. 7. p. 131. pl. 8. f. 1.
Acarus, n.° 11. Geoff. 2. p. 626.
Oribata geniculata. Latr. gen. 1. p. 149.
Notapsis clavipes. Herm. apt. p. 88. pl. 4. f. 7.
Habite en Europe, sur les mousses, les pierres, etc.

2. Oribate théléprocte. *Oribata theleproctus.*

O. nigra; dorso clypeato, per circulos concentricos striato.

Notapsis theleproctus. Herm. apt. p. 91. pl. 7. f. 5.

Oribata theleproctus. Lat. gen. 1. p. 149. Oliv. Encyc. n.° 6.

Habite en Europe, entre les mousses.

Etc. Ajoutez les autres espèces indiquées par MM. Latreille et Olivier dans l'Encyclopédie.

ERYTHRÉE. (Erythræus.)

Bouche en bec conique. Mandibules en griffe. Deux palpes allongés, saillans, subchélifères : leur dernier article ayant à sa base, un appendice mobile et digitiforme. Deux yeux sessiles.

Corps ovale, non divisé. Huit pattes.

Os rostro conico. Mandibulæ ungulatæ. Palpi duo elongati, exserti, subcheliferi : articulo ultimo appendice mobili digitiformi ad basim instructo. Oculi duo sessiles.

Corpus ovatum, indivisum. Pedes octo.

OBSERVATIONS.

Les *érythrées* avoisinent les trombidions par leurs rapports; elles leur ressemblent par les mandibules et les palpes; mais leurs yeux sessiles et leur corps non divisé les en distinguent. Ce sont aussi des acarides errantes.

ESPECES.

1. Erythrée faucheur. *Erythrœus phalangioides.*

E. corpore obscurè rubro : fasciâ dorsali flavo-aurantiâ; pedibus longis : posticis duobus longioribus.

Mitte faucheur. Degeer, ins. 7. p. 134. pl. 8. f. 7—8.

Trombidium phalangioides. Herm. apterol. p. 33. pl. 1. f. 10.

Erythræus phalangioides. Lat. gen. 1. p. 148.
Habite en Europe, entre les mousses. Elle court assez vite.

2. Erythrée neigeuse. *Erythræus nivosus.*

E. ruber, depressus; pilis albis brevissimis sparsim punctulatus.
Trombidium quisquiliarum. Herm. apt. p. 32. pl. 1. f. 9.
Habite par terre, parmi les ordures amassées.
Etc. Ajoutez le *trombidium parietinum* d'Herm. pl. 1. f. 12, etc.

TROMBIDION. (Trombidium.)

Bouche ayant deux mandibules courtes, plates, terminées par un ongle crochu. Deux palpes saillans, courbés en dessous, munis d'un appendice mobile sous leur sommet. Quatre yeux pédiculés : deux sur chaque pédicule.

Corps ovale, presque carré, comme divisé en deux par un étranglement au milieu. Huit pattes.

Os mandibulis duabus, brevibus, compressis, ungue uncinato terminatis. Palpi duo exserti, incurvi, appendice mobili infrà apicem instructi. Oculi quatuor, pedunculati : duo utrinque in eodem pedunculo.

Corpus ovatum, subquadratum, medio coarctatum, in duas partes veluti divisum. Pedes octo.

OBSERVATIONS.

Les *trombidions* sont des acarides terrestres, vagabondes, fort agiles dans leurs mouvemens, la plupart d'un rouge éclatant, et les moins petites de cette famille. Quoique souvent assez difficiles à distinguer des érythrées, et que leur corps soit sans segment réel, l'étranglement de ce corps le partageant transversalement en deux parties :

l'une, antérieure, plus élevée et plus ferme; l'autre, postérieure, plus molle et moins large, offre un moyen de les reconnaître au premier aspect. Le corps de ces acarides est velu dans la plupart et un peu déprimé. Les deux premières paires de pattes sont fort écartées des deux paires postérieures.

ESPÈCES.

1. Trombidion colorant. *Trombidium tinctorium.*

T. ovatum; hirsutum, rubrum, posticè obtusum; tibiis anterioribus pallidioribus. F.

Acarus tinctorius. Lin. *Trombidium tinctorium.* Fab. 2. p. 398.

Acarus araneoides. Pall. Spicil. zool. fasc. 9. p. 42. t. 3. f. 11.

Trombidium tinctorium. Lat. gen. 1. p. 145.

Habite en Guinée, etc.; ses poils sont barbus sur les côtés.

2. Trombidion satiné. *Trombidium holosericeum.*

T. subquadratum, depressum, coccineum, tomentosum; pilis dorsalibus papillaribus.

Acarus holosericeus. Lin. Geoff. 2. p. 624. n.° 7.

Trombidium holosericeum. Fab. syst. 2. p. 398.

Lat. gen. 1. p. 146. Herm. apt. p. 21. pl. 1. f. 2. et pl. 2. f. 1.

Habite en Europe, dans les jardins, les prés, parmi les herbes, sur les arbres. Il est commun au printemps.

Etc. Ajoutez le *trombidium fuliginosum*, Herm. apt. pl. 1. f. 3; le *tr. bicolor* du même, pl. 2. f. 2; et le *tr. assimile*, pl. 2. f. 3; le *tr. curtipes*, pl. 2. f. 4, etc.

ACARIDES AQUATIQUES.

Huit pattes ciliées et propres à la natation. Deux ou quatre yeux.

Les *acarides aquatiques* semblent ne différer des autres acarides, que par le milieu qu'elles habitent; car on ne leur connaît point de caractère général bien tranché qui les en distingue. Elles pourraient donc rentrer, soit dans les genres déjà établis pour celles qui vivent dans l'air, soit dans le voisinage de ces genres, où elles en formeraient de particuliers. Cependant, comment respirent-elles? viennent-elles de temps en temps à la surface de l'eau reprendre de l'air?

Il paraît que, comme les autres, ces acarides sont fort nombreuses et très-diversifiées. *Muller* en a fait connaître une cinquantaine, auxquelles il a donné le nom d'*hydrachne* ou araignée d'eau; mais il ne nous a point donné de détails suffisans sur les caractères de leur bouche. Ces arachnides ont le corps très-mou, en général subglobuleux, elliptique ou ovale, et paraissent toutes errantes dans les eaux. Voici les trois coupes génériques formées, parmi elles, par M. Latreille.

HYDRACHNE. (Hydrachna.)

Bouche ou suçoir avancé en bec conique, composé de trois lames étroites réunies, dont les deux latérales sont reçues dans l'inférieure. Point de mandibule. Deux palpes avancés, arqués, subcylindriques, articulés, ayant un appendice mobile sous le dernier article.

Corps mou, globuleux. Huit pattes natatoires.

Os vel haustellum in rostrum conicum porrectum; lamellis tribus angustis coalitis: duabus lateralibus in infimâ receptis. Mandibulæ nullæ. Palpi duo porrecti, inflexo-arcuati, subcylindrici, articulati; appendice mobili infrà articulum ultimum inserto.

Corpus molle, globulosum. Pedes octo natatorii.

OBSERVATIONS.

La bouche des *hydrachnes* offre un suçoir en bec saillant, et n'a point de mandibules, car les trois lames du suçoir paraissent plutôt le résultat d'une lèvre inférieure modifiée, qui reçoit deux mâchoires qui le sont aussi. Les deux palpes de ces acarides sont analogues à ceux des érythrées et des trombidions, et semblent chélifères.

Les hydrachnes sont fort petites, difficiles à observer et à étudier. Il y a lieu de croire que plusieurs de celles de Muller pourront se rapporter à ce genre.

ESPECES.

1. Hydrachne géographique. *Hydrachna geographica.*

H. nigra; maculis punctisque coccineis. Lat.
Hydrachna geographica. Mull. p. 59. t. 8. f. 3—5.
Latr. gen. 1. p. 159. et hist. nat. etc. 8. p. 33. pl. 67. f. 2—3.
Trombidium geographicum. Fab. syst. 2. p. 405.
Habite dans les eaux douces. Elle est plus grande que les autres.

2. Hydrachne ensanglantée. *Hydrachna cruenta.*

H. sanguinea; pedibus œqualibus. Lat.
Hydrachna cruenta. Mull. p. 63. tab. 9. f. 1.
Latr. gen. 1. p. 159.
Trombidium globator. Fab. syst. 2. p. 403.
Habite les eaux des fossés, les terrains inondés.

ELAIS. (Elais.)

Bouche ayant deux mandibules aplaties, terminées par un ongle crochu et mobile. Deux palpes allongés-coniques, subtriarticulés, arqués et pointus au sommet. Quatre yeux.

Corps arrondi-globuleux. Huit pattes.

Os mandibulis duabus depressis, apice ungue uncinato mobilique instructis. Palpi duo elongato-conici, subtriarticulati, apice arcuati, acuti. Oculi quatuor.

Corpus rotundato-globosum. Pedes octo.

OBSERVATIONS.

Les *élaïs* ont les mandibules des trombidions; mais leurs palpes sont sans appendice sous leur extrémité, et leur corps, presque globuleux, n'est point divisé par un étranglement. Comme les autres acarides, elles ont la tête, le corselet et l'abdomen confondus, sans distinction d'anneaux. Leur bouche n'offre point de suçoir comme dans les genres hydrachne et limnochare.

ESPÈCE.

1. Elaïs étendue. *Elaïs extendens.*

Hydrachna extendens. Mull. hydr. p. 62. n.° 31. t. 9. f. 4. Oliv. dict. n.° 11. *Trombidium extendens.* Fab. syst. 2. p. 406. *Elais extendens.* Lat. gen. 1. p. 158.

Habite en Europe, dans les eaux stagnantes. Elle est rouge, a le corps glabre, et ses pattes postérieures restent étendues pendant la natation.

LIMNOCHARE. (Limnochares.)

Bouche à suçoir court, à peine saillant. Point de mandibules. Deux palpes courbés, pointus au sommet, dépourvus d'appendice.

Corps ovale, déprimé. Huit pattes; les quatre postérieures écartées.

Os rostro brevi, vix prominulo. Mandibulæ nullæ. Palpi duo incurvati, apice acuti: appendice nullo.

Corpus ovale, depressum. Pedes octo: posticis quatuor remotis.

OBSERVATIONS.

Les *limnochares*, ayant la bouche plus imparfaite ou moins avancée en développemens que celle des hydrachnes, semblent rentrer dans le voisinage des smaris. Ils sont, comme ces derniers, sans mandibules et munis de palpes simples; mais ils sont aquatiques.

ESPECES.

1. Limnochare satiné. *Limnochares holosericea.*

L. corpore ovato rugoso molli; oculis duobus nigris. Lat.
Acarus aquaticus. Lin. *Trombidium aquaticum.* Fab.
Tique rouge satinée aquatique. Geoff. 2. p. 625. n.° 8.
Limnochares holosericea. Latr. gen. 1. p. 160.
Hydrachna impressa ejusd. hist. nat., etc., 8. p. 36. pl. 67. f. 4.
Habite en Europe, dans les eaux stagnantes des marais. Il a les pattes courtes, et des points enfoncés sur le corps.

2. Limnochare mollasse. *Limnochares flaccida.*

L. corpore sanguineo flaccido mutabili; pedibus longis: posterioribus longioribus.
Trombidium aquaticum. Herm. apterol. p. 35. pl. 1. f. 11.
Habite en Europe, dans les eaux stagnantes.

LES PHALANGIDES.

Bouche munie de mandibules très-apparentes et coudées ou composées de deux ou trois pièces : la dernière étant toujours didactyle ou en pince.

Comme les acarides, les *phalangides* ont le tronc et l'abdomen confondus en une seule masse, et leur tête y est intimement réunie. Mais toutes les phalangides ont des mandibules, et ces parties de leur bouche, au lieu d'être sans articulations ou d'une seule pièce comme celles de certaines acarides, sont coudées ou composées de deux ou trois pièces, dont la dernière est toujours didactyle ou en pince. Ces mêmes mandibules sont, tantôt saillantes au devant du tronc, et tantôt ne forment point de saillie.

Les phalangides ont deux palpes filiformes, de cinq articles, dont le dernier se termine par un petit onglet; deux mâchoires formées par un prolongement de l'article inférieur des palpes ; souvent aussi quatre mâchoires de plus, qui sont le produit d'une dilatation de la hanche des deux premières paires de pattes ; une lèvre inférieure avec un double pharinx.

Ces arachnides ont deux yeux distincts ; le corps arrondi ou ovale avec des apparences d'anneaux ou de plis sur l'abdomen, au moins en dessous ; leurs organes sexuels placés sous la bouche ; et toujours huit pattes souvent très-longues. La plupart de ces animaux sont agiles, vivent à terre sur les plantes ou au bas des arbres, et quelques-uns se cachent sous les pierres. On les divise de la manière suivante.

(1) Mandibules non saillantes.

Trogule.

(2) Mandibules saillantes.

Ciron.

Faucheur.

TROGULE. (Trogulus.)

Bouche cachée sous un capuchon en saillie antérieurement. Deux mandibules coudées, biarticulées, courtes, chélifères au sommet. Palpes filiformes. Deux yeux presque sessiles, dorsaux, un peu écartés.

Corps ovale-elliptique, aplati. Huit pattes.

Os sub cucullo anticè prominente textum. Mandibulæ duæ breves, geniculatæ, biarticulatæ, apice chelatæ. Palpi filiformes. Oculi duo subsessiles, dorsales, remotiusculi.

Corpus ovato-ellipticum, depressum. Pedes octo.

OBSERVATIONS.

Le *trogule*, type d'un genre établi par M. Latreille et dont on ne connaît encore qu'une espèce, est remarquable par l'extrémité antérieure du corps qui s'avance sous la forme d'un capuchon, et recouvre ou reçoit dans sa cavité les différentes parties de la bouche. Ce capuchon, un peu étroit, s'avance comme un bec obtus ou tronqué.

ESPECE.

1. Trogule népiforme. *Trogulus nepæformis.*

Lat. gen. 1. p. 141. tab. 6. f. 1.
Phalangium tricarinatum. Lin.
Phalangium carinatum. Fab. syst. 2. p. 431.
Habite le midi de la France, l'Espagne, sous les pierres.

CIRON. (Siro.)

Bouche à découvert. Deux mandibules grêles, biarticulées, saillantes, presque de la longueur du corps, en pince au sommet. Deux palpes très-grêles, saillans, à cinq articles. Deux yeux écartés, tantôt pédonculés, tantôt sessiles.

Corps ovale. Huit pattes.

Os detectum. Mandibulæ duæ graciles, biarticu-

latæ, exsertæ, longitudine ferè corporis, apice chelatæ. Palpi duo gracillimi, exserti, quinquearticulati. Oculi duo inter se distantes, modò pedunculo impositi, modò sessiles.

Corpus ovatum. Pedes octo.

OBSERVATIONS.

Les *cirons*, comme les trogules, appartiennent sans doute aux phalangides, puisque leurs mandibules sont biarticulées ; néanmoins par la forme de leur corps et par leur petite taille, en général, même par leurs pattes de longueur médiocre, ils semblent tenir encore aux acarides. Les mandibules et les palpes très-longs des cirons les distinguent facilement des trogules. Ils ont deux mâchoires étroites,

ESPÈCES.

1. Ciron rougeâtre. *Siro rubens.*
   S. pallidè ruber; pedibus dilutioribus breviusculis.
   Siro rubens. Latr. gen. 1. p. 143. tab. 6. f. 2.
   Ejusd. hist. nat., etc., vol. 7. p. 329.
   Habite en France, au pied des arbres, entre les mousses.

2. Ciron crassipède. *Siro crassipes.*
   S. castaneus; pedibus secundi paris crassioribus.
   Acarus crassipes. Herm. apterol. p. 80. pl. 3. f. 6. et pl. 9. *fig.* 9.
   Habite en Europe, entre les mousses.

3. Ciron testudinaire. *Siro testudinarius.*
   S. castaneus, depressus; pedibus primi paris longissimis.
   Acarus testudinarius. Herm. apter. p. 80. pl. 9. f. 1.
   Habite en Allemagne, sous le lichen d'Islande.

FAUCHEUR. (Phalangium.)

Deux mandibules grêles, coudées, saillantes, plus courtes que le corps, en pince au sommet. Deux palpes filiformes, simples, de cinq articles : le dernier en crochet. Plusieurs paires de mâchoires. Deux yeux posés sur un tubercule commun.

Corps suborbiculaire, à tête, corselet et abdomen réunis, à peine distincts. Huit pattes grêles et fort longues.

Mandibulæ duæ graciles, fractæ, exsertæ, corpore breviores, apice chelatæ. Palpi duo filiformes, simplices, quinque articulati : articulo ultimo uncinato. Maxillæ pluribus paribus. Oculi duo dorsales tuberculo communi impositi.

Corpus suborbiculare : capite thorace abdomineque coadunatis, vix distinctis. Pedes octo graciles, prælongi.

OBSERVATIONS.

Par leur aspect, les *faucheurs* rappellent l'idée des araignées, et en ont toujours été rapprochés ; mais on les en distingue facilement, d'abord par leur corps subglobuleux ou orbiculaire, et parce que leur corselet n'est point séparé de l'abdomen d'une manière distincte. Ils n'ont d'ailleurs que deux yeux qui sont fort rapprochés et élevés sur un tubercule qui semble dorsal. Leurs pattes, longues et grêles, donnent encore des signes d'irritabilité quelque temps après qu'on les a arrachées. Ils ont, en général, leurs tarses grêles et multiarticulés.

Les faucheurs ne filent point, vivent de proie, et se rencontrent par terre, sur les plantes et sur les murs.

ESPÈCES.

1. Faucheur des murailles. *Phalangium opilio.*

Ph. corpore ovato, griseo-rufescente, subtùs albo; tuberculo oculifero spinulis coronato.

Phalangium cornutum. Lin. Fab. syst. 2. p. 430. (*mas.*)
Phalangium opilio. Lin. Fab. syst. 2. p. 429 (*femina*).
Phalangium opilio. Lat. gen. 1. p. 137.
Le faucheur. Geoff. 2. p. 627. pl. 20. f. 6. n. o. *mas*, p. *femina*.
Habite en Europe. Fort commun.

2. Faucheur rond. *Phalangium rotundum.*

Ph. corpore orbiculato-ovali, suprà rufescente; tuberculo oculifero lævi.
Phalangium rotundum. Lat. gen. 1. p. 139.
Phalangium rufum. Herm. aptérol. p. 109. pl. 8. f. 1.
Habite en France, dans les bois, les lieux couverts.

3. Faucheur à quatre dents. *Phalangium quadridentatum.*

Ph. corpore ovali, depresso, obscurè cinereo; tuberculo oculifero basi tantùm spinoso.
Phalangium quadridentatum. Fab. suppl. p. 293.
Phalangium quadridentatum. Lat. gen. 1. p. 140.
Habite en France, sous les pierres.
Etc.

LES PYCNOGONIDES.

Corps allongé, partagé en quatre segmens distincts. Huit pattes pour la locomotion dans les deux sexes; en outre, dans les femelles, deux fausses pattes pour porter les œufs. Quatre yeux lisses, situés sur un tubercule.

Les *pycnogonides* forment, parmi les arachnides exantennées trachéales, une petite famille très-singulière, qui tient d'une part aux faucheurs avec lesquels Linné l'avait réunie, et de l'autre, qui semble se rapprocher, par ses rapports, de certains crustacés, tels que les *cyames* et les *chevroles*. Effectivement, au lieu d'être intermédiaires entre les faucheurs et les faux-scorpions, les pycnogonides nous paraissent présenter un rameau latéral, avoisinant les faucheurs, et qui se dirige vers les crustacés qui viennent d'être cités; mais il ne s'ensuit pas que ce soit de ce rameau que les crustacés tirent leur origine.

Ces singulières arachnides vivent dans la mer. Leur corps est allongé, linéaire, divisé en quatre segmens distincts, dont le premier, qui tient lieu de tête, se termine par une bouche tubulaire avancée, ayant au moins des palpes et souvent aussi des mandibules. Ce premier segment offre sur le dos un tubercule portant, de chaque côté, deux yeux lisses. Le dernier segment du corps est petit, et se termine en cylindre percé d'un petit trou à son extrémité. Comme ces animaux n'offrent point de stigmates particuliers, c'est probablement par l'extrémité postérieure du corps qu'ils respirent.

Les pycnogonides se trouvent parmi les plantes marines, quelquefois sous les pierres près des rivages, quelquefois aussi sur des cétacés. On n'en connaît encore que les trois genres suivans.

NYMPHON. (Nymphum.)

Bouche ayant un tube avancé, cylindracé-conique, tronqué, à ouverture triangulaire. Deux mandibules biarticulées, terminées en pince. Deux palpes à cinq articles. Quatre yeux.

Corps étroit, linéaire, divisé en quatre segmens. Huit pattes très-longues, dans les mâles; dix pattes dans les femelles, dont deux fausses et ovifères.

Os tubo porrecto, cylindraceo-conico, truncato; aperturâ triangulari. Mandibulœ duœ biarticulatœ, apice chelatœ, ad basim tubi. Palpi duo, quinquearticulati. Oculi quatuor.

Corpus angustum, lineare, segmentis quatuor divisum. Pedes longissimi : octo in masculis, decem in feminis, quorum duo spurii, oviferi.

OBSERVATIONS.

Quelque singulière que soit la forme des *nymphons*, ce sont de véritables arachnides, ayant de l'analogie avec les faucheurs, ce qu'indiquent leurs yeux lisses, posés sur un tubercule commun. Comme ces animaux ont des pattes très-longues et sont aquatiques, leurs mouvemens ne peuvent être que fort lents.

ESPECE.

1. Nymphon grossipède. *Nymphum grossipes.*

N. corpore glabro; pedibus longissimis. Lat.
Phalangium grossipes. Lin.
Nymphum grossipes. Fab. syst. ent. 4. p. 417.
Pycnogonum grossipes. Mull. zool. dan. tab. 119. f. 5—9.
Oth. Fab. *Fauna groënl.* p. 229.
Nymphon grossipède. Lat. hist. nat., etc., 7. p. 333. pl. 65. f. 2.

Habite la mer de Norwége.

Observ. Le *nymphum gracile*, Leach. arach. cephalost. pl. 23, et son *ammothea caroliniensis*, ibid. paraissent deux espèces de notre genre.

PHOXICHLE. (Phoxichilus.)

Bouche ayant un tube avancé, subconique, et à deux mandibules, soit en griffes, soit didactyles. Point de palpes. Quatre yeux lisses.

Corps sublinéaire, divisé en quatre segmens. Huit pattes très-longues dans les deux sexes. Dans les femelles deux petites pattes de plus, repliées en dessous.

Os tubo porrecto, subconico, mandibulisque duabus vel uniungulatis, vel chelatis. Palpi nulli. Oculi quatuor simplices.

Corpus sublineare, segmentis quatuor divisum. Pedes octo longissimi in utroque sexu; duo prœtereà parvuli spurii subtùs inflexi in feminis.

OBSERVATIONS.

Les *phoxichles* ne paraissent différer des nymphons que parce qu'ils n'ont point de palpes. Ils ont aussi leurs pattes locomotrices fort longues; mais dans les espèces observées, ces pattes sont hérissées de poils ou de spinules. Dans une espèce, peut-être ce qu'on nomme des mandibules ne sont que des palpes; dans ce cas, les phoxichles offriraient, soit des palpes sans mandibules, soit des mandibules sans palpes, et leur genre serait toujours distinct.

ESPÈCES.

1. Phoxichle spinipède. *Phoxichilus spinipes.*

Ph. corpore glabro; mandibulis biarticulatis cheliferis; pedibus longissimis spinosis.

Pycnogonum spinipes. Oth. Fab. *Faunagroënl.* p. 232.

Phalangium aculeatum. Montag. act. soc. Linn. 9. p. 100. tab. 5. f. 8.

An nymphum hirtum? Fab. syst. ent. 4. p. 417.

Habite la mer de Norwège, près des rivages. Cette espèce paraît avoir de véritables mandibules sans palpes.

2. Phoxichle monodactyle. *Phoxichilus monodacty.*

Ph. corpore glabro; mandibulis articulatis ungulo unico terminatis; pedibus longis spinosis.

Phalangium spinosum. Mont. act. soc. Linn. 9. p. 101. tab. 5. f. 7.

Habite l'Océan boréal. Les mandibules ici ont plus de deux articles, ne sont point en pince, et semblent palpiformes. Ce ne peut être un des *nymphum* de Fabricius, d'après son caractère générique.

PYCNOGONON. (Pycnogonum.)

Bouche à tube simple, conique, tronqué, avancé; n'ayant ni mandibules, ni palpes distincts. Quatre yeux lisses, rapprochés.

Corps allongé, un peu épais, rétréci postérieurement, divisé en quatre segmens : le dernier plus allongé. Huit pattes pour la locomotion, à peine plus longues que le corps.

Os tubulo simplici conico truncato porrecto; mandibulis palpisque nullis distinctis. Oculi quatuor simplices congesti.

Corpus elongatum, crassiusculum, posticè angustatum, segmentis quatuor divisum : ultimo longiore. Pedes octo gressorii, corpore vix longiores.

OBSERVATIONS.

Le *pycnogonon*, qu'on a d'abord regardé comme un pou, que Linné ensuite a rangé parmi ses *phalangium*, ressemble au cyame par son aspect et appartient néanmoins aux pycnogonides parmi lesquelles il constitue un genre très-distinct.

ESPECE.

1. Pycnogonon des baleines. *Pycnogonum balœnarum.*

Fab. ent. syst. 4. p. 416. Latr. gen. 1. p. 144.

Mull. zool. dan. 119. 10—12. *femina*.

Leach. arachn. cephalost. pl. 23.
Phalangium balænarum. Lin.
Habite l'Océan Européen, près des côtes, sous les pierres, et se trouve sur les baleines.

LES FAUX-SCORPIONS.

Le dessus du corps partagé en trois segmens, dont l'antérieur est plus grand et en forme de corselet. Abdomen très-distinct et annelé. Deux mandibules en pince. Deux palpes très-grands, en forme, soit de pattes, soit de bras chélifères.

Les *faux-scorpions* tiennent autant aux phalangides que les pycnogonides; mais ils continuent la série, et semblent, par leurs grands palpes, annoncer le voisinage des pédipalpes dont les scorpions font partie.

Les arachnides, dont il s'agit, se distinguent facilement des phalangides, parce qu'elles ont l'abdomen bien distinct du corselet. Elles n'ont point, comme les pycnogonides, le corps linéaire, partagé en quatre segmens, et deux fausses pattes dans les femelles. Leurs yeux sont au nombre de deux ou de quatre.

Ces animaux sont terrestres, courent avec agilité, et ont la morsure venimeuse, ou au moins malfaisante. On n'en connaît que les deux genres suivans.

GALÉODE. (Galeodes.)

Deux mandibules très-grandes, avancées, droites, terminées par de grandes pinces. Deux palpes filiformes, pédiformes, plus longs que les mandibules, obtus et sans crochets à leur extrémité. Deux mâchoires. Lèvre inférieure ou langue sternale un peu saillante entre les mâchoires. Deux yeux sur un tubercule du corselet.

Corps oblong, mou, velu. Abdomen distinct. Huit pattes : les deux antérieures sans crochets.

Mandibulæ duæ maximæ, porrectæ, subparallelæ, chelis validissimis terminatæ. Palpi duo filiformes, pediformes, mandibulis longiores, apice obtusi exungulati. Maxillæ duæ. Labium (lingua sternalis, Sav.) *inter maxillas subexsertum. Oculi duo thoracis tuberculo impositi.*

Corpus oblongum, molle, villosum; abdomine distincto. Pedes octo : duobus anticis apice muticis.

OBSERVATIONS.

Le genre des *galéodes*, établi par Olivier, embrasse des arachnides fort remarquables par les deux mandibules grandes et épaisses qui s'avancent antérieurement, et par leurs palpes qui ressemblent à des pattes antérieures. A l'aspect de ces animaux, on leur attribuerait dix pattes, dont les quatre antérieures seraient sans crochets; mais les deux prétendues pattes antérieures sont de véritables palpes. La pince qui termine chaque mandibule est formée de deux doigts cornés, dentés au côté interne. Les pattes de ces animaux sont longues, un peu grêles, et, sauf la première paire, leur tarse est terminé par deux crochets. On observe un stigmate de chaque côté du corps, près de la seconde paire de pattes.

Les galéodes effrayent par leur figure hideuse et surtout par leur vivacité à courir; il est probable que leur morsure est très-venimeuse. On les trouve dans les lieux sablonneux des pays chauds de l'ancien continent.

ESPECES.

1. Galéode araneoïde. *Galeodes araneoïdes.*

G. villosus, cinereo-flavescens; abdomine glabro?

Phalangium araneoides. Pall. Spicil. zool. fasc. 9. p. 37. tab. 3. f. 7—9.

Galéode araneoïde. Oliv. Encycl. n.o 1.

Latr. gen. 1. p. 135. et hist. nat. etc., vol. 7. p. 313. pl. 65. f. 1.

Solpuga araneoïdes. Fab. syst. ent. suppl. p. 294.

Habite le Cap de Bonne-Espérance, et dans le Levant. On la dit très-venimeuse.

2. Galéode fatale. *Galeodes fatalis.*

G. helis horisontalibus; abdomine depresso villoso.

Solpuga fatalis. Fab. syst. ent. suppl. p. 293.

Herbst. monogr. solp. tab. 1. f. 1.

Habite au Bengale.

3. Galéode chélicorne. *Galeodes chelicornis.*

G. chelis verticalibus cirrhiferis; abdomine lanceolato villosissimo.

Solpuga chelicornis. Fab. syst. ent. p. 294.

Herbst. monogr. solp. tab. 2. f. 1.

An galeodes setigera? Oliv. Encycl. n.o 2.

Habite l'île d'Amboine.

PINCE. (Chelifer.)

Mandibules courtes, didactyles au sommet. Deux palpes très-longs, à cinq articles, coudés, en forme de bras, chélifères à leur extrémité. Deux mâchoires connivents. Deux ou quatre yeux placés sur les côtés du corselet.

Corps ovale, rétréci en pointe antérieurement, aplati, ayant l'abdomen annelé. Huit pattes, à tarses terminés par deux crochets.

Mandibulæ breves, apice didactylæ. Palpi duo longissimi, quinque articulati, fracti, brachiiformes, apice cheliferi. Maxillæ duæ conniventes. Oculi duo aut quatuor thoracis lateribus inserti.

Corpus ovatum, anticè angustato-acutum, depressum; abdomine annulato. Pedes octo, tarsis biunguiatis.

OBSERVATIONS.

Les *pinces* sont de petites arachnides que l'on placerait parmi les pédipalpes, si elles respiraient par des branchies. On les prendrait pour de petits scorpions sans queue, ayant, comme les scorpions, deux grands bras avancés, terminés en pince. Ces petites arachnides courent assez vite, et souvent vont de côté ou à reculons comme les crabes. On les trouve sur les pierres, les écorces d'arbres et dans les maisons, entre les vieux papiers, les vieux meubles où elles se nourrissent d'insectes.

ESPECES.

1. Pince cancroïde. *Chelifer cancroides.*

Ch. thorace lineâ transversâ impressâ bipartito; abdomine glabro.

Phalangium cancroides. Lin.

Chelifer. Geoff. 2. p. 618. n.° 1. Lat. gen. 1. p. 132.

Lat. hist. nat., etc. 7. p. 141. pl. 61. f. 2.

Scorpio cancroides. Fab. syst. ent. 2. p. 436.

Habite en Europe, dans les maisons, etc. Espèce commune.

2. Pince fasciée. *Chelifer fasciatus.*

Ch. thorace lineâ transversâ subdiviso; abdomine pilis spatulatis transversè fasciato; chelis basi turgidis.

Chelifer fasciatus. Leach. arachn. cephalost. pl. 23.

Scorpio hispidus. Natur. hist. 5. tab. 5. *fig.* F.

Habite en Europe.

3. Pince cimicoïde. *Chelifer cimicoides.*

Ch. thorace lineâ transversâ diviso; brachiis mediocribus chelis ovatis.

Scorpio cimicoides. Fab. syst. ent. 2. p. 436.
Herm. apterol. pl. 7. f. 9.
Chelifer cimicoides. Latr. gen. 1. p. 133.
Habite en Europe, sous les pierres, les écorces.
Etc. Voyez l'*obisium trombidioides.* Leach. arach. cephalost. pl. 23. Voyez aussi le *chelifer trombidioides.* Latr. gen. 1. p. 133.

ORDRE TROISIÈME.

ARACHNIDES EXANTENNÉES-BRANCHIALES.

Point d'antennes. Des poches branchiales pour la respiration. Six à huit yeux lisses.

Dans les *arachnides* de cet ordre, l'organisation a obtenu un avancement bien plus grand encore que dans celles des ordres précédens, et la différence est si grande que l'on pourrait être tenté d'en former une classe. En effet, non-seulement ces animaux respirent par de véritables branchies, et n'offrent plus de trachées sous quelque forme que ce soit; mais ils possèdent un système de circulation déjà éminemment ébauché, puisqu'on leur observe un cœur allongé, dorsal et contractile, d'où partent, de chaque côté, des vaisseaux divers.

Deux à huit ouvertures stigmatiformes, situées sous le ventre de l'animal, donnent entrée au fluide respiratoire, qui pénètre dans autant de petites poches particulières; et comme les parois intérieures de ces poches sont munies de petites lames saillantes et vasculifères, le sang y vient recevoir l'influence de la respiration Ce sont-là les branchies de ces arachnides, et l'on sait que le propre de cet organe respiratoire, partout si diversifié dans sa forme, est de pouvoir s'accommoder à respirer, soit l'eau, soit l'air même.

La bouche des *arachnides exantennées - branchiales* offre toujours deux mandibules, deux mâchoires, deux palpes et une lèvre. Leur tête se confond avec la partie antérieure du tronc, et leurs pattes sont au nombre de huit.

Ces animaux vivent de proie, ont un aspect hideux, et leur morsure ou leur piqûre, toujours plus ou moins malfaisante, est, dans certaines espèces, surtout dans les pays chauds, susceptible de produire des accidens graves.

On divise cet ordre en deux sections, qui constituent deux familles particulières, savoir:

I.ere Sect. Les pédipalpes ou les scorpionides.

II.e Sect. Les fileuses ou les aranéides.

PREMIÈRE SECTION.

LES PÉDIPALPES ou SCORPIONIDES.

Deux palpes très-grands, en forme de bras avancés, terminés en pince ou en griffe. Abdomen à anneaux distincts, dépourvu de filière. Organes sexuels situés à la base du ventre.

Les *pédipalpes* ont été aussi nommés *scorpionides*, parce qu'ils comprennent le genre des scorpions et qu'ils y tiennent par plusieurs rapports. Ces arachnides, fort remarquables par leurs grands palpes qui s'avancent en forme de bras, paraissent avoisiner les aranéides par leurs rapports ; mais elles s'en distinguent toutes parce que leurs palpes ne portent jamais les organes sexuels mâles, qu'elles ne filent point, qu'elles manquent effectivement de filière ; enfin, parce que leur abdomen est distinctement annelé. Comme elles ont plus de quatre yeux, on ne les confondra point avec les faux-scorpions qui ont, comme elles, des palpes grands et avancés.

Ces arachnides sont très-suspectes, et l'on a lieu de craindre leur morsure ou leur piqûre. Parmi elles, on distingue les genres scorpion, théliphone et phryné : en voici l'exposition.

SCORPION. (Scorpio.)

Deux palpes grands, épais, en forme de bras, à dernier article plus épais et en pince. Mandibules courtes, droites et aussi en pince. Mâchoires courtes, arrondies. Six ou huit yeux.

Corps oblong, divisé en plusieurs segmens, et muni postérieurement d'une queue allongée, noueuse, terminée par un aiguillon arqué. Deux lames pectinées et mobiles, insérées sous le ventre à la base de l'abdomen. Huit stigmates : quatre de chaque côté. Huit pattes.

Palpi duo magni, crassi, brachia æmulantes : articulo ultimo crassiore, chelato. Mandibulæ breves, rectæ, chelatæ. Maxillæ breves, rotundatæ. Oculi sex aut octo.

Corpus oblongum, segmentis pluribus divisum, posticè caudatum : caudâ elongatâ, nodosâ, aculeo arcuato terminatâ. Laminæ duæ pectinatæ, mobiles, in-

frà basim abdominis insertæ. Stigmata octo : utrinque quatuor. Pedes octo.

OBSERVATIONS.

Aucun genre n'est plus remarquable que celui des *scorpions* ; les espèces qu'il comprend, sont aux autres arachnides branchiales, ce que les écrevisses sont par leur figure aux crustacés brachiures. Aussi, de même que les aranéides ou les arachnides fileuses rappellent la figure des crabes, de même les scorpions rappellent, en quelque sorte, celle des écrevisses. Néanmoins, les scorpions sont des animaux hideux, toujours à craindre, dangereux, surtout dans les climats très-chauds, par la piqûre qu'ils peuvent faire avec l'aiguillon dont leur queue est armée. En effet, on observe sous l'extrémité de cet aiguillon deux petits trous servant d'issue à une liqueur venimeuse.

Les scorpions ont le corps allongé ; le corselet composé de quelques plaques dont l'antérieure, plus grande, est échancrée antérieurement ; l'abdomen annelé ; la queue plus longue et plus étroite que l'abdomen. Leurs yeux sont situés de manière qu'il y en a deux ou trois de chaque côté sur le bord antérieur du corselet, et deux plus gros que les autres, rapprochés et placés sur le milieu de ce corselet. Les deux peignes, situés près de la naissance du ventre, varient dans le nombre de leurs dents, selon les espèces.

Ces animaux sont très-carnassiers, saisissent avec leurs serres les cloportes et les insectes qu'ils rencontrent, les piquent avec l'aiguillon de leur queue, et les font passer entre leurs mandibules pour les dévorer. On les trouve à terre, sous les pierres ou d'autres corps et dans l'intérieur des maisons, se cachant sous des meubles, et fuyant la lumière. On n'en voit point dans les pays froids de l'Europe, mais seulement dans ses régions australes, et en Afrique, etc.

ESPECES.

1. Scorpion d'Afrique. *Scorpio afer.*

S. nigricans ; pectinibus tredecimdentatis ; manibus subcordatis scabris pilosis ; oculis octo.

Scorpio afer. Lin. Fab. syst. ent. 2. p. 434.

Roes. ins. 3. tab. 65. Séba, mus. 1. t. 70. f. 1. 4.

Latr. hist. nat., etc., vol. 7. p. 120. pl. 60. f. 1.

Habite en Afrique et dans les Grandes Indes. C'est la plus grande des espèces.

2. Scorpion d'Europe. *Scorpio Europæus.*

S. fuscus ; pectinibus novem dentatis ; manibus angulatis ; oculis sex.

Scorpio europæus. Lin. Fab. syst. 2. p. 435.

Latr. gen. 1. p. 130.

Herbst. naturg. skorp. tab. 3. f. 1—2.

Habite l'Europe australe.

3. Scorpion jaunâtre. *Scorpio occitanus.*

S. flavescens ; pectinibus viginti octo dentibus ; caudá corpore longiore, lineis elevatis instructá.

Scorpio occitanus. Amor. Latr. gen. 1. p. 132.

Scorpio tunetanus. Herbst. nat. skorp. t. 3. f. 3.

Habite l'Europe australe, l'Espagne, la Barbarie. Il n'a que six yeux.

4. Scorpion à bandes. *Scorpio fasciatus.*

S. abbreviatus ; dorso fasciis albis fuscisque variegato ; pectinibus octodentatis ; oculis septem ; caudá gracili, abdomine breviore.

Habite aux environs de Cette, en Languedoc. Cette espèce, bien distincte du Scorpion d'Europe, semble avoir des rapports avec le *S. maurus* de Fabricius. L'animal a trois petits yeux en ligne transverse sur le milieu du corselet, et deux de chaque côté. Son dos présente quatorze bandes transverses, les unes très-brunes, et les autres blanches ; celles-ci sont un peu moins larges. Le corps est blanchâtre en dessous ; chaque peigne a huit dents.

Etc.

THÉLYPHONE. (Thelyphonus.)

Deux palpes en forme de bras, plus courts que les pattes, terminés en pince. Mandibules écailleuses, en pince. Deux mâchoires conniventes. Huit yeux.

Corps oblong ; corselet ovale ; abdomen annelé, terminé postérieurement par une soie articulée, et caudiforme. Huit pattes.

Palpi duo brachia æmulantes, pedibus breviores, apice chelati. Mandibulæ corneæ, didactylæ. Maxillæ duæ conniventes. Oculi octo.

Corpus oblongum ; thorax ovatus ; abdomen annulatum, posticè setâ caudiformi articulatâ terminatum. Pedes octo.

OBSERVATIONS.

Quelques rapports qu'aient les *thélyphones* avec les scorpions, ce sont des arachnides fort différentes. Elles n'ont point de lames pectinées sous le ventre, point d'aiguillon à l'extrémité de leur filet caudiforme. Ces animaux semblent former une transition des scorpions aux phrynés. Leurs yeux sont disposés en trois paquets ; leurs pattes antérieures sont longues, menues, tentaculaires.

ESPECE.

1. Thélyphone proscorpion. *Thelyphonus proscorpio.*

Phalangium caudatum. Lin.
Pall. spicil. zool. fasc. 9. p. 30. tab. 3. f. 1—2.
Tarantula caudata. Fab. syst. 2. p. 433.
Thelyphonus proscorpio. Latr. gen. 1. p. 130.
Ejusd. hist. nat., etc., 7, p. 132. pl. 60. f. 4.
Habite aux Indes orientales.

Nota. M. Latreille pense que le thélyphone des Antilles, et que l'on nomme le *vinaigrier* à la Martinique, parce qu'il répand une odeur acide, est une espèce particulière. Voyez le journal de Physique, juin 1777.

PHRYNÉ. (Phrynus.)

Deux palpes fort longs, épineux, onguiculés à leur sommet. Mandibules courtes, droites, didactyles. Deux mâchoires divergentes. Lèvre inférieure avancée, fourchue au sommet. Huit yeux.

Corps oblong, déprimé. Corselet réniforme. Abdomen presque pédiculé. Huit pattes : les deux antérieures filiformes.

Palpi duo prœlongi, spinulosi, apice unguiculati. Mandibulœ breves, rectœ, didactylœ. Maxillœ duœ divaricatœ. Labium porrectum, apice furcato. Oculi octo.

Corpus oblongum, depressum. Thorax reniformis. Abdomen subpediculatum. Pedes octo : duobus anticis filiformibus.

OBSERVATIONS.

On sent que les *phrynés* avoisinent de très-près les aranéides. Elles ont, comme ces dernières, l'abdomen bien séparé du corselet et même presque pédiculé; enfin elles n'ont plus les palpes chélifères. Néanmoins elles ont encore les mandibules didactyles, et leur abdomen est annelé transversalement. Leur défaut de queue et leurs palpes les distinguent des scorpions et des thélyphones.

Ces arachnides ont la tête confondue avec le corselet, le corps glabre, les palpes coudés, les yeux disposés en trois paquets; elles sont probablement très-venimeuses.

ESPÈCES.

1. Phryné réniforme. *Phrynus reniformis.*

Ph. palpis spinoso-serratis, corporis longitudine; pedibus anticis longissimis, filiformibus.

Phalangium reniforme. Lin. Pall. Spicil. zool. fasc. 9. p. 33. tab. 3. f. 3—4.

Tarantula reniformis. Fab. syst. 2. p. 432.

Phrynus reniformis. Lat. gen. 1. p. 129.

Habite l'Amérique méridionale, les Antilles.

2. Phryné lunulée. *Phrynus lunatus.*

Ph. palpis corpore subtriplo longioribus, apice spinosis; thorace lunato.

Phalangium lunatum. Pallas, Spicil. zool. fasc. 9. p. 35. tab. 3. f. 5—6. *Tarantula lunata.* Fab. p. 433.

Phrynus lunatus. Latr. gen. 1. p. 128.

Ejusd. hist. nat. etc., 7. p. 136. pl. 61. f. 1.

Habite les Indes orientales, et peut-être aussi l'Amérique.

Etc.

DEUXIÈME SECTION.

LES ARANÉIDES ou ARACHNIDES FILEUSES.

Palpes simples, en forme de petites pattes : ceux du mâle portant les organes fécondateurs. Mandibules terminées par un crochet mobile. Abdomen sans anneaux, ayant quatre à six filières à l'anus.

Les *aranéides*, fort nombreuses et diversifiées, constituent la dernière famille de la classe des arachnides. Elles nous paraissent les plus perfectionnées de cette classe, les plus éminemment distinctes; et quoiqu'elles se terminent en cul-de-sac, n'offrant aucune transition à d'autres classes, elles ont un rapport remarquable avec les crustacés, dans leurs organes sexuels toujours doubles sur les individus, quoique, néanmoins, ceux-ci ne soient munis que d'un seul sexe. Leurs organes respiratoires réduits à un petit nombre de poches branchiales [deux seulement] montrent en cela un perfectionnement qui ne peut être le propre de ceux qui sont plus nombreux.

Ces arachnides sont distinguées des scorpionides ou pédipalpes, parce qu'elles n'ont ni palpes ni mandibules chélifères ; que leurs palpes, quoique saillans, sont plus courts que les pattes, et qu'ils sont filiformes, ressemblant à deux petites pattes antérieures ; que leurs mandibules sont terminées chacune par un crochet mobile que l'animal replie, soit transversalement sur le bord antérieur et souvent denté de la mandibule, soit au-dessous ; enfin, parce que, sous l'extrémité supérieure de ce crochet, on aperçoit une petite ouverture pour la sortie du venin.

Ce qui, en outre, caractérise singulièrement les aranéides, c'est d'avoir près de l'anus en dessous, quatre à six mamelons qui sont autant de filières par où l'animal fait sortir des fils d'une ténuité extraordinaire et qui lui servent, soit à envelopper ses œufs, soit à tapisser sa demeure, soit à former des toiles pour tendre des piéges aux insectes, et souvent pour se suspendre.

Les aranéides ont le corps divisé en deux parties : 1.° en tronc ou corselet qui est inarticulé, porte six à huit yeux lisses, et avec lequel la tête est confondue ; 2.° en un abdomen fixé à la partie postérieure du tronc par un petit pédicule. Cet abdomen est, en général, mou, tandis que le tronc est plus ferme et presque crustacé ; il est ordinairement sans anneaux, ou n'offre que des plis. La disposition des yeux, selon les races, varie beaucoup et peut servir avantageusement pour établir des divisions dans cette famille. On a employé cette considération, ainsi que celle des diverses sortes de toiles que font un grand nombre de ces animaux.

Il n'est pas vrai, comme on l'a cru, que ce soit à des aranéides que soient dues ces masses toujours tombantes de fils très-blancs, nommés vulgairement *coton de la vierge*, qu'on aperçoit dans l'atmosphère uniquement dans les beaux jours, où un ciel très-clair succède à un brouillard. J'en ai établi les preuves, dans mes ouvrages, par des observations et des faits qui ne peuvent laisser de doute à cet égard.

Nous avons dit que les organes sexuels étaient doubles dans chaque sexe. Effectivement, ceux du mâle sont situés à l'extrémité des palpes, y forment un bouton ou un renflement en massue, et sont renfermés dans une cavité du dernier article de chaque palpe. Ceux de la femelle sont pareillement doubles, mais rapprochés; ils sont placés près de la base du ventre, entre les organes respiratoires, et y offrent, pour ouverture au dehors, deux conduits tubuleux, cachés dans une fente transverse.

Quant aux organes respiratoires des aranéides, ils consistent en deux poches branchiales situées de chaque côté près de la base du ventre, et dans lesquelles sont de petites lames en saillie et adhérentes aux parois de ces poches. Leur ouverture forme en dessous deux stigmates recouverts, la membrane qui les recouvre laissant une fente transverse pour le passage de l'air. Ces poches ne peuvent être considérées comme des poumons : leur caractère ne le permet pas. Elles sont analogues à la poche unique et respiratoire de certains mollusques trachélipodes qui ne respirent que l'eau.

Les aranéides sont toutes très-carnassières, sucent avec leur bouche et à l'aide de leurs mâchoires, les insectes qu'elles peuvent saisir, les retiennent et les tuent avec les crochets de leurs mandibules. Elles sont presque toutes terrestres, courent, la plupart, avec agilité, ont une physionomie repoussante, et sont plus ou moins venimeuses. Comme cette famille est extrêmement nombreuse en races diverses, qu'elle offre des caractères assez multipliés et de différens ordres, on a beaucoup varié dans la manière d'y former des divisions. On n'en formait d'abord qu'un seul genre sous le nom d'*araignée*, et tout le monde effectivement reconnaît et désigne ces animaux sous cette dénomination; mais, maintenant, on les partage en un grand nombre de genres différens. Pour cet objet, il faut consulter les intéressans ouvrages de MM. Walckenaer et Latreille. Quoique profitant toujours des observations de M. Latreille, et de la méthode très-naturelle qu'il a établie en dernier lieu, je ne partagerai, néanmoins, les aranéides qu'en quatre genres, et les diviserai de la manière suivante.

DIVISION DES ARANÉIDES.

(1) Mandibules ayant leur crochet replié en travers sur le bord supérieur interne.

Filières, soit formant toutes peu de saillie, soit saillantes au nombre de quatre.

Araignée.

(2) Mandibules ayant leur crochet fléchi en bas ou en dessous.

Deux filières plus grandes et plus longues que les autres : celles-ci très-petites.

(a) Palpes insérés à la base des mâchoires, sur une dilatation extérieure et inférieure de ces parties.

Atype.

(b) Palpes insérés à l'extrémité des mâchoires.

Mygale.

Aviculaire.

ARAIGNÉE. (Aranea.)

Deux palpes saillans, pédiformes, filiformes, articulés, arqués, terminés en massue ou par un bouton, dans les mâles. Mandibules horizontales, ayant à leur sommet externe un ongle ou crochet mobile, subulé, replié transversalement sur le bord interne. Deux mâchoires ; une lèvre inférieure. Six ou huit yeux simples, diversement disposés sur le corselet.

Corps ovale, partagé en deux parties. Abdomen subpédiculé. Quatre ou six mamelons à l'anus. Huit pattes onguiculées.

Palpi duo exserti, pediformes, filiformes, articulati, arcuati, in masculis clavâ aut capitulo terminati. Mandibulœ horisontales; apice externo ungulo mobili, subulato, suprà marginem internam transversìm flexo. Maxillœ duœ; labium. Oculi sex vel octo simplices, suprà thoracem variè dispositi.

Corpus ovatum, bipartitum : abdomine subpediculato. Anus papillis quatuor aut sex textoriis. Pedes octo unguiculati.

OBSERVATIONS.

Ce genre, comprenant la presque totalité des aranéides, semble devoir être divisé en plusieurs autres, comme l'ont fait MM. *Latreille* et *Walcknaer*. Néanmoins, l'*araignée*, de quelque espèce qu'elle soit, est si généralement connue sous cette dénomination, et presque toutes les espèces se rapprochent tellement par leur forme générale, que j'ai cru, pour opérer moins de changement dans la nomenclature, devoir conserver le nom d'*araignée* à toutes les aranéides dont l'onglet des mandibules se replie en travers sur le bord interne de ces mandibules.

Les araignées sont des animaux très-communs, très-répandus, très-multipliés et diversifiés dans leurs espèces, et la plupart fort remarquables par leurs travaux, leurs habitudes, ainsi que par les manœuvres particulières dont ils font usage.

Comme toutes les autres aranéides, ces animaux ont la tête confondue avec le corselet, en sorte que leur corps n'offre que deux parties distinctes; savoir : un corselet sans division, et postérieurement un abdomen qui s'y attache par un pédicule court. Le corselet est presque toujours dur ou ferme, rarement déprimé. Il porte les yeux, et c'est à sa partie inférieure (en dessous) que s'attachent les huit pattes de l'animal. L'abdomen est plus ordinairement mou, sans segmens distincts : il contient presque tous les viscères.

On sait que les yeux des araignées sont simples, séparés, presque toujours au nombre de huit, rarement de six, et qu'ils varient beaucoup dans leur disposition selon les espèces. On a choisi la considération de la disposition des yeux, pour diviser le genre et faciliter l'étude des espèces. *Olivier*, à cet égard, a perfectionné la division de Degeer, et a partagé le genre des araignées en huit sections ou familles. Ici, nous suivrons les six divisions ou tribus de

M. Latreille, comme plus simples encore, et naturelles.

Les mâles des araignées sont très-faciles à distinguer des femelles : 1.° parce que leur abdomen est beaucoup plus petit, et qu'il l'est même quelquefois plus que le corselet ; 2.° parce que le dernier article de leurs palpes est renflé en massue ou en bouton, et qu'il contient les organes de la fécondation. Ainsi, les femelles ayant leur double partie sexuelle située sous l'abdomen près de sa base, et les mâles ayant la leur à l'extrémité de leurs palpes, l'accouplement de ces animaux ne consiste qu'en plusieurs contacts alternatifs de chacun des palpes du mâle contre la partie du sexe de la femelle, qui est alors dilatée.

Les filières des araignées sont à l'extrémité de l'abdomen, près de l'anus. Elles consistent en quatre ou six mamelons percés de petits trous par où elles rendent la liqueur singulière qui, en se séchant, constitue le fil avec lequel les unes forment leur toile ou se suspendent, les autres tapissent leur retraite, et toutes enveloppent leurs œufs. Comme les autres aranéides, toutes sont effectivement des fileuses ; mais toutes ne forment point de toiles pour tendre des piéges.

Les araignées sont carnassières, très-voraces, dévorent ou sucent les insectes qu'elles peuvent saisir, les autres arachnides plus faibles qu'elles, et même les individus de leur espèce, lorsqu'elles en trouvent l'occasion. Elles ont la faculté de repousser les pattes qu'on leur a arrachées ou qu'elles ont perdues par accident.

Dans la citation du petit nombre d'espèces que les bornes de cet ouvrage me permettent, j'indiquerai les principales divisions que l'on doit faire dans ce genre, ainsi que leurs caractères généraux. Quant aux dernières coupes formées parmi les araignées, et présentées comme genres, ces coupes ne me paraissant pas offrir, dans les caractères qui leur sont assignés, des différences partout comparatives et suffisantes pour les limiter avec précision, je me contente de les indiquer par leur nom, et ici je renvoie aux ouvrages de M. Latreille, où l'on en trouvera les détails. Voici le tableau des principales divisions qui partagent ce genre.

DIVISION
DES ARAIGNÉES EN SIX TRIBUS.

§. ARAIGNÉES SÉDENTAIRES. *Les yeux rapprochés dans la largeur de l'extrémité antérieure du corselet, soit au nombre de six, soit au nombre de huit, et dont quatre ou deux au milieu, et deux ou trois de chaque côté.*

Elles font des toiles, ou jettent au moins quelques fils pour surprendre leur proie, et se tiennent immobiles dans leur piége ou auprès.

I.ere TRIBU. Araignées tapissières (les *tubitèles*. Lat.)

Elles font des toiles serrées, soit tubulaires, soit en nasse ou en trémie. Quatre filières saillantes, en faisceau. La plupart sont nocturnes.

II.e TRIBU. Araignées filandières (les *inéquitèles*. Lat.)

Elles font des toiles à réseau irrégulier, à fils se croisant en tout sens et sur plusieurs plans. Filières peu saillantes, convergentes et en rosette.

III.e TRIBU. Araignées tendeuses (les *orbitèles*. Lat.)

Elles font des toiles à réseau régulier, composées de cercles concentriques, coupés par des rayons partant du centre où l'animal se tient le plus souvent. Filières comme dans les filandières. Pattes grêles.

IV.e TRIBU. Araignées crabes (les *latérigrades*. Lat.)

Elles ne font point de toiles, jettent seulement quelques fils pour arrêter leur proie et se tiennent tranquilles en l'attendant. Les quatre pattes antérieures toujours plus longues que les autres.

§§. ARAIGNÉES VAGABONDES. *Les yeux, toujours au nombre de huit, s'étendant presque autant, ou plus, dans le sens de la longueur du corselet que dans celui de sa largeur.*

Elles ne font point de toiles, courent ou sautent après leur proie, et ne tendent point de piége fixe.

V.e TRIBU. Araignées loups (les *citigrades*. Lat.)

Elles attrapent leur proie à la course, et ne sautent presque point.

VI.e TRIBU. Araignées sauteuses (les *saltigrades*. Lat.)

Elles courent et sautent sur leur proie, se tenant ou se suspendant par un fil. Elles ont souvent les cuisses des deux pattes antérieures plus grandes.

ESPECES.

[*ARAIGNÉES SÉDENTAIRES.*]

I.re TRIBU. — Les tapissières ou *tubitèles*.

(a) *Segestria*. Lat.

1. Araignée sénoculée. *Aranea senoculata.*

A. thorace nigricanti-brunneo ; abdomine oblongo griseo : fasciâ longitudinali è maculis nigricantibus.

Aranea senoculata. Lin. Fab. syst. 2. p. 426.

Degeer, ins. 7. p. 258. pl. 15. f. 5.

Segestria senoculata. Lat. gen. 1. p. 89.

Habite en Europe, dans les trous des murailles, etc., dans des tubes de soie.

2. Araignée des caves. *Aranea cellaria.*

A. fusco-nigra, obscurè cinereo-sericea ; mandibulis viridibus ; pectore pedumque origine brunneis.

Aranea florentina. Ross. faun. etr. 2. p. 133. t. 9. f. 3.

Segestria cellaria. Lat. gen. 1. p. 88.

Habite en Europe, dans les fentes de vieux murs, dans les caves.

(b) *Dysdera.* Lat.

3. Araignée érythrine. *Aranea erythrina.*

A. mandibulis thoraceque sanguineo-rubris; pedibus dilutioribus.

Aranea rufipes. Fab. syst. 2. p. 426.

Dysdera erythrina. Lat. gen. 1. p. 90. tab. 5. f. 3.

Habite en France, sous les pierres. Elle est rouge et n'a que six yeux comme les précédentes.

(c) *Clotho.* Walck. et Lat.

4. Araignée de Durand. *Aranea Durandii.*

A. thorace fusco-brunneo, flavo marginato; abdomine nigro: maculis quinque rufis; oculis octo.

Clotho Durandii. Latr. gen. 4. p. 371.

Habite à Montpellier, et fait son nid entre les pierres.

(d) *Aranea domestica.* Lat. *Tegenaria.* Walck.

5. Araignée domestique. *Aranea domestica.*

A. griseo-fusca; abdomine nigricante: fasciâ dorsi longitudinali maculosa; pedibus elongatis.

Aranea domestica. Lin. Fab. syst. 2. p. 412.

Lat. gen. 1. p. 96.

Habite en Europe. Commune dans les maisons, faisant son nid et ses toiles horizontalement, dans les angles des fenêtres et des murs. Elle a huit yeux.

(e) *Drassus.* Walck. et Lat.

6. Araignée lucifuge. *Aranea lucifuga.*

A. mandibulis nigricantibus; thorace pedibusque obscurè brunneis; abdomine murino nigro sericeo.

Drasse lucifuge. Walck. Tableau des ar. p. 45.

Drassus melanogaster. Lat. gen. 1. p. 87.

Schæff. ic. ins. pl. 101. f. 7.

Habite en France, sous les pierres. Elle se renferme dans des cellules de soie. Huit yeux sur deux rangs.

(f) *Clubiona.* Lat.

7. Araignée lapidicole. *Aranea lapidicola.*

A. thorace mandibulisque pallidè rufescentibus; pedibus dilutioribus; abdomine cinerascente.

Clubiona lapidicola. Lat. gen. 1. p. 91.

Clubione lapidicole. Walck. Tableau des ar. p. 44.

Habite aux environs de Paris, sous les pierres.

8. Araignée soyeuse. *Aranea holosericea.*

A. elongata, cinereo-murina; thorace pallido-virescente; abdomine rubro-nigricante : vellere murino.

Aranea holosericea. Lin. Degeer, 7. pl. 15. f. 13.

Clubiona holosericea. Lat. gen. 1. p. 91.

Habite en Europe, sous l'écorce des arbres.

(g) *Argyroneta.* Lat.

9. Araignée aquatique. *Aranea aquatica.*

A. nigricante-brunnea; abdomine nigro velutino : punctis aliquot impressis dorsalibus.

Aranea aquatica. Lin. Fab. syst. 2. p. 418.

Degeer, ins. 7. p. 303. pl. 19. f. 5.

Geoff. 2. p. 644 n.o 7.

Argyroneta aquatica. Lat. gen. 1. p. 94.

Habite en Europe, dans les eaux douces. Son abdomen est enveloppé dans une bulle d'air. Elle forme dans l'eau, une coque ovale, tapissée de soie et remplie d'air. Il en part des fils dirigés en tous sens et qui s'attachent aux herbes.

II.me Tribu. — Les filandières ou *inéquitèles.*

(a) *Scytodes.* Lat.

10. Araignée thoracique. *Aranea thoracica.*

A. pallido-rufescenti-albida, nigro-maculata; thorace magno gibboso; abdomine subgloboso.

Scytodes thoracica. Lat. gen. 1. p. 99.

Scytode thoracique. Walck. Tableau des ar. p. 79.

Habite aux environs de Paris, dans les maisons.

(b) *Theridium.* Lat.

11. Araignée sisyphe. *Aranea sisyphia.*

A. rufa; abdomine globoso : vertice variegato, lineolis albis radiato.

Araignée sisyphe. Lat. hist. nat., etc. vol. 7. p. 229.

Theridium sisyphum. Lat. gen. 1. p. 97.

Walck. Tableau des ar. p. 74.

Habite en Europe, sous les corniches et autres saillies des bâtimens.

12. Araignée couronnée. *Aranea redimita.*

A. flavescente-albida; abdomine ovato; annulo dorsali roseo.

Aranea redimita. Lin.

Degeer, ins. 7. pl. 14. f. 4.

Theridium redimitum. Lat. gen. 1. p. 97.

Habite en Europe, sur les arbres. Elle fait son nid dans une feuille qu'elle plie en rapprochant et retenant les bords avec des fils.

Etc. Ajoutez l'*aranea* 13-*guttata* de Fabricius. Sa morsure est très-dangereuse.

(c) *Episinus.* Lat.

13. Araignée tronquée. *Aranea truncata.*

A. oculis octo, suprà eminentiam impositis; thorace angusto.

Episinus truncatus. Lat. gen. 4. p. 371.

Habite dans le Piémont.

(d) *Pholcus.* Lat.

14. Araignée phalangiste. *Aranea phalangioides.*

A. pallido-livida; abdomine elongato, mollissimo, obscurè cinereo; pedibus longissimis.

Araignée domestique à longues pattes. Geoff. 2. p. 651.

Aranea phalangioides. Fourc. entom. Paris. 2. p. 213.

Pholcus phalangioides. Lat. gen. 1. p. 97.

Habite en France, dans les lieux inhabités des maisons, aux angles des murs. Elle fait vibrer son corps, comme les tipules.

III.me Tribu. — Les tendeuses ou *orbitèles.*

(a) *Linyphia.* Lat.

15. Araignée triangulaire. *Aranea triangularis.*

A. pallido-rufescenti-flavescens; thorace lineâ dorsali nigrâ, anticè bifidâ; abdomine maculis fasciisque angulatis, fuscis et albis.

Araignée renversée sauvage. Degeer, 7. pl. 14. f. 13.

Araignée triangulaire. Lat. hist. nat., etc. 7. p. 242.

Linyphia triangularis. Lat. gen. 1. p. 100.

Habite en Europe, dans les haies, les buissons, sur les genets, où elle fait une toile horizontale, et tend des fils au-dessus.

(b) *Uloborus.* Lat.

16. Araignée de Walcknaer. *Aranea Walcknæria.*

A. elongata, flavo-rufescens; thorace abdomineque sericeis, dorso albis; abdominis villis fasciculatis.

Uloborus Walcknærius. Latr. gen. 1. p. 110.

Habite près de Bordeaux, dans les bois, où elle fait sur les pins des toiles horizontales.

(c) *Tetragnatha.* Lat.

17. Araignée patte-étendue. *Aranea extensa.*

A. abdomine longo, argenteo fuscoque virescente; pedibus longitudinaliter extensis.

Aranea extensa. Lin. Fab. syst. 2. p. 407.

Aranea. Geoff. 2. p. 642. n.o 3.

Degeer, ins. 7. p. 236. n.o 10.

Tetragnatha extensa. Lat. gen. 1. p. 101.

Habite en Europe, dans les bois, les lieux humides. Ses pattes antérieures sont étendues en avant. Elle fait des toiles verticales.

(d) *Epeira.* Walck. Lat.

18. Araignée diadème. *Aranea diadema.*

A. griseo-rufescens; abdomine globoso-ovato, rubro-fusco: cruce albo punctatâ.

Aranea diadema. Lin. Fab. syst. 2. p. 415.

Rœsel. ins. 4. pl. 35—40. Geoff. 2. p. 647.

Degeer, ins. 7. p. 218. pl. 11. f. 3.

Epeira diadema. Lat. gen. 1. p. 106.

Habite en Europe, dans les jardins. Très-commune en automne. Elle fait des toiles verticales.

IV.me Tribu. — Araignées crabes ou *latérigrades.*

(a) *Micrommata.* Lat.

19. Araignée émeraudine. *Aranea smaragdula.*

A. lætè viridis; abdomine fasciâ dorsali longitudinalique intensiori.

Aranea smaragdula. Fab. syst. 2. p. 412.
Lat. hist. nat., etc. vol. 7. p. 278.
Araignée toute-verte. Degeer, ins. 7. p. 252. pl. 18. f. 6.
Sparasse. Walckn. Tableau des ar. p. 39.
Micrommata smaragdina. Lat. gen. 1. p. 115.
Habite en France, dans les bois. Elle se tient sur les feuilles, guette sa proie, et court après.

Nota. Après ses micrommates, M. Latreille place le genre *selenopa* (de Dufour) qui est encore inédit. Ici, il y a six yeux de front sur une ligne, et deux autres, situés, un de chaque côté, derrière les extrêmes de la ligne précédente. Une espèce se trouve en Espagne, et une autre à l'Isle de France.

(b) *Tomisus.* Walck. et Lat.

20. Araignée tigrée. *Aranea tigrina.*

A. corpore griseo, nigro maculato; abdomine plano, rhomboïdali; pedibus tertiis posticis longioribus.
Araignée tigrée. Degeer, ins. 7. p. 302. pl. 18. f. 25.
Aranea levipes. Lin. Fab. syst. 2. p. 413.
Tomisus tigrinus. Walck. Latr. gen. 1. p. 114.
Habite en Europe, sur les arbres. Elle court très-vite.

21. Araignée à crête. *Aranea cristata.*

A. corpore pallido-griseo-rufescente; abdomine suborbiculato, suprà brunneo; fasciâ dorsali pallidiore, lateribus dentatâ.
Aranea cristata. Lat. hist. nat., etc. 7. p. 286.
Clerck, aran. pl. 6. tab. 6.
Tomisus cristatus. Lat. gen. 1. p. 111.
Habite en Europe. Commune en France, dans les jardins, et se trouve souvent à terre.

22. Araignée citron. *Aranea citrea.*

A. citrino-lutea; abdomine magno, suborbiculato, utrinque fasciâ ferrugineâ.
Araignée citron. Geoff. 2. p. 642. n.o 2. pl. 21. f. 1.
Schœff. ins. ic. tab. 19. f. 13.
Tomisus citreus. Lat. gen. 1. p. 111.
Habite en Europe, sur les plantes.
Et autres, soit indigènes de l'Europe, soit exotiques.

[ARAIGNÉES VAGABONDES.]

V.me Tribu. — Araignées loups ou *citigrades.*

(a) *Ctenus*, Walck. Lat.

23. Araignée unicolore. *Aranea unicolor.*

A. rufescens, griseo-sericea; lineæ tertiæ oculis lateralibus minoribus; thoracis dorso medio postico lineolâ albidâ nigro-marginatâ.

Ctenus unicolor. Lat. catal. mss.

Habite le Brésil. De la Lande, fils. Pattes longues, garnies de petites épines noires.

(b) *Oxyopes.* Lat.

24. Araignée bigarrée. *Aranea variegata.*

A. corpore villoso, griseo, rufo nigroque vario; pedibus pallido-rufescentibus, fusco maculatis.

Sphasus heterophthalmus. Walck. Tableau des ar. p. 19. ejusd. hist. des ar. fasc. 3. t. 8.

Oxyopes variegatus. Lat. gen. 1. p. 116. et Encycl. n.o 1.

Habite la France méridionale. Ses pattes ont des piquans très-longs.

Etc. Ajoutez l'oxyope rayé et l'oxyope indien. Latr. Encycl.

(c) *Dolomedes.* Lat.

25. Araignée admirable. *Aranea mirabilis.*

A. cinereo-rufescens, tomentosa; abdomine ovato, apice acuto, dorso fusco.

Aranea mirabilis. Lat. hist. nat., etc. 7. p. 296. Clerck. aran. suec. pl. 5. tab. 10.

Aranea obscura. Fab. syst. 2. p. 419.

Dolomedes mirabilis. Lat. gen. 1. p. 117.

Walck. Tableau des ar. p. 16. n.o 4.

Habite en Europe, dans les bois.

(d) *Lycosa.* Lat.

Les lycoses sont presque toutes terricoles, se retirant dans des trous, ou sous des pierres, d'où elles sortent pour chasser et attraper leur proie.

26. Araignée tarentule. *Aranea tarantula.*

A. suprà cinereo-fusca, subtùs atra; abdominis dorso maculis trigonis nigris; pedibus nigro-maculatis.

Aranea tarantula. Lin. Fab. syst. 2. p. 423.

Araignée tarentule. Lat. hist. nat., etc. t. 7. p. 289. pl. 62. f. 3.

Lycosa tarantula. Lat. gen. 1. p. 119.

Lycose tarentule. Walck. Tableau des ar. p. 11.

Habite l'Europe australe. Cette araignée, l'une des plus grosses de l'Europe, est célèbre par l'opinion répandue, que la musique peut arrêter ou anéantir les effets de sa morsure. Quoiqu'on ne puisse nier l'influence réelle de l'imagination sur notre physique, il est néanmoins probable que la médecine peut offrir des moyens curatifs plus assurés, pour les maux que cause le venin de cette araignée.

27. Araignée à sac. *Aranea saccata.*

A. fusca, fuliginosa, villosa; pedibus livido-rufis, fusco-annulatis.

Aranea saccata. Lin. Fab. syst. 2. p. 421.

Araignée loup. Geoff. 2. p. 649. n.o 14.

Aranea littoralis. Degeer, 7. pl. 15. f. 23.

Lycosa saccata. Latr. gen. 1. p. 120.

Habite en Europe, dans les jardins, les champs, par terre.

VI.me Tribu. — Araignées sauteuses ou *saltigrades*.

(a) *Eresus.* Walck. Lat.

28. Araignée rouge. *Aranea cinnabarina.*

A. nigra; abdomine suprà cinnabarino: punctis quatuor aut sex nigris.

Aranea 4-guttata. Ross. faun. etr. 2. p. 135. pl. 1. f. 8—9.

Coqueb. illustr. ic. dec. 3. tab. 27. f. 12.

Eresus cinnabarinus. Walck. Tableau des ar. p. 21.

Lat. gen. 1. p. 121.

Habite en France, en Italie, etc.

(b) *Salticus.* Lat.

29. Araignée à chevrons. *Aranea scenica.*

A. saliens, nigra; abdomine utrinque lineis tribus albis, ad angulum acutum coeuntibus. G.

Aranea, n.o 16. Geoff. 2. p. 650.

Aranea scenica. Lin. Fab. syst. 2. p. 422.

Salticus scenicus. Lat. gen. 1. p. 123.

Habite en Europe. Commune sur les murs, et à la campagne.

30. Araignée fourmi. *Aranea formicaria.*

A. elongata; thorace anticè nigro, posticè rufo; abdomine fusco: maculâ utrinque albâ.

Araignée fourmi. Degeer, ins. 7. pl. 18. f. 1—2.

Salticus formicarius. Lat. gen. 1. p. 124.

Habite en Europe, sur les plantes et les murs.

Etc.

ATYPE. (Atypus.)

Palpes saillans, plus courts que les pattes, et insérés sur une dilatation externe de la base des mâchoires. Mandibules fortes, saillantes, sans rateau, à crochet subulé, fléchi en dessous. Deux mâchoires. Lèvre inférieure, tantôt très-petite, tantôt linéaire et saillante entre les mâchoires. Huit yeux.

Corps oblong, divisé en deux parties, comme dans les araignées. Huit pattes.

Palpi exserti, pedibus breviores, maxillarum dilatationis externæ basi inserti. Mandibulæ validæ, exsertæ, rastello destitutæ: ungulâ subulatâ, subtùs inflexâ. Maxillæ duæ. Labium modò minimum, modò lineare, inter maxillas exsertum. Oculi octo.

Corpus oblongum, ut in araneis bipartitum. Pedes octo.

OBSERVATIONS.

Les *atypes*, dont il s'agit ici, ont les crochets des mandibules fléchis en dessous, comme dans les mygales et les aviculaires; mais leurs palpes ne s'insèrent point à l'extrémité des mâchoires, considération qui les rapproche plus des araignées.

L'atype de M. Latreille et son *ériodon* offrant également ces caractères, je les réunis ici pour plus de simplicité.

Dans le premier, néanmoins, la lèvre inférieure est très-petite, comme dans les aviculaires; tandis que dans le second, cette lèvre s'avance entre les mâchoires. En outre, il y a entre eux quelques autres différences notables.

Nos atypes sont terricoles et mineuses; au moins l'espèce des environs de Paris se trouve dans ce cas.

ESPECES.

1. Atype de Sulzer. *Atypus Sulzeri.*

A. niger, nitidus; mandibulis validissimis; thorace subquadrato, anticè elevato, posticè plano.

Atypus Sulzeri. Lat. gen. 1. p. 85. tab. 5. f. 2.

Et hist. nat., etc. vol. 7. p. 168.

Aranea picea. Sulz. abg. gesch. tab. 30. f. 2.

Olétère difforme. Walck. Tableau des ar. p. 7. pl. 1. f. 8—10.

Habite en France, près de Paris, etc. Elle se creuse, dans la terre, un nid cylindrique, profond.

2. Atype herseur. *Atypus occatorius.*

A. mandibularum articulo primo infrà apicem dentibus asperato; labio exserto.

Eriodon occatorius. Lat. gen. 1. p. 86.

Missulène herseuse. Walck. Tableau des ar. p. 8. pl. 2. f. 11—14.

Habite la Nouvelle-Hollande. *Péron.*

MYGALE. (Mygale.)

Palpes saillans, allongés, pédiformes, insérés à l'extrémité des mâchoires. Mandibules ayant leur crochet fléchi en dessous ou sur le côté inférieur, et munies d'un rateau à leur sommet. Deux mâchoires allongées. Lèvre inférieure très-petite. Huit yeux.

Port des araignées. Huit pattes. Point de brosses à l'extrémité des tarses et des palpes. Elles construisent dans la terre un nid cylindrique fermé par un opercule.

Palpi exserti, elongati, pediformes, ad apicem maxillarum inserti. Mandibulæ margine supero in rastellum dentato : ungulâ terminali subtùs aut infero latere inflexâ. Maxillæ duæ elongatæ. Labium minimum. Oculi octo.

Habitus aranearum. Pedes octo. Tarsorum palporumque apices scopulis nullis. Sub terrâ nidum cylindricum operculo clausum struent.

OBSERVATIONS.

Je partage l'opinion d'Olivier, et je pense que les *mygales*, qui sont des aranéides mineuses ou cuniculaires, doivent constituer un genre particulier; le caractère et les habitudes de ces aranéides autorisant cette distinction. Leurs palpes sont plus longs, plus pédiformes que ceux des aviculaires. La première pièce de leurs mandibules a son sommet denté en forme de rateau, ce que les aviculaires n'offrent point. Enfin, les *mygales* se creusent dans la terre, des galeries ou des nids cylindriques, qu'elles tapissent d'une couche de soie, et en ferment l'entrée par un opercule qui adhère d'un côté, comme par une charnière. Elles en sortent pour chasser et attraper leur proie.

ESPÈCES.

1. Mygale maçonne. *Mygale cæmentaria.*

M. obscurè ferruginea; mandibulis nigricantibus : dentibus quinque elongatis validis. Oliv.

Mygale cæmentaria. Lat. gen. 1. p. 84. (*Oculi*, t. 3. f. 2.)

Ejusd. Hist. nat., etc. vol. 7. p. 164. pl. 63. f. 1—6.

Walck. Tableau des ar. p. 5.

Oliv. Encycl. vol. 9. p. 86.

Habite le midi de la France.

2. Mygale pionnière. *Mygale fodiens.*

M. obscurè brunnea ; mandibulis dentibus quatuor brevibus inœqualibus. Oliv.

Mygale Sauvagesii. Lat. gen. 1. p. 84.

Ejusd. Hist. nat., etc. 7. p. 165. pl. 63. f. 7. 10.

Mygale pionnière. Walck. Tableau des ar. p. 5.

Oliv. Encycl. n.° 2.

Habite en Italie et en Corse.

Etc. Voyez Olivier et M. Walcknaer pour trois autres espèces.

AVICULAIRE. (Avicularia.)

Palpes saillans, plus courts que les pattes, insérés à l'extrémité des mâchoires. Mandibules sans rateau, ayant leur crochet fléchi en dessous ou sur le côté inférieur. Deux mâchoires. Lèvre inférieure presque nulle. Huit yeux, disposés en croix de Saint-André.

Corps très-grand, ayant le port des araignées. Huit pattes fortes : le dernier article de leurs tarses ayant une brosse tomenteuse sous son sommet. Elles se retirent dans diverses cavités qu'elles rencontrent.

Palpi exserti, pedibus breviores, ad apicem maxillarum inserti. Mandibulœ rastello nullo : unguld terminali subtùs aut infero latere inflexâ. Maxillœ duœ. Labium subnullum. Oculi octo situ crucem Andrœam simulantes.

Corpus maximum, aranearum habitu. Pedes octo, validi; tarsorum articulo ultimo scopula tomentosa infrà apicem instructo. In cavitates varias secedunt.

OBSERVATIONS.

Sous plusieurs rapports, les *aviculaires* se rapprochent des mygales, et néanmoins nous croyons qu'il est convenable de les en séparer. En effet, une taille énorme, des habitudes particulières, et plusieurs caractères tranchés les en distinguent éminemment. Ces grandes aranéides sont très-velues, et ont des brosses de poils à l'extrémité de leurs pattes et de leurs palpes, qui rendent cette extrémité obtuse ; elles n'ont point la première pièce de leurs mandibules terminée par des dents en rateau. Ce sont des chasseuses, presque vagabondes, qui se retirent dans des trous, des fentes à terre, ou dans les cavités des arbres, et qui ne se construisent point de nids particuliers comme les mygales. Elles dévorent les fourmis, et sucent quelquefois les petits oiseaux dans leur nid.

ESPECES.

1. Aviculaire crabe. *Avicularia canceridea.*

A. hirsutissima, nigro-fusca; pilis elongatis; palpis pedibusque apice ferrugineis.

Aranea avicularia. Lin. Fab. syst. 2, p. 424.

Mygale aviculaire. Lat. hist. nat. etc. 7. p. 152, pl. 62. f. 1.

Ejusd. gen. 1. p. 83. (*Oculi*, pl. 3. f. 1.)

Walck. Tableau des ar. p. 4.

Habite l'Amérique méridionale, les Antilles. Vulgairement araignée-crabe.

2. Aviculaire de le Blond. *Avicularia Blondii.*

A. oblonga, hirsuto-ferruginea; pedum unguiculis vix prominulis.

Mygale de le Blond. Lat. hist. nat., etc. 7. p. 159.

Et gen. 1. p. 83. tab. 5. f. 1.

Habite à Cayenne.

3. Aviculaire fasciée. *Avicularia fasciata.*

A. abdomine fasciâ latâ, longitudinali : marginibus sinuatis.

Mygale fasciée. Lat. hist. nat., etc. 7. p. 160.

Et gen. 1. p. 83. Séba, mus. 1. pl. 69. f. 1.

Habite l'île de Ceylan.

CLASSE HUITIÈME.

LES CRUSTACÉS. (Crustacea.)

Animaux ovipares, articulés, aptères; à peau crustacée, plus ou moins solide; ayant des pattes articulées, des yeux, soit pédiculés, soit sessiles, et des antennes le plus souvent au nombre de quatre; à bouche maxillifère, rarement en forme de bec; les mâchoires en plusieurs paires superposées; la lèvre inférieure presque nulle. Point d'ouvertures stigmatiformes pour la respiration. Cinq ou sept paires de pattes.

Une moelle longitudinale ganglionnée, terminée antérieurement par un petit cerveau. Un cœur et des vaisseaux pour la circulation. Respiration branchiale : à branchies externes, tantôt cachées sous les côtés de l'écaille du corselet ou enfermées dans des parties saillantes, tantôt à découvert au dehors, et en général adhérentes à certaines pattes ou à laque. Chaque sexe le plus souvent double.

Animalia ovipara, articulata, aptera; tegumento crustaceo, plùs minùsve solido; pedibus articulatis; oculis vel pediculatis vel sessilibus; antennis sæpiùs quaternariis; ore maxilloso, rariùs rostrato : maxillis pluribus paribus superpositis; labio inferiore subnullo; aperturis stigmatiformibus pro respiratione nullis. Pedum paribus quinque vel septem.

Medulla longitudinalis gangliis nodosa, encephalo parvo anticè terminata. Cor vasculaque circulationi inservientia. Respiratio branchialis : branchiis externis, modò sub testâ thoracis ad latera opertis, vel in partibus prominentibus inclusis, modò nudis, et universè pedibus certis vel caudâ adhærentibus. Sexus quisque sæpiùs duplex.

OBSERVATIONS.

Les *crustacés* sont les derniers animaux qui aient le corps et les membres articulés, et dont la peau offre partout une indurescence ou une solidification propre à fournir des points d'appui aux attaches musculaires. Ils viennent donc nécessairement, dans la marche que nous suivons, et même dans l'ordre de leur production par la nature, après les arachnides.

En effet, ces animaux articulés et essentiellement aptères, paraissent prendre leur source dans les derniers genres de la première branche des arachnides antennifères, auxquelles j'ai donné le nom d'*arachnides crustacéennes*, parce qu'elles seraient des crustacés, si leur organe respiratoire n'était intérieur et trachéal, et si elles possédaient un système de circulation.

Plus éloignés encore des insectes que les arachnides, sous le rapport du mouvement de leurs fluides et sous celui de leur respiration, les *crustacés* offrent, dans leur organisation intérieure, de grands perfectionnemens obtenus, puisque les deux modes nouveaux, commencés seulement vers la fin des arachnides, savoir : la circulation des fluides et la respiration par des branchies, sont ici devenus généraux pour toutes les races, et de plus en plus développés. Effectivement, le système d'organes spécial pour la circulation des fluides, se montre dans les crustacés de tous les ordres où il a été possible de l'observer, et présente, dans les crustacés décapodes, des perfectionnemens remarquables. Il en est de même des branchies, qu'on ne trouve que dans les deux dernières familles des arachnides, où elles ne sont encore qu'ébauchées. On les retrouve ici partout, sous des formes et dans des lieux très-variés, et elles reçoivent de grands développemens dans les crustacés des derniers ordres. Enfin, dans ces animaux, on ne voit plus de véritables stigmates pour l'entrée du fluide respiratoire.

La considération des articulations du corps et des pattes des *crustacés* a, depuis Linné, fait regarder ces animaux comme de véritables insectes par presque tous les naturalistes ; et, dans ce cas, on les rangeait dans l'ordre des aptères, ainsi que les arachnides. Or, d'après la distribution alors généralement admise des animaux, les arachnides et les crustacés se trouvaient à la fin de la classe des insectes, c'est-à-dire, après des animaux dont l'organisation est moins composée que la leur ; ce qui était déjà très-connu.

Enfin, les zoologistes reconnaissant qu'à l'égard des animaux, la considération de l'organisation intérieure est la plus importante pour la détermination des rapports et des rangs, on fut obligé de reporter les arachnides en avant des insectes, et les crustacés en avant des arachnides ; mais on tenait toujours à regarder les animaux de ces deux divisions comme de véritables insectes. En effet, M. *Cuvier*, dans son tableau élémentaire des animaux, plaça les crustacés et les arachnides à la tête de la classe des insectes, et en forma la première division de cette classe.

Je ne partageai point l'opinion de ce savant ; et attribuant plus d'importance aux motifs qui lui faisaient reporter les crustacés en avant des insectes, je crus devoir les en séparer entièrement ; et dans mon cours de l'année 1799, j'en formai une classe particulière. Ce ne fut que l'année suivante que j'établis celle des arachnides, avant même de savoir que le nouvel ordre de choses observé, depuis long-temps, dans l'organisation des crustacés, était déjà commencé en elles. Ainsi le rang des animaux de ces deux classes est maintenant fixé, et est bien supérieur à celui que l'on doit accorder aux insectes.

Quoique très-distincts entr'eux, les arachnides et les crustacés se rapprochent tellement par quantité de rapports, que probablement l'on sentira toujours que les deux classes qu'ils constituent, doivent s'avoisiner. Il y en a même un grand nombre, parmi eux, qui ont des rapports très-marqués dans leur forme générale et dans leur aspect; tels, par exemple, que la plupart des *crustacés décapodes*, qui semblent être des araignées marines.

Quelques citations pourront suffire pour montrer le fondement des rapports dont je viens de parler.

Indépendamment de plusieurs traits de ressemblance observés dans la forme générale de différens animaux de ces deux classes, on voit, dans presque toutes les arachnides exantennées, la tête immobile et tout à fait confondue avec le corselet; or, la même chose s'observe dans la plupart des crustacés, surtout dans les décapodes.

On voit de même, dans un grand nombre des arachnides exantennées, soit des palpes, soit des mandibules chélifères; or, dans un grand nombre de crustacés, on trouve non-seulement des pattes chélifères, mais souvent des palpes qui le sont aussi. Qui ne croirait voir, effectivement, dans les palpes chélifères des scorpions, de véritables pattes d'écrevisse ou de crabe!

On a vu aussi, dans plusieurs de ces arachnides exantennées, les yeux soutenus par des tubercules et même portés sur des pédicules quoiqu'immobiles; or, dans un grand nombre de crustacés, les yeux sont élevés sur des pédicules, mais mobiles.

Enfin, on a vu, dans les scorpions et les araignées, les organes sexuels évidemment doubles; or, il est très-connu qu'ils le sont aussi dans la plupart des crustacés.

On ne saurait donc méconnaître les rapports nombreux qui existent entre les crustacés et les arachnides, quoique ces animaux appartiennent à deux classes très-distinctes.

Si l'on considère les *animaux articulés*, en général, et si l'on examine ce qu'ils sont les uns par rapport aux autres, on pourra penser que, pour leur donner successivement l'existence, la nature n'a suivi qu'un seul plan, tant ils tiennent les uns aux autres par des analogies nombreuses. Bientôt, malgré cela, on remarquera que ce plan a reçu, presque dès son origine, des déviations dans la direction de son exécution, par l'influence de certaines circonstances; car son produit a donné lieu à plusieurs branches bien distinctes, et non à une succession suivie d'objets formant une série simple.

Comme nous l'avons dit, à l'entrée de la classe des arachnides, la branche qui embrasse tous les insectes, nous a paru commencer par ceux qui sont essentiellement aptères [les puces]; une direction particulière du plan cité ci-dessus a amené les nombreux animaux dont il s'agit.

Mais le même plan, ayant reçu une autre direction presqu'en même temps, a dû donner lieu à une autre branche, à celle des arachnides; et celle-ci s'est elle-même immédiatement partagée en deux branches particulières; savoir : 1.° celle des arachnides antennées parasites [les *poux* et les *ricins*] qui ont amené les acarides et ensuite les autres arachnides exantennées ; 2.° celle des arachnides antennées crustacéennes qui ont fourni la source où tous les *crustacés* ont puisé leur existence.

Si ces considérations sont fondées, il ne serait pas vrai que les arachnides fussent une continuation naturelle des derniers insectes produits [des coléoptères], ni que les *crustacés* en fussent une des dernières arachnides [des aranéides], comme les rangs, justement assignés à ces trois classes, semblent l'indiquer.

Ayant déterminé la source des *crustacés*, dans notre manière de juger ce qui les concerne, disons maintenant un mot de leurs généralités.

Les *crustacés*, un peu plus nombreux que les arachnides, mais beaucoup moins que les insectes, sont en général remarquables par leurs tégumens solides, quelquefois même très-durs, comme lorsque les molécules calcaires, dont ils sont empreints, dominent la matière cornée qu'ils contiennent ; mais, selon les familles et les genres, les molécules calcaires diminuant en quantité, la matière cornée de leurs tégumens devient dominante, et ces tégumens à la fin ne sont plus que simplement membraneux, comme dans beaucoup de crustacés branchiopodes.

Ces animaux sont presque tous munis d'antennes qui sont articulées, sétacées, et presque toujours au nombre de quatre. Dans plusieurs, la tête est intimement unie au corselet et tout à fait confondue avec lui. Ce corselet qui couvre le thorax, forme alors une grande pièce, assez dure, à laquelle on donne le nom de *test*. Dans les autres, la tête est distincte, mais le thorax ou le corps est ordinairement partagé en sept segmens qui, en dessous, donnent attache aux pattes. Ce corps est souvent terminé postérieurement par une queue, composée elle-même de plusieurs anneaux. Les pattes, en général au nombre de dix à quatorze, sont composées de six articulations. Souvent les deux pattes antérieures, et quelquefois les deux ou les quatre suivantes, sont terminées en pince; d'autres fois elles sont, soit toutes, soit certaines d'entr'elles, terminées par de simples crochets; et il s'en trouve qui sont uniquement propres à la natation.

Les crustacés ont deux yeux, tantôt élevés sur des pédicules mobiles, et tantôt tout à fait sessiles. Ces yeux sont ordinairement composés ou à rézeau. Dans plusieurs branchiopodes, les deux yeux sont réunis en un seul.

La bouche de ces animaux offre, en général, deux mandibules, une languette au dessous, et trois à cinq paires de mâchoires. On a donné à la première paire ou aux trois premières, le nom de *pieds-mâchoires*, parce que l'on suppose, d'après les observations de M. *Savigny*, que ces mâchoires sont formées par les deux ou les six pattes antérieures de l'animal qui, devenues très-petites et rapprochées de l'intérieur de la bouche, ont été modifiées, et ont cessé d'être propres à la locomotion. Il résulterait de cette considération très-ingénieuse de M. Savigny, que le nombre total ou naturel des pattes des crustacés serait de seize; ceux qui ont quatorze pattes propres à la locomotion, n'ayant que deux pieds-mâchoires, et ceux qui n'ont que dix pattes, ayant six pieds-mâchoires.

Les branchies des *crustacés* sont extérieures, quoique souvent cachées, et en général sont adhérentes à certaines pattes. Quelquefois néanmoins elles sont placées au dessous de la queue. Le fluide à respirer, soit l'eau, soit l'air libre, n'y parvient point par des ouvertures en forme de stigmates, comme dans les arachnides et les insectes; caractère dont je me suis servi dans mes cours, pour faciliter la distinction des animaux de cette classe.

Le perfectionnement des crustacés, surtout de ceux du second ordre, est si peu hypothétique, que ces animaux, dans notre marche, sont les premiers en qui l'organe de l'ouie ait été aperçu, et sont les derniers dans une marche contraire. Ainsi, quoique les insectes et les arachnides soient clairement doués des sens de la vue et du tact, aucun d'eux n'a encore offert le sens de l'ouie d'une manière distincte.

Les *crustacés* ne se nourrissent que de matières animales. La plupart vivent dans les eaux, soit marines, soit fluviatiles; mais quelques races vivent habituellement sur la terre, et respirent l'air libre avec leurs branchies.

Relativement à l'ordre et à la division des crustacés, je tiens beaucoup à ce qu'il y a d'essentiel dans la distribution de ces animaux, telle que je l'ai publiée, d'après mes cayers, dans le petit *Extrait de mon Cours*, p. 89 à 93; mais j'y vois un renversement à faire dans la distribution générale, afin de commencer par les plus imparfaits de ces animaux, et plusieurs redressemens et additions à opérer, d'après les savans ouvrages que M. *Latreille* a publiés en dernier lieu sur cette classe d'animaux.

En conséquence, je divise, comme auparavant, les *crustacés* en deux ordres qui me paraissent très-naturels et très-distincts, savoir :

1.° En *crustacés hétérobranches*, dont les branchies, sous le corps, sont très-diversifiées dans leur forme et leur situation, n'adhèrent point à des pieds-mâchoires, et ne sont jamais cachées sous les bords latéraux d'une carapace qui couvre tout le corps;

2.° En *crustacés homobranches*, dont les branchies, en pyramides et composées de lames empilées, adhèrent aux derniers pieds-mâchoires, et sont toujours cachées sous les bords latéraux d'une carapace ou d'un test qui couvre tout le corps, excepté la queue.

ORDRE PREMIER.

CRUSTACÉS HÉTÉROBRANCHES.

Branchies externes, diversement situées, mais placées ailleurs que sous les bords latéraux d'une carapace. Elles sont, soit sous le ventre ou sous la queue, soit adhérentes aux pattes ou confondues avec elles. Les yeux le plus souvent sessiles et immobiles.

Comme, dans notre marche, nous nous élevons toujours du plus imparfait vers ce qui nous paraît plus perfectionné sous tous les rapports, nos *crustacés hétérobranches* embrassent les quatre derniers ordres des crustacés de M. Latreille, et comprennent effectivement les crustacés les moins parfaits, les plus petits, les plus diversifiés dans leurs formes et leurs caractères, ceux qui ont en général les tégumens les moins solides, en un mot, presque tous ceux que j'avais déjà réunis comme formant un ordre distinct, dans l'extrait de mon Cours (p. 91), publié en 1812.

Ces crustacés si diversifiés entr'eux, quelquefois même si singuliers, comme ceux qui appartiennent à la première section (les branchiopodes ou entomostracés), forment un contraste très-remarquable avec les crustacés du second ordre qui sont si perfectionnés sous tous les rapports, qui ont tant d'analogie entr'eux, et qui offrent une si grande ressemblance dans la nature et la situation de leurs branchies. Aussi sentira-t-on probablement que ces deux coupes, principales et naturelles, doivent être conservées pour l'intérêt de la science.

Les *crustacés hétérobranches* ont les branchies tantôt attachées seulement aux pattes qui servent à la locomotion, ou réunies à ces pattes; tantôt situées sous la queue, soit dans des écailles, soit à nu; et tantôt placées sous le ventre, et fixées à la base des pattes ou de certaines pattes, et renfermées dans des corps vésiculaires. Jamais ces branchies ne sont adhérentes à des pieds-mâchoires.

Leur bouche varie beaucoup dans sa forme et ses caractères : tantôt elle présente une espèce de bec et n'est propre qu'à sucer, et tantôt elle offre des mâchoires ; mais ces mâchoires, en y comprenant les auxiliaires, ne sont jamais au nombre de six paires, comme dans les crustacés du second ordre.

Les femelles de ces animaux portent leurs œufs après la ponte, enfermés, soit dans des bourses suspendues derrière l'abdomen ou sous cet abdomen, soit dans des sacs sous le ventre, soit enfin dans des écailles aussi sous le ventre.

DIVISIONS PRIMAIRES
DES CRUSTACÉS HÉTÉROBRANCHES.

1.re Sect. Les *branchiopodes.*

Mandibules sans palpes ou nulles. Yeux le plus souvent sessiles, quelquefois réunis. Des pattes branchiales qui ne servent qu'à nager et auxquelles ou à certaines desquelles les branchies sont attachées. Un bec dans les uns et des mâchoires dans les autres, mais dont les deux inférieures sont sans articulations et en feuillets simples.

2.e Sect. Les *isopodes*.

Mandibules sans palpes. Yeux sessiles. Des pattes uniquement propres à la locomotion ou à la préhension. Des mâchoires dans tous, et dont les deux inférieures, en forme de lèvre, recouvrent la bouche. Les branchies situées sous le ventre ou sous la queue. La tête souvent distincte du tronc.

3.e Sect. Les *amphipodes*.

Mandibules palpigères. Yeux sessiles. La tête distincte du tronc. Branchies vésiculeuses situées à la base intérieure des pattes ou de certaines pattes, en partant de la deuxième paire.

4.e Sect. Les *Stomapodes*.

Mandibules palpigères. Les yeux pédiculés. La tête en grande partie reculée sous un corselet antérieur non pédifère. Branchies à nu et en panache sous le ventre au-delà des pattes.

PREMIÈRE SECTION.

CRUSTACÉS BRANCHIOPODES.

Mandibules sans palpes ou nulles. Des pattes branchiales qui ne servent qu'à nager et à respirer, les branchies y étant attachées ou à certaines d'entre elles. Un bec dans les uns et des mâchoires dans les autres, mais dont les deux inférieures, sans articulations, sont en feuillets simples.

M. Latreille, dans le travail qu'il a fait pour le dernier ouvrage de M. *Cuvier* sur les animaux, donne le nom de Branchiopodes aux entomostracés de *Muller*, c'est-à-dire, à un assemblage de crustacés singulièrement diversifiés par leur forme, leurs caractères et leur taille. Il est en effet fort difficile d'assigner aux animaux dont il s'agit, un caractère général moins composé que celui que nous présentons ici, d'après M. Latreille.

Les uns, effectivement, ont des antennes, et c'est le plus grand nombre; tandis que quelques autres en sont dépourvus. Il y en a qui ont les deux yeux bien séparés, sessiles dans la plupart, quelquefois pédiculés; beaucoup d'autres ont ces deux yeux très-rapprochés, souvent même réunis ou confondus en un seul œil sessile. Enfin, presque tous ont la tête soudée ou réunie au corselet, et néanmoins la tête est distincte ou séparée dans quelques autres.

Si l'on en excepte quelques-uns, comme les cyclopes, les branchipes, etc., les autres ont une sorte de test clypéacé, corné, souvent membraneux, soit univalve, soit bivalve, recouvrant ou renfermant le corps.

Les mâles ont les organes sexuels doubles, situés tantôt à l'extrémité postérieure de la poitrine ou à l'origine de la queue, et tantôt aux antennes, comme dans les araignées. C'est toujours à l'origine de la queue, en dessous, que sont placés les organes sexuels de la femelle, et ses œufs sont renfermés dans une ou deux enveloppes qui, comme deux petits sacs, pendent postérieurement.

La bouche des branchiopodes est tantôt composée de deux mandibules, qui n'ont point de palpes, et de deux paires de mâchoires, en feuillets inarticulés, et tantôt elle est en forme de bec et n'est propre qu'à sucer.

Les pattes de ces animaux, ou au moins certaines d'entr'elles, sont en nageoires, et portent les branchies.

Les *branchiopodes* sont des animaux aquatiques, vivant les uns dans la mer, et beaucoup d'autres dans les eaux douces. Ils nagent très-bien, et la plupart sont extrêmement petits, microscopiques même et transparens.

Cependant plusieurs sont d'une assez grande taille ; il s'en trouve même qui sont des géans à l'égard des autres. Il y en a qui subissent une sorte de métamorphose, plusieurs de leurs organes ne paraissant que successivement et à mesure que les divers changemens de peau s'exécutent. Cela n'empêche pas que, parmi les animaux dépourvus de *circulation* et qui ne respirent que par des *trachées*, les insectes ne soient les seuls qui subissent de véritables métamorphoses.

Ces animaux, quoique véritables crustacés, ont des rapports avec les arachnides. Ils nous paraissent former dans la classe, un rameau latéral, isolé, qui semble naître du voisinage des *stomapodes*.

Tous les *branchiopodes* sont carnassiers : plusieurs sont des suceurs et vivent en parasites, se fixant sur d'autres animaux aquatiques qu'ils sucent. Comme ils nous semblent les moins perfectionnés des crustacés, c'est-à-dire, les moins avancés en développement, nous les plaçons en tête de leur classe, quoique nous pensions que tous les crustacés tirent réellement leur source, par les isopodes, de la branche des arachnides antennées qui amène les myriapodes.

Nous diviserons les branchiopodes de la manière suivante:

DIVISION DES BRANCHIOPODES.

§ *Pattes natatoires, mutiques, menues, soit simples, soit branchues, la plupart sétifères, jamais dilatées en lames, et ne servant ni à la préhension, ni à marcher.* [*Branchiopodes frangés*].

(1) Test bivalve, enveloppant tout le corps.

Cypris.

Cythérine.

Daphnie.

Lyncée.

(2) Test, soit nul, soit d'une seule pièce et fort court.

Cyclope.

Céphalocle.

Zoë.

§§. *Pattes, soit lamelleuses et ciliées, soit distinguées en deux sortes pour les usages : les unes, antérieures, à crochets simples ou doubles, servant à la préhension ou à marcher ; et les autres, postérieures, étant seulement natatoires.*

(1) Les yeux pédiculés ; toutes les pattes lamelleuses. (Branchiopodes lamellipèdes.)

Branchipe.

Artémis.

(2) Les yeux sessiles (pattes de deux sortes).

(a) Bouche en forme de bec plus ou moins distinct, renfermant un suçoir. (Branchiopodes parasites).

Dichélestion.

Cécrops.

Argule.

Calige.

(b) Bouche non en forme de bec. Des mandibules sans palpes ou aucune ; des mâchoires ou des pieds-mâchoires. (Branchiopodes géans).

Limule.

Polyphème.

BRANCHIOPODES FRANGÉS.

Pattes natatoires, au nombre de six à douze, mutiques, menues, simples ou branchues, jamais dilatées en lames, la plupart sétifères, et ne servant ni à la préhension, ni à marcher.

Les *branchiopodes frangés* ou les lophyropes de M. Latreille, sont les plus petits des crustacés connus; la plupart sont des animaux presque microscopiques. Leur tête est presque toujours confondue avec l'extrémité antérieure du tronc, et dans le plus grand nombre les deux yeux sont réunis en un seul œil. Les uns sont sans test ou n'en ont qu'un fort court et d'une seule pièce; les autres ont un test comme bivalve qui enveloppe leur corps. Ces petits crustacés sont transparens ou demi-transparens ainsi que leur test. Ils vivent dans les eaux douces et tranquilles, et néanmoins quelques-uns habitent les eaux marines. On rapporte à cette division les genres cypris, cythérine, daphnie, lyncée, cyclope, céphalocle et zoë, qui suivent.

CYPRIS. (Cypris.)

Deux antennes droites, simples, en pinceau au sommet. Un seul œil. Tête cachée. Test bivalve, renfermant le corps. Quatre pattes.

Antennæ duæ, rectæ, simplices, apice penicillatæ. Oculus unicus. Caput conditum. Testa bivalvis corpus recondens. Pedes quatuor.

OBSERVATIONS.

Les *cypris* ont beaucoup de rapports avec les cythérines; mais leurs antennes sont terminées en pinceau, c'est-à-dire, par un faisceau de poils assez longs, et on ne leur voit que quatre pattes. Leur test s'ouvre et se ferme longitudinalement d'un côté, comme les deux valves d'une conchifère. Ces entomostracés microscopiques changent de peau et à la fois de test, ce qui prouve que ce test n'est qu'une dépendance de leur peau. Ils habitent les eaux douces et stagnantes des marais, des fossés aquatiques, et nagent avec vitesse. Ils ont une queue qui se renferme dans le test avec le corps. De très-petits filets articulés et à pointes crochues, ont été observés entre les deux paires de pattes.

ESPECES.

1. Cypris pubère. *Cypris conchacea.*

C. ovata, tomentosa. Lat.

Cypris pubera. Mull. entomostr. p. 56. tab. 5. f. 1—5.

Monoculus conchaceus. Lin. Fab. syst. 2. p. 496.

Encyclop. pl. 266. f. 27—30. *Monoculus* n.° 4. Geoff. 2. p. 657.

Cypris conchacea. Latr. gen. 1. p. 18.

Habite en Europe, dans les eaux pures ou claires des fossés, etc.

2. Cypris ornée. *Cypris ornata.*

C. ovata, anticè subtùs sinuata, albo viridi fulvoque variegata.

Cypris ornatus. Mull. entomost. 51. p. 10. t. 3. f. 4—6.

Monoculus ornatus. Fab. syst. 2. p. 495.

Encycl. pl. 266. f. 18—21.

Habite en Danemarck, dans les eaux stagnantes.

3. Cypris lisse. *Cypris lævis.*

C. ovato-globosa, glabra; virescens.

Cypris lævis. Mull. entomost. p. 52. tab. 3. f. 7—9.

Monoculus. Geoff. 2. p. 658. n.° 5.

Monoculus lævigatus. Fab. 2. p. 495.

Habite en Europe, dans les eaux des marais, des fossés.

Etc. Voyez le *Cypris nephroides* de M. Leach, crust. angul. pl. 20.

CYTHÉRINE. (Cytherina.)

Deux antennes velues dans leur longueur. Un seul œil. Tête cachée. Test bivalve, renfermant le corps. Huit pattes.

Antennæ duæ per longitudinem pilosæ. Oculus unicus. Caput conditum. Testa bivalvis corpus recondens. Pedes octo.

OBSERVATIONS.

Ayant donné le nom de cythérée à un genre de conchifères, je suis obligé de changer la terminaison du nom de celui-ci. Les cythérines ont des rapports avec les cypris; mais le nombre de leurs pattes et leurs antennes simplement pileuses les en distinguent. Elles n'ont point de queue, et vivent dans la mer.

ESPECES.

1. Cythérine verte. *Cytherina viridis.*

C. testâ viridi, reniformi, tomentosâ.

Cythere viridis. Mull. ent. p. 64. t. 7. f. 1—2. Latr. gen. 1. p. 19. et hist. nat. 4. p. 252.

Monoculus viridis. Fab. syst. 2. p. 494. Encycl. pl. 266. f. 4—5.

Habite les mers du nord, parmi les fucus.

2. Cythérine jaune. *Cytherina lutea.*

C. lutea; testâ reniformi, glabrâ.

Cythere lutea. Mull. entomost. p. 65. tab. 7. f. 3. 4.

Monoculus luteus. Fab. p. 494. Encycl. pl. 266. f. 6, 7.

Habite les mers du nord, entre les plantes marines.

Etc.

DAPHNIE. (Daphnia.)

Deux antennes rameuses, à rameaux sétifères. Un seul œil. Tête saillante. Test subunivalve, s'ouvrant longitudinalement d'un côté. Huit à douze pattes.

Antennæ duæ ramosæ ; ramis setiferis. Oculus unicus. Caput exsertum. Testa subunivalvis, uno latere longitudinaliter dehiscens. Pedes octo ad duodecim.

OBSERVATIONS.

Parmi les entomostracés presque microscopiques, les *daphnies* sont ceux qui ont été le plus observés et qui sont les mieux connus. Ils sont fort remarquables par la forme de leurs antennes, et leur test, quoique bivalve, semble d'une seule pièce qui s'ouvre du côté du ventre par la seule flexibilité de ce test au dos de l'animal. Leur tête est saillante, et s'avance un peu d'un côté, souvent en forme de museau. Mais la bouche, au lieu d'offrir un suçoir, a, dit-on, deux mandibules sans dentelures et une soupape qui fait passer les alimens entre ces pièces et deux palpes articulés. La transparence des tégumens permet de voir les mouvemens du cœur, qui se contracte deux cents fois par minute. Les sexes sont séparés; un seul accouplement suffit pour la fécondation de six générations successives, ce qui, je crois, signifie pour la fécondation des œufs de six pontes différentes.

Les *daphnies* vivent dans les eaux douces, nagent avec célérité, et se servent de leurs pattes et de leurs antennes pour exécuter leurs mouvemens dans les eaux. On en connaît neuf ou dix espèces.

ESPÈCES.

1. Daphnie puce. *Daphnia pulex.*

D. caudâ inflexâ; testâ posticè mucronatâ. Lat.

Daphnia pennata. Mull. entomost. p. 82. t. 12. f. 4—7.
Monoculus pulex. Lin. Fab. S. 2 p. 491.
Encycl. pl. 265. f. 1—4. Geoff. 2. p. 655. n.o 1.
Daphnia pulex. Lat. gen. 1. p. 18. et hist. nat. 4. p. 223. pl. 33. f. 2. 3.
Habite en Europe, dans les eaux douces. Elle est d'un rouge de sang.

2. Daphnie longue-épine. *Daphnia longispina.*
D. caudâ inflexâ; testâ posticè aculeatâ : aculeo serrato.
Daphnia longispina. Mull. entom. p. 88. tab. 12. f. 8—10.
Monoculus longispinus. Fab. p. 492.
Encycl. pl. 265. f. 5—7.
Daphnia longispina. Lat. hist. nat. 4. p. 226.
Habite en Europe, dans les eaux claires. Elle nage sur le dos.
Etc.

LYNCÉE. (Lynceus.)

Deux ou quatre antennes simples, velues ou terminées en pinceau. Deux yeux distincts.

Tête exsertile, souvent saillante. Corps ovale, renflé, enfermé dans un test bivalve. Huit pattes sétifères.

Antennæ duæ vel quatuor simplices, villosæ aut apice penicillatæ. Oculi duo distincti.

Caput exsertile, sæpè prominulum. Corpus ovatum, turgidum, testâ bivalvi inclusum. Pedes octo setiferi.

OBSERVATIONS.

Les *lyncées* ressemblent beaucoup aux daphnies; mais ils ont deux yeux distincts, quoique rapprochés, et leurs antennes sont plutôt simples que branchues. Leur test est transparent, et a une échancrure antérieure par où la tête sort et rentre au gré de l'animal. Des écailles barbues ou branchiales accompagnent souvent les pattes de ces crustacés. On trouve les lyncées dans les eaux stagnantes où ils nagent avec beaucoup de vitesse. Leur tête est un peu conformée en bec.

ESPECES.

1. Lyncée queue-courte. *Lynceus brachyurus.*

L. antennis quatuor; testâ globosâ; caudâ deflexâ. Lat.
Lynceus brachyurus. Mull. entom. p. 69. tab. 8. f. 1—12.
Lat. gen. 1. p. 17. et hist. nat. 4. p. 204. pl. 32. f. 1—12.
Monoculus brachyurus. Fab. syst. 2. p. 497.
Habite en Europe, dans les marais, au printemps.

2. Lyncée trigonelle. *Lynceus trigonellus.*

L. antennis quatuor; testâ anticè gibbâ; caudâ inflexâ, serratâ.
Lynceus trigonellus. Mull. entom. p. 74. tab. 10. f. 5. 6.
Latr. Hist. nat., etc., 4. p. 205. pl. 33. f. 1.
Monoculus trigonellus. Fab. S. 2. p. 498.
Habite en Danemarck, dans les fossés aquatiques.

3. Lyncée sphérique. *Lynceus sphæricus.*

L. antennis duabus; testâ globosâ; caudâ inflexâ.
Lynceus sphœricus. Mull. entom. p. 71. t. 9. f. 7—9.
Latr. gen. 1. p. 17. et hist. nat. 4. p. 207.
Monoculus sphœricus. Fab. S. 2. p. 497.
Habite en Europe, dans les eaux stagnantes.
Etc.

CYCLOPE. (Cyclops.)

Deux ou quatre antennes simples, sétifères. Un seul œil sur le dos du premier segment.

Corps allongé, insensiblement rétréci vers la partie postérieure, divisé en segmens transverses dont le premier est le plus grand. Queue terminée par deux pointes sétacées. Six à douze pattes sétifères.

Antennœ duœ vel quatuor, simplices, setigerœ. Oculus unicus in dorso primi segmenti.

Corpus elongatum, sensìm posticè angustatum, segmentis pluribus transversis divisum : segmento primo majore. Cauda biseta. Pedes sex ad duodecim, setiferi.

OBSERVATIONS.

Les *cyclopes* sont de très-petits crustacés presque microscopiques, qui font partie du genre *monoculus* de Linné. Ils n'ont point de test, à moins qu'on ne prenne leur premier segment pour un test court. Leur corps est allongé, atténué postérieurement et terminé par deux soies. Le mâle, dit on, a ses parties sexuelles cachées vers le milieu de l'une de ses antennes. Ce fait, observé dans quelques espèces, est singulier, si toutefois l'on n'a pas pris pour antennes, deux pattes antérieures, dirigées en avant. Les femelles portent leurs œufs renfermés dans un sac membraneux, en forme de grappe ovale, et pendant sous le ventre, à l'origine de la queue.

La plupart des cyclopes vivent dans les eaux douces. Leur taille est si petite, qu'on prétend que nous sommes souvent exposés à en avaler lorsque nous buvons.

Les genres *anymome* et *nauplie* de Muller, ne sont que des larves de cyclope, selon M. de Jurine.

ESPECES.

1. Cyclope quadricorne. *Cyclops quadricornis*.

C. antennis quatuor; caudâ rectâ, bifidâ.

Monoculus quadricornis. Lin. Fab. syst. 2. p. 500.

Monocle à queue fourchue. Geoff. 2. p. 656. pl. 21. f. 5.

Cyclops quadricornis. Mull. entom. p. 109. tab. 18. f. 1—14.

Latr. gen. 1. p. 19.

Habite en Europe, dans les eaux douces. Il est blanchâtre.

2. Cyclope nain. *Cyclops minutus*.

C. albidus; caudâ biseta, longitudine corporis.

Cyclops minutus. Mull. entom. p. 101. t. 17. f. 1—7.

Encycl. pl. 263.

Monoculus minutus. Fab. syst. 2. p. 499.
Habite en Europe, dans les eaux stagnantes.

3. Cyclope longicorne. *Cyclops longicornis.*
C. antennis duabus longissimis; caudâ bifidâ.
Cyclops longicornis. Mull. entom. p. 115. t. 19. f. 7—9.
Lat. gen. 1. p. 20. et hist. nat. 4. p. 266.
Monoculus longicornis. Fab. syst. 2. p. 501.
Habite la mer de Norwège.
Etc.

CÉPHALOCLE. (Cephaloculus.)

Point d'antennes connues. Bouche..... Un œil grand, globuleux, ressemblant à une tête distincte du corselet.

Corps transparent, presque crustacé. Corselet ovale; abdomen sessile, ovale, déprimé. Queue formée par un filet terminé par deux soies, se repliant sous l'abdomen. Dix pattes, dont deux antérieures sont beaucoup plus grandes, divergentes, fourchues au sommet et ressemblant à des rames.

Antennæ nullæ cognitæ. Os...... Oculus unicus magnus, globosus, caput à thorace distinctum æmulans.

Corpus pellucidum, subcrustaceum. Thorax ovatus. Abdomen sessile, ovatum, depressum. Filamentum terminale, apice bisetosum, caudam abdomini inflexam efformans. Pedes decem : duobus anticis multò majoribus, apice furcatis, ad latera divaricatis, remiformibus.

OBSERVATIONS.

Le nom de polyphème que l'on donne maintenant à l'animal singulier de ce genre, parce qu'il n'a qu'un œil, me parut, dans le temps, appartenir plutôt au genre qui renferme les géans des entomostracés, et que Linné désignait aussi sous le nom spécifique de polyphème, n'en distinguant qu'une espèce. Il en résulte que mes polyphèmes sont actuellement des limules pour différens auteurs. Au reste, quelque dénomination que l'on donne à l'animal dont il s'agit ici, il n'en est pas moins très-singulier par ses caractères.

A la place où se trouve ordinairement la tête, le *céphalocle* présente une sphère noirâtre, brillante, laquelle est un œil, résultant peut-être de la réunion de deux yeux, et qui est propre à recevoir de toute part l'impression de la lumière et la vue des objets.

Ce petit animal, qu'on a pris d'abord pour une larve, mais qui ne change jamais de forme, habite dans l'eau des étangs et des marais, où on le rencontre en grande troupe. Il nage sur le dos, et se sert de ses deux pattes antérieures en place de rames. Sa queue, qui se réfléchit sous l'abdomen, est alors en dessus.

ESPECE.

1. Céphalocle des étangs. *Cephaloculus stagnorum.*

Monoculus pediculus. Lin. Fab.
Polyphemus oculus. Mull. entom. p. 119. pl. 20. f. 1—5.
Latr. gen. 1. p. 20. et hist. nat, vol. 4. p. 287. pl. 30. f. 3—5.
Habite en Europe, dans les étangs, les eaux des marais.

ZOÉ. (Zoea.)

Quatre antennes insérées au dessous des yeux : les intérieures simples, les externes bifides. Bouche inconnue.

Tête sessile, à peine distincte, ou se terminant en un long bec subulé, perpendiculaire. Deux yeux grands, sessiles, latéraux, situés à la base du bec. Le premier segment du corps formant un grand corselet, à dos chargé d'une longue épine, courbée en arrière. Queue aussi longue que le corselet, divisée en cinq segmens : le dernier étant épineux ou en forme de nageoires. Plusieurs pattes très-courtes, cachées sous le corselet, mais les deux dernières plus longues et natatoires.

Antennæ quatuor infrà oculos insertæ : interioribus simplicibus ; externis bifidis. Os ignotum.

Caput sessile, vix distinctum, aut in rostrum longum subulatum perpendiculare desinens. Oculi duo magni, sessiles, laterales, ad basim rostri. Corporis segmentum primum thoracem magnum efformans : dorso in spinam longam retrò-curvatam producto. Cauda thoracis longitudine, quinque articulata : articulo ultimo spinoso vel pinniforme. Pedes plures brevissimi : duobus posticis longioribus, natatoriis.

OBSERVATIONS.

Les *zoës* sont des crustacés marins, très-petits, transparens, fort singuliers par leur conformation et surtout par les changemens qu'ils paraissent éprouver en se développant ou à mesure qu'ils changent de peau. Leurs caractères sont encore peu connus, et surtout ceux des parties de leur bouche ne le sont nullement. Nous avons suivi ceux indiqués par MM. Bosc et Latreille, le premier en ayant observé une espèce dans la mer Atlantique, loin des côtes. Lorsqu'on voit cet animal dans l'eau, sa transparence fait que l'on n'en aperçoit que les yeux qui sont d'un bleu très-brillant, et qu'une tache qui se trouve à la base de l'épine dorsale. Il paraît qu'il existe plusieurs espèces de ce genre, et que le *monoculus taurus* de Slaber doit y être rapporté.

ESPÈCE.

1. Zoë pélagique. *Zoe pelagica.*

Zoe pelagica. Bosc, hist. nat. des crust. 2. p. 135. pl. 15. f. 3. 4.

Latr. gen. 1. p. 21. et hist. nat. 4. p. 298. pl. 35. f. 1.
Habite l'Océan Atlantique. *Bosc.*

BRANCHIOPODES LAMELLIPÈDES.

Ces branchiopodes sont singuliers en ce qu'ils sont les seuls de cette section qui aient les yeux pédiculés. Toutes leurs pattes sont natatoires, branchiales et dilatées en lames ciliées. On ne distingue parmi eux que les deux genres qui suivent :

BRANCHIPE. (Branchipus.)

Antennes sétacées, au nombre de deux ou de quatre. Deux yeux composés, pédiculés, mobiles. Deux cornes mobiles, situées sur le front, unidentées au côté externe, fourchues au sommet. Bouche offrant une papille en bec crochu, accompagné de quatre petites pièces.

Tête distincte du tronc. Corps allongé, mou, transparent, divisé en onze segmens. Queue subcylindrique, longue, articulée, diminuant insensiblement, et terminée par deux nageoires ciliées. Pattes lamelleuses, ciliées, natatoires, et au nombre de onze paires.

Antennæ setaceæ, duæ aut quatuor. Oculi duo, stipitati, compositi, mobiles. Frons corniculis duobus, mobilibus, latere externo unidentatis, apice furcatis. Os papillâ rostriformi hamulatâ, corpusculisque quatuor suffultâ instructum.

Caput à trunco distinctum. Corpus elongatum, molle, hyalinum, segmentis undecim divisum. Cauda subcylindrica, longa, articulata, sensìm angustata, pin-

nis duabus ciliatis terminata. Pedes lamellosi, ciliati, natatorii, branchiales; undecim paribus.

OBSERVATIONS.

D'accord avec M. Latreille, je donne maintenant le nom de *branchipes* aux singuliers crustacés dont il s'agit, que j'avais nommés *branchiopodes* auparavant, afin de conserver cette dernière dénomination à la section des crustacés dont ils font partie.

Les *branchipes* sont véritablement singuliers dans leur forme et leurs caractères, et il est fort remarquable de leur trouver des yeux latéraux, pédiculés et mobiles. Leurs sexes sont séparés, doubles, et situés sous le second anneau de l'abdomen. Le nombre des antennes, tantôt de deux, tantôt de quatre, distingue probablement les sexes. Ces crustacés n'ont point de test, point de pattes à crochets, et ont le corps allongé, assez étroit, très-mou. Les œufs, après leur sortie du corps, restent suspendus dans un sac situé près des deux ouvertures sexuelles de la femelle; la transparence de ce sac permet d'apercevoir la belle couleur bleue de ces œufs.

Il paraît que les branchipes prennent, pendant leurs développemens successifs, des figures différentes; ce qui est peut-être cause qu'on en a distingué de diverses espèces. On trouve ces crustacés dans les fossés remplis d'eau. Je ne citerai que l'espèce qui suit :

ESPECE.

1. Branchipe stagnal. *Branchipus stagnalis.*

Branchiopoda stagnalis. syst. des anim. sans vert. p. 161.
Latr. gen. 1. p. 22. et hist. nat. des crust. 4. p. 319. pl. 36 et 37.
Cancer stagnalis. Lin.
Gammarus stagnalis. Fab. syst. 2. p. 518.
Habite en Europe, dans les fossés aquatiques.

ARTÉMIS. (Artemisus.)

Deux antennes courtes, subulées. Deux yeux subpédonculés. Bouche..... sous le bord antérieur.

Corps ovale, à tête non séparée, et postérieurement caudifère. Queue longue, terminée en pointe. Dix paires de pattes lamelleuses, natatoires, ciliées, terminées par une soie.

Antennæ duæ, breves, subulatæ. Oculi duo, subpedonculati. Os..... infrà marginem anticum.

Corpus ovale, posticè caudatum; capite non distincto. Cauda longa, apice acuta. Pedum paria decem; pedibus lamellosis, natatoriis, ciliatis, setâ terminatis.

OBSERVATIONS.

Je nomme *Artémis* un branchiopode dont on prétend que M. *Leach* a fait un genre sous le nom d'*Artemisia*, dénomination que l'on sait être consacrée à un beau genre de plante. L'artémis paraît avoir des rapports avec le branchipe, mais il en est très-distinct génériquement. Je n'ai en vue que d'en faire une simple mention, en attendant que ses caractères soient bien connus.

ESPECE.

1. Artémis des eaux salines. *Artemisus salinus.*

Cancer salinus. Lin.
Gammarus salinus. Fab. syst. ent. 2. p. 518.
Cancer salinus. trans. soc. Linn. vol. XI. p. 205. tab. 14. f. 8. 9. 10.
Habite les eaux salines, en Angleterre, etc. Animal très-petit.

BRANCHIOPODES PARASITES.

Ceux-ci sont fort remarquables par leur bouche en forme de bec et qui n'est propre qu'à sucer, et par leurs habitudes de se fixer sur les branchies, les lèvres ou d'autres parties du corps des poissons où ils vivent en parasites. Ils ont deux sortes de pattes : les unes antérieures et à crochets pour se fixer ; les autres postérieures et natatoires. On distingue parmi eux les genres dichélestion, cécrops, argule et calige, dont voici l'exposition :

DICHÉLESTION. (Dichelestium.)

Deux antennes sétacées. Bouche en forme de bec. Deux palpes [ou bras] avancés, chélifères.

Corps subcylindrique, insensiblement plus grêle vers son extrémité postérieure, divisé en sept anneaux ; sans test. Deux pattes antérieures à crochets, et quatre autres crochues et dentées au premier segment ; quatre pattes terminées par des doigts dentelés au second segment ; le troisième portant de chaque côté un corps ovale. Deux tubercules à l'extrémité du dernier, portant souvent deux filets articulés.

Antennæ duæ setaceæ. Os rostriforme. Palpi [vel brachia] duo porrecti, apice chelati.

Corpus subcylindricum, versùs extremitatem posticam sensìm gracilius, segmentis septem divisum ; testâ nullâ. Pedes antici duo unguiculati et alii quatuor uncinati, dentati, in segmento primo ; pedes quatuor alii digitis denticulatis terminati in segmento secundo; corpus ovale, in utroque latere, ad segmentum tertium; ultimo apice bituberculato sæpeque filamentis duobus articulatis instructo.

OBSERVATIONS.

Le *dichélestion*, observé par Hermann, est peut-être plus dans le cas d'être rapporté aux épizoaires que le cécrops. Des observations ultérieures décideront à cet égard, surtout n'étant pas certain qu'il ne puisse y avoir des animaux à pattes articulées et propres à la locomotion, dont l'organisation intérieure soit inférieure même à celle des insectes. On ne nous dit point si cet animal a des yeux.

ESPECE.

1. Dichélestion de l'esturgeon. *Dichelestium sturionis.*
   Herm. apterol. p. 125. pl. 5. f. 7. 8.
   Habite sur les branchies de l'esturgeon.

CÉCROPS. (Cecrops.)

Deux antennes très-petites. Bouche en bec court, subpectoral.

Corps ovale, obtus aux extrémités, couvert de quatre écailles inégales, échancrées postérieurement. Point de queue saillante. Pattes très-courtes, de deux sortes : les antérieures terminées en alêne et comme onguiculées ; les postérieures dilatées-membraneuses, natatoires.

Antennæ duæ minimæ. Os rostriforme, breve, subpectorale.

Corpus ovatum, extremitatibus obtusum, squamis quatuor inæqualibus posticè emarginatis obtectum.

Cauda nulla exserta. Pedes brevissimi, è duobus generibus : antici subulato-unguiculati; postici dilatato-membranacei, natatorii.

OBSERVATIONS.

Le *cécrops*, dont je ne connais encore que des figures publiées par M. *Leach*, est-il bien un crustacé? A la vérité, il paraît avoir des rapports avec les crustacés à bec, dont il s'agit ici; mais peut-être découvrira-t-on, par l'étude de son organisation intérieure, qu'il confirme, ainsi que quelques autres que l'on rapporte aussi aux crustacés, le groupe des *épizoaires* que j'ai établi entre les vers et les insectes. Ses trois paires de pattes antérieures, que M. *Latreille* appelle des pieds-mâchoires, et dont la seconde paire paraît très-courte, ne me paraissent avoir rien de commun avec les parties de la bouche, quoique la première paire soit très-voisine du bec; elles servent à fixer l'animal. On dit que la dernière paire des membraneuses sert à recouvrir les œufs.

ESPECE.

1. Cécrops de Latreille. *Cecrops Latreillii.*
   Cecrops Latreillii. Leach, crust. angul. pl. 20. f. 1—8.
   Habite sur les branchies du thon.

ARGULE. (Argulus.)

Quatre antennes très-petites. Deux yeux séparés. Un bec conique, dirigé en bas, à angle droit.

Corps oblong, recouvert par un bouclier large, arrondi-ovale, membraneux, un peu aplati, demi-transparent, échancré postérieurement. Douze pattes, de trois genres : les deux antérieures tubuleuses, subhémisphériques, propres à se fixer sur les corps; celles de la deuxième paire bionguiculées; les autres natatoires, ayant à leur sommet deux lobes ciliés sur les côtés. Queue courte, terminée par deux lobes.

Antennæ quatuor minimæ. Oculi duo, distincti. Os haustello rostriformi conico, ad angulum rectum infrà porrecto.

Corpus oblongum, testâ clypeiformi obtectum: clypeo ovato-rotundato, planulato, membranaceo, semi-pellucido, posticè emarginato. Pedes duodecim, è tribus generibus: duo antici tubulosi, subhemisphœrici, corporibus affigendis idonei; pedes secundi paris biunguiculati; alii natatorii, apice lobis duobus utrinque ciliatis. Cauda brevis, apice biloba.

OBSERVATIONS.

L'*argule*, qu'auparavant nous nommions ozole, avec M. Latreille, est un parasite qui vit dans les eaux douces, sur les têtards des grenouilles, sur les épinocles et sur d'autres poissons. C'est un petit animal aplati, arrondi-ovale, demi-transparent, d'un vert jaunâtre et qui n'a qu'environ deux lignes et demie de longueur. Ses antennes, au nombre de quatre, sont très-petites et insérées au-dessus des yeux : les deux antérieures sont plus courtes, triarticulées; les deux autres ont quatre articles. Dans les unes et les autres, le premier article a une épine crochue ou au moins une petite dent. Le bec est un fourreau qui renferme un suçoir exsertile. L'anus est situé à la naissance de la queue. Dans la femelle il reçoit l'organe du mâle et sert de passage aux œufs. Cet animal subit diverses variations de forme, à mesure qu'il se développe et change de peau. On ne connaît encore qu'une seule espèce de ce genre.

ESPECE.

1. Argule foliacée. *Argulus foliaceus.*

Monoculus argulus. Fab. syst. 2. p. 489.
Binoculus gasterostei. Lat. gen. 1. p. 14.
Le binocle du gastérosie. Geoff. 2. p. 661.
Ozole du gastéroste. Latr. hist. nat. etc. 4. p. 128. pl. 29. f. 3—7.
Argulus foliaceus. Jurine, Annales du mus. vol. 7. p. 431. pl. 26.

Habite dans les ruisseaux des environs de Paris.

CALIGE. (Caligus.)

Deux antennes très-petites, sétacées. Deux yeux écartés, situés sur le bord antérieur du bouclier. Bouche formant un suçoir en bec conique, fléchi en dessous, pectoral.

Corps allongé, déprimé, comme divisé en deux parties; l'antérieure recouverte par un bouclier d'une seule pièce; la postérieure ovale ou oblongue, abdominale, se terminant par deux filets longs, et souvent ayant à son extrémité des appendices lamelliformes. Dix à quatorze pattes de deux sortes : les antérieures étant munies de crochets, et les postérieures étant en lames natatoires, divisées, pectinées et branchifères.

Antennæ duæ, minimæ, setaceæ. Oculi duo distantes, in margine antico clypei. Os haustello rostriforme conico deflexo pectorali.

Corpus oblongum, depressum, in duas partes subdivisum : anticâ parte clypeo monophyllo tectâ; posticâ ovatâ vel oblongâ, filamentis duobus longis terminatâ, prœtereàque ad extremitatem appendicibus lamelliformibus sœpè instructâ. Pedes decem ad qua-

tuordecim, ex duobus generibus : anticis unguiculatis; posticis lamellosis, divisis, pectinatis, natatoriis, et branchialibus.

OBSERVATIONS.

Les *caliges* ne sont pas sans rapports avec nos limules; ils paraissent en avoir aussi avec nos polyphèmes; mais ce sont des suceurs et de véritables parasites. Ils ont un suçoir en forme de bec, que l'on dit formé de deux lèvres et de deux petites mandibules réunies. Ces crustacés s'attachent, au moyen de leurs pattes à crochets, sur des cétacés, des poissons, des têtards de grenouilles, dont ils sucent le sang.

Ces habitudes leur ont fait attribuer des rapports avec les lernées, rapports néanmoins qui nous paraissent assez éloignés. Leur bouclier est aplati, ne recouvre que la partie antérieure du corps, et forme le corselet de l'animal. L'autre partie de leur corps est moins large, allongée, et paraît en constituer l'abdomen. Elle offre à son extrémité deux longs filets articulés, que l'on a regardés comme deux ovaires, mais qui ont toujours paru vuides. M. *Risso* dit que les femelles du calige prolongé paraissent renfermer quelques œufs dans un sac qui est placé au bas du ventre. Ainsi, les filets de la queue ne sont point des ovaires.

ESPECES.

[*Bouclier court, orbiculaire.*]

1. Calige des poissons. *Caligus piscinus.*

C. corpore brevi; caudâ bifidâ monophyllâ. Lat.

Monoculus piscinus. Lin. Fab. syst. 2. p. 489.

Caligus curtus. Mull. entom. tab 21. f. 1. 2.

Caligus piscinus. Lat. gen. 1. p. 12. et hist. nat. etc. 4. pl. 31. f. 1.

Habite l'Océan, sur les poissons.

2. Calige prolongé. *Caligus productus.*

C. corpore elongato; caudâ imbricatâ tetraphyllâ. Lat.

Caligus productus. Mull. entom. tab. 21. f. 3. 4.
Latr. gen. 1 p. 13. et hist. nat. etc. 4. p. 31. f. 2.
Monoculus salmoneus. Fab. syst. 2. p. 489.
Habite, comme le précédent, sur les poissons marins.

[*Bouclier oblong, plus large postérieurement.*]

3. Calige bicolor. *Caligus bicolor.*

C. oblongo-ovatus, maculosus; caudâ non imbricatâ; clypeo cuneato, posticè truncato.

Pandarus bicolor. Leach, *crust. angulosa.* tab. 20.
2. Var? *Pandarus Boscii.* Leach ibid.
Habite....

4. Calige de Smith. *Caligus Smithii.*

C. anticè attenuatus; caudâ squamis imbricatis obvolutâ; clypeo elliptico.

Anthosoma Smithii. Leach. *crust. angulosa. tab.* 20.
Habite....

5. Calige imbriqué. *Caligus imbricatus.*

C. oblongus, luteo-virescens; abdomine utrinque squamis imbricato; clypeo conico; filamentis caudæ brevissimis.

Caligus imbricatus. Risso, hist. nat. des crust. p. 162. pl. 3. f. 13.
Habite sur les branchies ou sur les lèvres du requin.

BRANCHIOPODES GÉANS.

Ces branchiopodes terminent la section, et sont en général les plus grands de ceux qu'elle embrasse. Ils sont assez remarquables par le grand bouclier qui couvre tout leur corps, et par la queue qui le termine postérieurement. J'y rapporte les deux genres qui suivent:

LIMULE. (Limulus.)

Deux antennes courtes, simples. Trois yeux sessiles, simples : deux plus grands rapprochés et le troisième postérieur plus petit. Un labre distinct. Deux mandibules fortes, sans palpes. Deux paires de mâchoires. Une languette bifide.

Tête confondue avec le corselet. Corps mou, couvert d'un bouclier subcrustacé, mince, arrondi, ovale, échancré postérieurement. Pattes très-nombreuses (cinquante à soixante paires), branchiales, foliacées : les deux antérieures plus grandes, rameuses, à soies articulées. Queue articulée, courte, terminée par deux filets longs.

Antennæ duæ, breves. Oculi tres, sessiles, simplices : duobus majoribus approximatis; tertio postico minore. Labrum distinctum. Mandibulæ duæ, validæ, nudæ. Maxillæ quatuor, per paria dispositæ. Lingula bifida.

Caput a thorace non distinctum. Corpus molle, clypeo subcrustaceo tenui rotundato subovale posticèque emarginato tectum. Pedes numerosissimi, quinquaginta ad sexaginta circiter paria, branchiales, foliacei; duobus anticis majoribus, ramoso-setosis; setis articulatis. Cauda brevis, articulata, setis duabus longis instructa.

OBSERVATIONS.

Comme *Muller*, j'ai donné le nom de *limule* à des entomostracés ou branchiopodes que les entomologistes désignent actuellement sous le nom d'*apus*, et que Linné confondait parmi ses *monoculus*. Ce sont, après nos polyphèmes, les plus grands branchiopodes connus.

Les *limules* constituent un genre presqu'isolé parmi les branchiopodes. Leur corps est couvert d'un grand bouclier corné, très-mince, débordant, d'une seule pièce, arrondi-ovale, ayant une échancrure profonde postérieurement. Leur tête est confondue avec le tronc, et leurs antennes sont très-courtes. Leurs yeux sont lisses, sessiles, rapprochés : on en compte trois : deux en devant, et un plus petit, situé derrière. Leurs pattes sont très-nombreuses : les deux antérieures, beaucoup plus grandes, sont branchues, en forme de rames, et terminées par des soies articulées qui ressemblent à des antennes. Les autres pattes sont beaucoup plus courtes, diminuant progressivement de taille de devant en arrière ; elles sont foliacées, natatoires, branchifères, ciliées d'un côté à leur base, et toutes rapprochées à leur naissance. On leur observe, sur un côté, une lame branchiale, avec un sac ovalaire et vésiculeux en dessous. Toutes ces pattes et leurs lames sont presque continuellement agitées par un mouvement assez rapide.

Ces crustacés vivent dans les eaux douces, les fossés pleins d'eau, les mares, les eaux tranquilles. On les y trouve en grand nombre et comme en société ; ils se nourrissent principalement de têtards. On n'en connaît encore que deux espèces.

ESPECES.

1. Limule cancriforme. *Limulus cancriformis.*

L. carinâ dorsali posticè non mucronatâ ; lamina nullâ inter setas caudales.

Limulus palustris. Mull. entomostr. p. 127.

Binoculus. Geoff. 2. p. 660. pl. 21. f. 4.

Monoculus apus. Fab. suppl. p. 305.

Apus cancriformis. Latr. gen. 1. p. 15.

Ejusd. hist. nat. etc. vol. 4. p. 193. pl. 19 et 20.

Habite en France, en Allemagne, dans les fossés remplis d'eau.

2. Limule prolongée. *Limulus productus.*

L. carinâ dorsali in spinam productâ ; lamina inter setas caudales.

Monoculus apus. Linn.

Limule serricaude. Herm. apterol. p. 130. pl. VI.

Apus productus. Latr. gen. 1. p. 16.
Ejusd. hist. nat. etc. vol. 4. p. 195. pl. 28.
Habite en Europe, dans les fossés aquatiques. Il est plus petit que le précédent. La lame qui est placée entre les deux filets, à l'extrémité de la queue, est dentelée.

POLYPHÈME. (Polyphemus.)

Antennes nulles. Bouclier très-grand, crustacé, arrondi antérieurement, un peu convexe en dessus, concave en dessous, divisé en deux parties inégales par une suture transverse : la partie postérieure moins large, plus aplatie, en scie sur les côtés, et échancrée à l'extrémité. Deux yeux composés, sessiles, écartés, en demi-lune. La bouche, les palpes, les pattes maxillaires, et des lames branchiales disposés sous le bouclier.

Deux palpes rapprochés à leur insertion, biarticulés, didactyles au sommet. Dix pattes maxillaires, disposées par paires, articulées, chélifères, ayant à leur base interne des appendices comprimés, ou crêtes très-épineuses au bord interne. La bouche entre les pattes maxillaires et cachée.

Cinq ou six lames transverses, cornées, un peu divisées, subnatatoires, recouvrant alternativement les branchies, et disposées dans la cavité postérieure du bouclier. Queue longue, subulée, trigone.

Antennæ nullæ. Scutum maximum, crustaceum, anticè rotundatum, suprà convexiusculum, subtùs concavum, suturâ transversâ inæqualiter bipartitum : parte posteriore minore, planiore, lateribus serratâ, extremitate emarginatâ. Os, palpi, maxilli-pedes laminæque branchiales infrà scutum dispositi. Oculi duo, compositi, sessiles, distantes, lunati suprà scutum.

Palpi duo, insertione approximati, biarticulati, apice didactyli. Pedes maxillosi decem, per paria digesti, articulati, apice chelati; basi internâ appendicibus compressis, cristatis margine interno spinosissimis. Os intrà pedes maxillares occultatum.

Laminæ quinque vel sex, transversæ, corneæ, subdivisæ, natatoriæ, branchias alternatìm tegentes, in scuti postici cavitate receptæ. Cauda longa, subulata, trigona.

OBSERVATIONS.

Parmi des animaux aussi petits que la plupart des entomostracés ou branchiopodes, les *polyphèmes* sont extraordinaires par leur taille, et ce sont véritablement les géans de cette division. Aussi Linné, en donnant à la seule espèce qu'il ait connue le nom de *M. polyphemus*, a-t-il convenablement désigné la taille gigantesque de cet animal. Depuis on a donné le nom de polyphème à un animalcule de nos marais [notre céphalocle], et l'on a préféré, pour les grands entomostracés dont il s'agit ici, le nom de *limulus* que Muller donna à un genre vaguement déterminé, qui embrassait des entomostracés de genres différens.

Les *polyphèmes* sont des crustacés marins qui ont quelquefois deux pieds de longueur. Ils sont larges et arrondis antérieurement, et n'offrent en dessus qu'un grand bouclier crustacé, divisé en deux segmens inégaux par une suture transverse, et muni postérieurement d'une queue en stylet trigone. C'est seulement sous ce bouclier que l'on distingue : 1.° Deux palpes en avant, plus petits que les pattes maxillaires, et insérés sur un tubercule qui tient lieu de lèvre supérieure; ils remplacent les mandibules, si l'on ne veut leur en donner le nom ; 2.° Cinq paires de pattes maxillaires, didactyles, mais dont celles de la première paire, dans les mâles, n'ont qu'un doigt; 3.° Cinq ou six lames transverses, subincisées, et entre lesquelles sont situées les branchies sous la forme de feuillets empilés. Les sexes sont séparés ; leurs organes sont placés derrière la dernière paire des pattes maxillaires, à la base d'une lame transversale, en sa face postérieure. L'anus est à la racine de la queue qui termine le corps.

Ces crustacés vivent dans les mers des pays chauds. On n'en connaît encore que très-peu d'espèces, qui sont même médiocrement distinctes.

ESPECES.

1. Polyphème des Moluques. *Polyphemus gigas.*

P. maximus; carinâ mediâ scuti antici medi inermi; caudâ supernè per totam longitudinem serratâ.

Monoculus polyphemus. Lin.

Limulus polyphemus. Fab. syst. 2. p. 487.

Limulus moluccanus. Lat. gen. 1. p. 11. et hist. nat. 4. pl. 16. 17.

Polyphemus gigas. Lam. syst. des anim. sans vert. p. 168.

Cancer perversus. Rumph. mus. tab. 12. f. *a. b.*

Habite l'Océan des grandes Indes. On le nomme vulgairement le crabe des Moluques. Ses épines caudales sont petites et fréquentes.

2. Polyphème occidental. *Polyphemus occidentalis.*

P. scuto tenuiusculo ; carinâ mediâ scuti antici spinulis tribus ; caudâ supernè rarò denticulatâ.

Polyphemus occidentalis. Lam. syst. des anim. sans vert. p. 168.

Limulus polyphemus. Latr. gen. 1. p. 11.

Limulus cyclops. Fab. syst. 2. p. 488. et suppl. p. 371.

Habite l'Océan américain, les mers de la Caroline méridionale. Il devient moins grand que celui des Moluques et a sa queue presqu'inerme.

Etc. Sous le nom de *limulus heterodactylus*, M. Latreille en indique une espèce, qui vit dans les mers de la Chine.

DEUXIÈME SECTION.

CRUSTACÉS ISOPODES.

Mandibules sans palpes. Deux paires de mâchoires et des pieds-mâchoires réunis ou rapprochés en forme de lèvre inférieure, recouvrant la bouche. Les yeux sessiles. Pattes uniquement propres à la locomotion ou à la préhension. Les branchies situées sous l'abdomen, soit antérieurement, soit à son extrémité postérieure, au delà des pattes. La tête le plus souvent distincte du tronc.

Les *isopodes*, selon nous, sont réellement les premiers crustacés produits par la nature ; ils viennent en effet très-naturellement à la suite de la première branche des *arachnides antennées*, qui se termine par les myriapodes, et en sont probablement originaires. Nous avons néanmoins été forcés de présenter avant eux, et comme première section, les *branchiopodes ;* parce que ces crustacés, hors de rang et formant un rameau latéral, ne pouvaient être placés ailleurs.

Le corps des *crustacés isopodes* est ovale ou oblong, souvent déprimé, annelé ou divisé en segmens transverses, et a presque généralement la tête distincte du tronc. Ce corps offre un tronc divisé en sept anneaux crustacés, ayant chacun une paire de pattes. Il se termine par une queue formée d'un nombre variable d'anneaux, et garnie en dessous de lames ou de feuillets servant à la natation, et dans plusieurs portant ou recouvrant les branchies.

Dans les uns, en effet, les branchies sont postérieures, situées sous la queue; tandis que dans les autres, elles sont placées sous l'abdomen antérieurement, dans des corps vésiculaires qui adhèrent aux pattes ou à certaines d'entr'elles, ou qui sont à la place de celles qui manquent.

Les organes sexuels de ces crustacés sont séparés : ils sont doubles dans les mâles où on a pu les découvrir, et sont placés sous les premiers feuillets de la queue, s'y annonçant par des filets ou des crochets. Les femelles portent leurs œufs sous la poitrine, soit entre des écailles, soit dans une poche.

Les crustacés isopodes sont, les uns, terrestres, se tenant sous les pierres ou sous les écorces, ou dans les fentes des murs, et toujours dans des lieux sombres et humides, où ils rongent différentes matières; tandis que les autres sont aquatiques, vivant, soit dans l'eau douce, soit dans les eaux marines. Tous ceux qui sont aquatiques se nourrissent de substances animales, et plusieurs d'entr'eux s'attachent aux cétacés ou à divers poissons pour en sucer le sang.

Nous diviserons les *isopodes* en deux coupes principales, qui embrassent quatre petites familles, savoir : les cloportides, les asellides, les ionelles, les caprellines.

DIVISION DES ISOPODES.

1.ère Coupe. *Branchies situées sous la queue.*

* Branchies non à nu, ni dendroïdes. Elles sont, soit entre des écailles, soit sur des écailles vasculaires, soit dans l'épaisseur de certaines écailles, comme dans des bourses aplaties. (Ptérygibranches. Latr.)

(a) Deux antennes apparentes. *Les cloportides.*

Armadille.

Cloporte.

Philoscie.

Ligie.

(b) Quatre antennes apparentes. *Les asellides.*

Aselle.

Idotée.

Sphérome.

Cymothoa.

Bopyre.

** Branchies à nu, et dendroïdes ou en forme de tiges plus ou moins divisées. (Phytibranches. Latr.) *Les ionelles.*

Typhis.

Ancée.

Pranize.

Apseude.

Ione.

2.ème Coupe. *Branchies situées sous la partie antérieure de l'abdomen, entre les pattes.*

Elles sont présumées dans des corps ovoïdes, vésiculaires, placés de chaque côté sur les second, troisième et quatrième anneaux, ou seulement sur le deuxième et le troisième. (Cystibranches, Latr.) *Les caprellines.*

Leptomère.

Chevrolle.

Cyame.

LES CLOPORTIDES.

Deux antennes apparentes. Les deux intermédiaires étant plus petites, cachées, presqu'imperceptibles.

Les *cloportides* nous paraissent les premiers crustacés formés par la nature; ils font en quelque sorte suite aux gloméris et aux iules qui terminent les arachnides myriapodes, et ensuite amènent successivement tous les autres crustacés.

Ces premiers crustacés ont le corps ovale, aplati en dessous, convexe en dessus, divisé en segmens transverses dont les sept premiers portent chacun une paire de pattes, et les six autres forment une espèce de queue. C'est sous cette queue et dans certaines des écailles dont elle est garnie, que se trouvent les organes respiratoires de ces animaux, et c'est M. Latreille qui les a découverts et qui a vu qu'ils étaient renfermés dans l'intérieur de ces écailles.

Les *cloportides* ont deux yeux sessiles et composés. Leur bouche offre un labre, une sorte d'épiglotte, deux mandibules, deux paires de mâchoires, et deux pièces inférieures subarticulées, formant une lèvre inférieure, et qui sont des pieds-mâchoires ou des mâchoires auxiliaires, selon *M. Savigny*. Ces animaux sont la plupart terrestres, et plusieurs d'entr'eux se roulent en boule dans le danger. Ils sont divisés en quatre genres.

ARMADILLE. (Armadillo.)

Deux antennes extérieures très-apparentes, de sept articles et insérées sous le bord antérieur de la tête : les intermédiaires non distinctes. Deux yeux sessiles.

Corps ovale, convexe en dessus, couvert de segmens crustacés transverses, se mettant en boule. Les appendices de la queue non saillans. Quatorze pattes.

Antennæ externæ duæ distinctissimæ, septem-articulatæ, sub margine antico capitis insertæ : intermediis non conspicuis. Oculi duo sessiles.

Corpus ovatum, supernè convexum, segmentis crustaceis transversis tectum, in globum contractile. Appendices caudæ non prominulæ. Pedes quatuordecim.

OBSERVATIONS.

Les *armadilles* tiennent de très-près aux cloportes, ne s'en distinguent même, au premier aspect, que parce que les appendices de leur queue ne sont point saillans, et se roulent plus facilement ou plus ordinairement en boule lorsqu'ils craignent quelque danger. Leurs anneaux sont plus convexes en dessus que ceux des cloportes. Selon les observations de M. Latreille, les écailles branchiales et supérieures du dessous de leur queue ont une rangée de petits trous, donnant passage à l'air.

ESPECES.

1. Armadille commune. *Armadillo vulgaris.*

   A. griseo-plumbeus; segmentis margine postico albicantibus. Lat.

   Oniscus armadillo. Lin. Cuv. journ. d'hist. nat. 2. p. 23. pl. 26. f. 14. 15. *Armadillo vulgaris.* Lat. gen. 1. p. 71.

   (B) var. *oniscus cinereus.* Panz. fasc. 62. tab. 22.

   Habite en Europe, sous les pierres, sur les murs, etc.

2. Armadille mélangée. *Armadillo variegatus.*

   A. segmentis nigris, albo marginatis; dorso variegato. Lat.

   Oniscus variegatus. Vill. entom. 4. p. 188. tab. 11. f. 16.

   Oniscus pulchellus. Panz. fasc. 62. t. 21.

   Armadillo variegatus. Latr. gen. 1. p. 72.

   Habite en Europe.

CLOPORTE. (Oniscus.)

Quatre antennes, insérées sous le bord antérieur de la tête; deux extérieures très-apparentes, sétacées, coudées, de sept ou huit articles ; deux intermédiaires très-petites, non distinctes. Deux yeux sessiles.

Corps ovale, couvert de segmens crustacés, transverses, subimbriqués. Deux appendices saillans à l'extrémité de la queue. Quatorze pattes.

Antennœ quatuor, basi capitis margine antico insertœ : externis duabus distinctissimis, setaceis, fractis, septem vel octo articulatis ; intermediis minimis, vix aut non conspicuis. Oculi duo sessiles.

Corpus ovatum, segmentis crustaceis transversis subimbricatis tectum. Caudâ appendicibus duabus prominulis ad apicem. Pedes quatuordecim.

OBSERVATIONS.

Les *cloportes* sont de petits crustacés bien connus et assez communs dans nos maisons, qui courent avec célérité lorsqu'on veut les saisir. Ils sont un peu convexes en dessus, aplatis en dessous, et ont sept paires de pattes courtes qui tiennent aux sept premiers anneaux de leur corps. On n'aperçoit que deux de leurs antennes, qui sont assez grandes et coudées.

Ces crustacés, surtout les armadilles, avoisinent par divers rapports les *gloméris* qui terminent les arachnides myriapodes, et paraissent réellement en provenir et commencer la classe à laquelle ils appartiennent. Ceux parmi eux qui n'ont que sept articles aux antennes apparentes, sont les porcellions de M. Latreille.

Les *cloportes* femelles ont sous le ventre une poche formée par une pellicule mince, dans laquelle l'animal fait passer ses œufs lorsqu'il les pond. Quant aux organes respiratoires de ces animaux, c'est dans les quatre premières écailles qui sont sous la queue, que M. Latreille les a découverts. Ce sont de petites poches branchiales situées dans l'épaisseur des lames que je viens de citer.

Ces animaux se tiennent dans les lieux frais et un peu humides, recherchent l'obscurité, et se nourrissent de différentes matières, soit animales, soit végétales, qu'ils rongent.

ESPECES.

1. Cloporte commun. *Oniscus asellus.*

O. suprà obscurè cinereus, scaber; maculis seriatis lateribusque flavescentibus.

Oniscus asellus. Lin. Latr. gen. 1. p. 70.

Oniscus murarius. Fab. suppl. p. 300. Cuv. journal d'hist. nat. 2. p. 22. pl. 26. f. 11—13.

Cloporte ordinaire. Geoff. 2. p. 670. pl. 22. f. 1.

Habite en Europe, sous les pierres, le bois pourri, sur les murs, etc.

2. Cloporte granulé. *Oniscus granulatus.*

O. antennis septem-articulatis; corpore suprà scabro granulato.

Porcellio scaber. Latr. gen. 1. p. 70.

Oniscus asellus. Fab. suppl. p. 300. Panz. fasc. 9. t. 21.

Habite en Europe, sur les murs, etc.

3. Cloporte lisse. *Oniscus lœvis.*

O. antennis septem-articulatis; corpore lævi.

Porcellio lævis. Latr. gen. 1. p. 71.

Cloporte ordinaire, var. B. Geoff.

Habite en Europe, sur les murs, sous les pierres, etc.

Etc.

PHILOSCIE. (Philoscia.)

Deux antennes externes très-apparentes, de huit articles, nues à leur base; les intermédiaires non distinctes. Deux yeux sessiles.

Corps ovale, à segmens crustacés transverses, rétréci

vers la queue. Quatre appendices styliformes, presque égaux et saillans à la queue. Quatorze pattes.

Antennæ externæ duæ distinctissimæ, octo-articulatæ, basi nudæ : intermediis non conspicuis. Oculi duo sessiles.

Corpus ovatum, ad caudam angustatum, segmentis crustaceis transversis : cauda appendicibus quatuor styliformibus subæqualibus, prominulis. Pedes quatuordecim.

OBSERVATIONS.

Les *philoscies* ne diffèrent des cloportes que parce que les antennes externes sont découvertes à leur insertion, et que les appendices saillans qui terminent leur queue sont au nombre de quatre et presqu'égaux. Néanmoins les deux appendices extérieurs sont un peu plus longs.

ESPÈCE.

1. Philoscie des mousses. *Philoscia muscorum.*

Latr. gen. 1. p. 69. et hist. nat. 7. p. 43.
Oniscus sylvestris. Fab. syst. 2. p. 397.
Coqueb. illustr. ic. déc. 1. p. 27. tab. 6. f. 12.
Oniscus muscorum. Cuv. journal d'hist. nat. 2. p. 21. pl. 26. f. 6—8.
Habite en France, sous les feuilles tombées et pourries.

LIGIE. (Ligia.)

Deux antennes externes très-apparentes, ayant leur dernière pièce composée d'un grand nombre de petits articles; les intermédiaires non distinctes. Deux yeux sessiles.

Corps ovale, à segmens transverses. Deux appendices bifides à l'extrémité de la queue. Quatorze pattes.

Antennæ externæ duæ distinctissimæ, articulo ultimo è pluribus aliis minoribus composito; intermediis occultatis. Oculi duo sessiles.

Corpus ovatum; segmentis dorsalibus transversis. Appendices duæ bifidæ ad extremitatem caudæ. Pedes quatuordecim.

OBSERVATIONS.

Les *ligies* ressemblent aux cloportes par leur aspect; mais elles sont ordinairement un peu plus grandes, plus aplaties et en sont distinguées par leurs antennes, qui semblent composées d'un grand nombre d'articles. Les deux appendices qui forment une saillie à l'extrémité de leur queue sont courts et bifides.

Ces crustacés sont agiles, et la plupart vivent dans les eaux aux bords de la mer.

ESPECES.

1. Ligie océanique. *Ligia oceanica.*

L. appendicibus caudæ brevibus latiusculis bifidis : stylis setaceis.

Oniscus oceanicus. Lin. Oliv. encycl. vol. 6. n.o 15.

Ligia oceanica. Latr. gen. 1. p. 68. et hist. nat. 7. p. 59. f. 1.

Ligia oceanica. Fab. suppl. p. 301.

Habite en Europe, aux bords de la mer.

2. Ligie italique. *Ligia italica.*

L. antennis corporis ferè longitudine; caudâ elongatâ bifidâ : stylis bifidis.

Ligia italica. Fab. suppl. p. 302.

Latr. gen. 1 p. 67.

Habite la Méditerranée, au bord de la mer.

3. Ligie des hypnes. *Ligia hypnorum.*

L. antennarum articulo secundo appendiculifero; setis caudæ inæqualibus : duabus internis longioribus.

Oniscus hypnorum. Cuv. journal d'hist. nat. 2. p. 19. pl. 26. f. 3. 4. 5. Fab. suppl. p. 300.

Ligia hypnorum. Latr. gen. 1. p. 68.

Habite en France, sous les mousses, et sur les côtes de l'Océan. Etc.

LES ASELLIDES.

Quatre antennes apparentes; les deux intermédiaires plus courtes.

Dans l'ordre de la nature, les *asellides* suivent immédiatement les cloportides ; aussi plusieurs parmi elles furent confondues avec les cloportes mêmes par différens naturalistes. On les en distingue par leurs quatre antennes apparentes, sauf le singulier genre du bopyre qui n'en offre point, et par le dernier segment de la queue qui est souvent plus grand que ceux qui le précèdent. C'est encore sur des écailles ou dans l'intérieur de certaines écailles qui sont sous cette queue, que se trouvent les branchies de ces animaux.

Toutes les *asellides* sont aquatiques ; ont quatorze pattes et les yeux sessiles lorsqu'ils existent. Plusieurs parmi elles sont parasites des poissons.

ASELLE. (Asellus.)

Quatre antennes apparentes, sétacées, inégales, pluriarticulées : deux supérieures plus courtes, quadriarticulées; deux inférieures beaucoup plus longues, à cinq articles. Plusieurs paires de mâchoires. Deux yeux sessiles, simples.

Corps oblong, déprimé ; à tête distincte; à segmens crustacés, transverses. Queue d'un seul segment, ayant deux appendices au bout. Quatorze pattes.

Antennæ quatuor, conspicuæ, setaceæ, inæquales, pluriarticulatæ : duabus superis quadriarticulatis brevioribus; duabus inferis multò longioribus quinque articulatis. Maxillæ pluribus paribus. Oculi duo sessiles, simplices.

Corpus oblongum, depressum; capite distincto; segmentis crustaceis transversis. Caudâ segmento unico; appendicibus duabus ad apicem. Pedes quatuordecim.

OBSERVATIONS.

Les *aselles* sont des crustacés aquatiques que Linné confondait avec les cloportes, que Geoffroy a le premier distingués, et qui diffèrent principalement des quatre genres qui précèdent, parce que leurs quatre antennes sont apparentes. Elles n'ont point de nageoires sur les côtés de la queue, mais le dessous offre deux grandes écailles qui recouvrent les branchies, et au bout il y a deux appendices quelquefois fourchus ou qui portent deux styles. Leurs pattes sont terminées par un crochet. Les femelles portent leurs œufs renfermés dans une poche membraneuse qui occupe une grande partie du dessous de leur corps.

Ces crustacés se nourrissent d'animalcules qu'ils cherchent à saisir. Une espèce commune vit dans les eaux douces; mais il paraît qu'il en existe dans la mer, qui offrent des particularités dont on pourrait se servir pour les distinguer si cela devenait utile. Voyez les genres *janire* et *jæra* de M. Leach.

ESPÈCE.

1. Aselle ordinaire. *Asellus vulgaris.*

   Aselle d'eau douce. Geoff. 2. p. 672. pl. 22. f. 2.
   Asellus vulgaris. Latr. gen. 1. p. 63.
   Oniscus aquaticus. Lin.
   Squilla asellus, Degeer ins. 7. p. 496. pl. 31. f. 1.

Idotea aquatica. Fab. suppl. p. 303.
Habite en Europe, dans les eaux douces, les mares, etc.

IDOTÉE. (Idotea.)

Quatre antennes apparentes, inégales : les deux externes beaucoup plus grandes, pluriarticulées. Deux yeux sessiles.

Corps oblong ou allongé ; à segmens crustacés transverses ; à tête distincte. Queue à deux ou trois segmens, nue, n'ayant aucun appendice au bout. Quatorze pattes.

Antennæ quatuor, conspicuæ, inæquales : duabus externis multò majoribus, pluriarticulatis. Oculi duo sessiles.

Corpus oblongum vel elongatum ; segmentis crustaceis transversis ; capite distincto. Cauda nuda ; segmentis duobus vel tribus ; apice appendicibus nullis. Pedes quatuordecim.

OBSERVATIONS.

Les *idotées* sont des crustacés marins dont la queue n'a point de nageoires latérales, ni d'appendices au bout. Par ce dernier caractère, elles diffèrent des aselles. Elles ne se mettent point en boule comme les sphéromes qui d'ailleurs ont à la queue des nageoires latérales.

Sous la queue des idotées, deux grandes écailles allongées, étroites et parallèles, en recouvrent d'autres ainsi que les branchies.

Ces crustacés se nourrissent de petits animaux marins ; on soupçonne qu'ils sucent aussi des poissons.

ESPECES.

1. Idotée entomon. *Idotea entomon.*

I. ovata ; segmentis ad latera prominulis ; caudâ elongatâ conicâ.

Oniscus entomon. Lin. Pallas spicil. zool. fasc. 9. p. 64. tab. 5. f. 1—6. *Cymothoa entomon.* Fab. S. 2. p. 505.

Idotea entomon. Lat. gen. 1. p. 64.

Ejusd. hist. nat. vol. 6. p. 361. pl. 58. f. 2. 3.

Habite l'Océan d'Europe.

2. Idotée tridentée. *Idotea tridentata.*

I. linearis; caudâ apice tridentatâ; antennis externis corporis longitudine.

Idotea tridentata. Latr. gen. 1. p. 64.

Oniscus tridens. Scop. entom. carn. n.o 1141.

Cloporte tridenté. Oliv. encycl. 6. p. 26.

Habite l'Océan d'Europe. Cette espèce entre dans la division des sténosomes de M. *Leach.*

3. Idotée marine. *Idotea marina.*

I. sublinearis, semicylindrica; caudâ obtuso-acutâ, subemarginatâ.

Oniscus balthicus. Pall. spicil. zool. fasc. 9. p. 66. tab. 4. f. 6.

Idotea marina. Fab. suppl. p. 308.

Habite la mer Baltique.

4. Idotée étique. *Idotea hectica.*

I. lineari-depressa; antennis externis corporis sublongitudine.

Oniscus hecticus. Pall. spicil. zool. fasc. 9. p. 61. tab. 4. f. 10.

Aselle étique. Oliv. Encycl. vol. 4. n.o 13.

Habite l'Océan Atlantique.

5. Idotée ongulée. *Idotea ungulata.*

I. sublinearis; caudâ oblongâ, apice truncato-bidentatâ; antennis externis corpore brevioribus.

Oniscus ungulatus. Pall. spicil. zool. fasc. 9. p. 62. tab. 4. f. 11.

An idotea linearis? Fab. suppl. p. 304.

Habite la mer de l'Inde.

Etc. Voyez les idotées de M. *Risso*, Hist. nat. des crustacés, p. 134. Voyez aussi les sténosomes de M. *Leach.*

SPHÉROME. (Sphæroma.)

Quatre antennes apparentes, petites, inégales; les deux externes un peu plus longues. Deux yeux sessiles.

Corps oblong, convexe, à segmens transverses subimbriqués, se contractant en boule. Queue à deux segmens, munie de chaque côté, sur le dernier, d'une nageoire pédiculée, formée de deux écailles. Quatorze pattes.

Antennæ quatuor, conspicuæ, exiles, inæquales: externis longioribus. Oculi duo sessiles.

Corpus oblongum, convexum, in globum contractile: segmentis transversis subimbricatis. Cauda segmentis duobus: ultimo utroque latere squamis duabus natatoriis pedunculo communi insidentibus instructo. Pedes quatuordecim.

OBSERVATIONS.

Les *sphéromes* sont en quelque sorte des armadilles marines, et se contractent aussi en boule; mais ces sphéromes ont quatre antennes apparentes et leur queue est munie de nageoires latérales, ce que les armadilles n'offrent point. Leurs antennes sont menues, sétacées, multiarticulées.

M. *Latreille* associe aux sphéromes les genres *campecopea*, *næsa*, *cymodoce* et *dynamene* de M. Leach.

ESPÈCES.

1. Sphérome cendré. *Sphœroma cinerea.*

S. lævis; segmento ultimo rotundato: appendicibus laminis acutis, margine denticulatis.

Sphæroma cinerea. Latr. gen. 1. p. 65. et Hist. nat. vol. 7. p. 16.

Sphérome cendré. Bosc, Hist. nat. des crustacés. vol. 2. p. 186.

Oniscus globator. Pall. spicil. zool. fasc. 9. p. 70. t. 4. f. 18.

Cymothoa serrata. Fab. Syst. 2. p. 510.

Habite l'Océan d'Europe, sous les pierres des rivages.

2. Sphérome épineux. *Sphœroma spinosa.*

S. segmento ultimo spinoso pileato; appendicibus acutis ciliatis.

Sphœroma spinosa. Risso, Hist. nat. des crust. p. 147. pl. 3. f. 14.

Habite..... la Méditerranée? entre les zostères auxquelles il se cramponne.

Etc. Voyez-en quelques autres espèces dans l'ouvrage de M Risso.

CYMOTHOA. (Cymothoa.)

Quatre antennes apparentes, sétacées, pluriarticulées, un peu courtes : les externes plus longues. Deux yeux sessiles.

Corps ovale-oblong, un peu convexe, à plusieurs des segmens transverses comme appendiculés aux extrémités latérales. Queue à six segmens, dont le dernier plus grand porte de chaque côté une nageoire de deux écailles. Quatorze pattes à crochets forts.

Antennœ quatuor, conspicuœ, setaceœ, pluriarticulatæ, breviusculæ : externis paulò longioribus. Oculi duo sessiles.

Corpus ovato-oblongum, subconvexum; segmentorum transversorum pluribus ad extremitates laterales subappendiculatis. Cauda segmentis sex : ultimo majore, utrinque pinnâ diphyllâ instructo. Pedes quatuordecim : unguibus validis.

OBSERVATIONS.

Parmi les crustacés isopodes, les *cymothoas* sont remarquables par des habitudes qui paraissent leur être particulières : ce sont des parasites des poissons sur lesquels ils se cramponnent et dont ils sucent le sang. On les a désignés sous les noms de *poux de mer*, d'*asile*, d'*oëstre de poisson*. Leurs branchies sont des espèces de bourses ou de vessies situées, sur deux rangées, le long du dessous de la queue. On en connaît déja un assez grand nombre d'espèces. M. Latreille réunit à ce genre les *limnoria*, *eurydice* et *œga* de M. Leach.

ESPECES.

1. Cymothoa asile. *Cymothoa asilus.*

C. capite posticè trilobo; segmentis posticis, ultimo excepto, retrorsùm arcuatis; isto semi-elliptico.

Cymothoa asilus. Fab. suppl. p. 305.

Latr. gen. 1. p. 66. et Hist. nat. 7. p. 23. pl. 58. f. 9. 10.

Oniscus asilus. Lin. Pall. spicil. zool. fasc. 9. t. 4. f. 12.

Habite l'Océan de l'Europe.

2. Cymothoa oëstre. *Cymothoa oestrum.*

C. ovato-oblonga; ultimo segmento transverso.

Cymothoa oestrum? Fab. syst. 2. p. 505.

Latr. gen. 1. p. 66.

Oniscus oestrum. Lin. Pall. spicil. zool. fasc. 9. t. 4. f. 13.

Habite l'Océan de l'Europe.

3. Cymothoa rosacé. *Cymothoa rosacea.*

C. ovata, rosacea; caudâ semi-lunatâ; pedibus posterioribus spinosis.

Cymothoa rosacea. Risso, Hist. nat. des crust. p. 140. pl. 3. f. 9.

Habite la Méditerranée, sur l'apogon rouge. L'*œga emarginata* de M. Leach, *Crust. annul. malacostraca*, pl. 21, paraît avoir des rapports avec cette espèce.

Etc.

BOPYRE. (Bopyrus.)

Point d'antennes. Point d'yeux distincts. Bouche comme

bilabiée, située sous le bord du segment antérieur; à suçoir qui paraît sortir entre les lèvres.

Corps ovale, rétréci postérieurement, aplati, presque membraneux, à queue petite et très-courte. Sept pattes fausses, très-petites, contournées, inarticulées de chaque côté, insérées sous les bords latéraux du corps.

Antennæ nullæ. Oculi nulli distincti. Os subbilabiatum, sub margine segmenti antici dispositum; haustello intrà labia emergente.

Corpus ovatum, posticè attenuatum, planum, submembranaceum; caudá parvá, brevissimá. Pedes spurii, minimi, contorti, inarticulati, utrinque septem, infrà marginem corporis inserti.

OBSERVATIONS.

J'avais placé le *bopyre* parmi les épizoaires, et depuis j'ai déféré au sentiment de M. *Latreille* qui le regarde comme un crustacé. Malgré le misérable état où le réduit l'imperfection de ses parties, ce savant lui trouve de l'analogie avec les cymothoas.

Le *bopyre* est un petit animal fort plat, presque membraneux, et qui vit en parasite sur les alphées, les palémons, en s'introduisant sous l'écaille de leur corselet et les suçant. Sa forme est celle d'une petite sole. Il n'a qu'environ quatre lignes et demie de longueur. Il a de petites lames membraneuses au-dessus des pattes, et deux rangées de petites écailles sous la queue.

ESPÈCES.

. Bopyre des chevrettes. *Bopyrus squillarum.*

B. pallidè lutescens; caudá subacutá.

Bopyrus squillarum. Latr. gen. 1. p. 67. et Hist. nat., etc., 7. p. 50. pl. 59. f. 2—4.

Monoculus crangorum. Fab. syst. suppl. p. 306.
Habite sous l'écaille du palémon squille.

2. Bopyre des palémons. *Bopyrus palemonis.*
B. luteo-virescens, varius; caudâ rotundatâ.
Bopyrus palemonis. Risso, Hist. nat. des crust. p. 148.
Habite la Méditerranée, sous l'écaille thoracique des palémons.

LES IONELLES.

Deux ou quatre antennes. Deux yeux sessiles. Dix ou quatorze pattes. Les branchies à nu sous la queue, et en forme de tiges plus ou moins divisées.

Les *ionelles* constituent une petite famille nouvellement établie par M. Latreille sous le nom de *phytibranches.* Elle est fort remarquable par le caractère des branchies qui sont à nu sous la queue; et c'est principalement par ce caractère que ces crustacés isopodes se distinguent des asellides. Il est très-curieux de voir que, dans les crustacés, les branchies commencent par être situées sous la queue de l'animal, qu'ensuite elles se trouvent transportées sous la partie antérieure de l'abdomen, adhérant à certaines pattes, ou toujours sous l'abdomen, variant dans leur situation, selon les familles, et qu'elles finissent, dans les décapodes, par être cachées sous les bords latéraux de l'écaille du corselet, ayant de l'adhérence avec la base extérieure des pieds-mâchoires.

Toutes les *ionelles* sont aquatiques et marines; certaines d'entr'elles ont toutes leurs pattes natatoires; d'autres n'ont pour la natation que leurs pattes postérieures. Ces animaux, probablement nombreux, sont encore peu connus.

TYPHIS. (Typhis.)

Deux antennes très-petites. Deux yeux petits, sessiles.

Corps oblong, convexe, courbé, divisé en segmens transverses, et muni de chaque côté, de deux lames mobiles, oblongues, pointues au sommet. De petites écailles à l'extrémité de la queue. Dix pattes, dont les quatre antérieures sont didactyles.

Antennæ duæ, minimæ. Oculi duo, parvi, sessiles.

Corpus oblongum, convexum, incurvum, segmentis transversis divisum, utroque latere laminis duabus mobilibus oblongis apice acuminatis instructum. Squamæ parvæ ad apicem caudæ. Pedes decem: quatuor anticis didactylis.

OBSERVATIONS.

Les *typhis* sont de petits crustacés marins, assez singuliers par leurs caractères, et par leurs habitudes de se courber en bas et même de se contracter presqu'en boule en inclinant leur tête, courbant leur queue sous leur corps, et cachant toutes leurs parties inférieures, à l'aide de leurs quatre lames foliacées qui se ferment comme des valves. Ils se tiennent ordinairement sur des fonds sablonneux, et viennent de temps en temps nager à la surface de l'eau pour saisir de petites équorées dont ils font leur nourriture.

ESPECE.

1. Typhis ovoïde. *Typhis ovoides.*

Risso, Hist. nat. des crust. p. 122. pl. 2. f. 9.
Habite la Méditerranée, dans le golfe de Nice.

ANCÉE. (Anceus.)

Quatre antennes sétacées. Deux yeux sessiles, composés. Deux cornes avancées, arquées en faux, pointues, mandibuliformes, sur le front des mâles.

Corps oblong, déprimé. Queue à plusieurs segmens transverses, terminée par des lames natatoires. Cinq paires de pattes monodactyles.

Antennæ quatuor, setaceæ. Oculi duo, sessiles, compositi. Frons masculorum cornubus duobus porrectis falcatis, acutis, mandibuliformibus instructa.

Corpus oblongum, depressum. Cauda segmentis pluribus transversis divisa, lamellisque natatoriis terminata. Pedes decem, omnes monodactyli.

OBSERVATIONS.

Le genre *ancée*, établi par M. Risso, et rapporté par M. Latreille à la division des crustacés isopodes qui ont des branchies à nu sous la queue, est remarquable par les deux grandes saillies en forme de mandibules avancées que les mâles ont au devant de la tête. Aucune de leurs pattes n'est terminée en pince. Ces crustacés sont marins, vivent entre les plantes marines ou se cachent dans les interstices des coraux, des madrépores.

ESPÈCES.

1. Ancée forficulaire. *Anceus forficularius.*

A. pedum paribus tribus anticis antrorsùm versis; caudâ laminis tribus terminatâ.

Anceus forficularius. Risso, Hist. nat. des crust. p. 52. pl. 2. f. 10.

Habite la Méditerranée, entre les coraux.

2. Ancée maxillaire. *Anceus maxillaris.*

A. pedibus æqualiter patentibus, monodactylis; caudâ subciliatâ, apice laminis destitutâ.

Cancer maxillaris. Montag. trans. soc. Linn. 7. p. 65. t. 6. f. 2.

Habite l'Océan britannique.

PRANIZE. (Praniza.)

Quatre antennes inégales. Deux yeux sessiles.

Corps allongé, divisé en trois segmens, dont les deux premiers fort étroits, et le troisième très-grand. Dix pattes : les quatre antérieures attachées aux deux premiers segmens ; les six autres au segment postérieur. Des appendices en feuillets à la queue.

Antennæ quatuor, inæquales. Oculi duo ; sessiles.

Corpus elongatum, segmentis tribus divisum : duobus primis per angustis ; tertio posteriore maximo. Pedes decem : antici quatuor segmentis angustis affixi : alii sex segmento posteriore. Appendices foliaceæ ad caudam.

OBSERVATIONS.

Les *pranizes*, établies comme genre par M. *Leach*, sont remarquables par la grandeur du troisième segment de leur corps. Elles n'ont que dix pattes, dont aucune n'est terminée en pince. Leur queue est divisée en cinq ou six segmens, dont le dernier est garni latéralement d'écailles natatoires.

ESPECE.

1. Pranize bleuâtre. *Praniza cœrulata.*

Oniscus cœrulatus. Montag. trans. soc. Linn. vol. XI. p. 15. t. 4. f. 2.

Habite l'Océan Européen.

APSEUDE. (Apseudes.)

Quatre antennes : les deux externes plus longues, sétacées, multiarticulées. Deux yeux sessiles.

Corps allongé, terminé postérieurement par deux soies. Quatorze pattes : les deux antérieures chélifères ; les deux ou quatre dernières natatoires.

Antennæ quatuor : duabus externis longioribus, setaceis, multiarticulatis. Oculi duo sessiles.

Corpus elongatum, posticè setis duabus terminatum. Pedes quatuordecim : duobus anticis cheliferis; duobus aut quatuor ultimis natatoriis.

OBSERVATIONS.

Le genre des *apseudes*, établi par M. Leach, comprend des crustacés isopodes qui sont nageurs et ambulateurs, puisqu'ils ont des pattes à crochets et d'autres qui sont natatoires. Les deux pattes antérieures sont terminées en pince ; et la queue est munie de deux longues soies. Ces crustacés vivent entre les plantes marines.

ESPÈCES.

1. Apseude taupe. *Apseudes talpa.*

A. antennis articulo ultimo plumosis ; pedibus secundi paris apice dilatatis, compressis dentatis.

Cancer gammarus talpa. Montag. trans. soc. Linn. vol. 9. p. 98. tab. 4. f. 6.

Apseudes. Latr.

Habite l'Océan Européen.

2. Apseude ligioïde. *Apseudes ligioides.*

A. antennis inferioribus brevissimis ; setis caudæ nudis.

Eupheus ligioides. Risso, Hist. nat. des crust. p. 124. tab. 3. f. 7.

Habite la Méditerranée, entre des fucus. La deuxième paire de pattes n'est point dilatée à son extrémité.

IONE. (Ione.)

Antennes courtes, subulées. Corps ovoïde, plus large et obtus antérieurement, entièrement formé d'un grand corselet. Queue courte, à quatre segmens transverses, terminée par deux languettes spatulées. Quatorze pattes sans onglets, en languettes spatulées, natatoires, diminuant insensiblement de longueur postérieurement.

Antennæ breves, subulatæ. Corpus obovatum, anticè latius et obtusum, thorace maximo penitùs compositum. Cauda brevis, segmentis quatuor transversìm divisa, appendicibus binis lingulato-spatulatis terminata. Pedes quatuordecim, natatorii, lingulato-spatulati, posticè sensìm breviores; unguiculis nullis.

OBSERVATIONS.

L'*ione* forme un genre remarquable, dont les caractères sont bien tranchés. C'est un crustacé nageur, d'une forme assez particulière, son corps, comme sans anneaux, paraissant n'offrir qu'un grand corselet. La figure qui le représente ne montre que deux antennes; apparemment parce que les deux antérieures sont fort courtes. Sous la queue de cet animal, des branchies à nu, pédiculées, et rameuses ou dendroïdes, sont bien apparentes.

ESPECE.

1. Ione thoracique. *Ione thoracica.*

Oniscus thoracicus. Montag. trans. soc. Linn. vol. 9. p. 103. tab. 3. f. 3.

Ione. Latr. Cuv. Règne anim. 3. p. 54.
Habite l'Océan Européen.

LES CAPRELLINES.

Quatre antennes inégales. Deux yeux sessiles, composés. Corps le plus souvent linéaire. Branchies dans des corps vésiculaires, situées sous la partie antérieure de l'abdomen, adhérentes à la base externe de certaines pattes ou occupant leur place.

Nos *caprellines*, réduites, d'après les caractères ci-dessus, sont les *cystibranches* de M. Latreille, et constituent la dernière famille des isopodes. Ce sont des crustacés marins, de petite taille, et en général d'une forme singulière. Leur corps est ordinairement linéaire, avec des pattes grêles et longues, au nombre de dix ou de quatorze. Ce qui les rend très-remarquables, ce sont les corps vésiculaires, ovoïdes, et très-mous, que l'on présume renfermer leurs branchies, et qui sont placés sur les second, troisième et quatrième segmens, quelquefois seulement sur le second et le troisième, en adhérant aux pattes qui s'y trouvent.

Ces animaux se trouvent parmi les plantes marines, et certains d'entre eux sont parasites des baleines ou de quelques poissons.

LEPTOMÈRE. (Leptomena.)

Quatre antennes sétacées; les supérieures ou postérieures plus longues. Deux yeux sessiles.

Corps linéaire, à articles longitudinaux, le premier se

confondant avec la tête. Queue très-courte. Dix ou quatorze pattes disposées en série continue, et toutes onguiculées.

Antennæ quatuor, setaceæ : duabus superioribus vel posterioribus longioribus. Oculi duo sessiles.

Corpus lineare ; articulis longitudinalibus : primo a capite non distincto. Cauda brevissima. Pedes decem aut quatuordecim in serie continuâ dispositi, omnes unguiculati.

OBSERVATIONS.

Sous cette dénomination générique, je réunis les leptomères et les protons de M. Latreille ; ne connaissant pour proton que le *gammarus pedatus* de Muller que M. Latreille indique comme synonyme et qui a évidemment quatorze pattes.

Nos *leptomères* ne paraissent différer des chevrolles que parce que la deuxième et la troisième paire de pattes n'avortent point. Au reste, ces crustacés sont encore très-peu connus, et leurs espèces surtout attendent de nouvelles observations pour être convenablement déterminées.

ESPECES.

1. Leptomère rouge. *Leptomera rubra.*

L. pedibus quatuordecim setaceis : secundi paris tibiis clavatis.

Squilla ventricosa. Mull. zool. dan. p. 20. tab. 56. f. 1—3. *fem.*

Leptomera ex D. Latr.

Herbst. canc. t. 36. f. 11.

Habite l'Océan boréal, entre les fucus, les conferves.

2. Leptomère pédiaire. *Leptomera pedata.*

L. pedibus quatuordecim ; quatuor primis subchelatis ; ultimis quatuor aliis longioribus.

Gammarus pedatus. Mull. zool. dan. p. 33. tab. 101. f. 1. 2.

An proton? Latr. Leach.
Habite...... l'Océan boréal?

CHEVROLLE. (Caprella.)

Quatre antennes : les deux supérieures plus longues ; leur dernière pièce composée de très-petits articles nombreux. Deux yeux sessiles, composés.

Corps allongé, linéaire ou filiforme, divisé en articles inégaux. Queue très-courte. Dix pattes onguiculées ; à paires disposées en une série interrompue.

Antennæ quatuor : superioribus duabus longioribus : ultimo articulo aliis minimis numerosisque composito. Oculi duo sessiles, compositi.

Corpus elongatum, lineare, subfiliforme, articulis inæqualibus divisum. Cauda brevissima. Pedes decem unguiculati : paribus serie interruptâ dispositis.

OBSERVATIONS.

Le genre *chevrolle*, maintenant réduit, se rapproche beaucoup des leptomères, et semble annoncer le voisinage des crévettes, etc. Ces crustacés isopodes sont singuliers et remarquables par leur corps grêle, presque filiforme, à segmens inégaux, plutôt longitudinaux que transverses, et à paires de pattes inégalement disposées, formant une série interrompue. Le second et le troisième anneau du corps n'ont que de fausses pattes ; mais ils soutiennent quatre appendices subovales, susceptibles de gonflement, qui contiennent probablement les organes de la respiration. Les femelles portent leurs œufs renfermés dans un sac attaché sous le troisième anneau du corps.

Les *chevrolles* se tiennent parmi les plantes marines, marchent à la manière des chenilles arpenteuses, se redressent en faisant vibrer leurs antennes, et nagent en courbant en bas les extrémités de leur corps.

ESPECES.

1. Chevrolle scolopendroïde. *Caprella scolopendroides.*

C. manibus secundi tertiique paris didactylis : uno maximo falcato ; altero minimo, subrecto.

Gammarus quadrilobatus. Mull. zool. dan. t. 114. f. 1. 2. *fem.*

Bast. op. subs. 1. tab. 4. f. 2. *a b c.*

Oniscus scolopendroides. Pall. Spicil. zool. fasc. 9 t. 4. f. 15.

An cancer linearis ? Linn.

Squilla quadrilobata ? Mull. zool. dan. t. 56. f. 4. 5. 6. *mas.*

Habite l'Océan d'Europe boréal.

2. Chevrolle phasme. *Caprella phasma.*

C. pedibus secundi paris manu subdidactyli ; corporis segmentis primis dorso mucronatis.

Cancer phasma. Montag. trans. soc. Linn. 7. p. 66. t. 6. f. 3.

Habite l'Océan d'Europe.

Etc. Voyez les *cancer atomus* et *filiformis* de Linné. Dans ce genre, les distinctions spécifiques laissent encore beaucoup à désirer.

CYAME. (Cyamus.)

Quatre antennes inégales : les deux supérieures plus longues, sétacées, de quatre articles. Un labre échancré ; deux mandibules à sommet bifide ; quatre mâchoires réunies en deux pièces transverses ; une lèvre inférieure formée de deux palpes articulés, onguiculés, réunis par leur base.

Tête en cône obtus, petite, non distincte du premier segment. Corps ovale, déprimé, à six segmens transverses, celui de la tête excepté. Un tubercule à l'extrémité postérieure, formant une queue très-courte. Deux yeux composés, sessiles, sur les bords latéraux et antérieurs de la tête; deux petits yeux lisses, sur son vertex. Huit pattes onguiculées et articulées. Deux paires de fausses pattes, sur le second et le troisième segment, auxquelles adhèrent des vésicules branchiales.

Antennæ quatuor, inæquales : duabus superioribus longioribus setaceis, quadriarticulatis. Labrum emarginatum. Mandibulæ duæ, apice bifidæ. Maxillæ quatuor, in duas partes aut laminas transversas connatæ. Labium è palpis duobus articulatis et unguiculatis basi connatis compositum.

Caput obtusè conicum, parvum, a segmento primo non distinctum. Oculi duo compositi, sessiles, ad latera antica capitis. Ocelli duo in vertice. Corpus ovatum, depressum, segmentis sex transversis divisum [segmento capitis excluso]. Pedes octo articulati unguiculati : pedes spurii quatuor, in segmento secundo tertioque, quibus vesiculas branchiales adhærent. Cauda tuberculo minimo terminali.

OBSERVATIONS.

Le *cyame*, que Linné rangeait parmi les cloportes, est effectivement un véritable crustacé; mais, quoique parasite, il appartient à la famille des caprellines [des cystibranches de M. Latreille]. Il a moins de rapports qu'on ne pense avec le pycnogonon, qui est une arachnide, quoiqu'il en ait un peu l'aspect et presque les habitudes.

Des quatorze pattes du cyame, les deux premières fort petites, ne servent point à la marche, et sont transformées en palpes qui, par l'union de leur base, forment une lèvre inférieure à la bouche. Les quatre fausses pattes sont mutiques, inarticulées, et ont à leur base les vésicules respiratoires. Dans les femelles, quatre écailles arrondies, concaves, placées sous le deuxième et le troisième segment, servent à renfermer les œufs.

On trouve les *cyames* cramponnés en grand nombre sur le corps des baleines, ce qui les a fait nommer *poux de baleine* par le vulgaire.

ESPECE.

1. Cyame de la baleine. *Cyamus ceti.*

Oniscus ceti. Linn. Pall. Spicil. zool. fasc. 9. t. 4. f. 14.
Mul. zool. dan. tab. 119. f. 13—17.
Cyamus ceti. Latr. gen. 1. p. 60.
Larunda ceti. Leach, crust. annulos. pl. 21.
Habite l'Océan de l'Europe, sur les baleines, etc.
Nota. Une autre espèce, très-petite, des Indes orientales, et encore inédite, est connue de M. Latreille.

TROISIÈME SECTION.

CRUSTACÉS AMPHIPODES.

Mandibules palpigères; deux ou quatre antennes; la tête distincte du tronc; les yeux sessiles; des branchies vésiculeuses, situées à la base intérieure des pattes, sauf celles de la paire antérieure.

Les *amphipodes* sont les premiers crustacés dont les mandibules soient palpifères, celles des précédens en étant généralement dépourvues. Mais leurs yeux sont sessiles et immobiles, et leur tête est distincte du tronc. Leur troisième et dernière paire de mâchoires représente une lèvre inférieure, à l'aide de deux palpes ou deux petites pattes réunies à leur base.

Le corps de ces animaux est plus membraneux que crustacé, oblong, le plus souvent arqué et comprimé sur les côtés. Il est divisé en sept anneaux portant chacun une paire de pattes dont les quatre premières sont ordinairement dirigées en avant. A la base intérieure de chaque patte, en commençant à la seconde paire, on aperçoit un corps ovale et vésiculeux qui paraît être une branchie. Postérieurement, le tronc se termine par une queue de six à sept articles, offrant en dessous cinq paires de filets divisés en deux branches articulées. Ces filets, très-mobiles, sont regardés comme des pattes natatoires, et semblent néanmoins analogues aux pattes branchiales des stomapodes.

Les antennes des *amphipodes* sont quelquefois au nombre de deux, mais plus souvent il s'en trouve quatre. Leur bouche offre un labre; deux mandibules portant chacune un palpe filiforme; une languette; deux paires de mâchoires; et au dessous deux pieds-mâchoires, formant une lèvre inférieure, avec deux palpes.

Les *amphipodes* nagent et sautent avec agilité; c'est toujours sur le côté qu'ils se posent. Les uns habitent les eaux douces des ruisseaux et des fontaines, les autres vivent dans les eaux salées. Les femelles portent leurs œufs rassemblés sous leur poitrine, et recouverts par de petites écailles.

DIVISION DES AMPHIPODES.

* Deux antennes.

Phronime.

** Quatre antennes.

(1) Les quatre antennes presque semblables pour la forme, les inférieures n'imitant pas des espèces de pattes.

(a) Antennes supérieures plus longues que les autres.

Crevette.

(b) Antennes supérieures plus courtes que les autres.

Talitre.

(2) Antennes inférieures subonguiculées au bout, et imitant des pattes.

Corophie.

PHRONIME. (Phronima.)

Deux antennes courtes, de trois articles. Deux yeux sessiles.

Tête grosse, sessile, ayant antérieurement une saillie conique, en forme de bec, inclinée en bas. Corps mou, allongé; le tronc demi-cylindrique, divisé en six anneaux; la queue étroite, partagée en cinq segmens : le dernier terminé par quelques appendices styliformes. Dix pattes; la troisième paire fort longue, à mains didactyles.

Antennæ duæ breves, triarticulatæ. Oculi duo, sessiles.

Caput magnum, sessile, anticè eminentiâ conicâ

rostriformi subtùs inflexâ terminatum. Corpus molle, elongatum: trunco semi-cylindrico, segmentis sex diviso; cauda angusta, segmentis quinis: ultimo appendicibus aliquot styliformibus instructo. Pedes decem: tertio pari longissimo, manibus didactylis.

OBSERVATIONS.

Les *phronimes*, dont le genre fut reconnu et déterminé par M. Latreille, semblent les amphipodes les plus rapprochés des chevrolles qui paraissent leur servir de transition. Ces singuliers crustacés ont l'habitude de s'emparer de certaines radiaires mollasses, telles que des beroës ou certaines médusaires, et de se faire un domicile de leur corps, avec lequel ils nagent. Ils viennent quelquefois à la surface de l'eau, et se nourrissent des animalcules qu'ils peuvent saisir.

ESPÈCES.

1. Phronime sédentaire. *Phronima sedentaria.*

Ph. corpore margaritaceo, cum punctis rubris. Ex D. Risso.

Phronima sedentaria. Latr. gen. 1. p. 56. tab. 2. f. 2. 3. et hist. nat. vol. 6. p. 289.

Cancer sedentarius. Forsk. Faun. arab. p. 95.

Herbst. canc. tab. 36. f. 8.

Risso. Hist. des crust. p. 120.

Habite la Méditerranée.

2. Phronime sentinelle. *Phronima custos.*

Ph. corpore lineari albissimo.

Phronima custos. Risso. hist. nat. des crust. p. 121. pl. 2. f. 3.

Habite la Méditerranée. Cette phronime est-elle bien distincte de la précédente?

CREVETTE. (Gammarus.)

Quatre antennes inégales, sétacées, articulées, disposées sur deux rangs; les supérieures étant plus longues.

Deux yeux sessiles, composés. Un labre; deux mandibules palpigères; quatre mâchoires libres; deux fausses mâchoires réunies en lèvre inférieure, ayant deux palpes onguiculés.

Corps allongé, un peu arqué, souvent aplati sur les côtés, à segmens crustacés transverses. Quatorze pattes. Des appendices bifides à la queue.

Antennæ quatuor, inæquales, setaceæ, articulatæ, ordinibus duobus dispositæ: superioribus longioribus. Oculi duo, sessiles, compositi. Labrum; mandibulæ duæ palpigeræ; maxillæ quatuor liberæ; alteræ duæ spuriæ, in labium connatæ: palpis duobus unguiculatis.

Corpus elongatum, subarcuatum, lateribus sæpè depressum; segmentis crustàceis transversis. Pedes quatuordecim. Appendices bifidæ ad caudam.

OBSERVATIONS.

Parmi les amphipodes, les *crevettes* constituent un genre très-naturel et assez nombreux en espèces; mais comme ces espèces offrent nécessairement des diversités dans leurs parties externes, quoique non essentielles, on s'empresse maintenant de saisir tous les moyens de distinction, pour démembrer ce genre et en former une multitude de petits. Cette marche est loin d'être utile à la science; et même si nous distinguons les talitres, c'est par l'intérêt qu'inspirent les observations de M. *Latreille*.

Les crevettes sont des crustacés aquatiques, qui vivent, les uns dans les eaux salées de la mer, les autres dans les eaux douces des fontaines, des rivières et des marais. Leurs pattes antérieures sont dirigées en avant, tandis que les autres ont une autre direction. Elles sont accompagnées de lames minces et perpendiculaires qui leur servent à nager et à sauter. En effet, ces petits crustacés sont fort agiles, et la plupart sautent comme des puces lorsqu'on les met à sec sur la terre.

ESPECES.

Antennes à trois articles dont le dernier est une soie articulée.

1. Crevette des ruisseaux. *Gammarus pulex.*

G. pedibus quatuor anticis breviusculis, manu unguiculifero terminatis.

Gammarus pulex. Fab. Syst. 2. p. 516.

Cancer pulex. Lin. Crevette des ruisseaux. Geoff. 2. p. 667. pl. 21. f. 6.

Gammarus pulex. Lat. gen. 1. p. 58., et hist. nat. 6. pl. 57. f. 1.

Habite en Europe, dans les eaux des fontaines et des ruisseaux.

2. Crevette épineuse. *Gammarus spinosus.*

G. pedibus anticis manu destitutis; dorsi segmentis posterioribus acuminato-spinosis.

Cancer gammarus spinosus. Montag. Trans. Soc. Lin. vol. XI. p. 3. tab. 2. f. 1.

Dexamine spinosa. Leach. Trans. Soc. Linn. vol XI. p. 358.

Habite l'Océan britannique.

3. Crevette crochue. *Gammarus articulosus.*

G. pedibus anticis duobus chelatis, secundi paris manu majusculo: dactylo reflexo; caudâ apice incurvâ.

Cancer articulosus. Montag. Trans. Soc. Linn. vol. 7. p. 71. tab. 6. f. 6.

Leucothoe articulosa. Leach. Trans. Soc. Linn. XI. p. 358.

Habite l'Océan britannique.

Antennes de quatre articles, le dernier articulé.

4. Crevette palmée. *Gammarus palmatus.*

G. corpore nigricante; pedum pari secundo manu dilatato compresso.

Cancer palmatus. Montag. Trans. Soc. Linn. 7. p. 69.
Melita palmata. Leach. Crust. annul. pl. 21.
Habite l'Océan britannique, sous les pierres des rivages.

5. Crevette grosse-main. *Gammarus grossimanus.*
G. pedum paribus duobus anticis manuferis; caudâ apice nudâ.
Cancer gammarus grossimanus. Montag. Trans. Soc. Linn. 9. p. 97. tab. 4. f. 5.
Mæra grossimana. Leach, Trans. Soc. Linn. XI. p. 359.
Habite les rivages de l'Océan britannique.

6. Crevette fucicole. *Gammarus pherusa.*
G. cireneus, rubro varius; pedibus anticis manu oblongo terminatis.
Pherusa fucicola. Leach, Trans. Soc. Linn. XI. p. 360.
Ejusd. crust. annul. pl. 21.
Habite les rivages de l'Océan britannique, entre les fucus. Elle n'a point d'appendice à la base du quatrième article des antennes.
Etc. Le *gammarus rubricatus.* Montag. Trans. Soc. Linn. 9. p. 99. tab. 5. f. 1. est encore de ce genre. *Amphithoë* Leach.

TALITRE. (Talitrus.)

Quatre antennes inégales, sétacées, articulées; les supérieures étant plus courtes; deux yeux sessiles; bouche comme dans les crevettes.

Corps allongé, semi-cylindracé; à segmens crustacés transverses. Quatorze pattes. Port des crevettes.

Antennæ quatuor, inæquales, setaceæ, articulatæ: superioribus brevioribus. Oculi duo sessiles. Os ut in gammarellis.

Corpus elongatum, semi cylindraceum; segmentis crustaceis transversis. Pedes quatuordecim. Habitus gammarorum.

OBSERVATIONS.

Les *talitres* ressemblant aux crevettes par leur aspect et leurs habitudes, on pourrait ne les en point séparer; cependant le caractère des antennes inférieures qui sont plus longues que les supérieures est si remarquable, que nous avons suivi M. *Latreille* qui les a distingués. On peut néanmoins les diviser encore, comme l'a fait M. *Leach*. En effet, dans les uns, la tête ne forme point de saillie en devant, et avec ceux-là, M. Leach forme ses talitres et ses orchesties; tandis que dans les autres le devant de la tête se prolonge en forme de bec, comme dans les phronimes; et ces derniers constituent les atyles du zoologiste anglais.

ESPÈCES.

1. Talitre sauterelle. *Talitrus locusta.*

T. pedibus omnibus monodactylis; antennis superioribus brevissimis.

Cancer locusta. Lin. *Gammarus locusta.* Fab.
Oniscus locusta. Pall. Spicil. zool. fasc. 9. tab. 4. f. 7.
Talitrus locusta. Lat. gen. 1. p. 58.
Cancer gammarus saltator. Montag. Soc. Linn. trans. 9. p. 94. tab. 4. f. 3.
Habite l'Océan d'Europe.

2. Talitre gammarelle. *Talitrus gammarellus.*

T. pedibus omnibus monodactylis : secundi paris manu magnâ sub compressâ.

Oniscus gammarellus. Pall. Spicil. zool. fasc. 9. t. 4. f. 8.
Talitrus gammarellus. Latr. gen. 1. p. 57.
Cancer gammarus locusta? Montag. Trans. Soc. Linn. 9. p 92. tab 4. f. 1. *Orchestia*, Leach.
Habite l'Océan d'Europe, près des rivages.

3. Talitre cariné. *Talitrus carinatus.*

T. capite rostro descendente; abdomine segmentis quinque ultimis carinatis, posticè acutè productis.

Atylus carinatus. Leach, Trans. Soc. Linn. XI. p. 357.
Gammarus carinatus. Fab. Syst. 2. p. 515.
Habite......
Etc.

COROPHIE. (Corophium.)

Quatre antennes inégales : les deux inférieures plus longues, plus épaisses, pédiformes, articulées, subonguiculées au bout.

Le reste comme dans les crevettes.

Antennæ quatuor, inæquales : inferis duabus longioribus, crassioribus, pediformibus, articulatis, apice subunguiculatis.

Cœtera ut in gammaribus.

OBSERVATIONS.

Les *corophies* ayant les antennes inférieures plus longues, plus épaisses et comme onguiculées au bout, sont en cela très-remarquables, et se servent probablement de ces parties, comme de bras ou de pattes, pour saisir leur proie. D'après ces habitudes particulières, M. Latreille a eu raison de les distinguer.

ESPECE.

1. Corophie longicorne. *Corophium longicorne.*

C. corpore lateribus depresso; antennis inferis quadriarticulatis corpore longioribus.
Cancer grossipes. Lin. *Gammarus longicornis.* Fab.
Oniscus volutator. Pall. Spicil. zool. fasc. 9. t. 4. f. 9.
Corophium longicorne. Lat. gen. 1. p. 59.
Habite l'Océan d'Europe.
Etc. Rapportez aux corophies les genres *podocera* et *jassa* de M. Leach.

SECTION QUATRIÈME.

CRUSTACÉS STOMAPODES.

Mandibules palpigères. Les yeux pédiculés. La tête en grande partie reculée sous un corselet antérieur non pédigère. Branchies à nu et en panache sous le ventre, au delà des pieds.

Les *stomapodes* connus sont encore peu nombreux; on n'en a même fait qu'un seul genre sous le nom de *squilla;* mais maintenant M. Latreille en forme deux. Ces crustacés sont les derniers des hétérobranches, et semblent, par leur forme allongée et leurs yeux portés sur des pédicules mobiles, former une transition aux crustacés homobranches, par les macroures; leur caractère est particulier et fort éminent. En effet, parmi les crustacés à mandibules palpigères, les stomapodes sont les seuls qui aient les branchies à nu et en panache sous le ventre. Ces branchies sont suspendues à la base d'écailles ou de lames articulées qui sont des pattes natatoires.

La tête, loin d'être distincte, me paraît ici en grande partie reculée sous un corselet antérieur non pédifère. La bouche, occupant le dessous de ce corselet antérieur, a reculé l'attache des pattes sous une partie postérieure, comme aux dépens de l'abdomen. Ainsi, je distingue le corselet en partie antérieure et en partie postérieure. La première, sous la forme d'un corselet ordinaire, est avancée au delà des pattes, et se divise en deux portions : l'une, antérieure, très-petite, porte les yeux et les antennes intermédiaires, tandis que l'autre, fort grande et déprimée, soutient les antennes extérieures. La seconde partie du corselet est pédifère, et souvent se compose de trois segmens étroits, assez semblables aux autres segmens de la queue.

La bouche des stomapodes a un labre; deux mandibules dentées et pourvues d'un palpe filiforme; une languette double; deux paires de mâchoires portant des palpes, et deux paires de pieds-mâchoires, dont la dernière est très-grande, en forme de bras, qui se terminent chacun par une grande griffe mobile, dentée ou pectinée d'un côté.

Les pattes ambulatoires sont seulement au nombre de trois paires; mais sous la queue l'on compte cinq paires de pattes lamelleuses ou natatoires, ce qui ferait les seize pattes naturelles aux crustacés. Cependant, à cause des deux derniers pieds-mâchoires qui forment les deux bras, on ne devrait trouver que quatre paires de pattes natatoires.

Les *stomapodes* sont allongés comme les crustacés macroures; leur queue se termine par des appendices qui accompagnent une pièce moyenne, à bord denté. Ils ont le test peu épais et peu solide, et se tiennent dans la mer à une certaine profondeur, dans les endroits à fond sablonneux ou fangeux; ils nagent plus qu'ils ne se traînent avec leurs trois paires de pattes. On les divise en *squilles* et en *erichths*.

SQUILLE. (Squilla.)

Quatre antennes triarticulées : deux intermédiaires un peu plus longues, terminées par trois soies; deux externes simples, ayant à leur base externe une écaille foliacée oblongue.

Corselet postérieur, divisé en trois segmens étroits et pédigères.

Antennæ quatuor, triarticulatæ : duabus intermediis sublongioribus, apice trisetis ; externis simplicibus squamâ foliaceâ oblongâ ad basim externam annexâ.

Thorax posticus segmentis tribus pedigeris.

OBSERVATIONS.

Les *squilles* ou mantes de mer constituent un genre fort remarquable par leur singulière conformation, et par la situation de leurs branchies. Les deux derniers pieds-mâchoires forment comme deux grands bras avancés, terminés chacun par une griffe mobile, dentée ou pectinée en son côté interne, ce qui leur donne l'aspect des insectes du genre des mantes. Leur corselet antérieur ne s'avance point postérieurement jusqu'au dessus des trois paires de pattes ambulatoires, comme dans le genre des érichths, en sorte que les trois segmens qui portent ces pattes ne semblent plus appartenir au corselet. Ils lui appartiennent cependant, puisqu'ils portent des pattes. La queue est grande, longue, composée de six segmens, dont le dernier est garni d'appendices en éventail; les trois segmens pédifères ne sont point comptés.

ESPÈCES.

1. Squille mante. *Squilla mantis.*

S. corpore suprà lineis octo longitudinalibus elevatis; pollicibus falcatis, semi-pectinatis quinque ad octo dentatis.

Cancer mantis. Lin. *Squilla mantis.* Fab. Latr. gen. 1. p. 55. Herbst. canc. tab. 33. f. 1.

(B) *Var. major; pollicibus octo-dentatis.*

Squilla raphidea. Fab. suppl. p. 416.

Squilla arenaria. Seba, mus. 3. tab. 20. f. 2.
Habite la Méditerranée et l'Océan Indien.

2. Squille tachetée. *Squilla maculata.*

S. grandis; corpore suprà lævi; brachiorum pollice falcato hinc pectinato; segmento postico ultimo rotundato, submutico.

Squilla maculata. Fab. Syst. 2. p. 511.

Cancer arenarius. Rumph. mus. tab. 3. f. E.

Habite l'Océan des grandes Indes. *Mus.*

3. Squille queue-rude. *Squilla scabricauda.*

S. thorace brevi, subcordato quadrisulcato; corpore læviusculo; caudâ punctis numerosis scabrâ; brachiorum pollicibus octo-dentatis.

Mus. n.°

Habite........ l'Océan Indien. Quatre des pieds-mâchoires ont les mains arrondies, comprimées, ciliées.

4. Squille glabriuscule. *Squilla glabriuscula.*

S. corpore suprà læviusculo; caudâ glabrâ; brachiorum pollicibus quinque dentatis; maxilli-pedum manibus sex rotundato-compressis.

Mus. n.°

Habite l'Océan Indien ? Espèce voisine de la précédente, mais distincte.

5. Squille de Desmarets. *Squilla Desmaresti.* R.

S. corpore dorso lævi; lineis utrinque duabus lateralibus longitudinalibus elevatis; pollicibus quinque-dentatis.

Squilla acanthura. Lam. mus.

Squilla Desmaresti. Risso, Hist. nat. des crust. p. 114. pl. 2. f. 8.

Habite la Méditerranée. Taille petite.

6. Squille scyllare. *Squilla scyllarus.*

S. corpore suprà lævi; caudæ segmento penultimo sexplicato; pollicibus basi ventricosis subbidentatis.

Cancer scyllarus. Lin.

Squilla scyllarus. Fab. *Squilla chiragra* ejusd.
Rumph. mus. tab. 3. fig. F.
Habite l'Océan Indien et près de l'Île-de-France. Mus.

* Squille stylifère. *Squilla stylifera.*

S. minor; corpore suprà lævi; pollicibus angustis compressis bidentatis; pedibus styliferis.

Mus. n.°
Habite...... Le doigt des bras n'est nullement ventru.
Etc.

ERICHTH. (Erichthus.)

Antennes, yeux et bouche comme dans les squilles.

Corselet postérieur et pédifère non distinct de l'antérieur, et point divisé en anneaux.

Antennæ, oculi, os ut in squillis.

Thorax posticus et pedifer à thorace antico non distinctus segmentisque non divisus.

OBSERVATIONS.

Ici le corselet antérieur s'avance postérieurement jusqu'au dessus des trois paires de pattes ambulatoires; ainsi ces pattes ne sont plus attachées à trois anneaux particuliers; ce qui montre que, dans les squilles, les trois anneaux pédifères sont un corselet postérieur.

ESPECE.

1. Erichth vitré. *Erichthus vitreus.*

Squilla vitrea. Fab. Syst. ent. 2. p. 513.
Habite l'Océan Atlantique. La griffe des bras n'est point dentée au côté interne. Ce genre a été établi par M. *Latreille*, dans l'ouvrage qu'il a fait pour M. *Cuvier*.

ORDRE SECOND.

CRUSTACÉS HOMOBRANCHES.

Branchies cachées sous les bords latéraux d'une carapace couvrant le corps de l'animal, à l'exception de la queue. Mandibules toujours palpigères; les yeux pédiculés; la tête confondue avec le tronc; dix pattes propres à la locomotion.

Les *crustacés homobranches*, que j'appelais cryptobranches [Extrait du Cours, etc. p. 89.], embrassent les décapodes de M. Latreille, et sont les plus nombreux et les plus connus de la classe. Ils comprennent les plus grands des crustacés, ceux qui sont les plus cuirassés, c'est-à-dire, qui ont la peau la plus dure, la plus solide, ceux enfin qui ont l'organisation la plus perfectionnée; car c'est parmi eux seulement que l'organe de l'ouie a pu être aperçu.

Leur corps ne paraît composé que de deux parties principales, le tronc et la queue; car la tête est intimement unie au tronc, et se confond avec lui, ou ne se montre qu'en partie et sans mouvement propre. Ce tronc, qui embrasse la poitrine et l'abdomen réunis, est recouvert par une carapace ou une sorte de cuirasse, à laquelle on donne le nom de test. Or la carapace dont il s'agit, est ordinairement très-dure, d'une seule pièce, non divisée en segmens transverses, et paraît composée d'un mélange de matière cornée ou animale, et de molécules calcaires plus ou moins abondantes; c'est une pièce particulière aux animaux de cet ordre. Cette même carapace a ses bords repliés en dessous, surtout en devant, pour former avec les hanches des pattes, qui sont réunies et soudées, l'enveloppe commune du corps, à l'exception de la queue. Aussi sait-on que le système musculaire de ces crustacés, se borne aux mouvemens de la queue, des pattes, des organes de la manducation, des antennes, et des pédicules qui portent les yeux.

A l'extrémité antérieure du test, on aperçoit effectivement deux yeux, situés chacun sur un pédicule mobile, qui s'insère en général dans une cavité particulière. L'espace supérieur compris entre les yeux s'avance tantôt en forme de chaperon, et tantôt en forme de bec, mais qui est immobile. Les antennes, presque toujours au nombre de quatre, se montrent aussi à cette extrémité antérieure du tronc. Elles sont insérées au dessous des pédicules des yeux, tantôt sur une seule ligne, et tantôt sur deux. Les latérales sont ordinairement plus grandes que les intermédiaires; quelquefois celles-ci sont repliées et cachées dans des cavités propres à cet objet. En général, les antennes sont d'autant plus longues que le corps de l'animal est plus étroit et plus allongé.

Les branchies sont pyramidales, feuilletées ou en plume, et disposées sous les bords latéraux de la carapace ou du test. Elles ont de l'adhérence avec les derniers pieds-mâchoires et avec les autres pattes. Ainsi chacun de ces pieds-mâchoires et chacune des vraies pattes adhèrent, par leur base externe, à une branchie cachée.

La bouche est composée : 1.° d'un labre représenté par une pièce charnue, saillante entre les mandibules; 2.° de deux mandibules osseuses, transverses, élargies triangulairement ou en cuiller, plus ou moins dentées à leur extrémité antérieure, et portant un palpe inséré sur leur côté supérieur ; 3.° d'une languette entre laquelle et les mandibules, le pharinx se trouve placé ; 4.° de deux paires de mâchoires qui ressemblent à des feuillets, et qui sont divisées ou ciliées à leurs bords ; 5.° de trois paires de pieds-mâchoires dont les deux antérieurs sont encore en feuillets divisés, leur lobe supérieur ayant la forme d'un palpe sétacé, et les quatre postérieurs adhérant chacun, par leur base externe, à une branchie.

Il y a donc en tout, pour former la bouche de ces crustacés, six paires de mâchoires, ou d'espèces de mâchoires ; car les deux mandibules portant chacune un palpe flagelliforme, peuvent être considérées comme deux mâchoires antérieures, plus fortes que les autres. Enfin, les trois paires postérieures, qui ne sont que des mâchoires auxiliaires et qu'on a nommées *pieds mâchoires*, ne paraissent, comme l'a dit M. *Savigny*, que les six pattes antérieures de l'animal, qui se trouvant avancées sur la bouche, ont été modifiées, et ne servent plus à la locomotion. En les ajoutant aux dix pattes vraies de l'animal, on retrouve les seize pattes qui sont propres aux crustacés.

Les *crustacés homobranches* ont généralement dix pattes propres à la locomotion, indépendamment des fausses pattes que l'on trouve à la queue de certains de ces animaux. Dans la plupart, les deux pattes antérieures sont grandes et terminées en pince ; quelquefois celles de la deuxième et de la troisième paire, quoique moins grandes, sont aussi terminées en pince. La pince dont il s'agit, se compose de deux doigts en opposition, dont l'un est toujours fixe et sans mouvement propre ; tandis que l'autre, auquel on donne le nom de pouce, est mobile.

Parmi ces crustacés, les uns ont les pattes antérieures en pince et propres à la préhension, tandis que leurs autres pattes ne sont qu'ambulatoires, et se terminent par un ongle pointu. D'autres ont aussi des pattes à pince, et des pattes ambulatoires, mais en outre leurs pattes postérieures sont natatoires et terminées par une pince applatie en lame. Enfin il y en a dont toutes les pattes sont natatoires.

La queue de ces animaux est la deuxième partie distincte de leur corps ; c'est celle qui n'est pas recouverte par la carapace. Elle ne contient point les viscères, mais seulement la partie postérieure du canal intestinal, et offre des segmens transverses, qui sont ordinairement au nombre de sept. Tantôt cette queue est au moins aussi longue que le tronc, étendue dans tous les temps, mais plus ou moins courbée à son extrémité ; et tantôt elle est plus courte que le tronc, et on la voit ordinairement repliée et appliquée sous cette partie du corps, ne paraissant point postérieurement. Dans ceux en qui elle est grande, étendue ou découverte, la queue est presque toujours garnie au bout d'appendices ou de lames natatoires ; mais dans les autres, elle est nue ou presque nue, et moins épaisse. Les femelles portent leurs œufs à nu, sous leur queue, attachés à des filets.

Ainsi, les *crustacés homobranches* sont très-distingués de ceux du premier ordre, en ce que leur tronc embrasse la poitrine et l'abdomen réunis, contient tous les viscères, et qu'il est recouvert par une carapace d'une seule pièce, sous les bords latéraux de laquelle, les branchies sont cachées. Quoique fort nombreux et diversifiés entr'eux ; leur plan d'organisation est dans tous évidemment analogue.

Je partage cet ordre en deux grandes sections qui, chacune, embrassent plusieurs familles, savoir :

1.° Les homobranches macroures ;

2.° Les homobranches brachyures.

PREMIÈRE SECTION.

HOMOBRANCHES MACROURES.

Queue, en général, aussi longue ou plus longue que le tronc, n'étant jamais entièrement repliée et cachée au-dessous dans l'état de repos, mais en partie ou totalement à découvert. Tantôt elle offre au bout une nageoire lamelleuse, en éventail, tantôt elle n'a que quelques appendices particuliers rejetés sur les côtés, et tantôt elle est nue, simplement ciliée.

Parmi les crustacés dont les branchies sont cachées sous les bords latéraux du test, ceux de cette première section sont très-faciles à distinguer des crustacés brachyures qui composent notre seconde section, et l'ont toujours été effectivement. Ces *crustacés macroures*, ou à grande queue, sont en général plus allongés que les *brachyures*, et n'ont jamais, comme ces derniers, le corps transverse, c'est-à-dire, plus large que long. Leur test est presque toujours moins dur, moins calcaire, quoique véritablement crustacé ; et, dans le plus grand nombre, leur queue, fort grande et terminée en nageoire, est toujours plus ou moins étendue, en partie ou tout-à-fait à découvert, même dans l'état de repos, et ne s'applique point exactement dans une cavité sous le tronc de l'animal.

La plupart de ces *macroures* sont remarquables par des antennes fort longues, surtout les extérieures; et le plus souvent ces antennes sont multiarticulées. Celles qui sont intermédiaires, quoique plus courtes que les autres, sont presque toujours saillantes et rarement cachées, comme dans beaucoup de brachyures. Leurs pieds-mâchoires extérieurs ou inférieurs sont généralement étroits et allongés. Enfin, leurs branchies sont des pyramides, comme celles des brachyures, mais imitant des brosses ou des barbes de plumes.

Comme, parmi les productions de la nature, convenablement rangées, tout se nuance, au moins dans les classes ou les familles naturelles, les *stomapodes* qui forment notre dernière section des hétérobranches, présentent une transition évidente, par leur grande queue, aux *homobranches macroures*, dont il s'agit ici. De même notre dernière famille de ceux-ci [les paguriens] en offre une aussi aux *brachyures*; car ces crustacés singuliers, ayant leur queue plus courte que les autres macroures, et munie seulement de quelques appendices, sans véritable nageoire, avoisinent de plus en plus les brachyures, et sont effectivement les derniers macroures.

Les *homobranches macroures* sont fort nombreux en races diverses, ressemblent plus ou moins aux écrevisses par leur aspect général, et sont quelquefois d'une taille énorme. Dans la plupart, le dessous de la queue est muni de fausses pattes, que nous ne citons point dans l'exposition des caractères des genres. Nous les diviserons en quatre familles, de la manière suivante.

DIVISION
DES HOMOBRANCHES MACROURES.

* Les pattes plus ou moins profondément bifides. (Les *fissipès.*)

Nébalie.

Mysis.

** Aucune patte véritablement bifide.

(a) Des lames natatoires accompagnant le bout de la queue, et s'ouvrant en éventail pendant la natation.

(b) Les quatre antennes insérées comme sur deux rangs, les latérales étant placées au-dessous des intermédiaires et ayant à leur base une grande écaille. (Les *salicoques.*)

Crangon.

Nika.

Pandale.

Alphée.

Pénée.

Palémon.

(bb) Les quatre antennes presque sur un seul rang. Point d'écaille à la base des latérales. (Les *astaciens.*)

Langouste.

Scyllare.

—

Galathée.

Écrevisse.

Thalassine.

(aa) Point de lames natatoires formant un éventail avec le bout de la queue, celle-ci étant, soit nue, soit ciliée, soit garnie de quelques appendices rejetés sur les côtés. (Les *paguriens.*)

Hermite.

Hippe.
Rémipède.
Albunée.
Ranine.

LES FISSIPES.

Les *fissipes*, ou les schizopodes de M. Latreille, forment la première division des macroures; ce sont de petits crustacés nageurs, à corps mou, allongé, et d'une forme analogue à celle des salicoques. Ils offrent cette particularité remarquable d'avoir toutes les pattes, ou plusieurs pattes plus ou moins profondément bifides. Ces pattes sont uniquement propres à la natation. Les femelles portent leurs œufs dans une capsule bivalve, à l'extrémité postérieure de la poitrine. On y rapporte les deux genres qui suivent.

NÉBALIE. (Nebalia.)

Quatre antennes : les deux latérales beaucoup plus longues, situées au dessous des intermédiaires, abaissées et pédiformes. Deux yeux très-rapprochés, sessiles, mais mobiles.

Un test couvrant le tronc; son extrémité antérieure offrant un bec avancé, pointu. Queue étendue, fourchue au bout; ses deux appendices terminés chacun par une soie. Quelques fausses pattes courtes, insérées sous la poitrine. Dix autres pattes parfaites, presque semi-bifides.

Antennæ quatuor : lateralibus duabus multò longio-

ribus, infrà intermedias insertis, inflexis, pediformibus. Oculi duo, valdè approximati, sessiles, mobiles.

Testa truncum obtegens : extremitate anticâ rostro acuto porrecto terminatâ. Cauda extensa, apice furcata ; appendicibus setâ terminatis.

OBSERVATIONS.

Le genre *nebalia*, établi par M. Leach, porte sur un crustacé qui a tout-à-fait l'aspect d'un branchiopode, qui semblerait même avoisiner nos limules [les *apus* pour d'autres] ; nous fondons le même genre d'après les caractères de l'espèce que Oth. Fabricius a décrite. Ses yeux mobiles, quoique paraissant sessiles, et n'étant point posés sur le test, nous semblent autoriser le rang de ces crustacés parmi les homobranches. L'animal a quelques pattes natatoires sous la queue. Il retient ses œufs à nu sous la poitrine, entre ses fausses pattes.

ESPECES.

1. Nébalie glabre. *Nebalia glabra.*

N. antennis pedibus caudâque glabris.
Cancer bipes. Oth. Fabr. Fauna groenland. p. 246. t. 1. f. 2.
Habite les rives de l'Océan boréal, à l'embouchure des fleuves.

2. Nébalie ciliée. *Nebalia ciliata.*

N. antennis pedibus caudâque ciliatis.
Monoculus rostratus. Montag. Trans. Soc. Lin. vol. XI. p. 14. t. 2. f. 5.
Nebalia Herbstii. Leach. Trans. Linn. vol. XI. p. 351.
Habite l'Océan Européen.

MYSIS. (Mysis.)

Quatre antennes sétacées ; les latérales plus longues, insérées au-dessous des intermédiaires, ayant une grande écaille à leur base ; les intermédiaires bifides. Deux yeux pédiculés.

Corps allongé, mou ; un test presque membraneux couvrant le tronc. Queue étendue, ayant à son extrémité des lames natatoires. Quatorze pattes, profondément bifides, paraissant former quatre rangées.

Antennæ quatuor setaceæ : lateralibus longioribus infrà intermedias insertæ ; intermediis bifidis. Oculi duo pedunculati.

Corpus elongatum, molle. Testa submembranacea, truncum obtegens. Cauda extensa ; extremitate lamellis aliquot natatoriis. Pedum paria septem : pedibus profundè bifidis, seriebus quatuor simulantibus.

OBSERVATIONS.

Le genre *mysis*, établi par M. Latreille, est bien tranché et fort remarquable par la conformation des pattes des crustacés qui y appartiennent. Ces petits crustacés, à corps mou et allongé, n'ont que deux rangées de pattes, et semblent en avoir quatre, chaque patte étant profondément divisée en deux. Aucune de ces pattes n'est terminée en pince. Ils tiennent aux crangons et à quelques autres crustacés macroures, par l'écaille oblongue et ciliée qui est à la base de leurs antennes latérales.

ESPÈCES.

1. Mysis sauteur. *Mysis saltatorius.*

M. caudâ spinis duabus brevibus terminatâ foliolisque duobus longioribus ciliatis incumbentibus.

Cancer pedatus. O. Fabr. Fauna groenl. p. 243.
Mysis saltatorius. Latr. gen. 1. p. 56.
An mysis spinulosus? Leach, Trans. Soc. Linn. XI. p. 350.
Habite la mer du Groenland.

2. Mysis oculé. *Mysis occlatus.*

M. caudâ flexuosâ muticâ tetraphyllâ: lamellis duabus majoribus rotundatis ciliatis.
Cancer oculatus. O. Fabr. F. groenl. p. 245. tab. 1. f. 1. A. B.
Habite la mer du Groenland.

3. Mysis ondulé. *Mysis flexuosus.*

M. caudâ flexuosâ muticâ apice hexaphyllâ; antennis longissimis.
Cancer flexuosus. Mull. zool. Dan. p. 34. tab. 66.
Habite la mer du Nord. Muller ne dit point qu'il ait des pattes bifides.

LES SALICOQUES.

Ces crustacés macroures tiennent beaucoup aux astaciens par leur aspect; mais ils en sont très-distincts et constituent une famille naturelle, dont le caractère est d'avoir les quatre antennes disposées comme sur deux rangs, les latérales ou extérieures étant situées au dessous des intermédiaires, et ayant à leur base une écaille grande et oblongue, qui recouvre ou dépasse leur pédoncule. Ces antennes sont toujours avancées, les intermédiaires sont terminées par deux ou trois filets, et les latérales, toujours sétacées, sont fort longues.

Le corps des salicoques est ordinairement arqué, comme bossu. Leur test a en général moins de solidité que celui des astaciens, offre souvent, comme eux, antérieurement, un bec immobile, comprimé, cariné, plus ou moins long. Ceux des salicoques qui ont des pinces, ne les ont jamais larges. On rapporte à cette famille les six genres qui suivent.

CRANGON. (Crangon.)

Quatre antennes ; deux intermédiaires supérieures, courtes, bifides ; deux latérales inférieures, longues, sétacées, ayant une écaille oblongue adhérente à leur base. Saillie antérieure du test fort courte.

Corps et queue des écrevisses. Dix pattes onguiculées ; les deux antérieures à pince submonodactyle : le doigt immobile étant très-court.

Antennæ quatuor : intermediis duabus superioribus brevibus bifidis ; lateralibus inferis longis setaceis : squamâ oblongâ pedunculo annexâ. Processus anticus testæ brevissimus.

Corpus caudaque astacorum. Pedes decem unguiculati. Antici duo chelâ submonodactylâ ; digito immobili brevissimo.

OBSERVATIONS.

Les *crangons* ont le corps subcylindrique, atténué en cône postérieurement, et sont remarquables tant par leur rostre fort court, que par les pinces presque monodactyles de la première paire de leurs pattes. On n'en connaît encore qu'un petit nombre.

ESPÈCES.

1. Crangon boréal. *Crangon boreas.*

C. thoracis lateribus dorsique carinâ aculeatis.

Cancer boreas. Phipps, it. bor. p. 194. pl. XI. f. 1.

Herbst. canc. tab. 29. f. 2.

Crangon boreas. Fab. suppl. p. 409.

Habite l'Océan boréal.

2. Crangon vulgaire. *Crangon vulgaris.*

C. testa lœvi; rostro brevi edentulo. Lat.

Crangon vulgaris. Fab. suppl. p. 410.

Latr. gen. 1. p. 54. et hist. nat., etc., 6. p. 267. pl. 55. f. 1. 2.

Herbst. canc. tab. 29. f. 3. 4.

Habite l'Océan européen, près des côtes.

3. Crangon épineux. *Crangon spinosus.*

C. thorace tricarinato : carinis trispinosis.

Leach, Trans. Soc. Linn. XI. p. 346.

Habite les côtes méridionales de l'Angleterre.

NIKA. (Nika.)

Quatre antennes : deux intermédiaires supérieures bifides; deux latérales inférieures simples, très-longues, ayant une écaille étroite à leur base. Saillie antérieure du test courte, à trois pointes.

Corps et queue comme dans les écrevisses. Dix pattes : une seule de la première paire didactyle.

Antennœ quatuor : intermediis duabus superis bifidis; lateralibus inferis simplicibus longissimis : squamâ angustâ basi annexâ. Processus anticus testœ brevis tricuspidatus.

Corpus et cauda ut in astacis. Pedes decem; primi paris unico didactylo.

OBSERVATIONS.

Les *nikas*, publiés par M. Risso, sont singuliers en ce qu'ils n'ont qu'une seule des deux pattes antérieures qui soit terminée en pince. M. Leach donne au même genre le nom de *processe*, et cependant ne l'a point inséré dans sa distribution des crustacés publiée dans le XI.e volume des Transactions de la Société Linnéenne. Il paraît que l'anomalie des deux pattes antérieures des *nikas* est constante, et appartient à des habitudes particulières de ces crustacés.

ESPECE.

1. Nika comestible. *Nika edulis.*

N. glaberrima, rubro carnea, luteo punctata; manibus brevibus compressis: unicâ didactylâ.

Nika edulis. Risso, hist. nat. des crust. p. 85. pl. 3. f. 3.

Habite la Méditerranée, près des rivages.

Etc. Voyez les *N. variegata* et *N. sinuolata* du même auteur.

PANDALE. (Pandalus.)

Antennes et corps comme dans les alphées. Dix pattes: la deuxième paire seulement didactyle.

Antennæ, corpus ut in alpheis. Pedes decem; pari secundo chelato.

OBSERVATIONS.

Il paraît que les pandales avoisinent beaucoup les alphées par leurs rapports, et que, pour les pattes qui sont chélifères, l'article qui précède la pince est aussi muni de lignes transverses et composé de plusieurs autres petits articles.

ESPÈCE.

1. Pandale annulicorne. *Pandalus annulicornis.*

P. rostro multidentato ascendente apice emarginato; antennis inferis rubro annulatis, internè spinulosis.

Pandalus annulicornis. Leach, Trans. Soc. Linn. XI. p. 346.

Habite la mer Britannique.

Etc. Voyez *cancer narval,* Herbst., canc. pl. 28 f. 2.

ALPHÉE. (Alpheus.)

Quatre antennes : deux intermédiaires supérieures bifides ; deux latérales inférieures sétacées, ayant une grande écaille annexée à leur base. Saillie antérieure du test avancée en bec.

Corps et queue des écrevisses. Dix pattes ; les quatre antérieures terminées en pince.

Antennæ quatuor : intermediis duabus superioribus bifidis, lateralibus inferis setaceis : squamâ magnâ basi annexâ. Processus anticus testæ in rostrum porrectus.

Corpus caudaque astacorum. Pedes decem : quatuor anticis chelatis.

OBSERVATIONS.

Les *alphées* ont le corps cylindracé-conique et un rostre comme les palémons. Ce qui les distingue des pénées, c'est principalement parce qu'ils n'ont que les quatre pattes antérieures qui soient munies de pinces. Le carpe ou l'article qui précède immédiatement la pince, est, dit M. Latreille, strié transversalement et comme divisé en plusieurs petits articles.

ESPECES.

1. Alphée avare. *Alpheus avarus.*

A. chelis inæqualibus, difformibus; rostro brevi subulato. F.

Alpheus avarus. Fab. suppl. p. 404. Lat. gen. 1. p. 53.

Habite aux Indes orientales, dans les mers.

2. Alphée monopode. *Alpheus monopodium.*

A. testa lævi; primi paris pedibus inæqualissimis : manu dextrâ maximâ.

Crangon monopodium. Bosc, Hist. nat. des crust. 2. p. 96. pl. 13. f. 2.

Habite la mer des Indes. Cet animal paraît avoir beaucoup de rapports avec l'alphée avare.

3. Alphée marbré. *Alpheus marmoratus.*

A. rostro ascendente, apice fisso, suprà sexdentato, subtùs quadridentato, hirto; palpis posticis porrectis, chelis longioribus.

Palæmon marmoratus. Oliv. Encycl. n.o 22.

Habite les mers de la Nouvelle-Hollande. Peron. Mus. n.o

Etc. Voyez d'autres espèces dans *Fabricius.* M. Latreille rapporte à ce genre, *l'Hippolyte* de M. Leach.

PÉNÉE. (Penœus.)

Quatre antennes : deux intermédiaires supérieures bifides ; deux latérales inférieures simples, ayant une écaille annexée à leur base. Saillie antérieure du test avancée en bec.

Corps et queue des écrevisses. Dix pattes : les six antérieures terminées en pince.

Antennæ quatuor : intermediis duabus superioribus bifidis ; lateralibus inferis simplicibus : squamâ basi annexâ. Processus anticus testæ rostriformis.

Corpus caudaque astacorum. Pedes decem : anticis sex didactylis.

OBSERVATIONS.

Les *pénées* ressemblent aux alphées et aux palémons par la forme de leur corps, par la saillie de leur rostre, etc.; mais ils ont les six pattes antérieures terminées en pince, et leurs antennes intermédiaires n'ont que deux filets.

ESPECES.

1. Pénée monodon. *Penœus monodon.*

P. rostro porrecto ascendente, suprà serrato, subtùs tridentato.

Penæus monodon. Fab. suppl. p. 408. Lat. gen. 1. p. 54.
Habite l'Océan indien.

2. Pénée sillonné. *Penæus sulcatus.*

P. thorace trisulcato ; rostro serrato, subtùs subtridentato ; antennarum squamis breviore.
Palœmon sulcatus. Oliv. Encycl. n.o 7.
Squilla. Rond. *de pisc. lib.* 18. *cap.* 8. p. 547.
Habite la Méditerranée.
Etc.

PALÉMON. (Palæmon.)

Quatre antennes : deux intermédiaires supérieures, à trois filets ; deux latérales inférieures, simples, plus longues, ayant une écaille oblongue attachée à leur base.

Port des écrevisses. Corps subcylindrique, courbé. Test terminé antérieurement par un bec cariné, denté, très-saillant. Des lames natatoires à la queue. Dix pattes onguiculées ; les quatre antérieures terminées en pince.

Antennæ quatuor : intermediis duabus superis, trisetis ; lateralibus inferis, longioribus, simplicibus ; earum basi squamâ oblongâ affixâ.

Habitus astacorum. Corpus subcylindricum, incurvum. Testa anticè rostro carinato serrato productoque terminata. Lamellœ natatoriæ ad caudam. Pedes decem unguiculati ; anticis quatuor apice chelatis.

OBSERVATIONS.

Les *palémons* avoisinent les alphées et sont assez nombreux en espèces. On les distingue facilement des autres salicoques, en ce que leurs antennes intermédiaires sont terminées par trois filets. Ils ont antérieurement un bec très-saillant, cariné, en crête, denté en scie, décurrent sur le dos du test.

ESPECES.

1. Palémon carcin. *Palæmon carcinus.*

P. rostro ascendente, suprà subtùsque serrato, antennarum squamis longiore.

Cancer carcinus. Lin. *Palæmon carcinus.* Fab. suppl. p. 402.

Rumph. mus. tab. 1. fig. B. Herbst. canc. t. 28. f. 1.

Palæmon carcinus. Oliv. Encycl. n.o 1.

Habite la mer des Indes.

2. Palémon de la Jamaïque. *Palœmon Jamaicensis.*

P. rostro suprà serrato, subtùs tridentato, antennarum squamas æquante.

Palœmon jamaicensis. Oliv. Encycl. n.o 2.

Sloan. jam. 2. tab. 245. f. 2. Seba, mus. 3. t. 21. f. 4.

Herbst. canc. tab. 27. fig. 2.

Habite l'Amérique méridionale, les Antilles, dans les fleuves.

3. Palémon squille. *Palœmon squilla,*

P. rostro suprà serrato, subtùs tridentato, antennarum squamis longiore.

Cancer squilla. Lin. *Palæmon squilla.* Fab. suppl. p. 403.

Squilla fusca. Bast. op. subs. 2. tab. 3. f. 5.

Habite l'Océan européen, sur les côtes. Espèce commune, vulgairement appelée la salicoque.

4. Palémon hirtimane. *Palœmon hirtimanus.*

P. rostro porrecto, brevi, suprà serrato, subtùs bidentato; chelis muricatis: sinistrâ majore. Oliv.

Palœmon hirtimanus. Oliv. Encycl. n.o 14.

Habite la mer des Indes. *Péron.*

Etc. Voyez le palémon orné. Oliv. Encycl. n.o 5. Il a beaucoup de rapport avec le palémon de la Jamaïque.

LES ASTACIENS.

Les *astaciens*, ainsi nommés parce qu'ils embrassent le genre des écrevisses, ont effectivement avec elles des rapports très-marqués; ce sont les plus éminens des macroûres, et c'est parmi eux que se trouvent les crustacés de plus grande taille.

Ils sont bien distingués des salicoques en ce que leurs quatre antennes sont insérées presque sur un seul et même rang, que les latérales sont réellement extérieures et non situées sous les intermédiaires, et qu'elles n'ont point à leur base une grande écaille allongée, qui couvre ou dépasse leur pédoncule.

Le corps des *astaciens* est allongé, à test en général solide, quelquefois même fort dur, scabre ou raboteux ; à queue grande, plus longue que le test, articulée, toujours découverte, ayant à l'extrémité une nageoire en éventail, formée par des lames latérales qui accompagnent le bout. On divise ces crustacés en deux sections, savoir :

1.° Ceux dont les pattes, presque semblables, n'ont point de bras avancés, point de véritables pinces : les langoustes, les scyllares; 2.° ceux qui ont deux grands bras avancés, terminés chacun par de grandes pinces : les galathées, les écrevisses, les thalassines.

LANGOUSTE. (Palinurus.)

Quatre antennes inégales, deux intermédiaires plus courtes, à dernier article bifide; les externes très-longues, subulées, hérissées inférieurement. Les yeux disposés sur une éminence commune, transverse.

Corps grand, oblong, subcylindrique ; à test muriqué. Queue des écrevisses. Dix pattes, presque semblables, onguiculées, sans pinces parfaites ; la fausse main des pattes antérieures à doigt mobile, très-petit.

Antennæ quatuor, inæquales : intermediis duabus brevioribus, articulo ultimo bifidis; externis longissimis subulatis, infernè hirtis. Oculi in eminentiâ communi transversâ dispositi.

Corpus magnum, oblongum, subcylindricum; testâ muricatâ. Cauda astacorum. Pedes decem, subsimiles, unguiculati; chelis perfectis nullis; manu spuriâ pedum anticorum digito mobili minimo.

OBSERVATIONS.

Le genre des *langoustes* est naturel, très-beau, bien diversifié en espèces, comprend de grands crustacés, dont quelques-uns acquièrent une taille énorme, et qui, en général, ressemblent assez aux écrevisses par leur aspect; mais leurs pattes sont dépourvues de pinces, quoique, dans quelques-uns, les antérieures soient terminées par une fausse main, ayant, outre l'ongle terminal, un doigt mobile, écarté, fort court, et comme avorté. Dans quelques espèces, le dernier article des pattes est muni de poils serrés qui imitent des brosses.

Le test des *langoustes* est plus ou moins hérissé de tubercules épineux. Il y en a surtout deux constamment placés derrière les yeux et au-dessus, ayant leur pointe arquée et dirigée en devant.

Ces beaux crustacés ont la plupart des couleurs brillantes, assez vives, habitent dans la mer, entre les rochers, et sont assez recherchés sur nos tables : citons-en quelques espèces.

ESPECES.

Segmens de la queue divisés par un sillon transversal.

1. Langouste commune. *Palinurus vulgaris.*

P. rufus; testâ aculeatâ; caudâ albo-maculatâ; spinis ocularibus subtùs dentatis.

Palinurus vulgaris. Lat. gen. 1. p. 48. *Palinurus quadricornis.* Fab.
Cancer astacus elephas. Herbst. canc. tab. 29. f. 1.
Palinurus locusta. Oliv. Encycl. Penn. zool. brit. 4. t. 11. f. 22.

Habite la Méditerranée et l'Océan européen. Sa chair est estimée. Le sillon qui divise chaque segment de la queue, est interrompu au milieu par une saillie quelquefois incomplète.

2. Langouste mouchetée. *Palinurus guttatus.*

P. viridis; testâ muricatâ; caudâ maculis albis rotundis sparsis ornatâ; spinis frontalibus binis.
Palinurus homarus. Fab. suppl. p. 400.
Palinurus guttatus. Latr. Annal. du mus. 3. p. 392.
Oliv. Encycl. Palinure, n.° 2.
Habite les mers de l'Ile de France, l'Océan asiatique. Ses taches sont petites.

3. Langouste argus. *Palinurus argus.*

P. rubescens aut cærulescens; thorace aculeato; spinis frontalibus quaternis; caudâ maculis ocellaribus albis raris serialibus.
Palinurus argus. Latr. Annal. du mus. 3. p. 393.
Palinurus argus. Oliv. Encycl. n.° 5.
Habite l'Océan du Brésil. *Lalande.*

Segmens de la queue non divisés ou sans sillon transversal.

4. Langouste ornée. *Palinurus ornatus.*

P. viridis; testâ granulatâ aculeatâque; caudæ segmentis lævibus maculâ fuscâ transversâ notatis; pedibus viridi et albo variis.
Palinurus ornatus. Fab. suppl. p. 400.
Palinurus ornatus. Oliv. Encycl. n.° 3.
Habite l'Océan indien et près de l'Ile-de-France. M. *Mathieu.* L'individu du Muséum est d'une taille énorme.

5. Langouste versicolore. *Palinurus versicolor.*

P. viridis, albido-maculatus; testâ granulatâ, subaculeatâ; segmentis caudæ lævibus immaculatis; pedibus longitudinaliter lineatis.

Palinurus versicolor. Mus. n.o

(b) Var? *Astacus penicillatus*. Oliv. Encycl. n.o 3.

Habite les mers de l'Ile-de-France. M. *Mathieu*. Voyez le *palinurus penicillatus*. Oliv. Encycl. n.o 7. La variété B. que je possédais, est passée dans la collection de M. *Leach*. Sa taille est très-grande, et ses pattes sont remarquables par les brosses de leur sommet.

6. Langouste rubanée. *Palinurus tœniatus*.

P. subfulvus; testâ fusco-maculatâ, tuberculatâ et muricatâ; segmentorum caudæ margine postico tœniato.

Palinurus versicolor. Lat. Annal. du mus. 3. p. 394.

Habite les mers de la Nouvelle-Hollande. Mus. n.o Les individus sont de petite taille, mais probablement il en existe de plus grands.

Etc.

SCYLLARE. (Scyllarus.)

Quatre antennes, très-dissemblables. Les deux intermédiaires filiformes, à dernier article bifide. Les latérales sans filament; leur pédoncule ayant ses articles dilatés, aplatis, en crête. Les yeux très-écartés.

Corps oblong. Test grand, large, un peu convexe. Queue étendue, demi-cylindrique, un peu courbée vers le bout, terminée par une nageoire lamelleuse, en éventail. Dix pattes onguiculées, presque semblables, sans pince.

Antennæ quatuor, dissimilimæ. Intermediæ duæ filiformes; articulo ultimo bifido. Laterales filamento nullo; pedunculo articulis dilatatis, planis, cristatis. Oculi remotissimi.

Corpus oblongum. Testa magna, lata, convexiuscula. Cauda extensa, semi-cylindrica, versùs extremitatem subincurva; pinnâ natatoriâ lamellosâ flabel-

liformi terminali. Pedes decem, ferè consimiles, unguiculati; chelis nullis.

OBSERVATIONS.

Les *scyllares*, parmi les crustacés macroures, constituent un genre des plus remarquables, surtout par la singularité des antennes extérieures de ces animaux. On croirait que ces crustacés n'ont que deux antennes, savoir : les deux intermédiaires. En effet, les deux latérales ou extérieures, manquant de filament, n'ont plus que leur pédoncule dont les articulations forment des lames foliacées, en crête, et ne ressemblent nullement à des antennes. Leur corps est gros, peu allongé, plus ou moins scabre ; leurs pattes sont sans pinces. On les appelle vulgairement cigales de mer.

ESPECES.

1. Scyllare ours. *Scyllarus arctus.*

S. testâ anticè trifarie dentatâ; antennarum externarum squamis crenatis ciliatis.

Cancer arctus. Lin. *Scyllarus arctus.* Fab. suppl. p. 398. Lat. gen. 1. p. 47. Herbs. canc. t. 30. f. 3.

Habite l'Océan de l'Europe, la Méditerranée. Cigale de mer. *Rondelet.*

2. Scyllare orchette. *Scyllarus latus.*

S. antennarum externarum squamis superioribus rotundatis : margine subintegro.

Scyllarus latus. Latr. gen. 1. p. 47.

L'orchetta. Rond. Hist. des poissons, liv. 18. chap. 5.

Gesn. Hist. anim. 3. p. 1097.

Habite la Méditerranée. Il est peu scabre, et devient assez grand.

3. Scyllare antarctique. *Scyllarus antarcticus.*

S. pilosus; thorace antennarumque squamis serrato-ciliatis. F.

Scyllarus antarcticus. Fab. suppl. p. 399.

Seba, mus. 3. tab. 20. f. n.
Rumph. mus. tab. 2. f. C.
Habite l'Océan Indien.

4. Scyllare incisé. *Scyllarus incisus.*

S. abbreviatus, subglaber; testâ latâ, depressâ, margine serratâ, utroque latere profundè incisâ.

Scyllarus incisus. Péron.

Habite les mers de la Nouvelle-Hollande. Espèce remarquable et très-distincte. Ses yeux sont médiocrement écartés.

Etc. Ajoutez le *S. orientalis*, et quelques autres.

GALATHÉE. (Galathea.)

Quatre antennes : les deux intermédiaires courtes, à dernier article bifide; les latérales longues, sétacées, simples. Rostre court, épineux ou denté.

Corps oblong. Queue étendue, quelquefois courbée, ayant à son extrémité une nageoire lamelleuse. Dix pattes : les deux antérieures très-grandes, chélifères ; les autres graduellement plus courtes.

Antennæ quatuor : intermediis duabus brevibus, articulo ultimo bifidis ; lateralibus longis setaceis simplicibus. Rostrum breve, spinosum aut dentatum.

Corpus oblongum. Cauda extensa, interdùm curva ; pinnâ lamellosâ natatoriâ ad apicem. Pedes decem ; anticis duobus maximis chelatis ; aliis gradatìm brevioribus.

OBSERVATIONS.

Comme dans les écrevisses, les antennes des *galathées* sont presque sur le même rang, et les latérales ne sont pas munies d'une lame à leur base. Mais les galathées n'ont qu'une paire de pattes didactyles ; ce sont les antérieures, et elles sont très-grandes. Ces crustacés sont souvent chargés d'une multitude de petites écailles, principalement sur leurs pattes antérieures.

ESPECES.

1. Galathée striée. *Galathea strigosa.*

G. testâ antrorsùm rugosâ, spinis ciliatâ; rostro acuto septem dentato.

Cancer strigosus. Lin. *Galathea strigosa.* Fab. suppl. p. 414.

Galathea strigosa. Lat. gen. 1. p. 50.

Penn. Zool. brit. 4. tab. 14. f. 26.

Habite l'Océan de l'Europe.

2. Galathée longipède. *Galathea rugosa.*

G. pedibus anticis longissimis, squamulosis; rostro spinoso.

Galathea rugosa. Fab. suppl. p. 415.

Galathea longipeda. Syst. des anim. sans vert. p. 158.

Cancer bamfius. Penn. Zool. brit. 4. t. 13. f. 25.

Habite l'Océan d'Europe et la Méditerranée.

Etc.

ECREVISSE. (Astacus.)

Quatre antennes inégales, disposées presque sur une même ligne transverse : deux intermédiaires plus courtes, profondément bifides, multiarticulées; les latérales simples, plus longues, à pédoncule muni de quelques dents squamiformes.

Corps oblong, subcylindrique; le test ayant antérieurement un bec saillant. Queue un peu grande, terminée par une nageoire en éventail; les lames latérales divisées en deux. Dix pattes; les six antérieures chélifères : les pinces de la première paire fort grandes.

Antennæ quatuor, inæquales, in eâdem ferè lineâ

transversâ insertæ : intermediis duabus brevioribus, profundè bifidis, multiarticulatis ; lateralibus longioribus, simplicibus : pedunculo dentibus aliquot squamiformibus instructo.

Corpus oblongum, subcylindricum ; testâ anticè rostro porrecto terminatâ. Cauda majuscula : pinnâ natatoriâ flabelliformi ad apicem. Pinnæ lamellæ laterales bipartitæ. Pedes decem ; anticis sex didactylis ; chelis primi paris magnis.

OBSERVATIONS.

Ce genre intéresse, parce que deux de ses principales espèces sont très-connues, et recherchées sur nos tables. Les *écrevisses* sont distinguées de tous les crustacés macroures de la famille des salicoques, par la disposition de leurs antennes presque sur un même rang, et parce que les antennes latérales ou extérieures n'ont plus à leur base une grande lame allongée, attachée à leur pédoncule. Sous cette considération, ces crustacés appartiennent à une famille particulière que nous nommons *astaciens*. On divise cette famille en deux sections, savoir: 1.° celle dont les races ont les deux pattes antérieures plus fortes et terminées par une grande pince [les écrevisses sont de ce nombre]; 2.° celle qui comprend des astaciens dont toutes les pattes sont presque semblables, et point véritablement chélifères.

Tout ce qui concerne les *écrevisses*, comme leurs caractères, leurs habitudes, les faits d'organisation qu'elles présentent, a sans doute beaucoup d'intérêt; mais se trouvant exposé dans différens ouvrages de zoologie, nous sommes obligés, par notre plan, d'y renvoyer le lecteur. Nous dirons seulement que ce sont des animaux carnassiers et voraces ; que les uns vivent dans les eaux douces, se cachant dans des trous, sous les rives; et que les autres vivent dans la mer.

ESPECES.

1. Écrevisse homard. *Astacus marinus.*

A. rostro utroque latere subtridentato; manibus interno latere dentibus crassis.

Cancer gammarus. Lin. *Astacus marinus.* Fab. suppl. p. 406.

Herbst. canc. tab. 25. *Astacus marinus.* Lat. gen. 1. p. 51.

Penn. zool. brit. vol. 4. tab. 10. fig. 21.

Habite l'Océan Européen. Espèce fort grande, non rare, et que l'on sert fréquemment sur nos tables.

2. Écrevisse de rivière. *Astacus fluviatilis.*

A. rostro utroque latere subunidentato; manibus interno latere muticis, obsoletè granulatis.

Cancer astacus. Linn. *Astacus fluviatilis.* Fabr. suppl. p. 406.

L'écrevisse. Geoff. 2. p. 666. n.° 1.

Penn. Zool. brit. 4. t. 15. f. 27.

Astacus fluviatilis. Latr. gen. 1. p. 51.

Habite les rivières de l'Europe. Commune. On la sert souvent sur nos tables.

L'*Astacus Burtonii*, Fab. p. 407, vit dans les eaux douces de l'Amérique septentrionale, et paraît se rapprocher beaucoup de la nôtre.

3. Écrevisse de Norwège. *Astacus Norwegicus.*

A. thorace antrorsùm aculeato; manibus prismaticis: angulis spinosis.

Cancer norwegicus. Lin. *Astacus norwegicus.* Fab. suppl. 407.

Herbst. canc. tab. 26. f. 3. Penn. Zool. brit. 4. t. 12. f. 24.

Séba, Mus. 3. tab. 21. f. 3. *Nephrops norwegicus.* Leach.

Habite la mer de Norwège.

Etc.

THALASSINE. (Thalassina.)

Antennes comme dans les écrevisses ; mais le pédoncule des latérales mutique. Bec du test fort court.

Corps allongé. Queue longue, étroite, subcylindrique, presque nue; à nageoire terminale petite, ayant ses lames latérales étroites, non divisées. Dix pattes : les quatre antérieures didactyles. La première paire fort grande.

Antennæ ut in astacis; at pedunculus lateralium muticus. Testæ rostrum anticum breve.

Corpus elongatum. Cauda longa, angusta, subcylindrica, nudiuscula; pinnâ natatoriâ terminali parvâ: lamellis lateralibus angustis, indivisis. Pedes decem: anticis quatuor didactylis, primi paris majoribus.

OBSERVATIONS.

Quoique la *thalassine* soit très-voisine des écrevisses par ses rapports, sa queue longue, étroite et presque nue, la rend si singulière, que M. Latreille l'en a distinguée comme genre, surtout n'ayant que quatre pattes didactyles; elle semble faire la transition aux paguriens. M. Latreille rapporte à ce genre, ceux que M. *Leach* a désignés sous les noms de *gebia*, *callianassa* et *axius*.

ESPECE.

1. Thalassine scorpionide. *Thalassina scorpionides.*

Latr. gen. 1. p. 52.
An astacus Scaber? Fab. suppl. p. 407.
Habite..... Se trouve dans la collection du Muséum.

LES PAGURIENS.

Queue nue ou presque nue, sans nageoire au bout, garnie seulement de quelques appendices latéraux : elle n'est point entièrement appliquée sous le ventre, dans le repos de l'animal.

Ces crustacés sont singuliers, offrent des anomalies remarquables, et font en quelque sorte le passage des macroures aux brachyures. Néanmoins, ils appartiennent encore aux premiers, et terminent la première section des crustacés homobranches.

Effectivement, le corps des *paguriens* est encore plus long que large, et leur queue, quoiqu'assez grande ou longue, l'est beaucoup moins que dans les autres macroures dont l'extrémité de la queue offre une nageoire lamelleuse, en éventail.

Parmi les *paguriens*, les uns [les hermites] ne sont point du tout nageurs, et n'ont, en effet, aucune patte terminée en lame, tandis que les autres sont de mauvais nageurs, quoiqu'ils aient quelques pattes ou plusieurs paires de pattes terminées en lames, puisque leur queue n'est point propre à la natation. Voici les genres que je rapporte à cette division.

(1) Aucune patte terminée en lame. La queue molle, non crustacée.

Hermite.

(2) Des pattes (quelques-unes ou la plupart) terminées en lames. Tous les tégumens crustacés.

Hippe.

Rémipède.

Albunée.

Ranine.

HERMITE. (Pagurus.)

Quatre antennes inégales : les deux intermédiaires bi ou triarticulées ; à dernier article bifide ; les extérieures plus longues, sétacées. Deux yeux pédonculés.

Corps oblong, à test légèrement crustacé. Queue allongée, molle, presque nue, rarement divisée en segmens, et munie à son extrémité de quelques appendices latéraux. Dix pattes : les deux antérieures inégales, terminées en pince ; les quatre postérieures fort petites.

Antennæ quatuor, inæquales : intermediis duabus bi seu triarticulatis ; articulo ultimo bifido ; externis longioribus setaceis. Oculi duo pedunculati.

Corpus oblongum ; testâ subcrustaceâ. Cauda elongata, mollis, subnuda, rarò segmentis divisa, appendicibus aliquot sublateralibus, apice instructa. Pedes decem : anticis duobus inæqualibus chelatis ; posticis quatuor ultimis perparvis.

OBSERVATIONS.

Les *hermites* ou pagures vivent en quelque sorte en solitaires, et ont pris l'habitude, les uns de s'enfoncer dans des coquilles univalves vides, et d'y établir leur domicile, les traînant avec eux lorsqu'ils veulent se déplacer ; les autres de se loger dans des trous, des alcyons, etc. Tous changent de demeure lorsqu'ils s'y trouvent trop à l'étroit par l'effet de leur accroissement. La partie postérieure de leur corps, et surtout la queue, se trouvant sans cesse à couvert et à l'abri des frottemens, a réduit les tégumens de ces parties cachées à un état presque membraneux, et a fait avorter les lames natatoires qui n'avaient plus d'usage. Dans ceux qui vivent dans des coquilles, la queue a conservé, vers son extrémité, quelques crochets ou appendices latéraux, qui servent à fixer l'animal aux parois intérieures de la coquille. Leur test est divisé transversalement en deux parties inégales.

On sent que les *hermites* tiennent encore beaucoup aux écrevisses, et surtout aux thalassines, et qu'ils servent de transition aux paguriens raccourcis et plus crustacés, qui eux-mêmes conduisent aux brachyures.

Les *hermites* sont nombreux en espèces, principalement ceux qui vivent dans des coquilles.

ESPECES.

1. Hermite bernard. *Pagurus bernhardus.*

P. parasiticus; chelis scabris, submuricatis: dextrâ majore.

Cancer bernhardus. Lin. *Pagurus bernhardus.* Fab. suppl. p. 411.

Pagurus bernhardus. Oliv. Encycl. n.° 10.

Penn. Zool. brit. 4. t. 17. f. 38.

Habite l'Océan d'Europe, dans les coquilles univalves.

2. Hermite incisé. *Pagurus incisus.*

P. parasiticus; pedibus manibusque rugis transversis denticulatis; chelâ sinistrâ majore.

Pagurus incisus. Oliv. Encycl. n.° 8.

Habite.... Mus. n.° Grande espèce.

3. Hermite granulé. *Pagurus granulatus.*

P. parasiticus; chelis subæqualibus gregatim tuberculatis, interstitiis hispidis.

Pagurus granulatus. Oliv. Encycl. n.° 5.

Habite la mer de l'Inde. Mus. n.° Grande espèce.

4. Hermite larron. *Pagurus latro.*

P. rubens; testæ parte posticâ suturis quadrifidâ; caudâ latâ, subtùs ventricosâ.

Cancer latro. Lin. *Pagurus latro.* Fab suppl. p. 411. Oliv. Encycl. n.o 1. Séba mus. 3. t. 21. f. 1. 2.

Birgus latro. Leach.

Habite la mer des Indes, dans les cavités des rochers.

Etc. Voyez, pour ce genre, *Fabricius*, suppl. et *Olivier*, Encyclopédie.

HIPPE. (Hippa.)

Quatre antennes, inégales, ciliées : les deux intermédiaires courtes, bifides au sommet; les deux extérieures plus longues, roulées en dehors. Les yeux écartés, portés sur des pédoncules menus.

Test ovale-oblong, convexe, un peu rétréci en devant où il est tronqué, échancré, à 2 ou 3 dents. Queue courte, munie de chaque côté, à sa base, d'un appendice: à lobe terminal oblong. Pattes dépourvues de pinces : les deux antérieures terminées par une main lamelliforme, adactyle.

Antennæ quatuor, inæquales, ciliatæ : intermediis duabus brevibus, apice bifidis; externis longioribus, revolutis. Oculi remoti; pedunculis gracilibus.

Testa ovato-oblonga, convexa, anticè subattenuata, truncata, emarginata, bi seu tridentata. Cauda brevis, ad basim utrinque appendice instructa : lobo terminali oblongo. Pedes chelis nullis : antici duo manu lamelliformi, adactyla terminati.

OBSERVATIONS.

Les *hippes* sont distingués des albunées, principalement par leurs antennes intermédiaires, qui sont bifides et plus courtes que les extérieures, et parce que la main applatie des pattes antérieures n'a aucun doigt. Ils ont les antennes rapprochées à leur insertion.

ESPÈCE.

1. Hippe émérite. *Hippa emeritus.*

H. testâ anticè tridentatâ.

Cancer emeritus. Linn.

Hippa emeritus. Fab. suppl. p. 370.

Latr. gen. 1. p. 45. et hist. nat. 6. p. 176. pl. 52. f. 1.

Herbst. canc. tab. 22. f. 3.

Habite la mer des Indes. Mus. n.°

RÉMIPÈDE. (Remipes.)

Quatre antennes, peu allongées, ciliées; les intermédiaires recourbées au dessus des extérieures. Les yeux pédiculés, insérés dans les sinus antérieurs du test.

Test ovale. Queue des hippes, à lobe terminal allongé, cilié. Dix pattes toutes natatoires, et terminées par une lame oblongue, un peu en pointe, ciliée.

Antennæ quatuor, breviusculæ, ciliatæ; intermediis suprà exteriores insertis. Oculi pedunculati, in sinubus anticis testæ.

Testa ovata. Cauda hipparum : lobo terminali elongato, ciliato. Pedes decem, omnes natatorii, laminâ oblongâ, subacutâ, ciliatâ, terminati.

OBSERVATIONS.

Les *rémipèdes* ressemblent beaucoup aux hippes; mais toutes leurs pattes, et conséquemment les plus postérieures, sont terminées en lames ciliées. La lame des deux pattes antérieures finit un peu en pointe.

ESPÈCE.

1. Rémipède tortue. *Remipes testudinarius.*

Latr. gen. 1. p. 45.

Cuv. Règne anim., etc., 3. p. 28. et vol. 4. tab. 12. f. 2.

Habite les mers de la Nouvelle-Hollande. Mus. n°

Obs. M. Latreille cite avec doute, dans son *genera*, l'*Hippa adactyla* de Fabricius, suppl. p. 370. Je pense qu'il en est effectivement une variété, à corps moins gros, moins large, selon un des individus du Muséum.

ALBUNÉE. (Albunea.)

Deux antennes intermédiaires longues, sétacées, ciliées, avancées, insérées sous les yeux. Pédoncules des yeux squamiformes, contigus.

Test ovale, un peu plus étroit postérieurement, tronqué en devant, légèrement convexe. Queue courte, articulée, à lobe terminal ovoïde, ayant quelques appendices de chaque côté. Deux pattes antérieures, à main comprimée, monodactyle : le doigt mobile, arqué en faulx. Les autres suivantes terminées par une lame en faulx. Les dernières très-petites, filiformes.

Antennæ duæ intermediæ longæ, setaceæ, ciliatæ, porrectæ, infrà oculos insertæ. Oculorum pedunculi squamiformes.

Testa ovalis, posticè subangustior, anticè truncata, convexiuscula. Cauda brevis, articulata, appendicibus aliquot utrinque instructa : lobo terminali ovato. Pedes duo antici manu compressa monodactyla; dactylo mobili falcato. Cœteri sequentes lamellâ falcatâ terminati. Postici ultimi filiformes, minimi.

OBSERVATIONS.

Dans les *albunées*, ce sont les antennes intermédiaires qui sont les plus longues, les seules même qu'on aperçoive au premier aspect. Elles ne sont point bifides à leur sommet. Quant à la main aplatie des deux pattes antérieures, elle a un doigt mobile, arqué en faulx, qui n'existe point dans les hippes.

ESPECE.

1. Albunée symniste. *Albunea symnista.*

Albunea symnista. Fab. suppl. p. 397.
Cancer symnista. Lin.
Herbst. canc. tab. 22. f. 2.
Albunea symnista. Latr. gen. 1. p. 44.
Habite l'Océan indien.
Etc. L'*albunea scutellata* de Fab., suppl., paraît être aussi de ce genre. M. Latreille indique en outre, le *cancer carabus*, Gmel. p. 2984, comme pouvant y appartenir.

RANINE. (Ranina.)

Quatre antennes courtes: les deux intermédiaires à dernier article bifide.

Test cunéiforme ou oblong, tronqué antérieurement. Queue petite, articulée, étendue, ciliée sur les bords. Dix pattes : les deux antérieures presqu'en pince, ayant un doigt mobile, arqué en faulx; les autres terminées par une lame natatoire.

Antennæ quatuor, breves: intermediis duabus articulo ultimo bifidis.

Testa cuneiformis vel oblonga, anticè truncata. Cauda parva, extensa, articulata, ad margines ci-

liata. Pedes decem: antici duo subchelati, digito mobili falcato instructi; cæteri sequentes lamina natatoria terminati.

OBSERVATIONS.

Les *ranines* appartiennent évidemment aux paguriens, et ont de grands rapports avec les albunées; mais elles en sont très-distinguées par leurs antennes intermédiaires. Leurs pattes sont rapprochées à leur insertion, chevauchent en partie les unes sur les autres, et semblent tendre à se relever, comme le font plusieurs des pattes postérieures de l'albunée et de l'hippe. Ces crustacés forment une transition aux brachyures.

ESPÈCES.

1. Ranine dentée. *Ranina serrata.*

R. testa cuneatim ovata, planiuscula, antice truncata, serrata; brachiis valide dentatis.

Cancer raninus. Lin. Fab. Syst. 2. p. 438.

Albunea scabra? Fab. suppl. p. 398.

Ranina serrata. Lam. Syst. des anim. sans vert. p. 156.

Lat. gen. 1. p. 43., et Hist. nat. 6. p. 133. pl. 51. f. 1.

Rumph. mus. tab. 7. fig. T. V.

Habite l'Océan des Grandes-Indes. Mus. n.° Espèce d'une grande taille.

2. Ranine dorsipède. *Ranina dorsipes.*

R. testa ovato-oblonga, subcylindrica, glabra; margine antico septem aut novem-dentato.

Cancer dorsipes. Lin. *Albunea dorsipes.* Fab. suppl.

Ranina dorsipes. Latr. gen. 1. p. 43.

Habite l'Océan indien et austral. Mus. n°. Rumphius (mus. t. 10. fig. 3.) en a donné une figure mauvaise.

DEUXIÈME SECTION.

HOMOBRANCHES BRACHYURES.

Queue toujours plus courte que le tronc, entièrement repliée et cachée en dessous, dans l'état de repos, et en général nue, sans nageoires, et sans appendices dans presque tous.

Les *homobranches brachyures*, ou à queue courte, nous paraissent les crustacés les plus perfectionnés, ceux conséquemment qui doivent terminer la classe. Ces crustacés sont remarquables par leur corps court, très-souvent plus large que long; par leur test solide, quelquefois très-dur; enfin, par leur queue toujours plus courte que le test, peu épaisse, plus étroite et plus en pointe dans les mâles que dans les femelles, articulée, et tout à fait repliée, dans l'état de repos, sous le ventre de l'animal, s'y appliquant dans une cavité propre à la recevoir. Cette queue est nue sur les bords ainsi qu'au sommet, dans la presque totalité des brachyures; dans quelques-uns, néanmoins, elle est ciliée; quelquefois même elle offre, à son extrémité, quelques appendices latéraux peu développés, qui appartiennent à une nageoire peu employée.

Ainsi, sous le rapport de la forme raccourcie de l'animal, et sous celui de sa queue très-courte, presque généralement nue, et tout à fait repliée sous le ventre, dans l'état de repos, les *brachyures* sont bien distingués des macroures, et se reconnoissent effectivement au premier aspect. Leur forme générale rappelle celle de l'araignée. Comme dans les autres homobranches, leurs branchies sont cachées sous les bords latéraux du test, et chacune d'elles forme une pyramide à deux rangées de feuillets vésiculeux.

Le test, d'une seule pièce qui couvre le tronc, porte les yeux, les antennes et les parties supérieures de la bouche. Les antennes, et surtout les intermédiaires, sont petites en général. Celles-ci sont ordinairement repliées et logées dans deux fossettes, sous le bord antérieur du test; elles ont trois articles et sont terminées par deux filets courts. Les antennes extérieures sont plus longues, sétacées, en général quadriarticulées; elles s'insèrent, le plus souvent, près du côté interne des yeux. Les pieds-mâchoires inférieurs sont, en général, courts, larges, comprimés, et les extérieurs recouvrent la bouche comme une lèvre inférieure.

Quoique ces crustacés ayent, pour la locomotion, dix pattes comme les macroures, il n'y a guère chez eux que les deux pattes antérieures qui soient munies de pinces. Elles forment ordinairement deux bras avancés, propres à la préhension.

Les *brachyures* étant nombreux en genres divers, je les diviserai en cinq groupes particuliers, de la manière suivante.

DIVISION
DES HOMOBRANCHES BRACHYURES.

(1) Point de pattes terminées en nageoire. Test presque orbiculaire ou elliptique.

Les orbiculés.

(2) Point de pattes terminées en nageoire. Test subtriangulaire, plus large dans sa partie postérieure, rétréci en pointe antérieurement.

Les trigonés.

(3) Point de pattes terminées en nageoire. Test tronqué antérieurement, ou ayant son bord antérieur en ligne droite transverse.

Les plaquettes.

(4) Des pattes natatoires, c'est à dire, terminées par une lame propre à la natation. La forme du test n'est point considérée.

Les nageurs.

(5) Point de pattes natatoires. Le bord antérieur du test étant simplement arqué, sans être tronqué ni en pointe.

Les cancérides.

LES ORBICULÉS.

Test presque orbiculaire ou elliptique. Point de pattes terminées en nageoire, ni relevées sur le dos.

Ces brachyures nous paraissent les plus voisins des macroures, et surtout des macroures paguriens. Ils ont à la vérité la queue plus courte que le tronc et tout-à-fait repliée en dessous, au moins dans l'inaction, comme dans tous les autres brachyures ; mais cette queue, souvent, est ciliée en ses bords, ou munie de quelques appendices, paraissant presque natatoires dans certains d'entre eux ; plusieurs même ont encore les antennes extérieures fort longues, sétacées, multiarticulées, ce qu'on ne voit plus dans les autres brachyures.

Nous rapportons à cette coupe, les genres porcellane, pinnothère, leucosie et coryste, dont l'exposition suit.

PORCELLANE. (Porcellana.)

Quatre antennes : les extérieures fort longues, sétacées, insérées en dehors derrière les yeux ; les intermédiaires cachées dans des fossettes.

Corps orbiculaire, presque carré, un peu applati. Queue recourbée en dessous, à bord très-cilié, rarement munie de quelques appendices au sommet. Dix pattes : les deux antérieures terminées en pinces ; les deux postérieures très-petites.

Antennæ quatuor : externis prælongis setaceis, ponè oculos extrinsecùs insertis ; intermediis in foveolis receptis.

Corpus orbiculato-quadratum ; depressiusculum. Cauda subtùs inflexa, margine ciliata, appendicibus aliquot ad apicem raró instructa. Pedes decem : anticis duobus chelatis ; ultimis duobus minimis.

OBSERVATIONS.

Les *porcellanes* sont de petits crustacés qui semblent sur la limite qui sépare les macroures des brachyures ; néanmoins, ils nous paraissent appartenir plutôt à ces derniers. Leur genre est bien tranché, ces crustacés ayant les antennes extérieures fort longues, sétacées, et insérées en dehors derrière les yeux.

ESPÈCES.

1. Porcellane hérissée. *Porcellana hirta.*

P. testâ subovatâ, anticè attenuatâ, hirtâ ; chelis latis compressis supernè margineque hirtis.

Porcellana hirta. Mus. n.o

Habite..... du Voyage de *Péron* et *Lesueur.*

2. Porcellane large-pince. *Porcellana platycheles.*

P. testâ suborbiculatâ, glabrâ; chelis oblongis compressis, margine externo ciliatis.

Cancer platycheles. Oliv. Enc. n.° 19.

Porcellana platycheles. Latr. gen. 1. p. 49.

Pennant. Zool. brit. 4. tab. 6. fig. 12.

Habite les mers d'Europe.

3. Porcellane longicorne. *Porcellana longicornis.*

P. testâ suborbiculatâ, glabrâ; chelis elongatis glabris.

Cancer longicornis. Oliv. Encyc. n.° 25.

Pennant Zool. brit. 4. tab. 1. f. 3.

Habite l'océan d'Europe. Ce n'est, peut-être, qu'une variété du *P. hexapus*, Latr.

4. Porcellane verdâtre. *Porcellana virescens.*

P. minima, glabra, viridis; testâ orbiculata convexa; chelis brevibus.

Porcellana virescens. Péron. Mus. n.o

Habite..... du Voyage de *Péron* et *Lesueur.*

Etc. Voyez le *P. galathina* de Bosc. Hist. nat. des crust. 1. pl. 6. f. 2.

PINNOTHÈRE. (Pinnotheres.)

Quatre antennes très-courtes, insérées entre les yeux. Ceux-ci sont écartés, à pédicules courts.

Corps orbiculaire, rétus antérieurement et postérieurement. Dix pattes : les deux antérieures terminées en pince.

Antennæ quatuor, brevissimæ, intrà oculos insertæ. Oculi remoti; pedunculis brevibus.

Corpus orbiculare, anticè posticèque retusum. Pedes decem : anticis duobus chelatis.

OBSERVATIONS.

Les *pinnothères* sont de très-petits crustacés orbiculaires, à test presque membraneux, et qui vivent dans l'intérieur de certaines coquilles bivalves, telles que les moules et quelques autres, quoique l'animal de la coquille l'habite encore. Ils s'y tiennent à l'abri de tout danger. Leurs antennes sont insérées dans l'espace qui sépare les yeux. Ces petits crustacés sont glabres.

ESPECES.

1. Pinnothère pois. *Pinnotheres pisum.*

P. testâ orbiculato-quadratâ, lævi, molliusculâ; caudâ corporis latitudine.

Cancer pisum. Lin. Fab. suppl. p. 343.

Pinnotheres pisum. Latr. gen. 1. p. 35.

Herbst. canc. tab. 2. f. 21.

Pennant. Zool. brit. 4. tab. 1. f. 1.

Habite les mers d'Europe. Comparez avec le *pinnotheres cranchii*, Leach, *crust. annulosa.* pl. 21.

2. Pinnothère des moules. *Pinnotheres mytilorum.*

P. ovato-orbiculatâ, convexâ, albidâ; manibus ovatis: digitis arcuatis.

Pinnotheres mytilorum. Latr. gen. 1. p. 35.

Ejusd. Hist. nat., etc. 6. p. 83. pl. 48. f. 1.

Herbst. canc. tab. 2. f. 24.

Habite les mers d'Europe, dans les moules.

Etc.

LEUCOSIE. (Leucosia.)

Antennes très-petites, rapprochées, insérées entre les yeux, cachées dans des fossettes. Les yeux très-petits.

Test arrondi-ovale, très-convexe, solide, glabre; à bord antérieur étroit, un peu saillant. Dix pattes; les deux antérieures terminées en pinces; les deux dernières fort petites.

Antennæ minimæ, approximatæ, intrà oculos insertæ, in foveolis occultatæ. Oculi minuti.

Testa rotundato-ovata, valdè convexa, solida, glabra; antico margine brevi, subproducto. Pedes decem : duobus anticis chelatis; posticis minimis.

OBSERVATIONS.

Les *leucosies* ont un aspect qui les fait aisément reconnaître. Elles sont remarquables par leur test arrondi-ovale, bombé ou très-convexe en dessus, presque globuleux, solide, glabre, et qui offre antérieurement une saillie courte, dont le bord est étroit et transverse. Les antennes et les yeux sont très-petits, et ne paraissent point lorsqu'on regarde le dessus de l'animal. Les deux pieds-mâchoires extérieurs, dit M. Latreille, sont pointus et forment ensemble un grand triangle, dont la pointe est en avant.

Les bras des *leucosies* sont longs, à pinces assez étroites; les quatre autres paires de pattes sont onguiculées. Ces animaux ne nagent point, se tiennent au fond de la mer, vers les rives, et ont peu de vivacité dans leurs mouvemens.

ESPECES.

1. Leucosie ponctuée. *Leucosia punctata.*

L. testâ ovato-globosâ, punctis minimis adspersâ; posticè dentibus tribus.

Leucosia punctata. Fab. suppl. p. 350.

Cancer punctatus. Brown, jam. p. 422. tab. 42. f. 3.

Habite l'océan des Antilles. Mus. n.° C'est l'espèce la plus grande.

2. Leucosie craniolaire. *Leucosia craniolaris.*

L. testâ orbiculato-globosâ, anticè productiusculâ, posticè integrâ; brachiis crassis, breviusculis.

Leucosia craniolaris. Fab. suppl. p. 350.

Cancer craniolaris. Lin. Herbst. canc. t. 2. f. 17.

Rumph. mus. t. 10. fig. B. A. Seba. mus. 3. t. 19. f. 10.

Habite l'océan indien.

3. Leucosie noyau. *Leucosia nucleus.*

L. testâ orbiculato-globosâ, anticè bidentatâ, posticè quadridentatâ; brachiis elongatis gracilibus.

Cancer nucleus. Lin. Herbst. canc. t. 2. f. 14.

Leucosia nucleus. Latr. gen. 1. p. 36.

Habite la Méditerranée. Mus. n.°

Etc. Ajoutez *leuc. porcellana*, *l. fugax*, *l. cylindrus*, (*ixa*, Leach) *l. septemspinosa*, et quelques autres.

CORYSTE. (Corystes.)

Quatre antennes : les deux extérieures rapprochées, sétacées, ciliées, fort longues. Les yeux pédonculés, un peu écartés.

Test ovale, plus long que large. Queue repliée sous le tronc, dans le repos. Dix pattes : les deux antérieures terminées en pince; les autres terminées par un ongle allongé, pointu.

Antennæ quatuor : externis duabus approximatis, setaceis, ciliatis, longissimis. Oculi remoti, pedunculati.

Testa ovalis, longitudine latitudinem superante. Cauda, in quiete, sub trunco replicata. Pedes decem : anticis duobus chelatis; aliis ungue elongato acuto terminatis.

OBSERVATIONS.

Ce genre, établi par M. Latreille, semble tenir aux macroures paguriens, et se rapprocher des albunées et des hippes. Il appartient néanmoins aux brachyures, et malgré les deux longues antennes de l'animal, il paraît avoisiner les leucosies par ses rapports.

Probablement les *corystes* ne sont pas plus nageurs que les leucosies; leur test est moins bombé; leur queue est un peu ciliée; les deux bras antérieurs sont plus longs dans les mâles que dans les femelles.

ESPECE.

1. Coryste denté. *Corystes dentata.*

Corystes dentata. Latr. gen. 1. p. 40.
Albunea dentata. Fab. Suppl. p. 398.
Pennant. Zool. brit. 4. tab. 7. f. 13. *mas et femina.*
Habite l'océan d'Europe, les côtes de France et d'Angleterre.

LES TRIGONÉS.

Test triangulaire ou trigono-conique, plus large postérieurement. Point de pattes terminées en nageoires, ni relevées sur le dos.

Les *trigonés* ou oxyrinques ont le test rétréci en pointe antérieurement, et plus large dans sa partie postérieure; il est ovale-trigone, ou en triangle-allongé, presque conique, d'une consistance solide, et en général rude, raboteux, tuberculeux ou hérissé d'épines. Les antennes de ces crustacés sont petites, à trois ou quatre articles, paraissent assez souvent toutes les quatre; mais, souvent aussi, les deux intermédiaires sont repliées et cachées dans des fossettes. Le troisième article de ces antennes intermédiaires est terminé par deux filets très-courts.

Ces crustacés, qu'on nomme vulgairement *araignées marines*, constituent évidemment une famille particulière, dont plusieurs des genres qu'elle comprend, sont nombreux en espèces. J'ai cru qu'il était convenable de me borner à y rapporter ceux qui suivent, savoir : leptope, sténorynque, parthénope, lithode, maïa.

LEPTOPE. (Leptopus.)

Quatre antennes, courtes. Les yeux globuleux, non éloignés de la bouche, séparés par un front subdenté ; à pédoncules courts.

Corps petit. Test arrondi-trigonoïde ; à rostre nul ou très-court. Dix pattes onguiculées : les deux antérieures chélifères, plus courtes ; les autres fort longues, très-grêles, subfiliformes.

Antennœ quatuor, breves. Oculi globosi, ab ore non remoti, fronte subdentato separati ; pedunculis brevibus.

Corpus parvum. Testa rotundato-trigonoidea : rostro nullo aut brevissimo. Pedes decem unguiculati : anticis duobus brevioribus chelatis ; aliis longissimis, gracilissimis, subfiliformibus.

OBSERVATIONS.

Les *leptopes* ont, comme les sténorynques, l'aspect des faucheurs, par leur corps petit, muni de pattes très-longues et très-menues ; mais ils n'offrent point un rostre allongé, portant les yeux et les éloignant de la bouche. Le pédoncule de leurs yeux est droit, et non perpendiculaire à l'axe longitudinal du corps.

ESPECE.

1. Leptope longipède. *Leptopus longipes.*

L. testâ rotundatâ, tuberculis subspinosis adspersâ; chelis parvis; secundi paris pedibus longissimis.

Cancer longipes. Lin. *Inachus longipes.* Fab. suppl. p. 358. Rumph. mus. tab. 8. f. 4.

Habite l'océan Indien.

Etc. L'araignée de mer, Seba, mus. 3. tab. 17. f. 5, est de ce genre.

STÉNORYNQUE. (Stenorynchus.)

Quatre antennes : les deux extérieures plus longues. Les yeux globuleux, éloignés de la bouche, insérés sur le rostre et rapprochés dans leur opposition.

Corps petit. Test subtriangulaire, se terminant antérieurement par un rostre long, entier ou bifide. Dix pattes onguiculées : les deux antérieures plus courtes, chélifères ; les autres longues, très-grêles, filiformes : la deuxième paire étant plus longue.

Antennæ quatuor : externis longioribus. Oculi globosi, ab ore distantes, rostro inserti, oppositè approximati.

Corpus parvum. Testa subtriangularis, rostro longo integro aut bifido anticè terminata. Pedes decem, unguiculati : anticis duobus brevioribus chelatis; aliis longis, gracilissimis, filiformibus : pari secundo longiore.

OBSERVATIONS.

Les *sténorynques*, qu'on a aussi nommés macropes, macropodes et leptopodes, ont, ainsi que les leptopes, l'aspect des faucheurs. Ce sont des crustacés brachyures à pattes longues et très-grêles, attachées à un petit corps, ce qui les rend fort remarquables. Mais les *sténorynques* offrent antérieurement un rostre allongé, quelquefois menu et très-long, qui les distingue éminemment des leptopes. Leurs yeux sont globuleux, éloignés de la bouche, insérés sur le rostre ;

et leur pédoncule, qui est court, semble perpendiculaire à l'axe de ce rostre. Leurs palpes externes sont menus, saillans.

ESPECES.

1. Sténorynque faucheur. *Stenorynchus phalangium.*

St. testâ rotundato-conicâ, pubescente; tuberculis raris subspinosis; rostro bifido; pedibus anticis crassiusculis, lateribus spinulosis.

Inachus phalangium. Fab. suppl. p. 358.

Pennant. Zool. brit. 4. pl. 9. f. 17.

Macropus longirostris. Latr. gen. 1. p. 39.

Habite la Méditerranée. Mus. n.o

2. Sténorynque séticorne. *Stenorynchus seticornis.*

St. testâ cordato-conicâ; rostro longissimo setiformi; manibus pedibusque longissimis.

Cancer seticornis. Oliv. Encyc. n.o 119.

Herbst. canc. tab. 15. f. 91. *macropus seticornis.* Latr.

Habite la Méditerranée.

Etc. Voyez l'*inachus sagittarius* de Fabricius, et le *macropodia tenuirostris* de M. Leach, Trans. soc. Linn. XI. p. 331.

PARTHÊNOPE. (Parthenope.)

Quatre antennes presque égales : les extérieures sétacées, insérées sous les yeux.

Test trigone, court, subrostré antérieurement, très-scabre, inégal, muriqué. Dix pattes onguiculées : les deux antérieures longues, étendues à angle droit de chaque côté; leurs mains étant inclinées presque parallèlement sur le côté antérieur du bras.

Antennæ quatuor subæquales : externis infra oculos insertis setaceis.

Testa trigona, brevis, anticè subrostrata, inæqua-

lis, scaberrima, muricata. Pedes decem unguiculati: anticis duobus longis, chelatis, ad angulum rectum extensis, illorum manibus lateri antico brachii subparallele incumbentibus.

OBSERVATIONS.

Les *parthénopes*, établies comme genre par Fabricius, ne sont guères distinguées des maïas que par des caractères de port; néanmoins, ces caractères sont vraiment singuliers. Leur première paire de pattes forme deux grands bras, dont la moitié inférieure ne se dirige point en avant, mais est étendue à angle droit de chaque côté du test, tandis que l'autre moitié se replie sur le côté antérieur du bras. Les deux doigts de leur pince sont courbés en dedans. Leur test trigone n'est pas plus long que large, comme dans les maïas; il est dur, raboteux, noueux, souvent épineux, et comme horrible à voir.

ESPECES.

1. Parthénope horrible. *Parthenope horrida.*

P. testâ aculeatâ, nodosâ; manibus ovatis; caudâ cariosâ.

Cancer horridus. Linn. *Parthenope horrida.* Fab. suppl. p. 353.

Herbst canc. tab. 14 f. 88. Rumph. mus. tab. 9.

Maïa horrida. Latr. gen. 1. p. 37.

Habite l'océan Asiatique.

2. Parthénope longimane. *Parthenope longimana.*

P. testâ spinosâ: spinis simplicibus; manibus longissimis.

Parthenope longimana. Fab. suppl. p. 353.

Rumph. mus. tab. 8. f. 2. Seba, mus. 3. t. 20. f. 12.

Herbst. canc. tab. 19. f. 105. 106.

Habite l'océan Asiatique.

3. Parthénope giraffe. *Parthenope giraffa.*

P. testâ spinosâ: spinis ramosis; brachiis longissimis, subtùs tuberculatis.

Parthenope giraffa. Fab. suppl. p. 352.
Seba, mus. 3. tab. 19. f. 8.
Habite l'océan Asiatique.

4. Parthénope spinimane. *Parthenope spinimana.*

P. testâ nodosâ, tuberculis echinatâ, anticè producto-sub-acutâ; brachiis crassis angulatis spinoso-muricatis.
Seba, mus. 3. tab. 19. f. 16. 17?
Herbst canc. tab. 60. f. 3.
Habite les mers de l'Ile-de-France. M. *Mathieu.*
Etc.

LITHODE. (Lithodes.)

Quatre antennes presque égales, insérées entre les yeux. Palpes extérieurs longs et étroits. Yeux peu écartés.

Test subtrigone, postérieurement plus large et arrondi, rostré antérieurement, très scabre. Dix pattes : les deux antérieures avancées et terminées en pince ; les deux dernières très-petites, comme fausses, sans onglet.

Antennæ quatuor subæquales, intrà oculos insertæ. palpi [maxilli-pedes] externi longi, angusti. Oculi parum distantes.

Testa subtrigona, posticè latior et rotundata, anticè rostrata, scaberrima. Pedes decem : anticis duobus chelatis, porrectis; duobus ultimis minimis, subspuriis : unguiculo nullo.

OBSERVATIONS.

Les *lithodes*, très-voisines des maïas, par leur aspect et leur forme, s'en distinguent par leurs pieds-mâchoires extérieurs, longs et étroits, presque comme ceux des crustacés macroures, et par les deux pattes postérieures, très-petites, qui sont sans onglet. M. Latreille, qui les indique comme genre, ne cite que l'espèce qui suit.

ESPECE.

1. Lithode arctique. *Lithodes arctica.*

Cancer maja. Lin. *Inachus maja.* Fab. suppl. p. 358.
Herbst. canc. tab. 15. f. 87.
Seba, mus. 3. tab. 18. n.° 10, et tab. 22. f. 1.
Lithodes arctica. Latr. gen. 1. p. 40.
Ejusd. Hist. nat, etc., 6. pl. 48. f. 2.
Habite l'océan de la Norwège.

MAIA. (Maïa.)

Quatre antennes petites : les extérieures sétacées, insérées sous le coin interne des yeux ; les intérieures palpiformes. Les yeux écartés, pédonculés.

Test subtrigone, oval-conique, plus long que large, arrondi et plus large inférieurement, rétréci en avant, scabre ou épineux. Dix pattes onguiculées : les deux antérieures dirigées en avant et terminées en pince.

Antennæ quatuor parvula : externis setaceis, in oculorum cantho internis palpiformibus. Oculi intervallo majusculo distantes, pedunculati.

Testa subtrigona, ovato-conica, longitudinalis, posticè latior rotundata, anticè angustata, subrostrata, scabra aut spinosa. Pedes decem unguiculati : anticis duobus chelatis, porrectis.

OBSERVATIONS.

Les *maïas* sont nombreuses en espèces; plusieurs d'entre elles deviennent très-grandes, et beaucoup d'autres sont de taille moyenne ou même petite. Elles sont remarquables par la forme presque conique de leur corps, qui, plus large postérieurement, se rétrécit vers sa partie antérieure, où il se termine par deux ou quatre dents, plus ou moins séparées, sans former un bec aussi marqué que dans les sténorynques. La plupart de ces crustacés ont le test dur, raboteux, tuberculeux ou épineux. Les deux pattes antérieures sont ordinairement les plus grandes et toujours avancées, terminées en pinces. Les autres vont en diminuant progressivement de grandeur, et se terminent par un onglet.

ESPECES.

1. Maïa bord-d'épines. *Maia spini-cincta.*

M. testâ rotundato-trigona, in ambitu aculeatâ: dorso mutico; carpis hemisphæricis chelisque magnis lævibus.

Herbst. canc. tab. 18. f. 100.

Habite aux Antilles. mus. n.o Il devient fort grand, et a le doigt mobile de sa pince arqué. Tous les bras ont des tubercules sub-épineux.

2. Maïa hérissonnée. *Maia spinosissima.*

M. testâ trigonâ, undiquè aculeis muricatâ; pedibus omnibus aculeatis; manibus partim lævibus.

Cancer aculeatus. Herbst. canc. tab. 19. f. 104.

Habite à l'Ile-de-France. M. Mathieu. Mus. n.o Il devient aussi fort grand.

3. Maïa squinado. *Maia squinado.*

M. testâ ovatâ, granulis aculeisque asperatâ; spinis peripheriæ validioribus; manibus lævibus cylindricis.

Inachus cornutus. Fab. suppl. p. 356.

Maia squinado. Latr. gen. 1. p. 37.

Herbst. canc. tab. 14. f. 84. 85.

Seba. mus. 3. tab. 18. f. 2. 3.

Habite la Méditerranée. Mus. n.o Il devient très-grand; son test est terminé antérieurement par deux épines plus fortes que les autres.

4. Maïa taureau. *Maia taurus.*

M. testâ ovatâ, ad periphæriam aculeatâ : dorso inæquali submutico ; spinis duabus frontalibus validissimis.

Mus. n.° Herbst. canc. tab. 59. f. 6.

Habite..... la Méditerranée? Ses deux pattes antérieures sont grandes, à cuisses hérissées de tubercules ; à mains longues, assez étroites, en partie tuberculeuses ; à doigts courts, un peu arqués.

5. Maïa à crête. *Maia cristata.*

M. testâ ovato-ellipticâ, ad periphæriam aculeatâ ; dorso granulis tuberculisque scabro ; fronte inflexâ.

Cancer cristatus. Lin.

Rumph. mus. tab. 8. f. 1.

Habite la mer des Indes. *Péron.* Pattes non épineuses : les deux antérieures à peine aussi longues que les deux suivantes.

6. Maïa cervicorne. *Maia cervicornis.*

M. testâ ovato-oblongâ, tuberculis crassis subacutis dorso asperatâ ; fronte spinis quatuor elongatis ; oculorum pedunculis longissimis.

Herbst. canc. tab. 58. f. 2.

Habite à l'Ile-de-France. M. *Mathieu.*

7. Maïa gravée. *Maia sculpta.*

M. minima ; testâ rotundato-trigonâ, muticâ ; dorso rugis variis sulcato ; carpis orbiculatis manibusque glabris.

Seba, mus., 3. tab. 19. f. 22. 23.

Habite.... Mus. n. Cette espèce semble avoir des rapports avec notre *maia spini-cincta* ; ses pinces, en petit, sont semblables ; mais elle est mutique, élégamment sculptée en dessus, et ses quatre paires de pattes postérieures sont velues.

Etc. Ajoutez beaucoup d'autres espèces connues.

LES PLAQUETTES.

Test carré ou en cœur, en général applati, et ayant toujours son bord antérieur tronqué ou en ligne droite transverse. Point de pattes terminées en nageoire.

La plupart des crustacés qui constituent cette coupe,

sont remarquables par leur test plat, quelquefois peu épais, comme dans les plagusies et les grapses, rarement hérissé d'épines, souvent même d'une consistance assez peu solide, et orné, dans plusieurs, de couleurs très-vives.

Les *plaquettes* sont fort nombreuses, et paraissent former une famille particulière. Les yeux de ces crustacés occupent toujours les angles latéraux du front ou du chaperon, lequel très-souvent est infléchi ou incliné en bas. Tantôt le chaperon occupe une grande partie du bord antérieur du test, et alors les pédicules des yeux sont courts; et tantôt ce chaperon est petit et n'occupe qu'une petite portion du bord, celle du milieu, et dans ce cas, les yeux ont de longs pédicules.

Ceux de ces crustacés qui ont le corps bien applati, se tiennent ordinairement sous les pierres; d'autres se cachent en partie sous le sable; enfin, d'autres se retirent dans des terriers. Ces derniers sont des coureurs, vont sur la terre, grimpent quelquefois sur les arbres, et parmi eux il s'en trouve qui vivent habituellement sur la terre. Nous divisons cette famille de la manière suivante.

* Les deux ou les quatre pattes postérieures relevées sur le dos. Point de chaperon incliné.

Doripe.

** Aucunes pattes postérieures relevées sur le dos. Le bord antérieur du test ou le chaperon incliné en bas.

(1) Pédicules des yeux courts, se logeant dans des fossettes circonscrites.

(a) Test carré, bien applati.

Plagusie.

Grapse.

(b) Test cordiforme, souvent épais et renflé antérieurement.

Tourlourou.

(2) Pédicules des yeux fort allongés, se logeant dans une gouttière frontale.

(a) Les yeux latéraux sur leur pédicule. Antennes intermédiaires cachées sous le test.

Ocypode.

(b) Les yeux terminaux ou au bout de leur pédicule. Les quatre antennes apparentes.

Rhombille.

DORIPE. (Doripe.)

Quatre antennes toutes apparentes : les extérieures plus longues, sétacées ; les intermédiaires pliées, à dernier article bifide. Les yeux écartés, pédonculés ; les pieds-mâchoires extérieurs étroits, allongés.

Test en cœur renversé, déprimé, inégal, à front tronqué et denté. Dix pattes : les deux antérieures terminées en pince ; les quatre postérieures dorsales, relevées, prenantes.

Antennæ quatuor, conspicuæ : externis longioribus, setaceis ; internis plicatilibus, articulo ultimo bifidis. Oculi remoti, pedunculati. Maxilli-pedes exteriores angusti, elongati.

Testa obversè cordata, depressa ; dorso inæquali ; fronte truncatâ, dentatâ. Pedes decem : anticis duobus chelatis ; posticis quatuor dorsalibus, sublatis, prehensilibus.

OBSERVATIONS.

Les *doripes* semblent tenir encore un peu des trigonés, car plusieurs d'entre elles ont le corps plus long que large, se rétrécissant un peu antérieurement ; mais leur test est tronqué en devant, ce qui les en distingue. L'applatissement de leur corps, la troncature de leur bord antérieur, et l'écartement des yeux, les font placer parmi les plaquettes, malgré leur singularité. Les divisions de leur bord antérieur semblent annoncer le voisinage des plagusies.

Il paraît que ces crustacés ont des habitudes particulières. On croit qu'ils cachent leur corps dans le sable ; et, comme leurs pattes postérieures sont dorsales, relevées et terminées par un crochet, on suppose qu'ils saisissent, par leur moyen, soit leur proie, soit quelques corps, propres à les garantir des dangers.

ESPECES.

1. Doripe laineuse. *Doripe lanata.*

D. testâ trigonâ, utroque latere unidentatâ; fronte quadridentatâ; pedibus hirsutis.

Cancer lanatus. Lin. Planch. conch. p. 36. tab. 5. f. 1.

Cancer hirsutus, etc., Aldrov. crust. 2. cap. 19.

Habite la Méditerranée. Test jaunâtre, pubescent.

2. Doripe noduleuse. *Doripe nodulosa.*

D. testâ oblongo-ovatâ, anticè truncato-dentatâ; dorso eminentiis variis inæqualibus; brachiis tuberculis asperatis.

Doripe nodulosa. Per. mus. n.o

An doripe quadridens? Fab. suppl. p. 361.

Habite les mers Australes. *Péron.* Voyez Herbst. tab. XI. f. 70.

3. Doripe atropos. *Doripe atropos.*

D. testâ oblongo-ovatâ, anticè truncatâ; dorso subnoduloso; brachiis pedibusque muticis glabris.

Doripe facchino. Mus. n.o

An inachus mascaronius? Rœmer, gen. ins. t. 31. f. 1.

Habite...... l'Océan Indien?

4. Doripe front-épineux. *Doripe spinifrons.*

D. testâ oblongâ, anticè tuberculis spinosis echinatâ; pedibus hirsutis: femoribus spinosis.

Doripe fronticornis. Mus. n.o

Cancer barbatus. Fab. Syst. ent. p. 460.
Homola. Leach. Lat.
Habite la Méditerranée.

PLAGUSIE. (Plagusia.)

Quatre antennes courtes : les deux intérieures sortant souvent par les fentes du chaperon. Les yeux à pédicules courts, écartés, situés aux extrémités latérales du chaperon dans un sinus.

Test applati, presque carré, un peu rétréci en devant. Chaperon entaillé de deux fentes. Dix pattes : les deux antérieures plus courtes, terminées en pinces.

Antennœ quatuor, breves : internis duabus per fissuras clypei sœpe exsertis. Oculi remoti, pedunculis brevibus, extremitatibus lateralibus clypei in sinu inserti.

Testa depressa, subquadrata, anticè subangustata : clypeo fissuris binis inciso. Pedes decem : anticis duobus brevioribus, chelatis.

OBSERVATIONS.

Les *plagusies* tiennent de très-près aux grapses; c'est, de part et d'autre, un corps très-applati, presque carré, émoussé ou arrondi aux angles, à test peu épais, écailleux ou granuleux, le plus souvent denté sur les côtés, comme antérieurement. Mais elles en sont éminemment distinguées par leur chaperon entaillé, tandis que celui des grapses est rabattu et entier.

ESPÈCES.

1. Plagusie écailleuse. *Plagusia squamosa.*

P. testâ tuberculis inœqualibus, depressis ad interstitia ciliatis adspersâ; manibus angustis.

Cancer. Petiv. gaz. tab. 75. f. 11. *Bona.*
An cancer depressus? Fab. suppl. p. 343.
Herbst canc. tab. 20. f. 113. *Plagusia squamosa.* Latr.
Habite...... probablement l'Océan Indien.

2. Plagusie sans taches. *Plagusia immaculata.*

P. unicolor, pallidè albida; tuberculis testæ inæqualibus depressis, nudis, sparsis; pedibus angulatis, ad angulos crenulatis.

Plagusia depressa. Mus. n.°
Herbst. canc. tab. 3. f. 35.
Habite.... la Méditerranée? Je la crois de l'Océan Indien.

3. Plagusie serripède. *Plagusia serripes.*

P. albida rubro maculata; pedibus compressis: femoribus hinc serrato-spinosis.

Seba, mus 3. tab. 19. f. 21. Mus. n.°
Habite les mers australes. *Péron.* Elle est très-applatie, a son front un peu épineux.

4. Plagusie clavimane. *Plagusia clavimana.*

P. spadicea; testæ dorso lituris hieroglyphicis; pedum femoribus serrato-spinosis; chelis turgidis.

Plagusia clavimana. Latr. gen. 1. p. 34.
Habite les mers australes. *Peron.* Mus. n.° Elle a les pattes rayées de blanc.

5. Plagusie tuberculée. *Plagusia tuberculata.*

P. rubro albidoque varia; testâ punctatâ, tuberculis subacervatis instructâ; manibus angustis.

Mus. n.°
Habite les mers de l'Ile-de-France. M. *Mathieu* Grande et belle espèce, voisine de la plagusie écailleuse, mais distincte.

GRAPSE. (Grapsus.)

Quatre antennes courtes, cachées sous le chaperon. Les yeux aux angles latéraux du chaperon, à pédoncules courts.

Test applati, presque carré, souvent arrondi aux angles. Chaperon transversal, rabattu en devant, non divisé. Dix pattes : les deux antérieures terminées en pince.

Antennæ quatuor, breves, sub clypeo absconditæ. Oculi ad angulos laterales clypei : pedunculis brevibus.

Testa depressa, subquadrata, ad angulos sæpe rotundata : clypeo transverso integro subtus inflexo. Pedes decem : duobus anticis chelatis.

OBSERVATIONS.

Les *grapses* constituent un genre très-naturel, très-beau et fort nombreux en espèces, parmi lesquelles il y en a qui sont agréablement et très-vivement colorées. Ils sont remarquables par leur corps applati, leur front souvent un peu plissé, et leur chaperon entier, abaissé ou rabattu au devant. Ils diffèrent des plagusies par leur chaperon non entaillé, et parce que leur test n'est point rétréci en devant. Ces crustacés se tiennent, en général, sous les pierres.

ESPECES.

1. Grapse peint. *Grapsus pictus.*

G. testâ pedibusque rubro et albo variegatis; fronte plicis quatuor anticè dentatis; testæ lateribus posticis obliquè striatis.

Cancer grapsus. Lin. Fab. suppl. p. 342.
Grapsus pictus. Latr. gen. 1. p. 33.
Herbst. canc. tab. 3. f. 33. Seba, mus. 3. t. 18. f. 5. 6.
Habite les mers de l'Amérique méridionale.

2. Grapse ensanglanté. *Grapsus cruentatus.*

G. albido-fulvus, maculis rubro-sanguineis variegatus; testæ lateribus obliquè striatis; fronte plicis quatuor edentulis.

Grapsus cruentatus. Latr. gen. 1. p. 33.
Habite les mers de l'Amérique méridionale. Mus. n.

3. Grapse raies-blanches. *Grapsus albo-lineatus.*

G. testâ tetragono-orbiculatâ, rubrâ, albo-maculatâ; fronte plicis quatuor asperis; pedibus fulvis immaculatis.

Mus. n.o

Habite les mers de l'Ile-de-France. M. *Mathieu.* Les côtés postérieurs de son test sont rayés de blanc, à raies obliques.

4. Grapse masqué. *Grapsus personatus.*

G. testâ albidâ, lævi, pone frontem tuberculis granulatâ; dorso striis transversis subobliquis; pedibus rubro-fuscis.

Mus. n.o

Habite les mers de la Nouvelle-Hollande. *Peron.* Grande et belle espèce, dont les pattes seules sont fortement colorées.

5. Grapse porte-pinceau. *Grapsus penicilliger.*

G. albido-cinereus, immaculatus; brachiis crassis; chelis penicillatim barbatis.

Mus. n.o Cuv. le Règne animal, etc., vol. 4. pl. 12. f. 1.

Rumph. mus. tab. 10. f. 2.

Habite l'Océan Asiatique.

Etc.

TOURLOUROU. (Gecarcinus.)

Quatre antennes courtes ; les deux intermédiaires rarement apparentes. Pédoncules des yeux courts, un peu épais, écartés à leur insertion, se logeant dans des fossettes arrondies ou elliptiques ; les yeux subterminaux.

Test cordiforme, plus large et plus renflé antérieurement ; à chaperon obtus, rabattu. Dix pattes : les deux antérieures terminées en pince.

Antennæ quatuor, breves : intermediis duabus rarò conspicuis. Oculorum pedunculi breves, crassiusculi, insertione distantes, in fossulis cavis rotundatis vel ellipticis recepti : oculis subterminalibus.

Testa cordiformis, anticè latior sœpeque turgidior: clypeo obtuso, deflexo. Pedes decem : anticis duobus chelatis.

OBSERVATIONS.

Les *tourlourous*, séparés récemment des ocypodes, en sont effectivement bien distingués; mais il ne faut pas trop particulariser les caractères de leur genre, vraiment naturel, car on le démembrerait sans utilité, et l'on en séparerait des espèces qui lui appartiennent réellement, quoiqu'on puisse les distinguer. Ici, le chaperon, rabattu, est toujours un peu large, plus ou moins, et c'est à ses extrémités latérales que sont situées les fossettes dans lesquelles se logent les yeux. On serait donc exposé à confondre plusieurs des espèces de ce genre avec celles des grapses, si leur forme non arrondie, mais en cœur un peu renflé, ne dirigeait leur détermination. Dans les uns, les pieds-mâchoires extérieurs s'écartent et ne recouvrent pas entièrement la bouche; dans quelques autres, que nous n'en séparons pas, ces pieds-mâchoires la recouvrent tout à fait.

Les *tourlourous* vont souvent à terre et respirent l'air avec leurs branchies sans inconvénient pour eux; quelques espèces même vivent habituellement sur la terre, se cachant le jour dans des terriers, et sortant le soir pour chasser ou chercher leur nourriture. Ils vont seulement une fois l'année, faire leur ponte à la mer, et reviennent ensuite. Ces animaux carnassiers courent très-vite, saisissent souvent le gibier tué par des chasseurs, et l'emportent dans leur terrier. Il y en a qui vivent dans des cimetières.

ESPECES.

1. Tourlourou ruricole. *Gecarcinus ruricola.*

G. testá lævi rubro tinctá, turgidá; marginibus rotundatis; oculorum fossulis rotundatis.

Cancer ruricola. Lin. Fab. suppl. p. 339.
Ocypode tourlourou. Latr. gén. 1. p. 31.
Seba, mus. 3. pl. 20. f. 5.
Herbst. canc. tab. 3. f. 36. tab. 49. f. 1.
Habite l'Amérique méridionale, les Antilles. Les carpes et les tarses des pattes sont dentés en scie sur leurs angles.

2. Tourlourou des fanges. *Gecarcinus uca.*

G. testâ lævi, turgidâ : lateribus marginatis; dorso litterâ H *impresso; oculorum fossulis oblongis.*
Cancer uca. Lin.
Ocypode uca. Lat. gen. 1. p. 31. *Ocypode fossor*. Mus.
Seba, mus. 3. pl. 20. f. 4. Herbst. tab. 6. f. 38.
Habite l'Amérique méridionale, aux endroits vaseux ou fangeux des bords de la mer. Ses pattes sont velues, mais ses tarses ne sont point dentés.

3. Tourlourou fluviatile. *Gecarcinus fluviatilis.*

G. testâ cordiformi; lateribus anticis marginatis, crenulatis, subtuberculatis; dorso lævi.
Crabe de rivière. Oliv. Voyage, etc., pl. 30. f. 2.
Potamophile. Latr. Cuv. Règne anim. 3. p. 18.
Mus. n.°
Habite les lacs et les rivières de l'Europe méridionale, de l'Italie.

4. Tourlourou pattes velues. *Gecarcinus hirtipes.*

G. testâ cordiformi; lateribus anticis granulatis subspinosis; clypeo denticulato; pedibus hispidis.
Ocypode hirtipes. Mus. n.°
Habite à l'Ile-de-France. M. *Mathieu*, et du Voyage de *Péron*. Il avoisine le précédent par ses rapports.

OCYPODE. (Ocypode.)

Quatre antennes courtes : les intermédiaires cachées sous le test. Les yeux latéraux sur leurs pédoncules, étant situés au dessous de leur sommet qui quelquefois les dépasse; les pédoncules longs, se logeant dans une fossette allongée.

Test carré, un peu applati; à chaperon étroit, rabattu. Dix pattes : les deux antérieures terminées en pince.

Antennæ quatuor, breves : intermediis sub testâ absconditis. Oculi in pedunculis laterales, infrà illorum apices adnati; pedunculis longis, in canali aut fossulâ elongatâ receptis, apicibus interdùm productis.

Testa quadrata, subdepressa; clypeo angusto deflexo. Pedes decem : anticis duobus chelatis.

OBSERVATIONS.

Les *ocypodes* avoisinent beaucoup les rhombilles par leurs rapports. On les en distingue néanmoins en ce que les yeux ne terminent point véritablement leurs pédoncules, mais sont latéraux et adnés, sous leur sommet, à une portion de leur longueur. Ces pédoncules sont moins grêles que dans le genre des rhombilles, et quelquefois leur pointe dépasse l'œil. Ces crustacés forment une transition aux tourlourous.

ESPÈCES.

1. Ocypode chevalier. *Ocypode ippeus.*

O. testâ quadratâ, scabrâ, anticè utrinque angulatâ; oculis penicillo terminatis.

Ocypode ippeus Oliv. encycl. p. 416. n.o 1.

Crabe cavalier. Oliv. Voyage dans l'Emp. Ottom. 2. p. 234. tab. 30. f. 1.

Belon, de la nat. des poiss. liv. 2. p. 367.

Habite les côtes de Syrie, d'Egypte. Il court très-vite, de côté, et va à terre.

2. Ocypode cératophthalme. *Ocypode ceratophthalmus.*

O. testâ quadratâ, anticè utrinque angulatâ; oculis spinâ terminatis; manibus inæqualibus punctato-granulatis.

Cancer ceratophthalmus. Pall. Spicil. zool. fasc. 9. p. 83. t. 5. f. 7.

Ocypode ceratophthalma. Fab. suppl. p. 347.

Habite l'Océan indien, les mers australes. Mus. n.°

3. Ocypode blanc. *Ocypode albicans.*

O. testâ quadratâ, anticè sinuatâ; manibus tuberculatis, ad margines dentatis; oculis spinâ terminatis.

Ocypoda albicans. Bosc, Hist. nat. des crust. 1. p. 196. pl. 4. f. 1.

Habite les côtes de la Caroline.

RHOMBILLE. (Gonoplax.)

Quatre antennes apparentes. Les yeux terminaux, posés d'une manière droite ou oblique au bout de leurs pédoncules; ces pédoncules étant longs, rapprochés à leur insertion, et se logeant dans une gouttière antérieure.

Test carré ou rhomboïdal, déprimé, tronqué en devant; à chaperon très-petit. Dix pattes : les deux antérieures terminées en pince.

Antennœ quatuor, conspicuœ. Oculi terminales, ad apicem pedunculorum rectè aut obliquè insidentes; pedunculis longis, insertione approximatis, in canali antico receptis.

Testa quadrata aut rhomboidalis, depressa, anticè truncata; clypeo minimo. Pedes decem : anticis duobus chelatis.

OBSERVATIONS.

Les *rhombilles* sont un démembrement nouveau des ocypodes, et s'en rapprochent effectivement. Néanmoins ils s'en distinguent : 1.° parce que les yeux sont posés au sommet de pédoncules longs, grêles, et qui atteignent les angles antérieurs et externes du test; 2.° parce que leur chaperon est si petit qu'il permet aux antennes intermédiaires de se déployer et de se montrer.

ESPECES.

[*Pinces très-inégales.*]

1. Rhombille appellant. *Gonoplax vocans.*

G. testâ quadratâ integrâ; lineis impressis dorsalibus; brachio altero maximo : manibus lævibus.

Cancer vocans? Lin. Fab. suppl. p. 340.

Ocypode vocans. Latr. hist. nat. 6. p. 45.

Degeer, Ins. 7. pl. 26. f. 12.

Habite l'Océan indien.

2. Rhombille maracoan. *Gonoplax maracoani.*

G. testâ quadrato-rhombeâ; lineis impressis dorsalibus; brachio altero maximo : manibus granulatis; digitis valdè compressis.

Ocypode maracoani. Lat. hist nat. 6. p. 46.

Pison, Bras. p. 77. t. 78. Seba, Mus. 3. t. 78. f. 8.

Habite l'Amérique méridionale.

Ect. *G. grandimanus, G. manchus, G. porrector* (espèces inédites).

[*Bras longs, presque égaux.*]

3. Rhombille anguleux. *Gonoplax angulatus.*

G. testâ rhombeâ, ad angulos anticos bidentatâ; manibus longissimis.

Cancer angulatus. Fab. suppl. p. 341.

Ocypode angulata. Lat. hist. nat. 6. p. 44.

Herbst. canc. tab. 1. f. 13.

Pennant, Zool. brit. 4 pl. 5. f. 10.

Habite dans la Manche, sur les côtes d'Angleterre.

4. Rhombille longimane. *Gonoplax longimanus.*

G. testâ rhombeâ lævi; angulis anticis unispinosis; brachiis longissimis.

Cancer rhomboides. Linn. Fab. suppl. p. 341.
Herbst. tab. 1. f. 12.
Ocypode longimana. Latr. hist. nat. 6. pl. 45. f. 3.
Habite la Méditerranée.
Etc.

LES NAGEURS.

Des pattes natatoires, c'est à dire, terminées par une lame propre à la natation.

Les *crustacés nageurs*, parmi les brachyures, sont très-voisins des cancérides par leurs rapports; mais ils s'en distinguent parce qu'ils ont des pattes propres à la natation; aussi ne se tiennent-ils pas constamment près des rivages et se rencontrent-ils au large dans les mers. La plupart de ces crustacés ont le corps court, large, arqué antérieurement et souvent épineux sur les côtés. Outre leurs bras antérieurs terminés en pince, les uns n'ont que leur dernière paire de pattes qui soit propre à nager, tandis que les autres ont toutes leurs pattes terminées par une lame natatoire. Nous rapportons à cette division, avec M. *Latreille*, les quatre genres qui suivent, savoir : les podophthalmes, les portunes, les orithyes, les matutes.

PODOPHTHALME. (Podophthalmus.)

Quatre antennes inégales, articulées, simples : les deux intérieures pliées. Pédicules des yeux très-longs, très-rapprochés à leur insertion, s'étendant jusque aux angles latéraux du bord antérieur, et se logeant dans une gouttière frontale.

Test court, transverse, déprimé, biépineux de chaque côté : l'épine supérieure très-grande. Bord antérieur arqué, entier, ayant au milieu un chaperon étroit, rabattu, terminé par deux branches ou lobes ouverts. Dix pattes : les deux supérieures terminées en pince, et les deux postérieures par une lame ovale.

Antennœ quatuor, inœquales, articulatœ, simplices : internis duabus plicatis. Oculorum pedunculi longissimi, insertione proximi, a medio marginis antici ad angulos laterales ejusdem usque producti, ac in canali antico recepti.

Testa brevis, transversa, depressa, utroque latere bispinosa; spinâ superiore maximâ. Margo anticus arcuatus integer; medio clypeo angusto, deflexo, lobis duobus patentibus terminato. Pedes decem : duobus anticis chelatis; posticis duobus lamellâ ovatâ terminatis.

OBSERVATIONS.

Les *podophthalmes* ne sont que des ocypodes ou plutôt que des rhombilles exagérés, et tiennent davantage à ces crustacés qu'aux portunes, quoiqu'ils soient nageurs. Ainsi, c'est à tort qu'on a dit, qu'à l'exception des yeux, il n'y a pas de parties, dans les podophthalmes, qui diffèrent essentiellement de celles des portunes. Le bord antérieur entier, le chaperon rabattu, aux angles latéraux duquel s'insèrent les pédicules des yeux, et la gouttière qui reçoit ces pédicules, ne permettent point cette assertion. Néanmoins, quelques rapports qu'ils aient avec les rhombilles, la forme particulière de leur test, et leurs pattes postérieures natatoires, en font le type d'un genre très-distinct, parmi les crustacés nageurs, qu'ils lient avec les derniers genres des plaquettes.

ESPÈCE.

1. Podophthalme épineux. *Podophthalmus spinosus.*
Syst. des anim. sans vert. p. 152.
Podophthalmus spinosus. Latr. gen. 1. p. 25. tab. 1. et tab. 2. f. 1.
Portunus vigil. Fab. suppl. p. 363.
Habite l'Océan indien. Mus. n.o

PORTUNE. (Portunus.)

Quatre antennes inégales, médiocres, articulées : les extérieures sétacées, plus longues. Les yeux écartés ; à pédicules courts, insérés dans des fossettes latérales, sous le front.

Test large, déprimé, tronqué postérieurement, à bord antérieur un peu arqué, denté en scie. Dix pattes : les deux antérieures terminées en pince, et les deux postérieures par une lame ovale.

Antennæ quatuor, inæquales, mediocres, articulatæ : externis setaceis, longioribus. Oculi remoti ; pedunculis brevibus, in fossulis lateralibus infrà frontem receptis.

Testa lata, depressa, posticè truncata ; margine antico subarcuato, serrato. Pedes decem : anticis duobus chelatis ; duobus ultimis lamellâ ovatâ terminatis.

OBSERVATIONS.

Les *portunes* constituent un genre nombreux en espèces, les unes indigènes de nos mers, et les autres exotiques. Ce sont des crustacés fort rapprochés de nos cancérides ; mais qui tous sont nageurs, et s'éloignent plus aisément du rivage. Ils en sont effectivement distingués, parce qu'ils ont les deux pattes postérieures terminées par une lame platte et ovale, qui leur sert à nager, et qui est toujours distincte de l'ongle pointu, plus ou moins plat, qui termine les autres pattes. Le bord antérieur du test est toujours divisé en un certain nombre de dents qui souvent s'étendent jusqu'au milieu des bords latéraux. Il y en a, surtout parmi les espèces exotiques, dont le test, très-court, est fortement transversal, et dont chaque côté se termine par une grande pointe fort aiguë.

ESPÈCES.

Quatre à six dents de chaque côté du test, au delà des yeux, la dernière étant proportionnelle aux autres.

1. Portune étrille. *Portunus puber.*

P. testâ pubescente, pone oculos utrinque quinque dentatâ; fronte denticulatâ; manibus sulcatis; digitis apice nigris.

Cancer puber. Linn. *Portunus puber.* Fab. suppl. p. 365.
Portunus puber. Latr. gen. 1. p. 27. Penn. 4. pl. 4. f. 8.
Herbst., canc. tab. 7. f. 49.
Habite les mers d'Europe. On estime sa chair.

2. Portune froncé. *Portunus corrugatus.*

P. testâ transversè plicato-rugosâ; dentibus lateralibus utrinque quinque; frontalibus tribus obtusis, basi latis.
Cancer corrugatus. Penn. Zool. brit. 4. pl. 5. f. 9.
Habite les mers d'Europe. Mus. n.o Il est très différent de celui qui précède.

3. Portune dépurateur. *Portunus depurator.*

P. testâ lœvi, utrinque quinquedentatâ; dentibus frontalibus acutis; manibus angulatis subcompressis.
Cancer depurator. Lin. *Portunus depurator.* Fab.
Latr. gen. 1. p. 26. Penn. Zool. brit. 4. pl. 2. f. 6.
Habite l'océan d'Europe.

4. Portune doigts-rouges. *Portunus erythrodactylus.*

P. testæ dentibus frontalibus octo acutis; lateralibus utrinque quinque; manibus aculeatis; digitis rubris nigro tinctis.

P. erythrodactylus. Péron.

Habite les mers australes. Mus. n.o Il avoisine le *P. holosericeus*, Fab., mais il en est distinct.

Etc.

Neuf dents de chaque côté du test, au-delà des yeux, la dernière, non proportionnelle, étant prolongée en épine.

5. Portune pélagique. *Portunus pelagicus.*

P. testâ utrinque novemdentatâ; rugis variis appressis margine denticulatis; manibus prismaticis: angulis granulatis.

Cancer pelagicus? Lin. *Portunus pelagicus?* Fab. suppl. p. 367.

Latr. gen. 1. p. 26 Rumph. Mus. tab. 7. fig. R.

Habite l'Océan, surtout celui de l'Inde.

6. Portune cedo-nulli. *Portunus cedo-nulli.*

P. testâ rubente, maculis undatis albis variegatâ, punctis elevatis adspersâ, utrinque novemdentatâ; manibus prismaticis nudis.

Mus. n.o Herbst., canc. tab. 39.

Habite l'Océan austral.

7. Portune crible. *Portunus cribrarius.*

P. testâ utrinque novemdentatâ, lævissimâ, rubente, maculis minimis albis cribratâ; brachiorum maculis majoribus.

Mus. n.o

Habite les mers du Brésil. M. Lalande. Espèce jolie, fort remarquable. Ses dents frontales sont petites, ses pattes ciliées, ses mains mutiques, subanguleuses.

8. Portune sanguinolent. *Portunus sanguinolentus.*

P. testâ lævi sanguineo albidoque tinctâ, utrinque novemdentatâ; brachiis lividis: manibus angulatis lævibus.

An portunus sanguinolentus? Fab. suppl. p. 367.
Habite l'Océan du Brésil. M. *Lalande.*

9. Portune rouge. *Portunus ruber.*

P. testâ subrubrâ, albido-punctulatâ; dentibus utrinque novem inæqualibus : postico mediocri; manibus aculeatis; digitis apice nigris.

Mus. n.o

Habite l'Océan du Brésil. M. *Lalande.*

Etc. Ajoutez les *p. defesor*, *forceps*, etc. de Fabricius.

ORITHYE. (Orithya.)

Quatre antennes courtes, articulées, apparentes. Les yeux écartés, à pédoncules coniques.

Test ovale, un peu plus long que large, presque tronqué antérieurement, muriqué sur le front et sur les côtés. Dix pattes : les deux antérieures terminées en pince, et les deux dernières par une lame ovale.

Antennæ quatuor breves, articulatæ, distinctæ. Oculi remoti; pedunculis conicis.

Testa ovata, longitudine latitudinem paulò superans, anticè subtruncata; fronte lateribusque muricatis. Pedes decem : anticis duobus chelatis; duobus ultimis lamellâ ovatâ terminatis.

OBSERVATIONS.

Par sa forme, le test de l'*orithye* semble tenir de celui des leucosies ou des doripes; mais il est moins applati que dans ces derniers, et n'a point de pattes dorsales. Au reste, c'est un crustacé nageur, ayant, comme les portunes, les deux pattes postérieures natatoires.

ESPECE.

1. Orithye mamelonnée. *Orithya mamillaris.*

Orithya mamillaris. Fab. suppl. p. 363.
Latr. gen. 1. p. 42. et Hist. nat. 6. p. 130. pl. 50. f. 3.
Herbst. canc. t. 18. f. 101.
Habite les mers de la Chine. Mus. n.°

MATUTE. (Matuta.)

Quatre antennes courtes : les deux extérieures peu apparentes ; les intermédiaires pliées, palpiformes, à dernier article bifide. Les yeux séparés par la saillie trilobée du front ; à pédicules courts, subconiques.

Test suborbiculaire, déprimé, denté sur les côtés antérieurs, ayant une forte épine de chaque côté. Dix pattes : les deux antérieures terminées en pince, et toutes les autres par des lames.

Antennæ quatuor breves : externis parùm conspicuis ; intermediis plicatis, palpiformibus ; ultimo articulo bifido. Oculi frontis productione trilobatâ separati ; pedunculis brevibus subconicis.

Testa suborbicularis, depressa, lateribus anticis dentata ; spina valida utroque latere. Pedes decem : anticis duobus chelatis ; aliis omnibus lamellâ terminatis.

OBSERVATIONS.

Les *matutes* ne sont pas très-éloignées des portunes par leurs rapports, quoique leur test soit plus orbiculaire, et ces crustacés semblent plus nageurs, puisqu'à l'exception de leurs bras, toutes leurs pattes sont terminées par des lames. Ces lames, néanmoins, sont inégales ; ce sont toujours celles des deux dernières pattes qui sont les plus larges, les plus arrondies.

ESPÈCES.

1. Matute vainqueur. *Matuta victor.*

M. testâ punctatâ, posticè non striatâ.

(a) *Punctis testæ sparsis. Matuta victor.* gen. 1. Latr. p. 42.

Matuta victor Fab. suppl. p. 369.

Rumph. Mus tab. 7. fig. S.

(b) *Var. Testæ punctis reticulatim dispositis.*

Matuta lunaris. Mus. n.°.

Habite l'Océan indien. la var. (b) à l'Ile-de-France. M. *Mathieu.*

2. Matute striée. *Matuta planipes.*

M. testâ posticè striatâ.

Matuta planipes. Fab. Suppl. p. 369.

Habite l'Océan indien.

LES CANCÉRIDES.

Toutes les pattes onguiculées ; le test arqué antérieurement.

Cette division est la dernière des brachyures, et celle qui termine la classe des crustacés. Elle embrasse la section des arquées de M. Latreille et quelques autres genres les plus analogues aux crabes, qui en font également partie.

Les *cancérides* sont littorales, ne nagent point, et ont leur test arqué antérieurement. Il est en général évasé en devant, rétréci et tronqué en arrière. Dans les uns, les pieds-mâchoires extérieurs recouvrent toute la bouche; ils s'écartent dans quelques autres et ne la recouvrent pas. Quoique l'on ait distingué, parmi ces crustacés, quelques genres que nous n'avons pas adoptés, parce que leurs caractères ne nous sont pas assez connus, et que nous tenons beaucoup à ne pas trop multiplier les genres sans une véritable nécessité, nous nous bornons à présenter ici les cinq genres suivans, savoir : dromie, œthre, calappe, hépate et crabe.

DROMIE. (Dromia.)

Quatre antennes : deux extérieures, sétacées, plus longues ; deux intermédiaires à sommet bifide. Les yeux à pédoncules courts.

Test ovale-arrondi, bombé, velu ou hérissé. Dix pattes onguiculées : les deux antérieures terminées en pince : les quatre postérieures relevées sur le dos, ayant un double crochet, et prenantes.

Antennæ quatuor : externis setaceis longioribus ; intermediis apice bifidis. Oculi pedunculis brevibus.

Testa ovato-rotundata, valdè convexa, villosa aut hirta. Pedes decem unguiculati : anticis duobus magnis chelatis ; posticis quatuor dorsalibus biunguiculatis prehensilibus.

OBSERVATIONS.

Quoique les *dromies* ayent des pattes postérieures dorsales, relevées et prenantes, comme les doripes et quelques autres, elles nous paraissent néanmoins appartenir à la division des cancérides. Leur corps est convexe ou bombé, velu, plus large et arqué antérieurement, et leurs pattes dorsales leur servent à saisir, soit des alcyons, soit des valves de coquilles ou d'autres corps, dont elles se couvrent, et qu'elles transportent avec elles, pour se cacher à leurs ennemis. Les doigts de leurs pinces ont, à leur face interne, des dents qui s'engrainent. Les femelles ont sous la queue, des lanières longues et ciliées d'un côté.

ESPECES.

1. Dromie de Rumphe. *Dromia Rumphii.*

D. testâ subgibbâ, hirtâ, utrinque quinquedentatâ; brachiis pedibusque enodibus.

Cancer dromia. Linn. *Dromia Rhumphii.* Fab. suppl. 359.

Dromia Rumphiis Latr. 1. p. 27. Herbst. t. 18. f. 103.

Rump. mus. tab. 11. f. 1. Seba. Mus. 3. t. 18. f. 1.

Habite l'océan Indien, et la Méditerranée. Elle se couvre souvent de l'alcyon domuncule, vol. 2. p. 394. C'est la plus grosse connue de ce genre.

2. Dromie très-velue. *Dromia hirsutissima.*

D. pilis longis rufis hirsutissima; testâ rotundatâ, turgidâ, anticè subtrilobâ, utrinque quinquedentatâ.

Dromia hirsutissima. Mus. n.°

Habite les mers du Cap de Bonne-Espérance. Elle a un sinus large de chaque côté, qui sépare le front des bords latéraux antérieurs, et qui fait paraître le test trilobé. Elle est plus bombée que la D. de Rumphe.

3. Dromie globuleuse. *Dromia globosa.*

D. tomento brevissimo obducta; testâ globulosâ: marginibus deflexis.

Dromia globosa. Mus. n.°

An cancer caput mortuum? Lin.

Habite.....

Etc. le *D. nodipes* du mus. paraît être le D. *ægagropila* de Fab.; le *D. fallax* du Mus. est une petite espèce qui vient de l'Isle de France; enfin le faux Bernard-l'Hermite de Nicolson, hist. nat. de St.-Domingue, p. 338. pl. 6. f. 3 et 4 est une espèce nouvelle, à test submembraneux qui se couvre d'une valve de coquille.

OETHRE. (Œthra.)

Antennes ..... les yeux séparés par la saillie du front et à pédicules courts, comme dans les calappes. Le second article des palpes extérieurs presque carré.

Test applati, clypéiforme, transversal, noueux ou très-raboteux sur le dos. Les deux pattes antérieures se terminant en pince, à mains comprimées et en crête; les autres courtes, se retirent sous le test dans le repos.

Antennæ . . . . . oculi pedunculis brevibus, eminentiâ frontali separati ut in calappis. Palporum externorum articulus secundus subquadratus.

Testa planulata, clypeiformis, transversa; dorso nodoso, scaberrimo. Pedes duo antici chelati: manibus compressis, cristatis; alii posteriores breves, in quiete, sub testâ replicati.

OBSERVATIONS.

Quoique je ne connaisse qu'une espèce de ce genre, que M. *Leach* a établi, sa forme est trop particulière, pour ne pas la distinguer des calappes. Le test, au moins dans cette espèce n'est plus trigone, ni bombé; il est applati, sans abaissement d'aucun bord, et semble un bouclier en ellipse transverse, à bords latéraux arrondis, libres, relevés même.

ESPECE.

1. Œthre déprimé. *Œthra depressa.*

Œ. testâ albâ, depressâ, elliptico-transversâ; marginibus lateralibus rotundatis, plicato-dentatis.

Calappa depressa. Mus. n.o

Herbst. canc. tab. 53. f. 4. 5.

Habite les mers de l'Isle de France. M. *Mathieu.*

Etc. Ajoutez le *parthenope fornicata* de Fabricius, et comparez avec l'espèce, n.o 1. le *cancer scruposus* de Linné.

CALAPPE. (Calappa.)

Quatre antennes semblables à celles des crabes: les deux intérieures pliées sous le chaperon.

Test court, convexe, plus large postérieurement; ayant ses côtés postérieurs creusés en dessous en demi-voûte et leur bord tranchant. Dix pattes : les deux antérieures terminées en pince, à mains très-grandes, comprimées, en crête sur le dos; les autres pattes retirées, dans le repos, sous les bords postérieurs du test.

Antennæ quatuor, antennis cancerum similibus; internis sub clypeo plicatis.

Testa brevis, convexa, posticè latior; lateribus posticis subtùs excavatis, semi-fornicatis, margine acutis. Pedes decem : anticis duobus chelatis; manibus maximis compressis, dorso cristatis; aliis infrà latera postica in quiete contractis.

OBSERVATIONS.

Les *calappes* constituent un genre tranché et très-distinct, par la forme de leur test et des mains qui terminent leurs bras; ils sont d'ailleurs remarquables par la manière dont ils contractent leurs parties lorsqu'ils sont dans le repos. Alors, ils appliquent leurs bras sur la face antérieure du corps, et couvrent avec leurs larges mains, leur bouche, comme avec un bouclier; en même temps, ils resserrent toutes leurs autres pattes sous les deux voûtes postérieures de leur test. Comme ils ont ce test assez dur, ils craignent moins leurs ennemis dans cet état de contraction.

ESPECES.

1. Calappe migrane. *Calappa granulata.*

C. testâ tuberculis inæqualibus dorsalibus obtusis; lateribus posticis crenato-dentatis; postico margine subsexdentato.

Cancer granulatus. Lin. *Calappa granulata.* Fab. suppl. 346.

Calappa granulata. Latr. gen. 1. p. 28.
Habite la Méditerranée. Mus. n.o

2. Calappe tuberculé. *Calappa tuberculata.*

C. testâ verrucosa, margine dentatâ; lateribus posticis abruptè prominulis.
Calappa tuberculata. Fab. suppl. 345.
Herbst. tab. 13. f. 78.
Habite l'océan Asiatique. Mus. n.o

3. Calappe marbré. *Calappa marmorata.*

C. testâ granulis minimis arenulatâ, flammis roseis pictâ; lateribus posticis dentibus tribus majusculis.
Calappa marmorata. Fab. suppl. 346.
Herbst. canc. t. 40. f. 2.
Habite les mers d'Amérique, à la Trinité. M. *Robin.*
Etc. Ajoutez le *C. fornicata* et quelques autres.

HÉPATE. (Hepathus.)

Quatre antennes semblables à celles des crabes. Le second article des palpes extérieurs pointu au sommet.

Test, comme dans les crabes, n'ayant point ses côtés postérieurs voûtés en dessous. Les pinces des bras comprimées et en crêtes.

Antennæ quatuor, antennis cancerum similes. Palporum externorum articulus secundus apice acutus.

Testa ut in canceribus; lateribus posticis subtùs non fornicatis. Brachiorum chelæ supernè compresso-cristatæ.

OBSERVATIONS.

Les *hépates* ne forment point un genre bien remarquable, et tiennent de très-près aux crabes. Néanmoins, on les en distingue assez facilement, parce qu'ils ont les mains des deux pattes antérieures dilatées en dessus et en forme de crête, presque comme celles des calappes; parce que le bord antérieur du test est finement dentelé; enfin, parce que le second article de leurs pieds-mâchoires extérieurs est terminé en pointe.

ESPECE.

1. Hépate calappoïde. *Hepathus calappoides.*

H. testâ planulatâ, anticè latissimâ, arcuatâ, tenuissimè denticulatâ; pedibus fasciatis.
Calappa angustata. Fab. suppl. p. 347.
Cancer princeps. Herbst. canc. t. 38. f. 2.
Hepathus fasciatus. Latr. gen. 1. p. 29.
Habite l'océan des Antilles. *Canc. calappoides.* Mus. n.°
Etc.

CRABE. (Cancer.)

Quatre antennes petites : les extérieures sétacées, insérées près du coin interne de la fossette des yeux; les intermédiaires pliées, reçues dans des fossettes sous le front. Second article des palpes extérieurs presque carré, avec une échancrure à l'angle interne de son sommet.

Test court, transverse, planiuscule, se rétrécissant postérieurement, à bord antérieur arqué. Dix pattes onguiculées : les deux antérieures plus grandes, terminées en pince.

Antennæ quatuor, parvulæ : externis setaceis, oculorum propè canthum internum insertis; intermediis complicatis, in foveolis sub fronte receptis. Palporum externorum articulus secundus subquadratus, apice interno emarginatus.

Testa brevis, transversa, planiuscula, posticè angustata; antico margine arcuato. Pedes decem unguiculati: anticis duobus majoribus chelatis.

OBSERVATIONS.

Le genre des *crabes*, malgré les réductions qu'on lui a fait subir, est encore un des plus beaux et des plus nombreux en espèces, parmi les crustacés; il est, dans notre méthode, celui qui termine les *homobranches brachyures*, et par suite la classe même. Linné, en traçant sa magnifique esquisse d'un *Systema naturæ*, ne pût indiquer que des masses principales, et son grand génie fit en cela tout ce qu'on en pouvait attendre. Son genre *cancer* embrassa donc tous nos crustacés *homobranches*, et une grande partie des *hétérobranches*. Par la suite, à mesure que l'on fit des études plus particulières de ces masses, on sentit la nécessité de multiplier les divisions et les genres, en sorte que celui des *crabes* a été successivement réduit. Ce genre, tel que nous le présentons ici, est à peu près le même que celui qu'a institué M. *Latreille*; et nous croyons qu'il est convenable maintenant de le conserver, sans le réduire davantage. Là, comme ailleurs, un excès serait un tort, et nuisible à la science.

Les *crabes* sont des crustacés marins, ayant une sorte de ressemblance avec l'araignée, par leur forme extérieure. Ils ont la tête, le corselet et l'abdomen confondus, et la réunion de ces parties se trouve couverte, enveloppée même, par une carapace dure, presque osseuse, à laquelle on donne le nom de *test*. Ici, ce test est court, plus large que long, arqué ou arrondi antérieurement, se rétrécissant vers sa partie postérieure. Il est déprimé en dessus, avec des bords tantôt arrondis, tantôt tranchans, et souvent dentés.

Tous les crabes vivent dans la mer, près des rivages, entre ou sur les rochers. Ils se trouvent ordinairement par bandes, et aucun d'eux ne saurait nager comme les portunes, etc., aucun n'ayant point de pattes véritablement natatoires. Ils marchent avec agilité sur le fond de la mer, sur le sable des rivages, ou même sur les rochers, tant en avant que de côté ou à reculons.

Ces animaux, ainsi que tous les autres crustacés, changent de peau ou de test une fois chaque année : c'est au printemps qu'ils se dépouillent de leur vieille robe : on les appelle alors *crabes boursiers*, et ils se tiennent cachés dans le sable jusqu'à ce qu'ils aient recouvré assez de consistance dans leur nouveau vêtement, pour se garantir contre divers dangers. Ils sont très-voraces, mangent les animaux marins qu'ils peuvent saisir, et surtout les cadavres, autour desquels ils se réunissent en grand nombre. Les *crabes* sont beaucoup plus nombreux et plus variés dans les mers des climats chauds, que dans celles des autres régions. On y en trouve qui sont d'une taille quelquefois énorme. On en mange différentes espèces, mais il y en a qui ont la chair très-coriace et difficile à digérer.

ESPÈCES.

1. Crabe tourteau. *Cancer pagurus.*

C. testâ læviusculâ, utrinque novemplicatâ; manibus apice nigris.

Cancer pagurus. Lin. Fab suppl. p 334.

Latr. gen. 1. p. 29 Herbst. canc. tab. 9. f. 59.

Pennant, Zool. brit. 4. tab 3 f. 7

Habite l'océan d'Europe. Le front offre cinq dents entre les yeux. Ce crabe devient quelquefois fort grand.

2. Crabe ménade. *Cancer mœnas.*

C. testâ læviusculâ, utrinque quinquedentatâ, fronte trilobâ.

Cancer mænas. Linn. Fab. suppl. p. 334.

Latr. gen. 1. p. 30. Herbst. canc tab. 7. f. 46. 47.

Habite l'océan d'Europe et la Méditerranée. Il est commun, moins grand que le C. tourteau et bon à manger.

3. Crabe front-épineux. *Cancer spinifrons.*

C. testâ lævi, utrinque quinquedentatâ: dente secundo tertioque bifidis; fronte manibusque multispinosis.

Cancer spinifrons. Fab. suppl. p. 339.

Latr. gen. 1. p. 31. Eriphie. Lat.

Herbst. canc. tab. 11. f. 65.

Habite l'océan d'Europe, la Méditerranée. Ses antennes externes sont distantes des pédicules oculaires.

4. Crabe bronzé. *Cancer æneus.*

C. testâ utrinque quadrilobâ, fronte obtusâ; dorso rugis inæqualibus, variis curvis sculpto; manibus tuberculato-rugosis.

Cancer æneus. Lin. Fab. suppl. p. 335.

Cancer floridus. Mus. n.o

Seba. Mus. 3. tab. 19. f. 18.

Habite les mers des Indes Orientales. Il est blanchâtre ou roussâtre, quelquefois tacheté de rouge, et a son test comme ciselé sur le dos, avec deux lobes obtus au front. Il a quelques variétés assez remarquables.

5. Crabe vermoulu. *Cancer vermiculatus.*

C. testâ pedibusque rugis variis lateribus denticulatis; pedibus ciliatis

Cancer vermiculatus. Mus. n.o

Habite..... Comparez avec le crabe d'Herbst. tab. 52. f. 2. Taille médiocre.

6. Crabe miliaire. *Cancer miliaris.*

C. rubro maculatus; testâ pedibusque rugis crassis variis brevibus: granulis minimis adspersis.

Cancer miliaris. Mus. n.o Bosc. hist. nat. des crust. 1. p. 179.

Habite à l'Isle de France. M. *Mathieu.* Taille médiocre.

7. Crabe denté. *Cancer dentatus.*

C. fulvo-rubens; testâ dentibus utrinque inæqualibus subseptem; chelarum digitis aduncis spatulatis; pedibus aliis echinulatis.

Cancer dentatus. Herbst. Mus. n.o

Habite à l'Isle de France. M. *Mathieu.* Quatre dents au front, dont les deux du milieu sont larges et tronquées.

8. Crabe livide. *Cancer lividus.*

C. testâ variegatâ, lividâ, utrinque quadridentatâ; dente primo secundoque obtusis; pedibus ciliatis.

Mus. n.°

Habite les mers de l'Isle de France. M. *Mathieu.* Front presque comme dans le précédent.

9. Crabe imprimé. *Cancer impressus.*

C. albo luteoque varius; testâ inæqualiter impressâ; utrinque lobis quatuor obtusis; pedibus glabris.

Mus. n.°

Habite les mers de l'Isle de France. M. *Mathieu.* Les doigts des pinces très-noirs.

10. Crabe corallin. *Cancer corallinus.*

C. testâ lœvi, utrinque unidentatâ; fronte trilobâ.

Cancer corallinus. Fab. suppl. 337.

Herbst. tab. 5. f. 40. Seba. Mus. 3. t. 19. f. 2. 3.

Habite l'océan Indien. Il est jaunâtre, avec une large tache rouge et de petites taches blanches.

11. Crabe maculé. *Cancer maculatus.*

C. testâ lœvi, utrinque unidentatâ; dorso maculis sanguineis rotundis; fronte trilobâ.

Cancer maculatus. Lin. Fab. suppl. 338.

Rumph. Mus. t. 10. f. 1. Seba. Mus. 3. t. 19. f. 12.

Habite l'océan des grandes Indes. Ses pattes sont lisses.

12. Crabe très-entier. *Cancer integerrimus.*

C. testâ lævi; lateribus integerrimis; pedibus muticis; digitis chelarum fuscis.

Cancer integerrimus. Péron. Mus. n.°

Habite les mers Australes. *Péron* et *Lesueur.*

13. Crabe géant. *Cancer gigas.*

C. maximus, crassissimus, luteo-aurantius; testâ gibbosulâ, utrinque decemdentatâ: dentibus parvis inæqualibus; carpis brachiorum bidentatis.

Cancer gigas. Mus. n.°

Habite les mers de la Nouvelle-Hollande, au port Jackson. *Péron* et *Lesueur.* Le test de l'individu entier, à dix pouces de de largeur ; mais d'après une patte antérieure rapportée, et qui est de la grosseur des bras d'un homme, il devient d'une grandeur énorme. Le front du test a quatre petites dents. Ses côtés postérieurs ont de petits tubercules épars. Les articulations inférieures des pattes sont un peu épineuses.

Etc. Ajoutez le *C. undecimdentatus* de Fabricius. Il est dans la collection du Muséum, qui en possède beaucoup d'autres espèces encore inédites.

CLASSE NEUVIÈME.

LES ANNELIDES. (Annelides.)

Animaux mollasses, allongés, vermiformes, nus ou habitant dans des tubes : ayant le corps muni, soit de segmens, soit de rides transverses ; souvent sans tête, sans yeux et sans antennes ; dépourvus de pattes articulées ; mais la plupart ayant à leur place des mamelons sétifères rétractiles, disposés par rangées latérales. Bouche subterminale, soit simple, orbiculaire ou labiée, soit en trompe souvent maxillifère.

Une moëlle longitudinale noueuse et des nerfs pour le sentiment et le mouvement ; le sang rouge, circulant par des artères et des veines ; respiration par des branchies, soit internes, soit externes, quelquefois inconnues.

Animalia mollia, elongata, vermiformia, nuda, vel tubos habitantia: corpore segmentis rugisve transversis instructo ; capite oculis antennisque sæpe destituto ; pedibus articulatis nullis, at in plurimis pedum loco mamillis setiferis retractilibus per series laterales ordinatis. Os subterminale, vel simplex, orbiculare aut labiatum, vel proboscideum sæpe maxilliferum.

Medulla longitudinalis nodosa nervique pro sensu et motu ; sanguis ruber arteriis venisque circulans ; respiratio branchiis vel internis, vel externis, interdùm ignotis.

OBSERVATIONS.

Les *annelides* paraissent provenir originairement des vers; mais elles en diffèrent par une organisation beaucoup plus avancée dans sa composition. En considérant leur forme générale, on sent que ces animaux ne proviennent nullement des crustacés, et qu'ils ont pris leur origine dans une autre source. Ils semblent même, à certains égards, plus imparfaits que les crustacés, les arachnides et même les insectes; puisqu'un grand nombre, parmi eux, paraît comme sans tête et sans yeux, que beaucoup d'entr'eux sont dépourvus d'antennes, qu'aucun d'eux n'est muni de pattes articulées, qu'ils semblent même n'avoir pas de cœur bien distinct pour effectuer la circulation de leurs fluides. Ils appartiennent néanmoins à la branche des *animaux articulés*, en ont effectivement le système nerveux, et, quant à leur ordre de formation, nous les considérons comme un rameau latéral provenant des vers, qu'il a fallu placer convenablement dans notre distribution générale des animaux.

Pour les mettre en ligne dans la série, nous avons trouvé des motifs qui nous autorisent à les placer après les crustacés, quoiqu'ils interrompent les rapports que ces derniers ont avec les *cirrhipèdes*, parce qu'il eût été très-inconvenable de les ranger ailleurs.

Sans doute les *annelides* ne l'emportent pas sur les crustacés en perfectionnement d'organisation, et néanmoins elles sont réellement supérieures aux insectes sous ce point de vue, ayant une circulation pour leurs fluides, et respirant par des branchies locales. Assurément la série qui embrasse les insectes, les arachnides et les crustacés, ne saurait être raisonnablement interrompue par l'intercallation des annelides; ne pouvant donc placer ces dernières avant les insectes, il faut bien les ranger après les crustacés. Qui ne sent ici l'inconvénient d'être obligé de former une série simple, lorsque la nature n'en a pu faire une semblable dans l'ordre de ses productions! Voyez à la page 431 du premier volume, le *Supplément* à la distribution générale des animaux, concernant l'ordre réel de leur formation.

L'organisation des *annelides* nous paraît donc la suite du plan commencé dans les *vers*, plan que la cause modifiante a partagé en deux branches, savoir : celle des épizoaires, qui a amené les trois classes d'animaux munis de pattes articulées, et celle des *annelides*, que nous n'observons encore qu'après une lacune assez considérable.

Ce qui a effectivement paru très-singulier, ce fut de trouver que les *annelides*, quoique moins perfectionnées en organisation que les mollusques, avaient cependant le sang véritablement rouge, tandis que celui des mollusques, des crustacés, etc., n'a pas encore cette couleur qui dépend de son état et de sa composition, et qui est celle du sang de tous les animaux vertébrés. On sent bien que, parmi les animaux que nous rapportons à notre classe des annelides, ceux qui se trouveraient n'avoir pas, dans leur organisation, le caractère classique, n'infirment point ce caractère, et ne sont ici placés qu'en attendant que leur organisation nous soit mieux connue.

C'est aux observations de M. *Cuvier* que l'on est redevable du principal de ce que l'on sait sur l'organisation intérieure des annelides. Ne considérant auparavant que leur forme générale, on les confondait avec les vers, et dans mon *Système des animaux sans vertèbres*, je ne les distinguais que comme des vers externes, en cela, au moins, très-différens des vers intestins.

Cependant, par un ouvrage dont j'ignorais l'existence, et qui est de M. *Thomas*, anatomiste distingué de Montpellier, on connaissait déjà, pour la sangsue, l'existence de trois vaisseaux sanguins, lesquels communiquent ensemble par des branches latérales; savoir : un de chaque côté, et le troisième tout à fait dorsal. On savait, que le sang se meut, dans ces vaisseaux, par des contractions de systole et de diastole. On savait, en outre, par les observations du même savant, qu'il y a sur les côtés de la sangsue, des espèces de sacs membraneux, renflés comme des vessies, qui ne paraissent contenir que de l'air, et qui viennent s'ouvrir au dehors par de petits trous à la peau. Ces poches ou vessies particulières sont, sans doute, les organes respiratoires de l'animal, quoique on l'ait contesté, et paraissent analogues à celles que l'on trouve dans les scorpions et les araignées. Aussi, sur les parois internes de ces vessies, trouve-t-on des vaisseaux capillaires sanguins qui y viennent se ramifier en quantité innombrable. Ces mêmes vessies, ou poches branchiales, ne communiquent point entre elles, et occupent, de chaque côté, presque toute la longueur de l'animal. Enfin, l'on savait, par la même voie, qu'un cordon médullaire noueux s'étend de la bouche jusqu'à l'extrémité postérieure, et que de chacun de ses nœuds ou ganglions partent des filets nerveux qui se divisent ensuite en d'autres filets plus petits.

Néanmoins, M. *Cuvier* rectifia et perfectionna depuis nos connaissances sur l'organisation intérieure de la sangsue et de la plupart des autres *annelides*. Il nous apprit que, dans la sangsue, un système vasculaire, composé de quatre vaisseaux sanguins, et non de trois, s'étend d'une extrémité à l'autre de l'animal; que ces quatre vaisseaux sont disposés de manière que deux sont latéraux et fournissent des ramifications latérales qui s'anastomosent; tandis que les deux autres sont, l'un dorsal et l'autre ventral, et paraissent, par leur nature et leur disposition différentes, faire les fonctions de veines. Ainsi M. *Thomas* n'avoit manqué que l'observation du vaisseau ventral.

M. *Cuvier* nous ayant fait connaître les faits d'organisation qui concernent la sangsue, les néréides, l'animal des serpules, etc., assigna à ces animaux le nom de *vers à sang rouge*. Mais, reconnaissant la nécessité de les écarter considérablement des vers, et de leur assigner un rang plus élevé qu'aux insectes, j'en formai de suite une classe particulière que je présentai dans mes Cours, à laquelle je donnai le nom d'*annelides*, que je plaçai à la suite des crustacés, et dont je n'eus occasion de consigner les déterminations, par l'impression, que dans l'*Extrait* de mon Cours, qui parut en 1812.

Depuis, nous avons acquis, de M. *Montègre*, des détails intéressans sur le lombric terrestre, détails qui sont consignés dans le premier volume des Mémoires du Muséum; et nous en trouvons d'autres, sur le même animal, exposés par M. *Spix*, dans les actes de l'Académie Royale des Sciences de Munich, année 1813.

Enfin, récemment, M. *Savigny*, dont l'extrême sagacité dans l'observation est bien connue, a présenté à l'Académie Royale des Sciences de l'Institut de France, un Mémoire plein d'intérêt sur les généralités des *annelides*, et particulièrement sur la division de celles qu'il nomme *serpulées*. Plus récemment encore, ce savant vient de lui offrir un second mémoire, traitant non-seulement des généralités des *annelides*; mais, en outre, plus particulièrement de celles qui ont des antennes, qu'il nomme *annelides néréidées*. Dans ces deux ouvrages, M. *Savigny* ne s'est presque point occupé de l'organisation intérieure des animaux de cette classe, nos connaissances à cet égard étant déjà fort avancées; mais il a donné une attention particulière aux organes extérieurs de ceux de ces animaux qui en offrent, organes variés, compliqués même, qui, en général, servent aux mouvemens de ces annelides, indiquent leurs habitudes, et qui étaient mal connus. Il les a déterminés et caractérisés avec une précision admirable, et maintenant, la classe des annelides n'est plus en arrière des autres, sous le rapport des vrais caractères des objets qu'on y rapporte. Mais, parmi les objets observés et mentionnés dans les ouvrages des naturalistes, il y en a beaucoup qui exigent actuellement des observations nouvelles, non-seulement pour décider la classe à laquelle ils appartiennent, comme les naïdes, les thalassèmes, etc., mais encore pour fixer leur genre, leur ordre, en un mot, leur rang dans la classe.

Comme les travaux de M. *Savigny* nous paraissent importans, qu'ils sont, à nos yeux, un modèle de la manière d'observer, et qu'ils nous offrent, sur les annelides et leurs caractères, les détails désirables, nous nous empresserons de mettre à profit ses observations. Néanmoins, la nature de notre ouvrage ne nous permet d'en donner qu'un extrait très-resserré; nous nous permettrons même de diminuer le nombre des ordres qu'il établit parmi les annelides, et de les ranger selon notre manière et notre plan.

Parmi les parties des annelides, que M. Savigny a déterminées avec sa sagacité connue, nous définirons d'abord celles qui appartiennent à la tête de l'animal, ou à sa partie antérieure, comme les antennes, les tentacules, la trompe, les mâchoires, les yeux, observant que ces parties ne sont point générales, mais particulières à certaines races. Ces parties seront indiquées dans l'exposition des genres; ensuite nous dirons seulement un mot de celles que le corps des annelides peut nous présenter. Le resserrement que notre plan exige ne nous permettra pas de les détailler ailleurs.

La *tête*, dans les espèces qui en sont pourvues, est un petit renflement antérieur qui porte les antennes et les yeux, et qui est distinct du premier segment.

Les *antennes* sont des filets articulés, quelquefois courts et épais, insérés sur la tête, et dont le nombre n'est pas au-delà de cinq.

Les *yeux*, au nombre de deux ou de quatre, sont aussi insérés sur la tête, et placés derrière les antennes, entre celles-ci et le premier segment.

Les *tentacules* sont des filets inarticulés, qui s'insèrent sur la tête ou à la partie antérieure du corps; quelquefois ce sont des papilles plus ou moins allongées en filets, situées à l'orifice de la bouche.

La *trompe* est une partie charnue, contractile, constituant la bouche de l'animal. Elle est composée, tantôt d'un seul anneau, tantôt de deux anneaux distincts, renfermant souvent des mâchoires: elle est retirée dans l'inaction.

Les *mâchoires* sont des parties dures, circonscrites, cornées ou calcaires, enfermées dans la trompe, au moins au nombre de deux en opposition, et quelquefois au nombre de sept ou de neuf, étant alors sur deux rangs, les unes au dessus des autres, fixées sur deux tiges.

Le corps des annelides est tantôt nu, c'est-à-dire, sans soies quelconques, tantôt muni de soies, mais sans mamelons, et tantôt il offre, sur les côtés, des rangées de mamelons sétifères. Toutes les soies qui se trouvent sur un corps sans mamelons ne sont point rétractiles; mais tous les mamelons sétifères le sont généralement. Ces mamelons ne sont que des gaînes charnues qui renferment chacune un paquet ou faisceau de soies subulées et souvent, en outre, un acicule. Ces parties traversent le mamelon et pénètrent jusqu'aux muscles qui sont sous la peau, et auxquels elles s'unissent.

M. *Savigny* donne le nom de pied à chaque paire de mamelons sétifères, et de là, il divise chaque pied en deux rames : une supérieure ou dorsale; une inférieure ou ventrale. La rame ventrale est la plus saillante, la mieux organisée pour le mouvement progressif. On observe à chaque rame : 1.° le cirre; 2.° les soies.

Les *cirres* sont des filets tubuleux, subarticulés, communément rétractiles, fort analogues aux antennes : ce sont les antennes du corps. Les cirres des rames dorsales, ou *cirres supérieurs*, sont en général plus longs que les cirres inférieurs.

Les *soies* de chaque rame, auxquelles on a donné le nom de *soies subulées*, sont des aiguilles assez dures, roides, opaques, et qui brillent d'un éclat métallique, communément celui de l'or. Elles forment, à chaque rame, un paquet ou faisceau mobile, que l'animal peut émettre ou faire rentrer avec son fourreau [le mamelon] dans l'intérieur du corps.

Les *soies subulées* dont il s'agit, doivent être elles-mêmes distinguées en soies proprement dites et en *acicules*. Les soies proprement dites sont toujours grêles, nombreuses, rassemblées par rangs ou par faisceaux qui ont chacun leur gaîne, et sortent du sommet de chaque rame. La rame ventrale n'a communément qu'un seul de ces rangs ou faisceaux. La rame dorsale en a souvent deux ou davantage.

Les *acicules* sont des soies plus grosses que les autres, droites, coniques, très-aigues, contenues dans un fourreau particulier dont l'orifice se reconnaît à sa saillie. Il n'y en a ordinairement qu'un seul à chaque rame ; celui de la rame ventrale est constamment le plus fort. Dans quelques genres, les acicules manquent.

Outre les soies subulées, certaines annelides en possèdent d'une autre sorte, auxquelles M. Savigny donne le nom de *soies à crochets*. Ce sont des soies applaties, armées en dessous de hameçons très-aigus. Elles sont aussi rétractiles, et restent contenues dans l'épaisseur de la peau, lorsque l'animal n'en fait pas usage ; il n'y a que les annelides sédentaires qui en soient munies.

Les *cirres tentaculaires* sont ceux de la première paire de pieds, ou même des deux ou trois paires suivantes qui souvent manquent de soies, et ne conservent que leurs cirres. Ces cirres alors acquièrent plus de développement, et prennent l'apparence de tentacules.

La dernière paire de pieds constitue, par une transformation analogue, les deux filets qui terminent postérieurement le corps de certaines annelides.

Souvent, le premier segment du corps, soit seul, soit réuni à quelques-uns des suivans, forme un anneau plus grand que les autres, plus apparent que la tête, et que l'on prend communément pour elle. Enfin, le dernier segment offre un anus plissé, tourné en dessus.

Telles sont les principales parties déterminées par M. Savigny, soit en parlant de ses annelides néréidées, soit en traitant de celles qu'il nomme *serpulées*, les mêmes que nos sédentaires.

D'après ce qui vient d'être exposé, l'on voit que les *annelides* sont des animaux tout-à-fait particuliers ; car, quoique leur système nerveux soit le même que celui des animaux articulés, quoique leur corps soit aussi divisé en articulations, segmens ou rides transverses, ceux de ces animaux qui ont des organes extérieurs pour se déplacer, présentent, dans ces organes, des parties qui n'ont aucune analogie avec les pattes des insectes, des arachnides et des crustacés. Leurs mamelons sétifères, qui ne sont que des gaînes rétractiles, et les soies qu'ils renferment, ne sont point comparables aux pattes des animaux que nous venons de citer, et ne sont point de véritables pattes, mais des organes d'une nouvelle sorte qui en tiennent lieu. Ce sont pour nous des mamelons pédiformes ou de fausses-pattes [*pedes spurii*], et leur nombre n'est point borné. Ces animaux ne peuvent que ramper sur la terre ou sur les corps marins, ou que nager dans les eaux.

Toutes les annelides respirent sans doute par des branchies ; car toutes doivent respirer ; aucune n'a de trachées ; et elles vivent habituellement, soit dans les eaux, soit dans la vase, le sable ou la terre humide. Ainsi, quoique dans plusieurs les branchies soient encore inconnues ou indéterminées, on ne doit jamais dire qu'elles en manquent. Ces branchies varient beaucoup dans leur situation, leur taille et leur forme. Lorsqu'elles sont connues, on les voit néanmoins, tantôt distribuées dans la longueur du corps ou dans une partie de cette longueur, et tantôt situées seulement à l'une des extrémités du corps, au moins à l'antérieure.

Ce qu'on nomme *yeux*, n'est, dans certaines annelides, que des points oculaires qui ne leur donnent pas la faculté de voir. Je crois que l'on peut penser ainsi, tant qu'une *cornée* bien distincte ne sera pas observée à l'égard de ces points.

Certaines *annelides* vivent à nu, soit dans les eaux, soit dans la terre humide, soit dans le sable ou les fonds vaseux recouverts par les eaux. Mais beaucoup d'autres se construisent des fourreaux ou des tuyaux plus ou moins solides, dans lesquels elles habitent sans y être attachées. Ces fourreaux ou tuyaux sont, les uns membraneux ou cornés, le plus souvent incrustés, à l'extérieur, de grains de sable et de parcelles de coquillages; tandis que les autres sont solides, calcaires et homogènes. Dans quelques familles, on croit que les habitans de ces fourreaux peuvent en sortir et y rentrer; mais il paraît que, dans d'autres familles, les habitans des fourreaux ou des tuyaux n'en sortent jamais. Enfin, il y a des annelides qui habitent entre les pierres ou sous les pierres des rivages qui sont sous l'eau, entre les rochers ou dans leurs crevasses, et d'autres qui errent vaguement dans la mer.

La plupart des annelides sont carnassières, sucent le sang des autres animaux. Quelques-unes néanmoins paraissent vivre de différens détritus qu'elles avalent. Ces animaux sont hermaphrodites, mais ont besoin d'un accouplement réciproque.

En instituant cette classe, j'entendis n'y rapporter que ceux des animaux vermiformes qui posséderaient un système de circulation pour leurs fluides. Je savais que l'existence de ce système dans une organisation, entraînait, pour les animaux sans vertèbres, celle d'une respiration par branchies, et celle encore d'un système pour les sensations. J'ai senti depuis que la classe ainsi fondée, était exposée aux déterminations arbitraires des fonctions attribuées aux parties de l'organisation des animaux; que par cette cause il y aurait peu d'accord entre les auteurs à l'égard des objets qu'on devrait y rapporter; enfin, que je serais moi-même très-embarrassé par l'imperfection de nos connaissances relativement à l'organisation de certaines races.

Par exemple, *M. Cuvier* qui, dans son ouvrage intitulé le *Règne animal*, etc., admet dans l'organisation des annelides, un système de circulation, rapporte à cette classe le *gordius aquaticus*. Or, en ayant examiné plusieurs, j'ai de la peine à me persuader que ce naturaliste ait raison. Ce savant dit qu'on distingue à l'intérieur de l'animal, un système nerveux à cordon noueux. Cela ne suffit pas; les insectes en possèdent un semblable, et on ne leur reconnaît point de circulation pour leurs fluides.

Les *naïdes* sont peut-être dans le même cas; on prétend même qu'en les coupant en plusieurs portions, les parties séparées continuent de vivre et se rétablissent dans leur intégrité, comme il arrive aux hydres dans les mêmes circonstances. J'ai donc cru pouvoir reléguer ces animaux à la fin de la classe des vers, et rapporter à la même classe les planaires, quoiqu'il puisse se trouver, parmi les uns et les autres, des races qu'il faudra peut-être reporter aux annelides, ou à une coupe nouvelle.

Nous avons dit plus haut et ailleurs, que les *annelides*, quoique beaucoup plus avancées dans la composition de leur organisation, tiraient leur source des vers; que ceux-ci, par une branche, avaient produit les épizoaires et tous les animaux à pattes articulées, et, par une autre branche avaient amené les annelides; qu'enfin entre celle-ci et les vers, il y avait un grand *hiatus*. Maintenant nous soupçonnons que, parmi les animaux déja observés, il s'en trouve qui appartiennent à une coupe particulière qui n'a pas été saisie, qui est moyenne pour l'état de l'organisation des animaux, entre les vers et les annelides, et qui doit remplir, au moins en partie, l'*hiatus* dont nous venons de parler.

Ne serait-ce pas à cette coupe [qu'on pourrait nommer celle des helmintoïdes] qu'appartiendraient les naïdes, notre stylaire, nos tubifex, les dragonaux même, etc.? Peut-être aussi devrait-on y rapporter certaines hirudinées qui n'ont pas complètement l'organisation des annelides.

Ayant égard aux caractères observés par M. Savigny, relativement aux annelides, je partage cette classe d'animaux en trois ordres de la manière suivante.

DIVISION PRIMAIRE DES ANNELIDES.

Ordre I.er *Annelides apodes.*

Point de pieds, c'est-à-dire, point de mamelons sétifères rétractiles et pédiformes. Point de tête antennifère. Les branchies, lorsqu'elles sont connues, disposées dans la longueur du corps, à l'intérieur.

Les hirudinées.

Les échiurées.

ORDRE II.e *Annelides antennées.*

Une tête antennifère, munie d'yeux. Une trompe protractile, souvent armée de mâchoires. Des mamelons sétifères, pédiformes et rétractiles. Point de soies à crochets. Les branchies, lorsqu'elles sont connues, disposées dans la longueur du corps, au dehors.

Les aphrodites.
Les néréidées.
Les eunices.
Les amphinomes.

ORDRE III.e *Annelides sédentaires.*

Point de tête antennifère; point d'yeux; jamais de mâchoires. Des mamelons sétifères pédiformes et rétractiles; des soies à crochets, pareillement rétractiles. Les branchies, lorsqu'elles sont connues, disposées le plus souvent à une des extrémités du corps ou auprès. Toutes habitent dans des tubes dont elles ne sortent jamais entièrement.

Les dorsalées.
Les maldanies.
Les amphitritées.
Les serpulées.

ORDRE PREMIER.

ANNELIDES APODES.

Point de pieds, c'est-à-dire, point de mamelons sétifères et rétractiles. Point de tête antennifère. Les branchies, lorsqu'elles sont connues, disposées dans la longueur du corps, à l'intérieur.

Aucune annelide n'a de véritables pattes, ou du moins n'en a point qui soient articulées et analogues à celles des animaux des trois classes précédentes ; mais la plupart des annelides sont munies, sur les côtés du corps, de mamelons sétifères, rétractiles, qui servent à la locomotion de ces animaux, et que l'on peut considérer comme des espèces de pattes. Or, les animaux dont il s'agit ici sont les seuls de la classe qui n'aient ni mamelons sétifères, ni soies rétractiles : ce sont donc des *annelides apodes*.

C'est parmi ces annelides qu'on a remarqué et reconnu, pour la première fois, une circulation dans ces animaux, ainsi que le sang rouge. Dès lors il ne fut plus possible de les laisser parmi les vers, et il ne l'est pas de douter qu'ils ne respirent par des branchies. Mais ces mêmes animaux peuvent être considérés comme les plus imparfaits de leur classe ; car ils sont sans tête, sans tentacules, sans antennes, sans mamelons pédiformes, sans vestiges de parties paires semblables ; aussi leurs branchies sont-elles intérieures, dans la peau ou sous la peau, et dans certaines races elles sont si petites que, jusqu'à présent, l'on n'a pu les distinguer ou les reconnaître. D'après cette dernière considération, je les avais nommés *annelides cryptobranches*, expression moins impropre que celle d'annelides abranches. Dans celles où l'on a cru apercevoir les branchies, on a pensé, avec raison, qu'elles se trouvaient dans de petites cavités vésiculaires et internes, qui s'ouvrent au dehors par des pores peu apparens et rangés longitudinalement au-dessous du corps, en deux séries. On en connaît ailleurs d'analogues dans des animaux où la circulation, nouvellement établie, les distingue de plusieurs autres qui ne la possèdent pas, et néanmoins qui y tiennent par d'autres rapports.

Les *annelides apodes* rappellent plus que les autres, la source dont elles proviennent. Ces animaux vermiformes sont nus, ou munis au dehors de spinules ou de soies non rétractiles. Ils sont vagans, et vivent librement, les uns dans l'eau, les autres dans la vase ou la terre humide. Les genres que l'on rapporte à cet ordre sont encore en très-petit nombre : je les partage en deux familles, savoir :

1.° En *hirudinées*, ou celles qui n'ont point de soies quelconques en saillie au dehors;

2.° En *échiurées*, ou celles qui ont des soies non rétractiles, en saillie au dehors.

LES HIRUDINÉES.

Corps n'ayant point de soies quelconques en saillie au dehors.

Les *hirudinées*, dont M. Savigny forme un ordre, dans son second mémoire sur les annelides, ne sont considérées par nous que comme une famille; encore est-elle si voisine des échiurées ou lombricinées par ses rapports, qu'elle ne s'en distingue guères que parce que ces annelides n'ont aucune soie véritable, saillante à l'extérieur. Ces animaux sont en général aquatiques; cependant on en a observé à Madagascar qui sont constamment terrestres, attachés aux herbes, et qui se fixent aux jambes, piquant très-fort et suçant le sang. C'est aux dépens du genre *hirudo* de Linné, que l'on a divisé en plusieurs genres particuliers, que nous composons cette famille.

M. de Blainville ayant bien voulu nous communiquer les caractères de ces genres, nous avons adopté les suivans.

1. Corps cylindracé ou cylindrique.

Sangsue.
Trochétie.
Ponbdelle.
Piscicole.

2. Corps applati.

Phylliné.
Erpobdelle.

SANGSUE. (Hirudo.)

Corps oblong, mutique, un peu déprimé, s'élargissant postérieurement, composé de segmens nombreux, très-contractile, et ayant l'extrémité postérieure terminée par un disque large, préhensile. Bouche nue, dilatable, armée à l'intérieur de trois dents ou mâchoires cornées, longitudinales. Point d'yeux. Anus supérieur, près du disque postérieur.

Corpus oblongum, muticum, subdepressum, posterius laticescens, segmentis numerosis compositum, valdè contractile : extremitate posticâ disco lato prehensili. Os nudum, dilatabile, intùs dentibus seu maxillis tribus elongatis corneis armatum. Oculi nulli. Anus superus, propè extremitatem posticam.

OBSERVATIONS.

Les *sangsues*, réduites aux espèces dont la bouche est armée de dents cartilagineuses ou cornées, sont de véritables annelides. Elles ont le sang rouge, jouissent d'une circulation pour leurs fluides, et possèdent deux rangées de poches branchiales. Ce qu'on nomme leurs dents est plutôt des espèces de mâchoires, analogues à celles qui s'observent dans plusieurs annelides antennées. Leur corps est un peu déprimé, visqueux, très-glissant et extrêmement contractile. Ayant postérieurement un disque propre à se fixer sur les corps, lorsque l'animal ne nage point, il se déplace en fixant alternativement chacune de ses extrémités.

Ces annelides sont libres, vagabondes, vivent dans les eaux douces, et nagent à la manière des anguilles, par un mouvement onduleux. On sait qu'une espèce assez commune, est utilement employée en médecine, pour faire des saignées locales.

ESPECES.

1. Sangsue médicinale. *Hirudo medicinalis.*

   H. elongata, nigricans : suprà lineis versicoloribus; subtùs maculis flavis. Mull.

   Hirudo medicinalis. Lin.

   Leach. *Verm. annulosa*, pl. 26.

   Habite en Europe, dans les marais, les étangs, les petites rivières peu courantes : c'est l'espèce employée.

2. Sangsue noire. *Hirudo sanguisorba.*

   H. elongata, nigra, subtùs cinereo-virens : maculis nigris. Mull.

   Hirudo sanguisorba. Lin. Mull. Hist. Verm. p. 38.

   Habite en Europe, dans les étangs, les fossés aquatiques. Elle est plus grande que la précédente, et quelquefois dangereuse par les plaies qu'elle fait.

TROCHÉTIE. (Trochetia.)

Corps oblong, cylindrique antérieurement, plus large et un peu déprimé postérieurement, et terminé à l'extrémité postérieure par un disque contractile. Un anneau circulaire, large, un peu relevé, au tiers antérieur du corps. Bouche bilabiée, à lèvre supérieure plus grande, obtuse. Point de dents ou mâchoires. Point d'yeux. Anus supérieur, près du disque postérieur du corps.

Corpus oblongum, anticè cylindricum, posticè latius et subdepressum; disco contractili ad extremitatem posticam. Annulus circularis, latus, subprominulus ad corporis partem tertiam anticam. Os bilabiatum: labio superiore majore obtuso; dentibus seu maxillis nullis. Oculi nulli. Anus superus propè discum posticum.

OBSERVATIONS.

Les *trochéties* avoisinent beaucoup les sangsues, et elles en ont extérieurement l'aspect; mais elles en sont très-distinguées, puisque leur bouche est bilabiée, et qu'elle n'offre aucune trace de dents ou de mâchoires. Elles ont d'ailleurs un anneau circulaire un peu protubérant, qui leur donne un rapport avec le lombric terrestre. Enfin, M. *Dutrochet* qui en a fait la découverte et qui a établi leur genre, nous apprend qu'elles périssent si on les tient dans l'eau, parce qu'elles ne peuvent respirer que l'air libre. On ne leur trouve point ces deux rangées de poches respiratoires qui existent dans les sangsues.

ESPECE.

1. Trochétie verdâtre. *Trochetia subviridis.*

Trochetia subviridis. Dutroch. Mém. Mss.

Habite en France, près de Châteaurenaud, dans les lieux humides, les canaux souterrains, où elle poursuit les lombrics, dont elle fait sa nourriture. Longueur, huit centimètres. Elle a l'orifice de l'organe mâle percé dans l'anneau circulaire.

PONBDELLE. (Pontobdella.)

Corps allongé, cylindrique, garni de verrues ou de tubercules épineux, à anneaux très-distincts, ayant ses extrémités dilatées par un disque préhensile. Bouche dépourvue de dents, ou mâchoires. Point d'yeux. Anus supérieur, près du disque postérieur.

Corpus elongatum, cylindricum, verrucis aut tuberculis spiniformibus instructum; annulis distinctissimis; extremitatibus disco prehensili dilatatis. Os dentibus seu maxillis nullis. Anus superus, propè discum posticum.

OBSERVATIONS.

Ce genre avait été d'abord établi par M. *Ocken*, sous le nom allemand de *Gôl;* mais nous lui avons préféré celui de *Pontobdella* de M. Leach, ainsi que les caractères déterminés par le naturaliste anglais, dont M. de Blainville nous a donné communication.

Les *Ponbdelles* ayant le corps cylindrique, verruqueux ou tuberculeux, la bouche dépourvue de dents, et n'offrant point de *clitellum*, c'est-à-dire, cet anneau circulaire protubérant des trochéties, constituent un genre bien distinct des deux qui précèdent. Ce sont d'ailleurs des annelides marines.

ESPECES.

1. Ponbdelle verruqueuse. *Pontobdella muricata.*

P. teres; corpore verrucoso: verrucis in annulos digestis.
Hirudo muricata. Lin.
Hirudo piscium. Bast. opusc. subs. 2. p. 95. t. 10. f. 2.
Encyclop. pl. 52. f. 5.

Pontobdella verrucosa. Leach.
Habite l'Océan d'Europe.

2. Ponbdelle épineuse. *Pontobdella spinulosa.*

P. corpore spinuloso; spinulis remotiusculis, subserialibus.
Pontobdella spinulosa. Leach. Miscell. zool. 13. p. 12. t. 65.
Ejusd. Verm. annul. pl. 26.
Habite l'Océan boréal d'Europe : elle suce le sang des raies.

PISCICOLE. (Piscicola.)

Corps cylindrique, allongé, atténué antérieurement, ayant ses extrémités dilatées. Bouche dépourvue de dents. Quatre yeux.

Corpus teres, elongatum, anticè attenuatum; extremitatibus dilatatis. Os absque dentibus. Oculi seu puncti oculares quatuor.

OBSERVATIONS.

M. *de Blainville* donne à ce genre le nom de piscicole que nous adoptons, et M. *Ocken* l'a établi sous le nom allemand de *Ihl. La piscicole* nous semble tenir plus aux véritables hirudinées que les deux genres qui suivent; cependant il n'est pas certain qu'elle soit une annelide. Ses deux extrémités dilatées par une membrane presque arrondie, et son corp cylindrique la caractérisent suffisamment.

ESPÈCE.

1. Piscicole des poissons. *Piscicola piscium.*

Hirudo piscium. Mull. Hist. verm. 1. 2. p. 41. Gmel. p. 3097.
Hirudo geometra. Lin.
Hirudo piscium. Roes. ins. 3. t. 32.
Encyclop. pl. 51. f. 12—19.
Habite en Europe, dans les eaux douces : elle se déplace comme les chenilles arpenteuses.

PHYLLINÉ. (Phylline.)

Corps applati, court, presqu'ovale, gélatineux, terminé postérieurement par un disque contractile, grand et armé de crochets.

Corpus complanatum, breve, subovale, gelatinosum, disco contractili magno uncinis armato posticè terminatum.

OBSERVATIONS.

Ce genre est établi par M. *Ocken*, sous le nom que nous lui conservons; et néanmoins M. de Blainville, qui l'avait déjà reconnu, lui assigna celui d'*Entobdella*, dans ses manuscrits. Il comprend des animaux parasites qui se fixent, par leur disque, postérieur sur d'autres animaux marins. Nous doutons que ce soient des annelides, n'en ayant probablement pas les caractères classiques; et nous les croyons voisins, par leurs rapports, du *polystoma* de M. de la Roche, et des planaires. Ils nous confirment dans la nécessité d'établir une coupe particulière d'animaux qui soient moyens entre les vers et les annelides. Ici nous les mentionnons, afin de ne pas les oublier.

ESPÈCE.

1. Phylliné de l'hippoglosse. *Phylline hippoglossi.*

Ph. dilatata, albida; medio corporis ocello didymo candido.
Hirudo hippoglossi. Mull. Zool. dan. tab. 54. fol. 1—4.
Encycl. pl. 52. f. 11—14.
Bast. op. subs. 2. tab. 8. fol. 11.
Habite sur le *pleuronecte hippoglosse.*
Etc. Ajoutez l'*hirudo grossa.* Mull. Zool. dan. tab. 21, Encycl. pl. 52. f. 6—9.

ERPOBDELLE. (Erpobdella.)

Corps rampant, applati, terminé postérieurement par un disque préhensile. Bouche dépourvue de dents ou mâchoires. Des points oculaires.

Corpus repens, complanatum, disco prehensili posticè terminatum. Os dentibus seu maxillis nullis. Puncti oculares.

OBSERVATIONS.

Ce genre fut établi par M. Ocken sous le nom de helluo, que M. de Blainville a changé en celui d'*erpobdella*. Nous doutons fort que les espèces qui en font le sujet soient des annelides. Elles ont évidemment beaucoup de rapports avec les planaires, et certaines d'entr'elles en sont peut-être réellement des espèces. Parmi les *erpobdelles*, nous citerons les suivantes.

ESPECES.

1. Erpobdelle commune. *Erpobdella vulgaris.*

E. elongata, flavo-fusca; oculis octo: serie lunatâ.

Mull. Hist. verm. 1. 2. p. 40. n.° 170.

Hirudo octoculata. Lin. *Hirudo vulgaris.* Gmel. p. 3096.

Habite en Europe, sur les plantes aquatiques, dans les eaux douces.

2. Erpobdelle bioculée. *Erpobdella bioculata.*

E. elongata, cinerea; oculis duobus.

Hirudo bioculata. Mull. Hist. verm. 1. 2. p. 41.

Hirudo bioculata. Gmel. *Hirudo stagnalis.* Lin.

Habite en Europe, dans les étangs, les fossés aquatiques.

3. Erpobdelle applatie. *Erpobdella complanata.*

E. dilatata, cinerea; lineâ dorsi duplici tuberculatâ; margine serrato.

Mull. Hist. verm. 1. 2. p. 47.
Hirudo complanata. Gmel. p. 3097.
Encycl. p. 51. f. 20. 21.
Habite en Europe, dans les rivières. Elle a six points oculaires sur deux rangs.

Etc. Ajoutez les *h. tessulata*, *hyalina*, *marginata* et *lineata*.

Voyez sangsue pulligère et sang-sue bicolore. *Daudin*, recueil de mém., etc. p. 19, avec fig.

LES ÉCHIURÉES.

Corps ayant des soies non rétractiles, en saillie au dehors.

Les *échiurées* ou lombricinées constituent la deuxième famille de nos annelides apodes. Elles ont à la vérité des soies saillantes à l'extérieur, mais ces soies, rarement fasciculées, ne sont point rétractiles, n'ont point de gaîne rentrante, et aucune en effet n'offre de mamelons pédiformes, servant de gaîne à des faisceaux de soies rétractiles, comme dans toutes les annelides des deux ordres qui suivent.

C'est aux dépens du genre *lumbricus* de Linné, ou d'une partie de ce genre, que nous formons nos *échiurées*. Mais comme l'organisation intérieure de beaucoup de ces animaux, n'a pas encore été suffisamment examinée, notre travail est fort imparfait, et ne peut être considéré que comme provisoire.

Les échiurées vivent dans la terre humide, ou dans les vases de la mer. Leurs branchies ne sont pas connues. Voici les trois genres que nous y rapportons.

LOMBRIC. (Lumbricus.)

Corps contractile, long, cylindrique, annelé; à anneaux garnis de très-petites épines dirigées en arrière.

Bouche subterminale, nue, bilabiée; à lèvre supérieure plus grande, avancée. Point d'yeux. Anus à l'extrémité postérieure.

Corpus contractile, longum, cylindricum, annulatum : annulis spinulis minimis retrorsùm versis.

Os subterminale, nudum, bilabiatum : labio superiore majore porrecto. Oculi nulli. Anus ad extremitatem posticam.

OBSERVATIONS.

Les *lombrics*, dont une espèce, très-commune, est connue de tout le monde sous le nom de *ver-de-terre*, sont des annelides sans tête distincte, sans yeux, sans tentacules, en un mot, sans membres quelconques.

Le corps de ces animaux est composé d'un grand nombre d'anneaux étroits, fort rapprochés les uns des autres, et qui semblent n'être que des rides transverses que forment les muscles circulaires qui sont sous la peau, en la contractant.

Dans les lombrics terrestres, on observe, vers le tiers de leur longueur, quelques anneaux serrés, plus colorés et protubérans, formant une ceinture qu'on a nommée le *bât* [*clitellum*], et qui sert à l'individu à se fixer contre un autre pendant la copulation. Dans l'accouplement, les individus sont disposés en sens contraire, et la ceinture de l'un ne s'applique point sur celle de l'autre. Les lombrics sont hermaphrodites, paraissent se féconder eux-mêmes, et, selon les apparences, l'accouplement ne leur est nécessaire comme excitant la fécondation.

Les *lombrics* sont luisans, rougeâtres, et enduits d'une humeur visqueuse. Ils vivent dans la terre humide, se nourrissent de débris de végétaux et d'animaux, et viennent la nuit à la surface du sol pour s'accoupler. On ne connaît point leurs branchies; mais elles existent nécessairement, et sont sans doute intérieures et très-petites.

ESPECES.

1. Lombric terrestre. *Lumbricus terrestris.*

L. ruber, octofariam aculeatus, clitello cinctus.

Lumbricus terrestris. Lin. Mull. Hist. verm. p. 24.

Montègre. Mémoire du Mus. 1. p. 242. pl. XII.

Habite en Europe, dans la terre humide des jardins, etc. Très-commun.

2. Lombric armé. *Lumbricus armiger.*

L. ruber; lamellis ventris lanceolatis, geminatis, anticè nullis.

Lumbricus armiger. Mull. Zool. dan. p. 22. tab. 22. f. 4. 5.

Habite les fonds vaseux de la mer de Norwège. Il n'a point de ceinture.

3. Lombric nain. *Lumbricus minutus.*

L. rubicundus; cingulo elevato pallido ferè medio; ventre bifariam aculeato.

Lumbricus minutus. Oth. Fabr. Faun. Groënl. p. 281. f. 4.

Habite les côtes de la mer du Groënland, entre les pierres et les racines des fucus.

Etc.

THALASSÈME. (Thalassema.)

Corps mou, allongé, subcylindrique, annelé, obtus postérieurement; les derniers anneaux postérieurs garnis de spinules. Deux épines en crochet et brillantes, sous le cou.

Bouche nue, charnue, en forme d'oreille ou de cuilleron, contractile, un peu grande, terminant un petit cou.

Corpus molle, elongatum, subcylindricum, annulatum, posticè obtusum : annulis posticis ultimis spinulosis. Spinæ duæ uncinatæ, nitidæ infrà collum.

Os nudum, carnosum, auriforme vel cochleariforme, contractile, majusculum, collum parvum terminans. Oculi nulli.

OBSERVATIONS.

La bouche des *thalassèmes*, conformée en oreille d'âne ou en grand cuilleron, est trop remarquable pour n'avoir point fait distinguer ces animaux du genre des lombrics. D'ailleurs la plupart des anneaux de leur corps sont nus, sans épines ou soies courtes, et il n'y en a que deux ou trois rangées à leur extrémité postérieure. On leur voit, en outre, deux épines en crochet sous le cou. Toutes ces épines sont courtes et ont le brillant de l'or. L'anus termine l'extrémité postérieure.

ESPECE.

1. Thalassème échiure. *Thalassema echiura.*

Lumbricus echiurus. Pall. Miscell. Zool. p. 146. t. 11. f. 1-6.
Lumbricus echiurus. Gmel. p. 3085. Encycl. pl. 35. fol. 3-6.
Thalassema. Cuv. Regn. anim. 2. p. 529.
Habite l'Océan d'Europe, les côtes de France, sur les fonds sablonneux. Les pêcheurs s'en servent d'appât pour prendre le poisson.

CIRRATULE. (Cirratulus.)

Corps allongé, cylindrique, annelé, garni, sur les côtés du dos, d'une rangée de cirres sétacés très-longs, tendus, presque dorsaux, et de deux rangées d'épines courtes situées au-dessous. Deux faisceaux opposés de cirres aussi très-longs, avancés, sont insérés au-dessous du segment antérieur.

Bouche sous l'extrémité antérieure, avec un opercule arrondi. Des yeux aux extrémités d'une ligne en croissant, située sur le segment capitiforme.

Corpus elongatum, teres, annulatum; cirris ad latera setaceis longissimis expansis subdorsalibus, et subtùs aculeis brevibus biserialibus. Cirrorum longissimorum fasciculi duo oppositi, porrecti, infrà segmentum anticum.

Os sub extremitate anticâ, cum operculo rotundato. Oculi ad extremitates lineæ lunatæ suprà segmentum caput referens.

OBSERVATIONS.

Je crois devoir présenter, comme un genre particulier, l'animal singulier que je nomme *cirratule*, et que l'on a rangé parmi les lombrics. Ses caractères me paraissent, sinon l'éloigner des lombrics, du moins l'en distinguer suffisamment.

Cet animal, long de deux à trois pouces et de la grosseur d'un lombric terrestre médiocre, est remarquable par ses cirres latéraux, sétacés, très-longs, et par les deux paquets antérieurs d'autres cirres, aussi très-longs, qui s'avancent comme deux faisceaux de tentacules. Au-dessus des cirres latéraux, deux rangées d'épines courtes [quatre sur chaque anneaux] les distinguent aussi éminemment. Les segmens des extrémités sont sans cirres et sans épines; celui qui est postérieur est terminé par un anus.

ESPECE.

1. Cirratule boréal. *Cirratulus borealis.*

Lumbricus cirratus. O. Fabr. Fauna Groenland. p. 281. f. 5.
Encycl. pl.
Stroem. *Acta nidr.* 4. p. 427. t. 14. f. 7.
Habite les mers du nord, dans le sable, sous et entre les pierres des rivages. Si les longs cirres sont des branchies, alors le *cirratule* devra être reporté parmi les annelides dorsibranches ou antennées; mais O. Fabricius ne nous dit point que les épines courtes soient rétractiles. Le *Terebella tentaculata* de Montagu, Act. de la Soc. linnéenne, vol. 9. p. 110. t. 6. f. 2, semble avoir des rapports avec ce genre.

ORDRE SECOND.

ANNELIDES ANTENNÉES.

Une tête antennifère, munie d'yeux. Une trompe protractile, souvent armée de mâchoires. Des mamelons sétifères, pédiformes et rétractiles. Point de soies à crochet.

Les branchies, lorsqu'elles sont connues, disposées dans la longueur du corps.

Les *annelides antennées* sont fort nombreuses, et paraissent les plus perfectionnées de la classe, puisqu'elles ont une tête distincte, des antennes qui manquent rarement, et qu'elles sont munies d'yeux. Ce sont les *néréidées* de M. Savigny, et il les place en tête de sa distribution. Comme nous suivons un ordre inverse dans toutes nos classes, nous eussions dû terminer celle-ci par ces annelides. Mais, persuadé que les branchies de nos annelides apodes sont intérieures et disposées dans la longueur du corps, quoiqu'elles ne soient encore que peu ou point connues, nous avons préféré placer après les apodes, les annelides dont il s'agit ici, parce que leurs branchies sont disposées dans la longueur du corps.

Toutes ces annelides ont une tête constituée par un petit renflement antérieur qui porte les antennes et les yeux. Leurs antennes sont au nombre de cinq; mais elles n'existent pas toujours toutes les cinq simultanément. Les pieds ou mamelons pédifères sont rétractiles, sétifères, disposés par rangées latérales. Chaque pied se divise en deux rames : une dorsale, et l'autre ventrale. Chaque rame est munie d'un faisceau de soies subulées et d'un cirre. Très-souvent elle porte en outre un acicule, quelquefois plusieurs; mais dans quelques genres les acicules manquent. Les yeux sont au nombre de deux ou de quatre. La bouche est une trompe exsertile, ordinairement retirée dans le corps quand l'animal n'en fait pas usage. Elle est assez souvent armée de mâchoires.

Les *annelides antennées* sont fort nombreuses en races diverses, toutes marines, et la plupart ont, en quelque sorte, l'aspect, soit de scolopendres, soit de chenilles hérissées, souvent brillantes par leurs soies. M. *Savigny* les divise en quatre familles nommées et disposées de la manière suivante.

DIVISION DES ANNELIDES ANTENNÉES.

§. *Branchies, soit en petites crêtes, petites lames simples ou languettes, soit en filets pectinés d'un seul côté : quelquefois peu apparentes. — Des acicules.*

(a) Branchies et cirres supérieurs alternant, dans leur position, jusqu'à la vingt-troisième ou la vingt-cinquième paire de mamelons pédiformes. — Quatre mâchoires.

Les aphrodites.

(b) Branchies, lorsqu'elles sont distinctes, et cirres supérieurs existant sans interruption à toutes les paires de mamelons pédiformes. — Deux mâchoires ou aucune.

Les néréidées.

(c) Branchies, lorsqu'elles sont distinctes, et cirres supérieurs existant sans interruption à toutes les paires de mamelons pédiformes.—Mâchoires nombreuses; celles du côté droit moins que celles du côté gauche. — Première paire de mamelons pédiformes nulle.

Les eunices.

§§. *Branchies en forme de feuilles très-compliquées, ou de houppes, ou d'arbuscules très-rameux: toujours grandes et très-apparentes. — Point d'acicules.*

(d) Branchies et cirres supérieurs existant à toutes les paires de mamelons pédiformes. — Point de mâchoires.

Les amphinomes.

LES APHRODITES. (Aphroditæ.)

Branchies et cirres supérieurs alternant, dans leur position, jusqu'à la vingt-troisième ou la vingt-cinquième paire de mamelons pédiformes. — Quatre mâchoires.

Les *aphrodites* constituent la première famille des néréidées de M. Savigny, la première aussi de nos annelides antennées. Ces annelides ont en général le corps plus court, quelquefois plus large et plus comprimé que celui des autres animaux de cette classe. Elles sont quelquefois très-hérissées de soies fines qui ont des couleurs variées et métalliques très-brillantes, et leurs branchies, quoiqu'externes, sont ordinairement cachées sous deux rangées d'écailles dorsales, caduques. Dans quelques espèces, ces écailles sont elles-mêmes cachées sous un feutre qui les couvre et les contient.

Mais ce qui caractérise particulièrement les animaux de cette famille, selon M. *Savigny*, c'est d'avoir leurs branchies alternant dans leur position, jusqu'à la vingt-troisième ou la vingt-quatrième paire de mamelons pédiformes. Ces branchies et cirres supérieurs sont nuls à la seconde paire, à la quatrième et à la cinquième paire de mamelons; ensuite nuls encore à la septième, la neuvième, la onzième et ainsi de suite jusqu'à la vingt-troisième ou la vingt-cinquième paire inclusivement. Leur trompe est armée de quatre mâchoires, soit cartilagineuses, soit cornées. M. Savigny y rapporte les trois genres qui suivent.

PALMYRE. (Palmyra.)

Point de tentacules à l'orifice de la trompe. Mâchoires demi-cartilagineuses. Antennes extérieures plus grandes que les trois autres. Deux yeux. Point d'écailles dorsales.

Tentacula ad orificium proboscidis nulla. Maxillæ semi-cartilagineæ. Antennæ exteriores aliis tribus majores. Oculi duo. Squamæ dorsales nullæ.

OBSERVATIONS.

Le corps des *palmyres* est oblong, composé d'anneaux peu nombreux, et manque d'écailles, ce qui nous paraît le caractériser singulièrement. Les branchies sont peu visibles, et cessent d'alterner après la vingt-cinquième paire de mamelons pédiformes. Leur genre est encore caractérisé par le défaut de tentacules à l'orifice de la trompe. L'antenne impaire, quoique plus courte que les extérieures, est un peu plus longue que les deux mitoyennes.

ESPECE.

1. Palmyre aurifère. *Palmyra aurifera.*

Palmyra aurifera. Sav. Mss.

Habite à l'Ile-de-France, envoyée par M. Mathieu. Belle espèce, brillant de l'éclat de l'or, par les faisceaux supérieurs de ses rames dorsales, qui offrent des soies, s'élargissant en palmes obtuses à leur sommet, comme imbriquées, voûtées, très éclatantes. Son corps est obtus aux deux bouts, et n'a que trente segmens. Point de branchies ni de cirres supérieurs à la vingt-huitième paire de mamelons pédiformes.

HALITHÉE. (Halithea.)

Tentacules divisés, subrameux, couronnant l'orifice de la trompe, et en houppe. Mâchoires cartilagineuses, à peine visibles. Antenne impaire subulée, petite; les mitoyennes comme nulles; les extérieures plus grandes. Deux yeux distincts. Des écailles couchées sur le dos.

Tentacula divisa, subramosa, proboscidis orificium coronantia, penicillata. Maxillæ cartilagineæ, vix conspicuæ. Antenná impari parvá, subulatá; interme-

diis subnullis; exterioribus majoribus. Oculi duo distincti. Squamæ dorso incumbentes.

OBSERVATIONS.

Les *halithées* sont bien distinctes des palmyres, puisqu'elles ont des tentacules à l'orifice de la trompe, et des écailles couchées sur le dos. Leur corps est ovale ou elliptique, formé d'anneaux peu nombreux. Il se termine antérieurement par une tête convexe en dessus, à front comprimé et saillant, sous forme de feuillet, entre les antennes. Celles-ci ne paraissent qu'au nombre de trois. Les branchies, facilement visibles, cessent d'alterner après la vingt-cinquième paire de mamelons pédiformes.

ESPÈCES.

Écailles dorsales couvertes par une voûte de soies feutrées.

1. Halithée hérissée. *Halithea aculeata.*

H. ovato-oblonga, hirsuta, aculeata, nitidissima; squamis dorsalibus fusco-punctulatis.

Aphrodita aculeata. Lin. Brug. dict. n.° 1.

Pall. Miscell. Zool. p. 77. tab. 7. f. 1-13.

Encycl. pl. 61. f. 6-14.

Habite l'Océan européen. C'est la plus grande et la plus brillante du genre. On la nomme vulg. la *chenille de mer.*

2. Halithée soyeuse. *Halithea sericea.*

H. ovalis, suprà virescens, nitida sericea; squamis dorsalibus immaculatis.

Halithea sericea. Sav. Mss.

Habite... Collect. du Mus. Celle-ci est presque de deux tiers plus petite que la précédente.

Écailles dorsales découvertes.

3. Halithée hispide. *Halithea hystrix.*

H. oblonga, depressa, luteo-fucescens; squamis dorsalibus nudis, cinereo-ferrugineis.

Halithea hystrix. Sav. Mss.
Habite les mers d'Europe.

POLYNOË. (Polynoe.)

Tentacules simples, coniques, couronnant l'orifice de la trompe. Mâchoires cornées. Cinq antennes dont l'impaire manque quelquefois. Quatre yeux. Des écailles dorsales.

Tentacula simplicia, conica, proboscidis orificium coronantia. Maxillœ corneœ. Antennæ quinque; interdùm impari nullâ. Oculi quatuor. Squamæ dorsales.

OBSERVATIONS.

Les *polynoës* tiennent aux halithées, surtout à la seconde division de ces dernières, par beaucoup de rapports; mais leurs tentacules sont simples et disposés en cercle à l'orifice de la trompe; leurs mâchoires sont cornées, facilement visibles, dentées au côté interne, et leurs yeux au nombre de quatre. Leurs branchies, faciles à voir, cessent d'alterner après la vingt-troisième paire de mamelons pédiformes. Quant à leur corps, il varie dans sa forme générale; car il est ovale dans les uns, allongé et presque linéaire dans les autres. La tête est déprimée, un peu convexe en dessus, carénée par dessous en avant de la bouche.

ESPECES.

Antenne impaire nulle. Point de filets ou cirres allongés près de l'anus.

1. Polynoë épineuse. *Polynoe muricata.*

P. ovalis, depressa; squamis dorsalibus incumbentibus fu-

cis, reticulatis, lineâ longitudinali nigrescente notatis: posticè spinosis.

Polynoe muricata. Sav. Mss. et fig.

Habite les mers de l'Ile-de-France. M. *Mathieu.* Mus. n.o

Antenne impaire distincte. Deux filets près de l'anus.

2. Polynoë écailleuse. *Polynoe squamata.*

P. oblongo-linearis, depressa, extremitatibus obtusa; squamis dorsalibus duodecim paribus, subasperis, non imbricatis.

Aphrodita squamata. Pall. Miscell. Zool. p. 91. t. 7. f. 14.

Polynoe squamata. Sav. Mss.

Habite les mers d'Europe. Bruguière l'a confondue avec une autre dans son aphrodite, n.o 4.

3. Polynoë houppeuse. *Polynoe floccosa.*

P. oblonga, posticè angustato-acuta, cinereo-violascens; fasciculorum superiorum setis tomentosis.

Polynoe floccosa. Sav. Mss.

Habite... les côtes de France?

4. Polynoë feuillée. *Polynoe foliosa.*

P. oblongo-linearis, subdepressa; squamis glabris medium dorsi non occupantibus.

Polynoe foliosa. Sav. Mss.

Habite les côtes de Nice. Aurait-elle des rapports avec l'*aphrodita clava?* Montag. Act. Soc. linn. 9. p. 108. t. 7. fol. 3.

5. Polynoë vésiculeuse. *Polynoe impatiens.*

P. oblonga, albo-cœrulescens; squamis dorsalibus mollibus, fornicatis, subvesiculosis, duodecim paribus.

Polynoe impatiens. Sav. Mss. et fig.

Habite le golfe de Suez.

6. Polynoë très-soyeuse. *Polynoe setosissima.*

P. oblonga, posticè angustior; capite lateribus turgido; setis longis, albo-auratis.

Polynoe setosissima. Sav. Mss.

Habite..... Sa couleur générale est d'un gris fauve avec des reflets de nacre.

LES NÉRÉIDÉES. (Nereides.)

Branchies, lorsqu'elles sont distinctes, et cirres supérieurs existant sans interruption à toutes les paires de mamelons pédiformes. Deux mâchoires ou aucune.

Les *néréidées*, seconde famille de M. *Savigny*, ont toujours le corps allongé, étroit, déprimé, composé de beaucoup de segmens. Leurs branchies n'alternent point comme celles des aphrodites; elles sont petites et consistent en une ou plusieurs languettes qui font partie des rames, et sont comprises entre les deux cirres, paraissant quelquefois suppléées par les cirres eux-mêmes. Leurs antennes sont généralement courtes, et en nombre incomplet; les mitoyennes manquent quelquefois, et l'impaire presque toujours. Les yeux, lorsqu'ils sont distincts, sont au nombre de quatre.

La trompe des *néréidées* est grande, ouverte à son extrémité, et souvent garnie de points saillans ou de petits tentacules. Dans les unes, les mâchoires sont au nombre de deux seulement, et dans les autres elles sont tout-à-fait nulles. On les divise en six genres, auxquels j'ajoute les *spios* en appendice.

(a) Des mâchoires. Antennes courtes, de deux articles: l'impaire nulle.

Lycoris.

Nephtys.

(b) Point de mâchoires. Antennes courtes, de deux articles: l'impaire nulle.

Glycère.

Hésione.

Phyllodocé.

(c) Point de mâchoires. Antennes longues, composées de beaucoup d'articles. Une impaire.

Syllis.

(d) Appendice.

Spio.

LYCORIS. (Lycoris.)

Trompe épaisse à la base, divisée en deux articles, chargée en dehors de points saillans et durs, sans tentacules à son orifice. Deux mâchoires cornées, dentelées, arquées en faux, avancées. Antennes extérieures plus grandes, plus épaisses : l'impaire nulle. Les deux premières paires de mamelons pédiformes changées en cirres tentaculaires.

Proboscis basi crassa, articulis binis divisa; extùs punctis prominulis duris; orificio tentaculis nullis. Maxillæ duæ corneæ, denticulatæ, falcatæ, porrectæ. Antennæ exteriores majores, crassiores : impari nullâ. Mamillarum pediformium par primum secundumque in cirros tentaculares mutata.

OBSERVATIONS.

Les *lycoris*, ainsi que les nephtys, sont distinguées des autres néréidées, parce qu'elles ont des mâchoires; et on ne peut confondre entr'eux ces deux genres, les *lycoris* n'ayant point de tentacules à l'orifice de la trompe, comme les nephtys, et ayant quatre paires de cirres tentaculaires, dont les nephtys sont dépourvues. Les yeux des lycoris sont très-distincts, latéraux, au nombre de quatre : deux de chaque côté. Trois languettes branchiales à chaque pied ou mamelon. La queue se termine par deux filets dans presque toutes. Ce genre est nombreux en espèces. Voici la citation de celles que M. Savigny a observées.

ESPECES.

1. Lycoris lobulée. *Lycoris lobulata.*

L. pallidè grisea; aciculis maxillisque nigris.

Lycoris lobulata. Sav. Mss.

Habite les côtes de Nice. Le corps a 105-117 segmens, selon l'âge et la taille des individus. Languettes branchiales égales en longueur.

2. Lycoris podophylle. *Lycoris podophylla.*

L. pallidè fulva; maxillis fuscis subdentatis; ligulis branchialibus inæqualibus: superiore longiore.

Lycoris podophylla. Sav. Mss.

Habite.... Nereis. . Mus n.° Corps formé de 108 anneaux. Il en manquait quelques-uns. La languette branchiale supérieure de chaque pied ou mamelon, est plus longue que les autres. La portion du mamelon qui supporte cette languette, ainsi que le cirre supérieur, est comprimée en forme de feuille, et plus longue que les gaines.

3. Lycoris égyptienne. *Lycoris ægyptia.*

L. griseo-rubescens; segmento antico majore; maxillis intense nigris; ligulis branchialibus divaricatis.

Lycoris ægyptia. Sav. Mss. fig. 1.

Habite la mer Rouge. Son corps est formé de 116 segmens dans les individus adultes.

4. Lycoris nacrée. *Lycoris margaritacea.*

L. grisea, margaritacea, nitore varia; mamillis, ligulis branchialibus cirrisque breviusculis.

Nereis margaritacea. Leach, verm. annul. pl. 26. fig.

Lycoris margaritacea. Sav. Mss.

Habite les côtes d'Angleterre. Le corps est formé de 95 segmens. Les mâchoires ont cinq dents.

5. Lycoris messagère. *Lycoris nuntia.*

L. grisea, margaritacea, nitore varia; ligulis branchialibus longis, subæqualibus; cirro superiore altero semper majore.

Lycoris nuntia. Sav. Mss. et f. 2.

Habite la mer Rouge. Corps long, assez étroit, ayant 118 segmens et davantage. Des deux cirres de chaque mamelon, le supérieur est toujours plus long que l'autre.

Etc. Ajoutez les *Lycoris folliculata*, *fucata*, *nubila*, *fulva*, *rubida* et *pulsatoria* du manuscrit de M. *Savigny*, dont la rédaction des différences spécifiques exige la vue des objets, et que l'espace ne me permet pas d'insérer ici.

NEPHTYS. (Nephtys.)

Trompe amincie à la base, partagée en deux anneaux : l'inférieur long, claviforme, hérissé à son sommet de petits tentacules pointus ; le supérieur très-court, ouvert longitudinalement, à orifice garni de deux rangs de tentacules. Mâchoires renfermées, petites, cornées, courbées, très-pointues. Antennes petites, à deux articles l'impaire nulle. Les yeux peu distincts.

Proboscis basi attenuata, segmentis binis divisa : inferiore longo, claviforme, supernè tentaculis parvis acutisque echinato ; superiore brevissimo, longitudinaliter hiante, orificio tentaculis biordinatis instructo. Maxillæ inclusæ, parvæ, corneæ, curvæ, peracutæ. Antennæ biarticulatæ, parvæ : impari nullâ. Oculi vix distincti.

OBSERVATIONS.

Les *nephtys* n'ont point de cirres tentaculaires bien saillans, comme les lycoris ; ils en sont d'ailleurs bien distingués par la forme de leur trompe, et surtout parce que son orifice est muni de tentacules. N'ayant point d'antenne impaire, ils n'offrent que quatre antennes, les deux mitoyennes et les deux extérieures qui sont petites et à peu près égales. Les trois premières paires de pieds ou mamelons n'ont point de branchies ; les autres en présentent, mais ces branchies ne consistent qu'en une seule languette attachée au sommet de chaque rame dorsale. Ces néréidées ont la tête rétuse, libre ; le corps linéaire, à segmens très-nombreux.

ESPECE.

1. Nephtys de Homberg. *Nephtys Hombergii.*

Nephtys Hombergii. Sav. Mss.

Habite les côtes de France, au Hâvre de Grâce. *Homberg.*

Corps tétraëdre, formé de 125-131 segmens, sillonnés des deux côtés en dessus. Soies jaunes, longues et fines ; acicules noirs. Une bandelette longitudinale et brillante sous le ventre.

GLYCÈRE. (Glycera.)

Trompe longue, cylindrique, subclaviforme ; sans tentacules à son orifice. Point de mâchoires. Antenne impaire nulle : les mitoyennes et les extérieures fort petites, divergentes, biarticulées. Point de cirres tentaculaires.

Proboscis longa, cylindrica, subclavata ; orificio tentaculis destituto. Maxillæ nullæ. Antenna impar nulla : intermediis externisque minimis, divaricatis, biarticulatis. Cirri tentaculares nulli.

OBSERVATIONS.

Les *glycères*, ainsi que les néréidées des trois genres qui suivent, n'ont point de mâchoires, ce qui les distingue des lycoris et des nephtys. Ce sont les seules de ces néréidées sans mâchoires qui soient privées de cirres tentaculaires. Leurs yeux sont peu distincts. Leurs branchies consistent, pour chaque mamelon pédiforme, en deux languettes charnues, finement annelées, réunies par leur base. La trompe est d'un seul anneau.

ESPECE.

1. Glycère unicorne. *Glycera unicornis.*

Glycera unicornis. Sav. Mss. *Nephtys unicornis.* Cuv. collect.

Habite.... Tête élevée en cône pointu. Corps cylindrique, linéaire, un peu renflé vers sa partie antérieure, à segmens très-nombreux et serrés. Couleur fauve-bronzée.

HÉSIONE. (Hesione.)

Trompe grosse, subconique, à deux anneaux; ayant l'orifice circulaire, dépourvu de tentacules. Point de mâchoires. Antenne impaire nulle : les mitoyennes et les extérieures égales. Huit paires de cirres tentaculaires. Tous les cirres longs, filiformes, rétractiles : les inférieurs néaumoins plus courts.

Proboscis crassa, subconica, annulis binis divisa; orificio circulari tentaculis destituto. Maxillæ nullæ. Antenna impar nulla : intermediis externisque æqualibus. Cirri tentaculares paribus octo. Cirri omnes prælongi, filiformes, retractiles : inferioribus tamen brevioribus.

OBSERVATIONS.

Les *hésiones* sont remarquables par leurs cirres longs, filiformes et rétractiles. Ceux qui constituent leurs cirres tentaculaires résultent des soies des quatre premières paires de mamelons pédiformes converties en longs cirres. Ces mamelons ne sont point propres à la locomotion. Le corps des hésiones est plutôt oblong que linéaire, à segmens peu nombreux, à tête rétuse, comme divisée par un sillon longitudinal. Les branchies ne sont point saillantes.

ESPÈCES.

1. Hésione éclatante. *Hesione splendida.*

H. cinereo-margaritacea, nitore varia; mamillarum setis apice lamellâ cultriformi mobilique auctis.

Hesione splendida. Sav. Mss. et fig.

Habite la mer Rouge, M. *Savigny*, et se trouve à l'Ile-de-France, M. *Mathieu*. Corps un peu rétréci vers son extrémité antérieure, à environ 18 segmens apparens.

2. Hésione parée. *Hesione festiva.*

H. proboscide conicâ; mamillarum setis apice nudis subtruncatis.

Hesione festiva. Sav. Mss.

Habite le golfe de Nice. M. *Risso*. Le corps a un peu moins de reflets que celui du précédent, et ses anneaux sont un peu plus allongés.

PHYLLODOCÉ. (Phyllodoce.)

Trompe grosse, claviforme, ayant à son orifice une rangée de petits tentacules. Point de mâchoires. Antenne impaire nulle; les mitoyennes et les extérieures courtes, subbiarticulées. Huit paires de cirres tentaculaires allongés, subulés, inégaux. Les autres cirres comprimés, veineux, foliiformes, non rétractiles.

Proboscis crassa, claviformis; orificio tentaculis parvis, ordine unico. Maxillæ nullæ. Antenna impar nulla: intermediis externisque brevibus, subbiarticulatis. Cirri tentaculares elongati, subulati, inæquales: paribus octo. Cirri alii compressi, venosi, foliiformes, non retractiles.

OBSERVATIONS.

Les *phyllodocés* sont singulières par les cirres de leur corps qui sont applatis, minces, veinés, semblables à des feuilles, et qui paraissent branchifères. Leurs yeux sont latéraux, mais les postérieurs sont peu apparens. Ces néréidées ont le corps linéaire, à segmens très-nombreux. Un seul acicule à chaque mamelon pédiforme.

ESPECE.

1. Phyllodocé lamelleuse. *Phyllodoce laminosa.*
   Phyllodoce laminosa. Sav. Mss.
   Habite les côtes de Nice. Corps très-long, presque cylindrique; de 325-338 segmens, brun avec des reflets pourpres et violets.

SYLLIS. (Syllis.)

Trompe médiocre, divisée en deux anneaux, à orifice sans tentacules, mais qui soutient une petite corne solide, avancée. Point de mâchoires. Trois antennes multiarticulées, moniliformes : les mitoyennes nulles. Deux paires de cirres tentaculaires et moniliformes. Les autres cirres ayant le supérieur moniliforme, plus long, et l'inférieur inarticulé, conique.

Proboscis mediocris, annulis binis divisa ; orificio tentaculis privato, corniculum solidum porrectum sustinente. Maxillæ nullæ. Antennæ tres, multiarticulatæ, moniliformes : intermediis nullis. Cirri tentaculares moniliformes paribus duobus. Aliorum cirrorum superiore longiore moniliformi ; inferiore inarticulato, conico.

OBSERVATIONS.

Ce qu'il y a de bien remarquable dans les *syllis*, c'est de voir tant de parties diverses moniliformes, puisque les trois antennes, les cirres tentaculaires, et, parmi les autres cirres du corps, le supérieur de chaque paire offrent tous une forme semblable. Le corps de ces néréidées est composé de segmens très-nombreux, à mamelons simples, n'ayant qu'un seul faisceau de soies, et qu'un seul acicule. Les yeux sont apparens, mais les branchies ne le sont point.

ESPÈCE.

1. Syllis monilaire. *Syllis monilaris.*

Syllis monilaris. Sav. Mss. et égypt. Zool. annel. pl. 4. f. 3.

Habite la mer Rouge. Corps très-long, peu déprimé, aminci insensiblement vers la queue, que terminent deux filets grêles et moniliformes. Il a 341 segmens courts.

SPIO. (Spio.)

Corps allongé, articulé, grêle, ayant de chaque côté une rangée de faisceaux de soies très-courtes. Branchies latérales, non divisées, filiformes.

Deux tentacules extrêmement longs, filiformes ou sétacés, imitant des bras. Bouche terminale. Deux ou quatre yeux.

Corpus elongatum, articulatum, gracile; utroque latere fasciculis setarum brevissimarum serie unicâ digestis. Branchiæ laterales, indivisæ, filiformes.

Tentacula duo, longissima, filiformia vel setacea, brachia æmulantia. Os terminale. Oculi duo aut quatuor.

OBSERVATIONS.

Les *spios* sont de petites néréidées qui vivent dans des tubes enfoncés dans le limon du fond de la mer. Elles agitent continuellement, comme deux bras, les deux longs tentacules que porte leur tête; et pêchent les petits animaux marins qu'elles peuvent saisir, pour les sucer. Je présume que ces deux tentacules sont de véritables antennes; il y en a quelquefois quatre.

ESPÈCES.

1. Spio séticorne. *Spio seticornis.*

S. tentaculis tenuibus striatis. O. Fabr. Berl. Schr. 6. t. 5. f. 1-7.

Nereis seticornis. Lin. syst. nat. 2. p. 1085. n. 4.

Bast. opusc. subs. 2. p. 134. t. 12. f. 2.

Habite l'Océan européen.

2. Spio filicorne. *Spio filicornis.*

S. tentaculis crassis annulatis. O. Fabr. Berl. 6. t. 5. f. 8-12. Gmel. p. 3110.

Habite les côtes du Groenland.

3. Spio à queue. *Spio caudatus.*

S. depressus, semi-hyalinus; corpore posticè subcaudato.

Polydora cornuta. Bosc. Hist. nat. des vers, 1. p. 150. t. 5. f. 7.

Habite les côtes de la Caroline, entre les pierres et les coquillages. Il se fait un fourreau membraneux couvert de vase.

4. Spio quadricorne. *Spio quadricornis.*

S. tentaculis quatuor: externis filiformibus longissimis; intermediis crassis brevissimis.

Diplotis hyalina. Montag. Act. soc. lin. xi. p. 203. t. 14. f. 6. 7.

Habite les côtes d'Angleterre, près de *Devon.*

LES EUNICES. (Eunicæ.)

Branchies, lorsqu'elles sont distinctes, existant à tous les pieds ou mamelons pédiformes sans interruption. Mâchoires nombreuses, toujours au delà de deux: celles du côté droit en moindre nombre que celles du côté gauche. Première paire de pieds nulle.

Les *eunices* tiennent de très-près aux néréidées par leurs rapports, et néanmoins elles en sont bien distinctes, puisque non-seulement elles ont toujours des mâchoires, mais qu'elles en ont constamment plus de deux et sur deux rangs, et qu'en outre le nombre de ces mâchoires est plus grand d'un côté que de l'autre. La trompe de ces annelides antennées est très-courte, fendue longitudinalement, très-ouverte, et n'a point de tentacules à son orifice. Les mâchoires qu'elle renferme sont calcaires ou cornées, articulées les unes au-dessus des autres, et ne sont ni en nombre égal des deux côtés, ni tout-à-fait semblables entr'elles. Les deux rangées de ces mâchoires se rapprochent inférieurement, et dans chacune, les mâchoires diminuent de taille à mesure qu'elles sont plus voisines du sommet de la rangée. Une lèvre inférieure calcaire ou cornée et composée de deux pièces allongées et réunies, vient se joindre au support double des deux mâchoires les plus inférieures. Les yeux de ces animaux tantôt sont indistincts, et tantôt sont bien apparens; mais seulement au nombre de deux. Les branchies, lorsqu'elles se montrent, ne consistent qu'en un simple filet pectiné tout au plus d'un côté, et attaché à la base supérieure des rames dorsales. M. *Savigny* partage les eunices en quatre genres, que l'on pourrait réduire à deux pour plus de simplicité. J'en vais néanmoins faire une exposition succincte, les divisant en deux tribus distinctes.

(1) Ceux qui ont sept mâchoires, et la tête libre, tout-à-fait découverte.

Léodice.

Lysidice.

(2) Ceux qui ont neuf mâchoires, et la tête cachée sous le premier segment.

Aglaure.

Ænone.

LÉODICE. (Leodice.)

Sept mâchoires : trois du côté droit, et quatre du côté gauche ; les inférieures très-simples. Cinq antennes filiformes, plus longues que la tête, inégales. La tête tout-à-fait découverte. Deux yeux très-distincts.

Maxillæ septem : tres in ordine dextro, quatuor in sinistro ; inferioribus simplicissimis. Antennæ quinque filiformes, inæquales, capite longiores. Caput penitùs detectum. Oculi duo valdè distincti.

OBSERVATIONS.

Les *léodices* ont la tête plus large que longue, libre, découverte, divisée par devant en deux ou quatre lobes. Leur corps est long, linéaire, presque cylindrique, à segmens courts et nombreux. Leurs branchies sont filiformes, pectinées d'un côté. Les yeux sont grands ; l'antenne impaire est plus grande que les autres ; les deux extérieures sont les moins longues. Ce genre paraît nombreux en espèces et il y en a d'une longueur extraordinaire.

ESPECES.

1. Léodice gigantesque. *Leodice gigantea.*

L. longissima, tereti-depressa ; cirris tentacularibus duobus segmento primo brevioribus ; capite quadrilobo.

An terebella aphroditois ? Gmel. p. 3114.

Eunice. Cuv. Règne anim. 2. p. 525.

Leodice gigantea. Sav. Mss.

Habite la mer des Indes. Mus. n.o Corps long de quatre à six pieds et plus, formé de 448 segmens. Cinq antennes, non articulées, du double plus longues que la tête. Branchies nulles aux quatre premières paires de mamelons, pectinées à toutes les autres, ayant des filets serrés et nombreux : elles se simplifient vers la queue. Couleur gris-cendré avec des reflets d'opale.

2. Léodice antennée. *Leodice antennata.*

L. cinereo-rubescens : nitore cupreo ; corpore anticè turgidiore ; capite bilobo.

Leodice antennata. Sav. Mss. et Egypt. Zool. pl. 5. f. 1.

Habite le golfe de Suez. Ses antennes sont articulées. Le corps a jusqu'à 119 segmens, dont celui de la queue se termine par deux filets articulés. Les branchies sont pectinées d'un côté, n'ont que trois à sept filets ou dents, et se simplifient vers la queue. Elles manquent aux cinq à six premières paires de mamelons.

3. Léodice française. *Leodice gallica.*

L. grisea, margaritacea ; antennis inarticulatis ; branchiis anticis simplicibus, aliis bifidis, ad segmenta posteriora nullis.

Leodice gallica. Sav. Mss.

Habite les côtes de France. Corps formé de 71 segmens, dont les cinq premiers, ni les dix-huit derniers n'ont point de branchies.

4. Léodice norvégienne. *Leodice norwegica.*

L. convexa, sublutea; antennis inarticulatis; branchiis pectinatis; cirris superioribus branchiis multò longioribus.

Nereis pennata. Mull. Zool. dan. 1. p. 30. tab. 29. f. 1-3.

Nereis norwegica. Gmel. p. 3116. Encycl. pl 56 fol. 5-7.

Leodice norwegica. Sav. Mss.

Habite les mers du nord. Son corps a 126 ségmens, et se termine par deux filets.

5. Léodice pinnée. *Leodice pinnata.*

L. convexa, rufa; antennis articulatis; branchiis pectinatis brevibus; cirris superioribus prælongis.

Nereis pinnata. Mull. Zool. Dan. 1. p. 31. tab. 29. f. 4-7. Encycl. pl. 56. f. 1-4.

Leodice pinnata. Sav. Mss.

Habite les mers du nord. Les deux filets de la queue sont courts et épais.

6. Léodice espagnole. *Leodice hispanica.*

L. gracilis, griseo-rubella; antennis inarticulatis; branchiis bi seu trifidis; cirro superiore brevioribus.

Leodice hispanica. Sav. Mss.

Habite les côtes d'Espagne.

7. Léodice opaline. *Leodice opalina.*

L. cinereo-cœrulescens, nitore varia; antennis inarticulatis; branchiis anterioribus posticisque simplicibus: aliis bifidis, trifidis et quadrifidis.

Leodice opalina. Sav. Mss.

Habite.. celle-ci n'a point de cirres tentaculaires sur le cou; les précédentes en sont munies. Son corps un peu renflé près de la tête, a jusqu'à 285 segmens.

8. Léodice sanguine. *Leodice sanguinea.*

L. branchiis pectinatis, versùs medium corporis longioribus; segmentis posticis subnudis; caudâ bisetâ.

Nereis sanguinea. Act. Soc. Lin. vol. XI. p. 20. t. 3. f. 1-3

Habite....

LYSIDICE. (Lysidice.)

Sept mâchoires : trois du côté droit et quatre du côté gauche ; les inférieures très-simples. Trois antennes courtes, inégales, inarticulées : les deux extérieures nulles. Tête tout-à-fait découverte, à front arrondi. Deux yeux distincts. Point de cirres tentaculaires. Branchies inconnues.

Maxillæ septem : tres in ordine dextro ; quatuor in sinistro ; inferioribus simplicissimis. Antennæ tres breves, inæquales, inarticulatæ : exterioribus duabus nullis. Caput penitùs detectum, fronte rotundatâ. Oculi duo distincti. Cirri tentaculares semper nulli. Branchiæ ignotæ.

OBSERVATIONS.

Ce n'est guères que par le nombre des antennes et par leurs branchies inconnues que les *lysidices* sont distinguées des léodices. Les unes et les autres ont le corps linéaire, cylindracé, à segmens très-nombreux, et la tête libre, plus large que longue.

ESPECES.

1. Lysidice valentine. *Lysidice valentina.*

L. gracilis, margaritacea ; antennis subulatis ; oculis nigris.

Lysidice valentina. Sav. Mss.

Habite les côtes de l'Espagne.

2. Lysidice olympienne. *Lysidice olympia.*

L. griseo-albida ; antennis subulatis ; corporis parte posticâ in caudam conicam et subnudam attenuatâ.

Lysidice olympia. Sav. Mss.

Habite les côtes de France. Un petit mamelon conique, derrière l'antenne impaire. Les 12 derniers anneaux du corps forment une queue conique, ciliée par deux rangs de pieds presqu'imperceptibles, et terminée par deux filets courts. Avant cette queue, l'on compte 55 segmens.

3. Lysidice galathine. *Lysidice galathina.*

L. lactea; segmentis tribus primis aureo-rufis; antennis brevissimis ovalibus.

Lysidice galathina. Sav. mss.

Habite les côtes de France. Corps plus épais que dans la précédente. Un large mamelon derrière l'antenne impaire.

AGLAURE. (Aglaura.)

Neuf mâchoires : quatre du côté droit et cinq du côté gauche; les inférieures fortement dentées. Trois antennes courtes, couvertes : les deux extérieures nulles. Tête cachée sous le premier segment; à front bilobé. Les yeux peu distincts. Branchies inconnues.

Maxillæ novem : quatuor in ordine dextro; quinque in sinistro; inferioribus exquisitè dentatis. Antennæ tres breves, obtectæ : exterioribus duabus nullis. Caput segmento antico occultatum : fronte bilobâ. Oculi vix distincti. Branchiæ ignotæ.

OBSERVATIONS.

L'*aglaure*, ainsi que l'œnone, est bien distinguée des annelides des deux genres précédens, parce qu'elle a neuf mâchoires, et que sa tête est cachée sous le premier segment du corps. Sauf les deux mâchoires terminales qui sont petites et en Y, toutes les autres mâchoires de l'aglaure sont fortement dentées en scie au côté intérieur, et terminées par un crochet. Point de cirres tentaculaires.

ESPECE.

1. Aglaure éclatante. *Aglaura fulgida.*

Sav. Mss. et Eg. Zool. annel. pl. 5. f. 2.

Habite les côtes de la mer rouge. Corps très-long, convexe, composé de 253 segmens, et d'une couleur cendrée bleuâtre, à reflets d'opale, éclatans.

ŒNONE. (Œnone.)

Neuf mâchoires : quatre du côté droit, et cinq du côté gauche; les inférieures fortement dentées. Point d'antennes en saillie. Tête cachée sous le premier segment, qui est grand et arrondi par devant. Les yeux peu distincts. Les branchies inconnues.

Maxillæ novem : quatuor in ordine dextro; quinque in sinistro; inferioribus valdè dentatis. Antennæ prominulæ nullæ. Caput segmento primo magno antice rotundato occultatum. Oculi parùm distincti. Branchiæ ignotæ.

OBSERVATIONS.

Ce n'est guère que par le défaut d'antennes saillantes que l'*œnone* se distingue de l'aglaure. La forme générale, l'aspect et les mâchoires de l'animal paraissent entièrement les mêmes. Point de cirres tentaculaires, et de part et d'autre les mamelons pédiformes courts.

ESPECE.

1. Œnone brillante. *Œnone lucida.*

Sav. mss. et Egypt. Zool. annel. pl. 5. f. 3.

Habite les côtes de la mer rouge. Corps long, linéaire, un peu renflé vers la tête, formé de 142 segmens, et d'un cendré bleuâtre très-brillant.

§§ *Branchies en forme de feuilles très-compliquées, ou de houppes, ou d'arbuscules très-rameux, toujours grandes et très-apparentes. Point d'acicules.*

LES AMPHINOMES. (Amphinomæ.)

Branchies et cirres supérieurs existant sans interruption à toutes les paires de mamelons pédiformes. Jamais de mâchoires.

Les *amphinomes* constituent la quatrième et dernière famille de nos annelides antennées, c'est-à-dire, des néréidées de M. Savigny, et sont très-remarquables par leurs branchies et par leur défaut d'acicules.

Leurs *branchies* sont grandes, compliquées, situées sur la base supérieure des rames dorsales ou derrière cette base, s'étendant quelquefois jusqu'aux rames ventrales. Elles ressemblent à des feuilles pinnatifides, ou à des houppes, ou à des arbuscules qui, communément, se divisent dès leur origine en plusieurs troncs, soit coalescens, soit séparés, et plus ou moins éloignés les uns des autres.

Ces animaux ont une trompe courte, ouverte longitudinalement à l'extrémité, dépourvue de papilles tentaculaires, et de mâchoires. Leurs yeux sont au nombre de deux ou de quatre. Tous ont des antennes dont le nombre naturel est de cinq. L'impaire ne manque jamais, et s'insère sur le devant d'une caroncule dont la base s'étend par derrière jusqu'au troisième ou quatrième anneau du corps; mais les antennes mitoyennes et les extérieures manquent quelquefois.

Pieds à rames grandes, séparées, munies chacune d'un seul faisceau de soies et privées d'acicules. Les cirres sont très-apparens, subulés, et insérés à l'orifice des gaînes, derrière le faisceau de soies.

Le corps de plusieurs amphinomes est moins allongé, et plus large que celui des néréidées et des eunices, ce qui semble devoir les rapprocher de certaines aphrodites; mais leurs branchies composées les en éloignent. M. Savigny partage cette famille en trois genres : dans les deux premiers, les antennes sont complètes, c'est-à-dire, au nombre de cinq, et dans le troisième, l'antenne impaire existe seule.

CHLOÉ. (Chloeia.)

Trompe .... cinq antennes subulées, biarticulées : les mitoyennes rapprochées, insérées sous l'antenne impaire; les deux extrêmes écartées. Branchies en forme de feuilles tripinnatifides, écartées de la base des rames supérieures. Un cirre surnuméraire aux rames supérieures des quatre ou cinq premières paires de pieds. Deux yeux distincts.

Proboscis ... antennæ quinque subulatæ, biarticulatæ : intermediis infrà antennam imparem insertis; exterioribus duabus remotis. Branchiæ folia tripinnatifida simulantes, è basi ramorum superiorum distantes. Cirrus ultrà numerum ad remos superiores pariorum primorum quatuor seu quinque pedum. Oculi duo distincti.

OBSERVATIONS.

Les *chloës* se distinguent des pléiones par la forme et la position de leurs branchies, et parce qu'elles ont, aux rames supérieures des quatre ou cinq premières paires de pieds, un cirre surnuméraire petit, inséré sur l'extrémité de chaque rame dorsale. Les deux autres cirres fort longs. Les branchies sont sur les côtés du dos, près de la base supérieure des rames dorsales. Les deux filets de la queue sont cylindriques, épais, courts.

ESPECE.

1. Chloë chevelue. *Chloeia capillata.*

Aphrodita flava. Pall. Miscell. Zool. p. 98. tab. 8. f. 7-11.
Amphinome capillata. Brug. dict. n.° 1.
Encyclop. pl. 60 f. 1-5. Cuv. règn. anim. 2. p. 527.
Terebella flava. Gmel. p. 3114.
Habite la mer de l'Inde. Mus. n.° Belle et assez grande espèce, remarquable par ses longs faisceaux de soies d'un jaune brillant, et par ses branchies pourpres, tripinnatifides. Son corps, long d'environ quatre pouces, est applati en dessous, un peu convexe sur le dos, d'une forme oblongue, se rétrécissant vers sa partie postérieure, et a 42 segmens.

PLÉIONE. (Pleïone.)

Trompe pourvue d'un double palais saillant, ayant des plis dentelés. Cinq antennes biarticulées, subulées; les mitoyennes rapprochées et insérées sous l'impaire; les extérieures écartées. Branchies rameuses, subfasciculées, entourant la base supérieure des rames dorsales. Point de cirres surnuméraires. Quatre yeux; les deux postérieurs peu distincts.

Proboscis palato duplici prominulo instructa; plicis serrulatis. Antennæ quinque biarticulatæ, subulatæ; intermediis approximatis, infrà imparem insertis; exterioribus remotis. Branchiæ ramosæ, subfascicula-

tæ, remorum dorsalium basim superam cingentes. Cirri ultrà numerum nulli. Oculi quatuor; posticis parùm distinctis.

OBSERVATIONS.

Peut-être que, par son palais double ou bifide, la trompe des *pléïones* est différente de celle de la chloë; mais les pléïones s'en distinguent au moins par la position et la forme de leurs branchies, et parce qu'elles n'ont point de cirres surnuméraires. Leurs cirres d'ailleurs sont inégaux, tandis que ceux de la chloë sont presque semblables.

ESPÈCES.

1. Pléïone tétraëdre. *Pleione tetraedra.*

Pl elongata, quadrangularis, posticè attenuata; branchiis densè fasciculatis.

Aphrodita rostrata. Pall. Miscel. Zool. p. 106. tab. 8. f. 14.-18.

Amphinome tetraedra. Brug. dict. n.° 4.

Encyclop. pl. 61. f. 1-5. *Terebella rostrata.* Gmel.

Habite la mer des Indes. Mus. n.° Son corps a jusqu'à un pied de longueur; il est formé de 55 à 60 anneaux. Chaque pied a deux faisceaux de soies très-inégaux.

2. Pléïone caronculée. *Pleione caranculata.*

Pl. depresso-quadrangularis; pedum fasciculis gemellis subæqualibus; carunculâ lamellis divisâ.

Aphrodita caruneulata. Pall. Miscel. Zool. p. 102. tab. 8. f. 12.—13.

Amphinome caruneulata. Brug. dict. n.° 2.

Encyol. pl. 60. f. 6.—7. *Terebella carunculata.* Gmel.

Habite la mer des Indes.

3. Pléïone éolienne. *Pleione eolides.*

Pl. depresso-quadrangularis; pedum fasciculis inæqualibus; carunculâ indivisâ.

Pleione eolides. Sav. Mss.

Habite.... Mus. n.° Elle est plus aplatie que la précédente. Sa caroncule est ovale-oblongue, lisse.

4. Pléïone alcyonienne. *Pleione alcyonea.*

Pl. linearis, depressa, cæruleo-violacea; antennâ impari aliis breviore; carunculâ ovatâ.

Pleione alcyonea. Sav. Mss. et Eg. Zool. ann. pl. 2. f. 3.

Habite le golfe de Suez. Petite espèce. Corps formé de soixante-sept segmens plus larges que longs. Faisceaux de soies de chaque pied inégaux.

5. Pléïone applatie. *Pleione complanata.*

Pl. compressa, utrinque attenuata.

Aphrodita complanata. Pall. Miscel. Zool. p. 109. tab. 8. f. 19.—26.

Amphinome complanata. Brng. dict. n.° 3.

Encycl. pl. 60 f. 8—15. *Terebella complanata.* Gmel.

Habite la mer des Antilles. Le *nereis* de Browne (Jam. Hist. p. 395. tab. 39. f. 1.) nous paraît différent de l'espèce décrite par Pallas.

EUPHROSINE. (Euphrosine.)

Trompe sans palais saillant et sans plis dentelés. Antennes extérieures et mitoyennes nulles; l'impaire subulée. Branchies divisées en sept arbuscules rameux, situés derrière les pieds et s'étendant d'une rame à l'autre. Un cirre surnuméraire à toutes les rames supérieures. Deux yeux.

Proboscis palato prominulo plicisque denticulatis orbata. Antennæ exteriores intermediæque nullæ: impari subulatâ. Branchiæ in arbusculas septem ramosas divisæ, ponè pedes insertæ, spatium inter remos occupantes. Cirrus ultrà numerum ad remos superiores. Oculi duo.

OBSERVATIONS.

Les *euphrosines* constituent un genre éminemment caractérisé par les branchies de ces animaux: elles occupent un assez grand espace, s'étendent derrière les pieds d'une rame à l'autre, et consistent en sept arbuscules rameux, séparés, et alignés depuis les rames dorsales jusqu'aux rames ventrales. Ce genre est en outre remarquable en ce que l'animal n'a qu'une antenne, qui est l'impaire; les deux mitoyennes et les deux extérieures manquant tout-à-fait. La tête des *euphrosines* est étroite, rejetée en arrière, et garnie par dessus d'une coronule déprimée, qui se prolonge jusqu'au quatrième ou cinquième segment. Le corps est oblong ou ovale-oblong, obtus aux deux bouts.

ESPECES.

1. Euphrosine laurifère. *Euphrosine laureata.*

   E. rubro-violacea, ovato-oblonga, depressa; branchiis setis longioribus, ramosissimis, apice foliiferis.

   Euphrosine laureata. Sav. Mss. et Eg. Zool. ann. pl. 2. f. 1.

   Habite les côtes de la mer rouge. Le corps est formé de 41 segmens. La coronule qui est au-dessus de la tête est ovale, et relevée sur son milieu d'une petite crête longitudinale.

2. Euphrosine myrtifère. *Euphrosine myrtosa.*

   E. intensè violacea, oblonga; branchiis setis brevioribus, parcè ramosis, foliiferis.

   Euphrosine myrtosa. Sav. Mss. et Eg. Zool. ann. pl. 2. f. 2.

   Habite les côtes de la mer rouge. Espèce plus petite et à corps plus étroit que la précédente. Ce corps a 36 segmens.

ORDRE TROISIÈME.

ANNELIDES SÉDENTAIRES.

L'animal habite toujours dans un tube d'où il ne sort jamais entièrement, et n'a point d'yeux.

Branchies toujours à l'une des extrémités du corps ou près d'elle, à moins que le tube de l'animal ne soit ouvert d'un côté dans toute sa longueur.

Les *annelides sédentaires* constituent un ordre remarquable et qui nous paraît naturel, parce que toutes sont constamment renfermées dans des tubes ou des tuyaux dont elles ne sortent point, qu'elles n'ont jamais d'yeux, et que toutes celles dont les tubes ne sont point ouverts longitudinalement d'un côté, ont toujours leurs branchies à l'une des extrémités du corps, en général à l'antérieure. Ces animaux vivant continuellement dans des fourreaux ou dans des tubes d'où ils ne sortent point, et qui sont presque toujours fermés sur les côtés, il leur eût été fort difficile de respirer, si leurs branchies eussent été disposées dans la longueur de leur corps, comme dans presque toutes les annelides vagantes, ou sur la partie moyenne de leur dos, comme dans *l'arenicole*. Il a donc été nécessaire que les branchies des annelides sédentaires fussent disposées, soit à la partie antérieure de leur corps, lorsque leur tube n'est ouvert qu'en cet endroit, ou qu'elles pussent l'être, au moins à leur partie postérieure, lorsque leur tube est ouvert aux deux bouts. Aussi, cette nécessité cesse, lorsque le tuyau qui contient l'animal est ouvert d'un côté dans toute sa longueur, ce dont un seul genre offre l'exemple. Ceux qui étudient la nature concevront que c'est la nécessité même dont je parle, qui a ici donné lieu à la disposition des branchies, et non un plan prémédité.

Les tubes ou tuyaux des *annelides sédentaires*, presque toujours fixés sur les corps marins, sont, les uns membraneux ou cornés, plus ou moins incrustés au dehors de grains de sable et de fragmens de coquilles, les autres solides, calcaires et homogènes. Leurs habitans sont des animaux allongés, vermiformes, à corps garni, sur les côtés, de faisceaux de soies subulées, en général fort courts, qui manquent aux premiers et derniers anneaux, et en outre de soies à crochets, qui servent à l'animal pour se mouvoir dans son tube, auquel il n'est point attaché.

DIVISION DES ANNELIDES SÉDENTAIRES.

(1) Branchies dorsales ou disposées dans la longueur du corps.

Les Dorsalées.

(2) Branchies, connues ou supposées, disposées à une des extrémités du corps ou auprès.

(a) Branchies indéterminées, supposées à la partie postérieure du corps.

Le tube de l'animal ouvert aux deux bouts.

Les Maldanies.

(b) Branchies, en général connues, disposées à la partie antérieure du corps, ou auprès.

(+) Branchies non séparées ni recouvertes par un opercule.

Les Amphitritées.

(++) Branchies séparées ou recouvertes par un opercule. Tube solide et calcaire.

Les Serpulées.

LES DORSALÉES.

Branchies dorsales ou disposées dans la longueur du corps.

Il est singulier de trouver parmi les annelides qui habitent continuellement dans des tubes, des animaux à branchies dorsales ou disposées dans la longueur du corps; disposition qui n'est point favorable à la respiration, si les tubes ne sont pas ouverts latéralement ; aussi les exemples de ceux qui sont dans ce cas, sont-ils peu nombreux.

D'après cette disposition des branchies, j'ai dû placer ces annelides en tête des sédentaires, afin de les rapprocher de celles de l'ordre précédent qui ont une disposition semblable dans leurs branchies. Les *dorsalées* ne comprennent que deux genres, savoir : celui de l'*arénicole* et celui des *siliquaires*. Par leur rapprochement, ils forment une association dont probablement personne ne se serait douté.

ARÉNICOLE. (Arénicola.)

Corps mou, long, cylindrique, annelé, nu postérieurement, garni de deux rangées de faisceaux de soies dans sa partie moyenne et antérieure. Des branchies externes en houppes ou arbuscules, dans la partie moyenne du dos, au bas des faisceaux de soies.

Bouche terminale, nue. Point d'yeux.

Corpus molle, longum, annulatum, cylindricum, posticè nudum ; setarum fasciculi biseriales in parte mediâ anticâque. Branchiarum externarum arbusculæ aut penicilli ad basim fasciculorum dorsalium.

Os terminale, nudum. Oculi nulli.

OBSERVATIONS.

Les branchies externes et bien apparentes de cette annelide ne permettaient pas de laisser cet animal parmi les lombrics ; il a donc fallu en faire le type d'un genre particulier qui est très-distinct. Dans le tiers postérieur du corps de l'*arénicole*, il n'y a ni faisceaux de soies, ni branchies;

dans le tiers antérieur, il n'y a que des faisceaux de soies ; enfin ce n'est que dans la partie moyenne dorsale que se trouvent les deux rangées de houppes branchiales. La bouche ne s'allonge point en trompe.

M. *Savigny* place ce genre parmi ses annelides serpulées ; il assure que l'animal a des soies à crochets et qu'il habite dans un tube. S'il en est ainsi, l'animal sort donc habituellement et souvent de son tube pour respirer ; ou bien son tube est, soit perméable à l'eau, soit fendu d'un côté comme celui de la siliquaire.

ESPECE.

1. Arénicole du pêcheur. *Arenicola piscatorum.*

Lumbricus marinus. Lin.

Nereis lumbricoides. Pall. nov. act. petrop. 2. t. 1. f. 19-29. Encycl. pl. 34. f. 16. *Arenicola carbonaria*, Leach.

Habite en Europe, dans le sable des bords de la mer. Les pêcheurs en font des provisions, et s'en servent, comme d'appât, pour prendre le poisson.

SILIQUAIRE. (Siliquaria.)

Corps tubicolaire, inconnu.

Test tubuleux, irrégulièrement contourné, atténué postérieurement, quelquefois en spirale à sa base, ouvert à son extrémité antérieure ; ayant une fente longitudinale, subarticulée, qui règne dans toute sa longueur.

Corpus tubicolare, ignotum.

Testa tubulosa, irregulariter contorta, posticè attenuata, ad basim interdùm spirata, apice pervia ; fissurâ longitudinali, subarticulatâ, per totam longitudinem currente.

OBSERVATIONS.

Les *siliquaires* avaient été confondues avec les serpules par Linné ; ce fut Bruguière qui, le premier, les en sépara avec raison. Quoique l'on ne connaisse pas encore l'organisation de l'animal des siliquaires, on ne saurait douter qu'il appartienne à la classe des annelides, et qu'il soit sédentaire dans son tube. Mais probablement ses branchies sont latérales, c'est à dire, placées sur l'animal dans sa longueur; et comme l'animal paraît ne point quitter son tube, il a donc fallu que ce tube fût ouvert latéralement par une fente courante, pour qu'il pût respirer. Par la disposition de ses branchies, il appartient à l'ordre des annelides vagantes, mais, d'après l'habitude que nous lui attribuons d'être sédentaire, nous le plaçons ici provisoirement. L'animal se déplaçant dans son tube, on y trouve quelquefois des cloisons transverses. Dans certaines espèces, la fente latérale est peu apparente, et laisse le genre presqu'indécis.

ESPECES.

1. Siliquaire anguine. *Siliquaria anguina.*

S. testâ tereti, muticâ, transversè striatâ, longitudinaliter sulcatâ; anfractibus baseos subcontiguis, spiram formantibus.

Serpula anguina. Lin. Syst. nat. p. 1267.

Born. Mus. p. 440. tab. 18. f. 15.

Habite la mer des Indes. Mus. n.° Son tuyau est blanchâtre ; sa spirale inférieure est presque régulière. On en trouve des portions fossiles, à Saint-Clément, au nord d'Angers. M. *Ménard.*

2. Siliquaire muriquée. *Siliquaria muricata.*

S. testâ tubulosâ contortâ irregulari longitudinaliter costatâ; costis squamis fornicatis seriatim muricatis.

Serpula muricata. Born. Mus. p. 440. t. 18. f. 16.

Rumph. Mus. tab. 41. fig. H.

(B) *Var. violacea; costis pluribus submuticis; squamis aliarum minimis.* Mus. n.°

Habite la mer des Indes. Son tuyau est anguleux, ne forme point de spirale régulière : il est d'un blanc rougeâtre, et dans la variété B, d'un violet rosé.

3. Siliquaire lisse. *Siliquaria lævigata.*

S. testâ tereti, obsoletè costatâ, laxè convolutâ; rimâ articulatâ.

An Martin. Conçh. 1. tab. 2. f. 13. c ?

Habite..... Mus. n.o Tuyau blanchâtre.

4. Siliquaire tire-bouchon. *Siliquaria terebella.*

S. testâ tereti, lævi, spiratâ; rimâ subarticulatâ.

Habite.....Fossile de Saint-Clément de la Plaie, à trois lieues d'Angers. *Ménard.*

5. Siliquaire lactée. *Siliquaria lactea.*

S. testâ contortâ, parvulâ, semi-pellucidâ, candidâ, lævissimâ; fissurâ inarticulatâ.

Mus. n.o

Habite......la mer de l'Inde ? Voyage de *Péron.*

6. Siliquaire lime. *Siliquaria lima.*

S. testâ tereti, per longitudinem multistriatâ, laxè contortâ; striis squamulis asperatis.

Habite.....Fossile de Grignon. Mon cabinet.

7. Siliquaire épineuse. *Siliquaria spinosa.*

S. testâ tereti, subcontortâ, echinatâ; costis longitudinalibus, squamato-spinosis.

Mus. n.o Faujas. Géologie, vol. 1. pl. 3. f. 6.

Habite.....Fossile de Grignon. Mon cab. Par sa fente latérale souvent peu apparente, on la confond avec la serpule hérissée. Elle est plus ou moins cloisonnée à l'intérieur.

LES MALDANIES.

Branchies indéterminées, supposées à la partie postérieure du corps. Le tube de l'animal ouvert aux deux bouts.

M. *Savigny* ne rapporte qu'un genre à sa division des

maldanies, celui de la clymène ; et j'y en ajoute un autre, celui des dentales, quoique l'animal en soit moins connu. Les *maldanies* ne sont pas moins singulières que les dorsalées ; mais elles le sont sous d'autres rapports. En effet, comme, dans la plupart des annelides sédentaires, les branchies sont situées à la partie antérieure du corps de l'animal, on les y a cherchées en vain dans les clymènes, et M. Savigny en a conclu qu'elles n'en avaient point. En réfléchissant à cette singularité de la clymène, je portai aussi mon attention sur une autre, savoir : que le tube ou fourreau qui contient l'animal est ouvert aux deux bouts ; et bientôt je compris que la situation des branchies devait en être la cause. Alors, quoique l'animal de la clymène ne me soit pas directement connu, et qu'à l'égard de celui des dentales, mes notions soient encore vagues, je ne balançai pas à les rapprocher sous la considération de leur tube et sous celle de la disposition supposée de leurs branchies à l'extrémité postérieure de leur corps. Ce rapprochement paraîtra tout aussi singulier, qu'a dû le paraître celui des siliquaires et de l'arénicole.

CLYMÈNE. (Clymene.)

Corps tubicolaire, grêle, cylindrique, ayant de chaque côté une rangée de mamelons sétifères.

Extrémité antérieure rétuse, oblique, ayant un rebord demi-circulaire qui s'avance au-dessus de la bouche. Celle-ci transverse, plissée, bilabiée ; à lèvre inférieure très-renflée. Point de tentacules.

Extrémité postérieure dilatée, formant un entonnoir ;

à limbe découpé formant plusieurs petites dents égales et pointues ; à intérieur muni de rayons élevés [les branchies ?] qui se prolongent jusqu'à l'anus. Celui-ci situé au fond de l'entonnoir et entouré de papilles charnues.

Tube grêle, ouvert aux deux bouts, et incrusté au dehors de grains de sable et de fragmens de coquilles.

Corpus tubicolare, gracile, cylindricum; utroque latere mamillis setiferis uniserialibus.

Extremitas anterior retusa, obliqua; margine semicirculari os obumbrante. Os transversum, plicatum, bilabiatum : labio inferiore turgidissimo. Tentacula nulla.

Posterior extremitas dilatata, orbiculatìm expansa, infundibulum simulans : limbo dentibus pluribus æqualibus acutisque fisso ; intùs radiis [branchiæ?] elevatis ad anum usque porrectis. Anus fundum infundibuli occupans, papillis carnosis circumvallatus.

Tubulus gracilis, utrâque extremitate perviùs, extùs arenulis fragmentisque conchyliorum incrustatus.

OBSERVATIONS.

En nous faisant connaître le genre singulier des *clymènes*, M. Savigny nous a éclairé sur un mode particulier auquel on ne pensait point à l'égard des annelides. J'aperçois maintenant ce que peut, ce que doit être l'animal des dentales. M. Savigny ayant cherché sans succès des branchies à l'extrémité antérieure des *clymènes*, en a conclu qu'elles en manquaient, comme si cela était possible. Si nous ne connaissions point les *doris*, peut-être aurions-nous quelque peine à croire que les branchies pussent être transportées autour de l'anus. Dans les annelides toujours renfermées dans un tube qui n'est ouvert qu'à l'extrémité antérieure, il fallait bien que les branchies de l'animal fussent placées à cette extrémité de son corps ou auprès ; mais ce n'est assurément pas sans raison que le tube des *clymènes* est ouvert aux deux bouts, et l'appareil de l'entonnoir qui environne l'anus, indique assez que c'est là que sont situées les branchies.

Le corps des *clymènes* a les segmens de sa partie moyenne plus longs que ceux qui sont vers ses extrémités. Ses mamelons latéraux sont transverses, portent chacun un petit faisceau de soies subulées, et après les trois paires antérieures, ils ont en outre des soies à crochets.

ESPECE.

1. Clymène amphistome. *Clymene amphistoma.*

Savigny, Mém. Mss.

Habite sur les côtes de la mer Rouge, dans les crevasses des rochers. Les petits tubes qu'elle se forme sont onduleux, et ouverts aux deux bouts pour le passage de l'extrémité antérieure et pour celui de l'entonnoir.

DENTALE. (Dentalium.)

Corps tubicolaire, très-confusément connu ; ayant son extrémité antérieure exsertile en un bouton conique, entouré d'une membrane en anneau. Bouche terminale.

Extrémité postérieure dilatée, évasée orbiculairement ; à limbe divisé en cinq lobes égaux.

Tube testacé, presque régulier, légèrement arqué, atténué insensiblement vers son extrémité postérieure, et ouvert aux deux bouts.

Corpus tubicolare, obscurè notum : extremitate

anticè in gemmam conicam exsertili, membranâ annulari circumdatâ. Os terminale, nudum.

Extremitas posterior dilatata, orbiculatìm patula; limbo lobis quinque œqualibus diviso.

Tubus testaceus, subregularis, leviter arcuatus, versùs extremitatem posticam sensìm attenuatus, utrâque extremitate pervius.

OBSERVATIONS.

D'Argenville ne nous a donné que des notions très imparfaites de l'animal des *dentales*, dont il figure les extrémités dans sa Zoomorphose. Selon les observations communiquées par M. *Fleuriau de Belle-Vue*, l'animal des dentales approche beaucoup, par sa forme, des amphitrites et des sabellaires; il a, de chaque côté du corps, une rangée de petits faisceaux à deux soies; mais il n'a point les panaches branchiaux des amphitrites, ni les paillettes en peigne des sabellaires. Si l'on s'en rapporte à l'épanouissement en rosette de la partie postérieure de l'animal des dentales, selon d'Argenville, cette rosette est un entonnoir fort analogue à celui des clymènes de M. Savigny. Ce serait au fond de cet entonnoir que se trouverait l'anus, et probablement les branchies l'entoureraient. En attendant que cet animal soit mieux connu, nous continuerons de le rapporter aux annelides; nous croyons même qu'il doit avoisiner les clymènes par ses rapports.

Les dentales sont assez nombreuses en espèces, d'après les différens tubes de ces animaux que l'on voit dans les collections; on en connaît aussi plusieurs dans l'état fossile.

ESPECES.

(a) *Tubes à côtes ou stries longitudinales.*

1. Dentale éléphantine. *Dentalium elephantinum.*

D. testâ decemangulatâ, subarcuatâ, striatâ.
Linn. Syst. nat. p. 1263. Gmel. p. 3736.
Argenv. Conch. t. 3. fig. H, et Zoomorph. t. 1. fig. H.
Martin, Conch. 1. t. 1. f. 4 A. et 5 A.
(b) *Idem? testâ fossili, subduodecim costatâ; costis sex majoribus.*
Habite les mers de l'Inde et d'Europe. C'est l'une des plus grandes du genre; elle est verdâtre, nuancée de brun, blanche vers sa pointe tronquée. On la trouve fossile en Italie.

2. Dentale corne de bouc. *Dentalium aprinum.*

D. testâ subsulcatâ, decem duodecimque costatâ; striis transversis subnullis.
Martin. Conch. 1. tab. 1. fig. 5 B. List. Conch. t. 547. f. 1. *inferior.*
An dentalium aprinum? Lin. Syst. nat. p. 1263. Gmel. n.° 2.
(b) *Idem, testâ albidâ.* Martin. Ibid. f. 4. B.
Habite la mer de l'Inde. Mus. n.° Elle est plus grêle, plus subulée que l'espèce n.° 1. La var. B. se trouve fossile au Piémont.

3. Dentale sillonnée. *Dentalium sulcatum.*

D. testâ costis longitudinalibus subæqualibus duodecim ad quindecim sulcatâ.
Mus. n.°
Habite..... Fossile de Grignon.

4. Dentale fasciée. *Dentalium fasciatum.*

D. testâ griseâ seu fusco-cœrulescente, obscuriùs fasciatâ; anticâ parte læviusculâ; posticâ costatâ.
Dentalium fasciatum. Gmel. n.° 10. Martin. Conch. 1. t. 1. f. 3. B.
Habite la mer de Sicile. Mus. n.°

5. Dentale octogone. *Dentalium octogonum.*

D. testâ albidâ subarcuatâ octogonâ : costis octonis.

Mus. n.°

Habite la mer de la Chine. Elle varie à interstices des côtes sillonnées. Mon cabinet.

6. Dentale difforme. *Dentalium deforme.*

D. testæ truncis inæqualibus, subcurvatis ; costis septem subobliquis.

Mon cabinet.

Habite.... Fossile des environs de la Sarthe. M. *Ménard.*

7. Dentale à neuf côtes. *Dentalium novemcostatum.*

D. testâ parvulâ, albido-viridulâ, novem costatâ, striis transversis subdecussatâ.

Mon cabinet.

Habite aux environs de la Rochelle. M. *Fleuriau de Belle-Vue.* L'animal a, de chaque côté, une rangée de faisceaux à deux soies courtes.

8. Dentale sexangulaire. *Dentalium sexangulare.*

D testâ duodecim costatâ : costis sex eminentioribus : striis transversis minimis.

An Dentalium sexangulum ? Gmel. p. 3739. Broc. foss. 2. p. 262 ?

Habite..... Fossile d'Italie, du Plaisantin. *Ménard.*

9. Dentale striée. *Dentalium striatum.*

D. testâ longitudinaliter striatâ : striis crebris obtusis æqualibus.

An dentalium fossile ? Gmel.

Habite.... Fossile d'Italie, des environs de Sienne en Toscane. M. *Ménard.* On la trouve vivante dans le golfe de Tarente, mais plus grande et à stries plus grosses.

10. Dentale à petites côtes. *Dentalium dentalis.*

D. testâ tereti, subarcuatâ, costellatâ ; costellis octodenis aut vigenti : alternis minoribus.

Dentalium dentalis. Linn. Born. Mus. t. 18. f. 13.

(B) *Id. ? costis majoribus planulatis.*

Habite la Méditerranée. Mus. n.° La variété B. est fossile, et se trouve en Piémont, près d'Annone.

11. Dentale fausse-antale. *Dentalium pseudo-antalis.*

D. testâ tereti subarcuatâ; anticè lævi; posticè costellis sulcatâ.

Mus. n.o

Habite..... Fossile de Grignon.

12. Dentale radicule. *Dentalium radicula.*

D. testâ tereti, undatâ, subarcuatâ; striis longitudinalibus, crebris granulatis.

An dentalium radula? Gmel. n.o 18.

Habite.... Fossile de Grignon. Mon cabinet.

(b) *Tubes n'ayant ni côtes, ni stries longitudinales.*

13. Dentale lisse. *Dentalium entalis.*

D. testâ tereti, subarcuatâ, continuâ, lævi.

Dentalium entalis. Lin. Syst. nat. p. 1263.

Bonan. recr. 1. f. 9. Dargenv. Conch. t. 3. fig. KK.

Gualt. Conch. t. 10. fig. E.

(b) *Id.? testâ fossili, maximâ.* Mus. n.o

Habite l'Océan d'Europe et celui de l'Inde. La variété fossile se trouve à Dax et à Grignon, mais moins grande.

14. Dentale de Tarente. *Dentalium tarentinum.*

D. testâ tereti, subarcuatâ, lævi; basi rubescente.

(B) *Id. testâ basi subtilissimè striatâ.*

Habite le golfe de Tarente. Mon cabinet.

15. Dentale cornée. *Dentalium corneum.*

D. testâ tereti, subarcuatâ, cinereâ, interruptâ, opacâ; aperturâ coarctatâ; tubi margine antico inflexo.

Dentalium corneum. Lin. Gmel. n.o 6.

Schroet. Einl. in Conch. 2. p. 523. t. 6. f. 6.

Habite les mers d'Afrique. Mus. n.o

16. Dentale noire. *Dentalium nigrum.*

D. testâ tereti, subulatâ, regulariter arcuatâ, opacâ, nigricante; aperturâ patulâ; tubi margine antico recto.

Mus. n.o

Habite.....du voyage de *Péron*. Très-distincte de la précédente.

17. Dentale polie. *Dentalium politum.*

D. testâ tereti, subarcuatâ, continuâ; striis annularibus confertissimis, tenuissimis.

Dentalium politum, Lin. Gualt. tab. 10. fig. F.

Martin. Conch. 1. t. 1. f. 3. A.

Habite la mer de l'Inde. Mus. n.° Voyage de *Péron*.

18. Dentale ivoire. *Dentalium eburneum.*

D. testâ tereti, subarcuatâ, nitidâ : striis annularibus remotis.

Dentalium eburneum. Lin.

An schroet. Einl. Conch. 2. t. 6. f. 17 ?

Habite dans l'Inde, et se trouve fossile à Grignon.

19. Dentale massue. *Dentalium clava.*

D. testâ tereti, clavatâ, subarcuatâ : striis transversis inœqualibus; aperturâ anticâ strictiore.

Mon cabinet.

Habite....Fossile de Cypli, aux environs de Mous. M. *Ménard.* Elle ressemble à une petite corne de bœuf.

20. Dentale entaille. *Dentalium fissura.*

D. testâ tereti, lœvi, subarcuatâ ; fissurâ laterali versùs extremitatem posticam.

Mon cabinet.

Habite......Fossile de Grignon. Longueur, quinze lignes. M. *Ménard* en possède une variété à tube annelé.

21. Dentale rétrécie. *Dentalium coarctatum.*

D. testâ subfusiformi, tereti, lœvi, subarcuatâ ; posticè sensim attenuatâ; anticè coarctatâ.

Dentalium coarctatum. Brocch. Conch. 2. p. 264. t. 1. f. 4.

Habite....Fossile des environs de Dax et d'Italie. Mus. n.°

Etc. De jeunes et très-petits individus du *D. coarctatum* nous semblent avoir donné lieu au *dentalium minutum* de Linné.

Voyez le *D. tetragonum*. Brocch. ibid. f. 26.

LES AMPHITRITÉES.

Branchies connues, non séparées ni recouvertes par un opercule, et disposées à la partie antérieure du corps ou auprès.

Tube membraneux ou corné, plus ou moins arénacé.

Parmi les annelides sédentaires, les *amphitritées* constituent une famille déjà assez nombreuse en objets observés qui s'y rapportent. Linné n'en connut que quelques espèces dont il fit des *sabella*, et Gmelin réunit celles dont il eut connaissance, dans son genre *amphitrite*, en reproduisant quelques-unes des mêmes parmi ses *sabella*.

Ces annelides vivent toutes dans des tubes non solides, membraneux ou coriaces, plus ou moins incrustés à l'extérieur, de grains de sable et de fragmens de coquilles, et qui ne sont ouverts qu'à l'extrémité antérieure. Elles n'en sortent point entièrement, quoiqu'elles n'y soient pas attachées; leur extrémité postérieure étant très-atténuée, il leur serait difficile d'y rentrer si elles en sortaient.

Les *amphitritées* ont les branchies disposées à leur extrémité antérieure ou auprès, tantôt grandes et fort en saillie au-dessus de la bouche, tantôt courtes, dans le voisinage de la bouche, ou sur les côtés et plus bas qu'elle. Plusieurs ont des tentacules; aucune n'a d'yeux, ni de trompe, ni de mâchoires. Toutes les races sont munies sur les côtés de mamelons pédiformes, rétractiles, qui offrent des faisceaux de soies subulées;

et en outre elles ont des soies à crochets, qui sont aussi rétractiles : nous les divisons de la manière suivante :

(1) Branchies courtes, jamais avancées. Les tentacules, soit courts, soit nuls.

Pectinaire.
Sabellaire.

(2) Des branchies ou des tentacules d'une assez grande taille, s'avançant antérieurement, soit en aigrette, soit en panache flabelliforme.

Térébelle.
Amphitrite.

PECTINAIRE. (Pectinaria.)

Corps tubicolaire, subcylindrique, atténué postérieurement, ayant de chaque côté une rangée de mamelons sétifères : les soies courtes, fasciculées.

Partie antérieure large, rétuse, oblique, offrant deux peignes de paillettes dorées, très-brillantes, transverses. Bouche allongée, bilabiée, entourée de tentacules courts et nombreux. Quatre branchies en peigne, situées en dehors sur le second et le troisième segment du corps.

Le tube en cône renversé, membraneux ou papyracé, arénacé, non fixé.

Corpus tubicolare, subcylindricum, posticè attenuatum; papillis setiferis serie unicâ utrinque dispositis : setis fasciculatis brevibus.

Extremitas anterior lata, retusa, obliqua; pectinibus duobus paleaceis auratis, nitidissimis, transversis. Os elongatum, bilabiatum, tentaculis brevibus numero-

sis obvallatum. Branchiœ quatuor pectinatœ, ad corporis segmentum secundùm tertiumque extant.

Tubus obversè conicus, membranaceus aut chartaceus, arenosus, non affixus.

OBSERVATIONS.

Sous ce nom, j'ai établi dans mes leçons et cité dans *l'extrait de mon Cours* [p. 96.] un genre particulier avec des animaux dont *Pallas* faisait des néréides, *Gmelin* des sabelles, et *Muller* des amphitrites; ces animaux offrant des caractères tout à fait singuliers, qui les séparent des genres que je viens de citer.

Les *pectinaires* ne sont sédentaires que parce que, comme les autres annelides de cet ordre, elles ne sortent point de leur fourreau; mais ce fourreau n'est point fixé, et si l'animal ne le déplace pas lui-même, il peut être déplacé par les mouvemens des eaux. Il est incrusté de petits cailloux ou de grains de sable, et quelquefois comme papyracé, mince et transparent.

Le corps des *pectinaires* est allongé en cône inverse, et régulier comme le tube qu'il habite. Il est extrêmement remarquable par les deux peignes roides à paillettes dorées et très-brillantes qui terminent son extrémité antérieure; une membrane demi-circulaire, et en demi-voûte, s'avance au-dessus de la bouche. Plus bas, et en dehors, sont deux filets, un de chaque côté. Au-dessous, deux paires de branchies petites, pectinées, et un peu pendantes, sont attachées aux segmens antérieurs du corps. Outre les faisceaux de soies subulées qui sont sur les côtés du corps, il y a aussi des soies à crochets, disposées sur des lames transversales.

ESPECES.

1. Pectinaire d'Europe. *Pectinaria belgica.*

P. tubo inversè conico, membranaceo, ex arenulis contexto, subtriunciali.

Nereis cyl. Belgica. Pall. Miscell. 9. p. 122. tab. 9. f. 3.—5.

Amphitrite auricoma. Mull. Zool. dan. p. 26. tab. 26.

Amphitrite n.o 4. Brug. dict. Encycl. pl. 58. f. 10—15.

Habite les mers d'Europe.

2. Pectinaire de l'Inde. *Pectinaria capensis.*

P. tubo subcylindrico, tenui, diaphano, quincunciali.

Nereis cyl. Capensis. Pall. Miscell. 9. p. 118. tab. 9. f. 1. 2.

Amphitrite n.o 5. Brug. dict. Encycl. pl. 58. f. 1—9.

Habite les mers des grandes Indes.

Etc. M. Savigny en a observé une autre espèce dans la mer Rouge.

SABELLAIRE. (Sabellaria.)

Corps tubicolaire, subcylindrique, atténué postérieurement ; ayant de chaque côté des faisceaux de soies subulées, sur un seul rang, et en outre des soies spatulées, et des lames transverses bordées de soies à crochets.

Extrémité antérieure tronquée obliquement, elliptique, couronnée par six rangées de paillettes très-brillantes, trois de chaque côté ; les extérieures très-ouvertes ; les intérieures relevées, presque conniventes. Bouche en fente allongée, bilabiée, située sous les paillettes intérieures. Branchies très-petites, composées de plusieurs rangées de lanières, dans le voisinage de la bouche.

Tubes nombreux, réunis en une masse commune, alvéolaire en-dessus, et composée de grains de sable et de fragmens de coquilles : à orifices des tubes évasés en godets.

Corpus tubicolare, subcylindricum, posticè attenuatum : utroque latere setis subulatis fasciculatis, serie unicâ; præterea setis spatulatis lamellisque transversis, setis hamatis margine armatis.

Extremitas anterior obliquè truncata, elliptica, palearum nitidissimarum seriebus senis coronata; utrinque tribus; externis patentissimis, internis erectis subconniventibus. Os in fissuram elongatum, bilabiatum, infrà paleas interiores. Branchiæ minimæ, propè os, lacinularum seriebus pluribus compositæ. Tentacula nulla.

Tubuli numerosi in massam communem supernè favosam aggregati, ex arenulis conchyliorumque fragmentis agglutinatis compositi : orificiis cyathiformibus.

OBSERVATIONS.

Trouvant ici des caractères très-particuliers, non-seulement dans les masses sablonneuses qui résultent de la réunion des tubes de ces annelides, mais encore dans la couronne singulière de paillettes brillantes qui termine l'extrémité antérieure de ces animaux, j'en ai formé un genre particulier, sous le nom de *sabellaire*, l'exposant chaque année dans mes leçons (*Extrait du Cours*, page 96). Dans un de ses Mémoires sur les annelides, M. Savigny vient de présenter le même genre, sous le nom d'*amymona*, avec des détails intéressans sur l'animal.

Les *sabellaires* tiennent d'assez près aux pectinaires; mais elles en sont bien distinguées par leur défaut de tentacules, par la forme et la position de leurs branchies, par leur couronne terminale plus composée et qui brille aussi de l'éclat de l'or, et parce que ces annelides vivent en troupe, logée et fixée dans une masse de sable et de fragmens de coquilles agglutinés, le dessus de cette masse offrant presque l'apparence d'un gâteau d'abeilles. Par les exemplaires différens que je possède de ces tubes réunis, je vois qu'il en existe plusieurs espèces dont je ne citerai cependant que les deux suivantes.

ESPECES.

1. Sabellaire alvéolée. *Sabellaria alveolata.*

S. tubis angustis in massam depressam variè immersis remotiusculis : orificiis cyathiformibus.

Tubularia arenosa anglica. Ellis. cor. 90. tab. 36.

Sabella alveo lata. Lin. Syst. nat. 2. p. 1268.

Vers à tuyau. Réaum. Mém. de l'Acad., année 1711. p. 165.

Psamatote. Guettard. Mém. vol. 3. p. 69. pl. 69. f. 2.

Habite l'océan d'Europe. Mon cabinet.

2. Sabellaire grands tubes. *Sabellaria crassissima.*

S. tubis longis crassis subparallelis contiguis : orificiis obsoletè patulis.

Pennant. Zool. Brit. 4. pl. 92. f. 162.

Habite près de la Rochelle. *Fleuriau de Belle-Vue.* Mon cabinet. Elle forme des masses plus épaisses et moins applaties en dessus que la précédente.

Etc.

TÉRÉBELLE. (Terebella.)

Corps tubicolaire, allongé, cylindrique-déprimé, atténué postérieurement, à peine annelé par ses segmens transverses ; ayant de chaque côté une rangée de mamelons noduleux et sétifères.

Des tentacules nombreux, filiformes, tortillés, avancés entourent la bouche, et terminent sa partie antérieure. Deux rangées de branchies rameuses, et en forme d'arbuscules, sont disposées d'un côté au-dessous des tentacules.

Tube allongé, cylindracé, atténué et pointu à sa base, membraneux, agglutinant des grains de sable et des fragmens de coquilles.

Corpus tubicolare, elongatum, cylindraceo-depressum, postice attenuatum, segmentis transversis subannulatum; mamillis nodulosis setiferisque, utrinque serie unicâ.

Tentacula numerosa filiformia contortiliaque, porrecta, partem anticam terminant et os circumvallant. Branchiæ duplici ordine, ramosæ, arbusculæ formes, infrà tentacula hinc dispositæ.

Tubus elongatus, cylindraceus, basi attenuato-acutus, membranaceus, arenulas fragmentaque conchyliorum agglutinans, apice tantùm parvius.

OBSERVATIONS.

M. *Cuvier* a fixé le genre *térébelle*, en lui assignant pour caractères, ceux de l'espèce décrite par Pallas. Maintenant, ce genre est très-distinct des précédens, et ne saurait se confondre avec nos amphitrites, les tentacules étant plus avancés et plus saillans en avant que les branchies. Ces tentacules diffèrent en longueur, les uns plus longs, les autres graduellement plus courts. La bouche est labiée, imparfaitement terminale. Les branchies sont d'un beau rouge.

ESPÈCES.

1. Térébelle coquillière. *Terebella conchilega.*

T. tubis è testacearum fragmentis compilatis; branchiis utrinque tribus.

Nereis conchilega. Pall. Miscell. Zool. 9. p. 131. t. 9. f. 14.—22.

Encycl. p. 57. f. 5—12. Amphitrite, n.o 2. Brug. dict.

Habite les côtes de la Hollande.

2. Térébelle papilleuse. *Terebella cristata.*

T. tubo fragili, flexuoso, è limo testarumque fragmentis composito; branchiis binis.

Amphitrite cristata. Mull. Zool. dan. tab. 70. f. 1—4.

Encycl. pl. 57. f. 1—4. Brug. dict. n.o 1.

Habite les côtes de la Norwége.

3. Térébelle ventrue. *Terebella ventricosa.*

T. corpore anticè crasso, subventricoso; branchiis majusculis.

Amphitrite ventricosa. Bosc. Hist. nat. des vers. tab. 6. f. 4.—5.

Habite les côtes de la Caroline.

AMPHITRITE. (Amphitrite.)

Corps tubicolaire, allongé, cylindracé, atténué postérieurement, à segmens nombreux; ayant une rangée de mamelons sétifères : des soies subulées en faisceaux, et des soies à crochets sur le bord d'une lame.

Deux branchies terminales, fort remarquables, partagées en digitations très-grêles, disposées en éventail, formant quelquefois l'entonnoir ou s'étalant en disque. Deux filets courts, subulés, insérés à la base interne des branchies. Bouche subterminale, entre les branchies.

Tube allongé, cylindracé, s'amincissant vers sa base, membraneux ou coriace, nu en dehors dans la plupart.

Corpus tubicolare, elongatum, cylindraceum, posticè attenuatum, segmentis multis annulatum; utrinque mamillarum setiferarum serie unicâ : setis subulatis in fasciculos digestis ; aliis uncinatis ad marginem lamellæ.

Branchiæ duæ terminales, valdè spectabiles, digitationibus gracilissimis partitæ, flabellatæ, interdùm infundibuliformes, aut in discum expansæ. Filamenta duo brevia, ad basim internam branchiarum affixa. Os subterminale, intrà branchias.

Tubus elongatus, cylindraceus, posticè attenuatus, membranaceus vel coriaceus, extùs in plurimis nudus.

OBSERVATIONS.

Il s'agit ici des véritables *amphitrites*, de ces annelides qui avoisinent les serpules par leurs rapports, et qui sont si remarquables par les beaux panachés que leurs branchies, colorées et souvent plumeuses, forment à la partie antérieure de l'animal. Ces branchies sont amples, forment un double panache, dont les deux parties sont tantôt très-distinctes et tantôt partiellement réunies ou connées. Elles servent à la fois pour la respiration et pour saisir les alimens.

Les *amphitrites*, quoique non attachées dans leur tube, sont sédentaires, s'y déplacent facilement, replient la partie postérieure de leur corps vers l'orifice du tube pour évacuer leurs excrémens, et il est probable qu'elles n'en sortent pas entièrement, car il leur serait difficile d'y rentrer. Leur genre paraît nombreux en espèces, et même la plupart sont grandes et fort remarquables. On a donné récemment à ce beau genre, un nom qui me paraît inconvenable, celui de *sabella*. Ces animaux n'ont rien de commun avec les caractères que Linné donne de son genre *sabella*. Outre la nature de leur tube, ils diffèrent des serpules en ce qu'ils n'ont point d'opercule entre les branchies.

ESPECES.

1. Amphitrite éventail. *Amphitrite ventilabrum.*

A. stylis branchiarum tenuissimis ; branchiis plumosis flabellatis ; corpore subdepresso.

Corallina tubularia melitensis. Ellis. Corall. 92. tab. 34.

Bast. op. subs. 2. p. 77. tab. 9. f. 1. A. B.

Sabella penicillus. Lin. Syst. nat. p. 1269.

Amphitrite pinceau. Brug. dict. et Encycl. pl. 59.

Habite la Méditerranée.

2. Amphitrite pinceau. *Amphitrite penicillus.*

A. stylis branchiarum setaceis ; branchiis pectinatis flabellatím radiatis ; corpore teretiusculo.

Tubularia penicillus. Mull. Zool. dan. 3. p. 13. tab. 89. f. 1—2.

Oth. Fabr. Faun. Groenl. p. 438.

Amphitrite réniforme. Brug. dict. n.o 7.

Habite les mers du nord de l'Europe. Ses branchies s'épanouissent en queue de paon et paraissent panachées de blanc et de rouge.

3. Amphitrite splendide. *Amphitrite magnifica.*

A. stylis branchiarum brevibus crassis ; branchiis orbiculatím expansis : cirris numerosissimis nudis albo rubroque variis.

Tubularia magnifica. Transact. Soc. Lin. 5. p. 228. tab. 9. f. 1.

Shaw. Miscell. vol. 12. tab. 450.

Habite les îles de l'Amérique sur les côtes, dans les creux des rochers, à la Jamaïque. Très-belle espèce, à corps presque nu, à tube cylindrique, ondulenx, glabre.

4. Amphitrite vésiculeuse. *Amphitrite vesiculosa.*

A. branchiis pectinatis, crispis, subpatentibus ; tubo squarroso.

Amphitrite vesiculosa. Transact. Soc. linn. XI. p. 19. tab. 5. f. 1.

Habite les côtes de l'Angleterre. Des débris de coquilles rendent le tube très-raboteux.

5. Amphitrite spiribranche. *Amphitrite volutacornis.*

A. branchiis in rachide singulâ spiraliter convolutis, fimbriatis.

Amphitrite volutacornis. Act. Soc. lin. 7. p. 80. tab. 7. f. 10.
Habite l'océan d'Europe, les côtes d'Angleterre.

6. Amphitrite entonnoir. *Amphitrite infundibulum.*

A. branchiis infundibulum margine radiatum formantibus: singulis in membranam semi-circularem limbo fimbriatam coædunatis; corpore tereti, subnudo.

Amphitrite infundibulum. Montag. Act. Soc. linn. IX. p. 109. tab. 8.
Habite les mers d'Angleterre.

LES SERPULÉES.

Branchies séparées ou recouvertes par un opercule. Tube solide et calcaire.

Les *serpulées* avoisinent sans doute les amphitritées par leurs rapports ; néanmoins, elles constituent une famille particulière, très-distincte. Elles ont aussi les branchies disposées à la partie antérieure de leur corps, formant le plus souvent de beaux panaches en avant et saillans au-dessus de la bouche ; mais ces panaches, divisés en deux corps, sont séparés par un opercule pédiculé, membraneux, se terminant en massue ou en entonnoir ; ou, dans un genre particulier dont les animaux paraissent avoir des branchies plus courtes, la partie antérieure du corps est recouverte par un opercule solide qui cache ses parties, lorsque l'animal est retiré dans son tube.

Ces annelides n'ont point de tentacules, point d'yeux, point de mâchoires ; leur corps est garni sur les côtés de mamelons pédiformes, sétifères, et de soies à crochets rétractiles, comme toutes celles qui sont sédentaires. Le tube qu'elles habitent est toujours solide, calcaire, ouvert à son extrémité antérieure, et fixé sur les corps marins. Il est ordinairement irrégulièrement contourné, plus atténué vers sa base, et offre souvent quelques cloisons qui divisent postérieurement sa cavité intérieure, en quelques loges inégales. Nous rapportons à cette famille les genres *spirorbe*, *serpule*, *vermilie*, *galéolaire* et *magile*.

SPIRORBE. (Spirorbis.)

Corps tubicolaire, subcylindrique, atténué postérieurement. Six branchies pinnées, rétractiles, disposées en rayons à l'extrémité antérieure. Un opercule pédicellé, en plateau à son sommet, situé entre les branchies.

Tube testacé, contourné en spirale orbiculaire, discoïde, applati et fixé en dessous.

Corpus tubicolare, subcylindricum, posticè attenuatum. Branchiæ sex pinnatæ, retractiles, radiatìm expansæ ad extremitatem anticam. Operculum pedicellatum, apice peltatum, intrà branchias.

Tubus testaceus, in spiram orbicularem discoideam convolutus : infernâ superficie planulatâ et affixâ.

OBSERVATIONS.

Les *spirorbes* sont sans doute très-voisines des serpules par leurs rapports ; mais, outre que les branchies de ces animaux présentent quelques particularités distinctives, leur tube formant constamment une spirale orbiculaire, discoïde comme celle des planorbes, nous avons cru devoir les distinguer comme constituant un genre particulier.

Presque toutes les *spirorbes* sont des annelides extrêmement petites, que l'on trouve fixées sur les fucus, les coquillages et autres corps marins, souvent en grand nombre sur le même corps, mais toujours isolées. L'ouverture de leur tube est terminale, arrondie, quelquefois trigone. L'animal qui les habite est d'un rouge de sang.

ESPECES.

1. Spirorbe nautiloïde. *Spirorbis nautiloides.*

S. testâ discoideâ, subumbilicatâ; anfractibus suprà rotundatis, lævibus, subrugosis.

Serpula spirorbis. Lin. Syst. nat. p. 1265.

Mull. Zool. dan. 3. p. 8. tab. 86. f. 1-6.

List. Conch. pl. 553. f. 5.

Habite l'Océan, sur les fucus, etc. Mon cabinet.

2. Spirorbe transparente. *Spirorbis spirillum.*

S. testâ discoideâ, pellucidâ; anfractibus teretibus nitidis, læviusculis.

Serpula spirillum. Lin. Syst. nat. p. 1264.

Mus. n.o

Habite l'Océan, sur des sertulaires, etc.

3. Spirorbe carinée. *Spirorbis carinata.*

S. testâ discoideâ; centro concavo; anfractibus carinatis.

Mus. n.o

Habite les mers de la Nouv. Hollande, à l'île King. *Péron.*

4. Spirorbe lamelleuse. *Spirorbis lamellosa.*

S. testâ discoideâ, subumbilicatâ; anfractibus costis longitudinalibus lamellosis, denticulatis, ad interstitia striatis.

Mus. n.o

Habite les mers de la Nouv. Hollande, à l'île King. *Péron.*

5. Spirorbe tricostale. *Spirorbis tricostalis.*

S. testâ anfractibus subdiscoideis; costis tribus rotundatis; aperturâ subrotundâ.

Mus. n.o

Habite la Nouvelle Hollande, au port du Roi Georges. On en trouve une presque semblable, dans la Manche, près du Croisic. M. Ménard.

6. Spirorbe conoïde. *Spirorbis conoidea.*

S. testâ in discum conoideum contortâ; anfractibus contiguis : ultimo anticè disjuncto.

Habite.... Fossile de Grignon. Mus. n.o

Etc. Voyez le *Spirorbis transversus*. Daud. rec. p. 48. f. 26. 27.

SERPULE. (Serpula.)

Corps tubicolaire, allongé, un peu déprimé, atténué postérieurement; à segmens nombreux et étroits. De petits faisceaux de soies subulées sur un seul rang de chaque côté, et des soies à crochets.

Deux branchies terminales, en éventail, fendues profondément chacune en digitations très-menues, pennacées ou plumeuses. Bouche terminale, située entre les branchies, et surmontée d'un opercule pédicellé, infundibuliforme ou en massue.

Tubes solides, calcaires, irrégulièrement contournés, groupés ou solitaires, fixés; à ouverture terminale, arrondie, très-simple.

Corpus tubicolare, elongatum, depressiusculum, posticè attenuatum : segmentis numerosis angustis. Setarum subulatarum fasciculi perparvi serie unicâ utrinque præstant setisque uncinatis.

Branchiæ duæ terminales, flabellatæ, digitationibus tenuissimis pennaceis aut plumosis profundè fissæ. Os intrà branchias terminale, operculo pedicellato infundibuliformi aut clavato superatum.

Tubuli solidi, calcarii, irregulariter contorti, aggregati vel solitarii, affixi; aperturâ terminali rotundatâ, simplicissimâ.

OBSERVATIONS.

Linné et presque tous les naturalistes, plaçaient les *serpules* parmi les mollusques testacés, parce qu'alors on attachait moins d'importance à l'organisation des animaux, que nous ne le faisons actuellement, et que le véritable caractère des mollusques n'était pas encore complètement déterminé.

Maintenant que l'animal des serpules est bien connu, nous savons que c'est une véritable annelide; que cette annelide est même très-voisine des amphitrites, par ses rapports, et qu'elle n'en diffère guère que parce que l'un des deux filets qui s'insèrent à la base interne des branchies, se trouve ici transformé en un opercule que l'animal emploie à fermer son tube, lorsqu'il y fait rentrer toutes ses parties antérieures. Cet opercule, par conséquent, n'est point calcaire.

Les *serpules* constituent un genre très-nombreux, et varié en espèces, dont la plupart sont abondantes dans les mers, même celles de l'Europe. Les tuyaux ou tubes de ces annelides sont toujours solides, homogènes, calcaires, fixés sur les corps marins, tantôt seulement par leur extrémité postérieure, et tantôt semblent ramper sur ces corps, y étant attachés plus ou moins complètement par un de leurs côtés. Ces tuyaux, ondés ou tortueux, sont toujours irrégulièrement contournés, ne forment jamais une spirale partout régulière, et on en voit souvent qui sont grouppés, diversement mêlangés ou entortillés ensemble; ils ne sont ouverts qu'à leur extrémité antérieure, et leur ouverture est toujours simple.

L'animal des serpules est très-contractile, a le sang rouge, et se nourrit d'animalcules aquatiques qu'il saisit à l'aide de ses branchies. Son corps a une espèce de corselet, et des segmens fort nombreux. Comme il se déplace dans son tube, sans en sortir entièrement, il y forme quelquefois des cloisons, peu nombreuses, et inégalement espacées. Les espèces sont difficiles à indiquer, parce qu'on n'a que très-peu de figures passables. Outre cet embarras, n'observant que des tubes dans les collections, on est exposé à rapporter aux *serpules* des animaux qui appartiennent à d'autres genres : les races à tube rampant, qui ont un opercule calcaire, sont dans ce cas.

ESPECES.

1. Serpule vermiculaire. *Serpula vermicularis.*

S. testâ repente, tereti-subulatâ, curvatâ, non spirali, interdùm subcarinatâ.

Serpula vermicularis. Lin. Syst. nat. p. 1267.

Tubus vermicularis. Ell. Corall. tab. 38. f. 2.

(b) *Serpula vermicularis.* Mull. Zool. dan. tab. 86. f. 7-9.

Habite l'Océan d'Europe. Mus. n.° Mon cabinet.

2. Serpule fasciculaire. *Serpula fascicularis.*

S. testis teretibus, undato-erectis, in massam cæspitosam fasciculatim aggregatis, transversè rugosis.

Mus. n.°

Habite... Ses tubes sont assez longs, blancs, un peu teints de rose.

3. Serpule intestin. *Serpula intestinum.*

S. testâ tereti, longâ, undato-tortâ, læviusculâ, modo serpente, modo ascendente.

Mus. n.°

Habite les mers d'Europe. Mon cabinet.

4. Serpule boyau-de-mer. *Serpula contortuplicata.*

S. testis teretibus, transversìm rugoso-striatis, repando-inflexis et contortuplicatis; carinis obsoletis.

Serpula contortuplicata. Lin.

Argenv. t. 4. fig. D.

Martin. Conch. 1. tab 3. fig. 24. A.

Habite la Méditerranée et l'Océan d'Europe. Mon cabinet.

5. Serpule plicaire. *Serpula plicaria.*

S. testis teretibus, variè contortis, implicitè aggregatis; plicis transversis inæqualibus.

Mus. n.°

Habite l'Océan Indien. Sur le *Mytilus margaritiferus*, Lin. La Pintadine.

6. Serpule gloméruléе. *Serpula glomerata.*

S. testis teretibus, decussato rugosis, contortis, glomeratis anticè læviusculis.

Serpula glomerata. Lin. Syst. nat. pag. 1266.

Gualt. Conch. tab. 10. fig. T. Favann. Conch. pl. 6. fig. F. 1.

Martin Conch. 1. tab. 3. fig. 23. Bonan. recr. 1. tab. 20. fig. E.

(b) *Eadem testis subsolitariis, basi in spiram attenuatam desinentibus, anticè elongato-porrectis.*

Habite l'Océan Asiatique, à l'Isle de France. Mus. n.° Elle offre beaucoup de variétés. La Serpule B doit peut-être constituer une espèce. Mon cab.

7. Serpule treillissée. *Serpula decussata.*

S. testâ decussatim-striatâ longitudinaliter subrugosâ, contortâ, circulis pluribus obliquè incumbentibus; latere infero planulato.

Gualt. Conch. tab. 10. fig. Z. *Serpula decussata.* Gmel. List. Conch. t. 547. fig. 4.

Habite l'Océan des Antilles. Mus. n.o Elle est d'un rouge-brun.

8. Serpule étendue. *Serpula protensa.*

S. testâ tereti, solitariâ, rectâ aut subflexuosâ, rugis transversis subplicatâ, versùs finem parùm attenuatâ.

Rumph. Mus. t. 41. f. 3.

Martin. Conch. 1. t. 2. f. 12. A.

Habite les mers de l'Inde, de l'Amérique et dans la Méditerranée. On la trouve fossile en Italie.

9. Serpule entonnoir. *Serpula infundibulum.*

S. testâ tereti, transversim striatâ, subcarinatâ, undato-repente vel in gyros contortâ, ex infundibulis pluribus se se recipientibus conflatâ.

Serpula infundibulum. Gmel. p. 3745.

(b) *Eadem? Minor; carinis subquinis exiguis interruptis.*

Habite la mer de l'Inde. Mon cab. La variété (b) vient de l'île King. *Péron.*

10. Serpule annelée. *Serpula annulata.*

S. testis teretibus, gracilibus, annulatim plicatis, porrecto-flexuosis, glomeratis.

Mus. n.o

Habite... Elle est blanche, et sa masse ressemble à un paquet de petits intestins allongés.

11. Serpule pain-de-bougie. *Serpula cereolus.*

S. testâ tereti, multoties contortâ, gracillimâ; striis transversis minimis, punctato-asperulis.

Serpula cereolus. Gmel. Davila catal. 1. t. 4. fig. F.

Favan, Conch. tab. 6. fig. D.

Habite les côtes de l'Amérique. Mus. n.o Mon cab.

12. Serpule filograne. *Serpula filograna.*

S. testis capillaribus, fasciculatis: fasciculis glomeratis, cancellato-ramosis.

Serpula filograna. Lin. Syst. nat. p. 1265.

Planc. Conch. app. t. 19. fig. A, B.

Seba mus. 3. tab. 100, f. 8.

(b) *Glomi cœspitiformes; fasciculis tenuibus, apice divaricatis.*

Habite la Méditerranée. Mus. n.° La variété (b) vient des mers de la Nouv. Hollande, port du Roi Georges. *Péron.*

13. Serpule vermicelle. *Serpula vermicella.*

S. testis filiformibus, teretibus, transversim rugosis, flexuosis, in massam crassam congestis.

Lipse. Adans Seneg. p. 164. t. 11. f. 2. Fav. t. 6. fig. B.

(b) *Eadem? Testis brevioribus, laxioribus, variè contortis.*

Habite l'Océan Africain, à l'île de Gorée. Mus. n.° Peut-être faudra-t-il distinguer la serpule (b).

14. Serpule filaire. *Serpula filaria.*

S. testis tenuissimis, filiformibus, serpentibus numerosissimis; rugis transversis distantibus.

Mus. n.°

Habite les mers de la Nouv. Hollande, à l'île King, sur les pierres qu'elle couvre. *Péron* et *Lesueur.*

15. Serpule transparente. *Serpula pellucida.*

S. testâ tereti, rugosâ, pellucidâ; in spiram irregularem contortâ; anticâ extremitate sursùm porrectâ.

Mus. n.°

(b) *Eadem testâ læviore; anfractibus irregulariter glomeratis.*

An serpula vitrea? Fabr. Faun. Groenl. p. 382.

Habite... du voyage de Péron. La var. b. vient des mers de la Chine. L'ouverture est ronde, à bord non épaissi.

16. Serpule entortillée. *Serpula intorta.*

S. testâ tereti-angulatâ, subcostatâ, in spiram deformem contortâ, subglomeratâ; plicis transversis crebris.

Mus. n.°

Habite... Fossile des env. de Plaisance. M. Cuvier, et se trouve en France, près de Dax.

17. Serpule à crête. *Serpula cristata.*

S. testâ tereti; costellis plurimis denticulatis; extremitate anticâ subporrectâ; posticâ in spiram discoideam contortâ.

(b) Var. *Costellis rarioribus, muticis.*

Habite.. Fossile de Grignon. Mon cabinet.

18. Serpule spirulée. *Serpula spirulœa.*

S. testâ compressâ, lœviusculâ, subinœquali, in spiram discoideam margine acutam contortâ; anticâ extremitate disjunctâ.

An Dantin? Adans. Seneg. p. 165. t. 11. f. 4. a. b.

Habite... Fossile des env. de Bayonne et de Montbart. Mus. n.o Mon cab.

19. Serpule quadrangulaire. *Serpula quadrangularis.*

S. testâ subcompressâ, quadrangulari, basi spiratâ; anticâ extremitate rectiusculâ.

Cabinet de M. *Ménard.*

Habite... Fossile des environs du Mans et de ceux de Séez, en Normandie.

20. Serpule très-petite. *Serpula minima.*

S. testis capillaribus, minimis, intricatis, in massam simplicem glomeratis.

An serpula intricata? Lin.

(b) *Eadem fossilis; massâ exiguâ.*

Habite la Méditerranée, près de Civita Vecchia. M. *Ménard.*

La var. b. se trouve à Grignon.

21. Serpule hérissée. *Serpula echinata.*

S. testâ subtereti, repente, flexuosâ; costellis pluribus sulcatâ: dorsali eminentiore aculeato-muricatâ.

Serpula echinata. Gmel. Gualt. t. 10. fig. R.

Martin. Couch. 1. t. 2. f. 8.

(b) Var. *costellis crebris minimis subspinosis.*

(c) Var. *costellis distantibus.* Brocch. Conch. 2. t. 15. f. 24.

Habite la Méditerranée. Les variétés b. et c. sont fossiles.

Une troisième variété, non fossile, se trouve au port d'Ancône. M. *Ménard.*

12. Serpule sillonnée. *Serpula sulcata.*

S. testâ tereti, infernè contortâ, subglomeratâ, anticè porrectâ; costellis longitudinalibus numerosis, subdentatis.

An Dofan? Adans. Seneg. p. 164. pl. 11. f. 3.

Habite les mers de la Nouvelle Hollande, etc. Se trouve fossile dans la Touraine.

13. Serpule costale. *Serpula costalis.*

S. testâ angulatâ, laxè contortâ, basi subspiratâ; costellis striisque longitudinalibus, inæqualibus, muticis.

Mus. n.°

Habite... Tubes solitaires.

14. Serpule dentifère. *Serpula dentifera.*

S. testâ tereti, contortâ; costellis longitudinalibus duabus tribusve dentiferis.

Mus. n.°

(b) *Eadem testis majoribus subsolitariis.* Mus n.°

(c) *Eadem fossilis, testis obsoletè cancellatis.*
An serpula polythalamia? Broch.

(d) *Eadem? testis subangulatis, glomeratis.* Mon cabinet.

Habite les mers de l'Asie australe. La variété (c) se trouve en Italie. Cette espèce devient grande.

15. Serpule siphon. *Serpula sipho.*

S. testâ tereti, longâ, undato-curvâ, versùs basim obsoletè cancellatâ; spirâ baseos congestâ, subtùs planulatâ.

An Gualt. Conch. t. 10. fig. L.

Dargenv. Conch. t. 4. fig. H.

Masier. Adans. Seneg. pl. 11. f. 5.

Habite l'Océan des Indes, à Timor. Mus. n.° Elle varie beaucoup, et néanmoins je la crois distincte de la suivante.

16. Serpule grand-tube. *Serpula arenaria.*

S. testâ anticè tereti, rectiusculâ; posticè subangulatâ, contorto-spiratâ, subtùs planulatâ.

Serpula arenaria. Lin. Syst. nat. p. 1266.

Gualt. Conch. t. 10. fig. N?
Bonan. recr. 1. t. 20. fig. C.
Martin. Conch. 1. t. 3. fig. 19. B. C.
Habite la mer des Indes. Mus. n.o Elle offre aussi différentes variétés.

Etc. Voyez le *terebella madreporarum*. Shaw, miscell. 8. pl. 139, et le *serpula gigantea* de Pallas, qui est peut-être un magile.

VERMILIE. (Vermilia.)

Corps tubicolaire, allongé, atténué vers sa partie postérieure, muni extérieurement d'un opercule testacé, orbiculaire, très-simple.

Tube testacé, cylindracé, insensiblement atténué vers sa partie postérieure, plus ou moins contourné, et fixé par le côté sur les corps marins. Ouverture ronde, à bord souvent muni d'une à trois dents.

Corpus tubicolare, elongatum, posticè sensìm attenuatum, operculo testaceo, orbiculato simplicique anticè instructum.

Tubus testaceus, cylindraceus, posticè sensìm attenuatus, plùs minùsve contortus, repens, corporibus marinis latere affixus. Apertura rotunda; margine dento unico vel dentibus duobus tribusve sœpè armato.

OBSERVATIONS.

Les serpulées auxquelles nous donnons maintenant le nom de *vermilies*, étaient confondues parmi les serpules. Ce fut Daudin qui, le premier, s'aperçut que ces annelides, toujours rampantes, étaient munies d'un opercule calcaire. Il les sépara des serpules et en fit des vermets, ne considérant pas que le *vermet* d'Adanson est réellement un mollusque et non une annelide. Ayant vu moi-même, dans quelques espèces, l'opercule calcaire de ces serpulées, je les ai réunies d'abord avec la galéolaire qui est pareillement operculée; mais depuis, considérant que ces animaux n'ont ni le port, ni l'opercule de la galéolaire, j'ai cru devoir les en séparer pour en former un genre particulier. L'opercule des vermilies est orbiculaire à sa base, à dos convexe, le plus souvent conique.

ESPÈCES.

1. Vermilie à bec. *Vermilia rostrata.*

V. testâ tereti, lævigatâ, madreporibus incrustatâ; aperturâ dente acuto rostriformi.

Mus. n.o

Habite les mers de la Nouvelle Hollande, dans l'épaisseur d'une porite. Son tube est assez gros, rouge, et paraissait vide.

2. Vermilie triquètre. *Vermilia triquetra.*

V. testâ repente, flexuosâ, triquetrâ; dorso carinâ simplici.

Serpula triquetra. Lin. Gmel. p. 3740.

Born. Mus. p. 436. tab. 18. f. 14.

(b) *Var. testâ lineâ rubrâ utroque latere carinæ.*

Habite l'Océan Européen et la Méditerranée. Mus. n.o Elle rampe et serpente sur les corps marins, y étant fixée dans toute ou presque toute sa longueur. Son opercule est conique. La variété b se trouve sur un peigne des mers australes.

3. Vermilie bicarinée. *Vermilia bicarinata.*

V. testâ repente, flexuosâ, subtriquetrâ, rubrâ; dorso bicarinato; aperturâ lobo bicorni.

Mus. n.o

Habite les mers de la Nouvelle Hollande, sur les fucus. Elle est d'assez petite taille, à carènes ondées, subdentées.

4. Vermilie chenille. *Vermilia eruca.*

V. testâ repente, tereti-subulatâ, transversè rugosâ, albidâ; lineis binis rufis dorsalibus.

Mus. n.°

Habite les mers australes. Elle n'est lisse sur aucun point de son tube; ses rides transverses sont les termes de ses divers accroissemens.

5. Vermilie subcrénelée. *Vermilia subcrenata.*

V. testâ repente, flexuosâ, albidâ; carinâ dorsali carinisque lateralibus dentato-crenatis; operculo brevissimè conico.

Mon cabinet.

Habite l'Océan Indien, sur le spondyle mutique. Elle se creuse un lit sur la coquille.

6. Vermilie plicifère. *Vermilia plicifera.*

V. testâ repente, flexuosâ, cylindricâ; carinâ dorsali minimâ; lateribus plicis creberrimis tenuissimis arcuatis.

Mon cabinet.

Habite la Méditerranée, sur un peigne; tube d'un blanc rougeâtre.

7. Vermilie scabre. *Vermilia scabra.*

V. testâ repente, tereti, gracili, flexuosâ; dorso carinis subquinis, minimis, denticulatis.

Mon cabinet.

Habite dans la Manche, près la Rochelle, sur un peigne. Elle est différente du *vermetus* 5-*costatus* de Daudin.

8. Vermilie rubanée. *Vermilia tœniata.*

V. testâ repente, contortâ, subtriquetrâ, albâ; fasciis duabus dorsalibus rubro-violaceis.

Mus. n.°

Habite sur une monodonte des mers australes, à la terre de Diémen.

Etc. Voyez les vermets de Daudin, recueil de Mém. p. 44.

GALÉOLAIRE. (Galeolaria.)

Corps tubicolaire.... muni antérieurement d'un opercule testacé, composé.

Tubes testacés, très-nombreux, cylindracés, subanguleux, droits, ondés, serrés en touffes, fixés par leur base, ouverts à leur sommet. Ouverture orbiculaire, à bord se terminant d'un côté par une languette spatulée. Opercule orbiculaire, galéiforme, armé en-dessus de pièces testacées diverses, au nombre de cinq à neuf, dont une au milieu est linéaire tronquée, et toutes attachées à son bord d'un seul côté.

Corpus tubicolare.... anticè operculo testaceo composito instructum.

Tubuli testacei, numerosissimi, cylindraceo-angulati, erecto-undati, conferti, cæspitosi, basi affixi, extremitate superiore pervii. Apertura orbicularis; margine in lingulam spatulatam hinc terminato. Operculum orbiculare, galeiforme, valvis testaceis variis supernè armatum. Valvæ quinque ad novem, operculi margine hinc affixæ: unicâ medianâ lineari-truncatâ aliis majore.

OBSERVATIONS.

La *galéolaire* tient sans doute de très-près aux vermilies; aussi d'abord je les réunissais toutes dans le même genre. Cependant la considération de leur port tout-à-fait particulier, celle de la languette de leur ouverture, et surtout celle de leur singulier opercule, m'ont décidé à les distinguer comme genre, étant persuadé que l'animal doit offrir dans ses caractères des particularités qui autoriseront cette distinction. La pièce orbiculaire de leur opercule n'est point conique, mais squamiforme ; elle supporte neuf petites pièces testacées, quatre de chaque côté et une au milieu. Celle-ci est dentelée à la troncature de son sommet ; les autres le sont un peu sur leur bord interne.

ESPECES.

1. Galéolaire en touffe. *Galeolaria cœspitosa.*

G. testis angulosis, breviusculis, in cæspitem latam confertis; aperturæ ligulâ posticè canaliculatâ.

Mus n.°

Habite les mers de la Nouvelle Hollande. Péron et Lesueur. Mon cabinet. Les touffes sont un peu diffuses.

2. Galéolaire allongée. *Galeolaria elongata.*

G. testis elongatis, tereti-angulatis, in massam crassam coalitis; aperturæ ligulâ posticè planulatâ.

Mus. n.°

Habite.... les mers de la Nouvelle Hollande? Ce n'est peut-être qu'une variété de la précédente; mais elle est très-remarquable. Ses tubes sont trois fois plus longs que ceux de l'autre.

MAGILE. (Magilus.)

Test ayant sa base contournée en une spirale courte, ovale, héliciforme; à quatre tours contigus, convexes, dont le dernier est plus grand et se prolonge en tube dirigé en ligne droite ondée. Le tube convexe en-dessus, caréné en-dessous, un peu déprimé et plissé sur les côtés : à plis lamelleux, serrés, ondés, verticaux, plus épais d'un côté que de l'autre.

Animal inconnu.

Testa basi in spiram brevem ovatam heliciformem convoluta ; anfractibus quatuor contiguis convexis : ultimo majore, in tubum elongatum undato-rectum porrigente. Tubus suprà convexus, infernè carinatus, ad latera subdepressus plicatus ; plicis lamellosis confertis undatis verticalibus, in altero tubi latere crassioribus.

Animal ignotum.

OBSERVATIONS.

Le singulier test du *magile* offre, à sa base, une spirale héliciforme, ordinairement enchassée dans l'épaisseur d'un corps madréporique. Le dernier tour de cette spirale s'allonge progressivement en un tube de la forme ci-dessus indiquée, et qui acquiert quelquefois une longueur considérable. Il paraît que l'animal est contourné en spirale dans ses premiers développemens, et qu'ensuite il s'allonge en ligne droite ondée, s'enveloppant d'un tube, s'y déplaçant successivement, et remplissant de matière testacée l'espace qu'il abandonne à mesure qu'il se déplace. Il en résulte qu'au lieu de former derrière lui quelques cloisons séparées, comme dans plusieurs serpules, cet animal remplit d'abord la spirale qu'il a quittée, remplit après la portion du tube qu'il n'occupe plus, et se trouve toujours contenu dans la cavité restante de son tube. Cette cavité est arrondie, très lisse en ses parois, et offre inférieurement une gouttière qui correspond à la carène du tube. Au rapport de M. *Mathieu*, on observe assez souvent ce corps testacé à l'Isle-de-France, et quelquefois son tube a jusqu'à trois pieds de longueur.

En considérant la description que Pallas donne de son *serpula gigantea* (Miscell. Zool. p. 139. t. 10. f. 2—10.), il me paraît hors de doute que cette serpule est une espèce du genre *magile*. S'il en est ainsi, l'animal des *magiles* serait connu dans ses caractères principaux, celui de Pallas étant déjà distinct des serpules, par ses branchies spirales resserrées en massue, et par les petites cornes de son opercule.

ESPECE.

1. Magile antique. *Magilus antiquus*.

Campulote. Guett. Mém. vol. 3. p. 540. pl. 71. f. 6.

Magilus antiquus. Montfort. Conch 2. p. 43. *figura mala*.

Mus. n.o Mon cabinet.

Habite.... Je crois que c'est celle de l'Ile de France. Les exemplaires du Muséum ne sont point fossiles.

Nota. MM. Péron et Lesueur ont rapporté la spirale seulement d'un magile jeune, renfermé dans l'épaisseur d'une astrée. Cette spirale est à test mince, finement lamelleux, et n'a pas encore de tube. Je crois qu'elle appartient à une espèce particulière que je nommerai provisoirement, magile de Péron, *Magilus Peronii*.

CLASSE DIXIÈME.

LES CIRRHIPÈDES. (Cirrhipeda.)

Animaux mollasses, sans tête et sans yeux, testacés, fixés. Le corps comme renversé, inarticulé, muni d'un manteau, ayant en dessus des bras tentaculaires, cirreux, multiarticulés.

Bouche presqu'inférieure, non saillante; à mâchoires transversales, dentées, disposées par paires. Les bras en nombre variable, inégaux, disposés sur deux rangs, et composés chacun de deux cirres sétacés, multiarticulés, ciliés, à peau cornée, portés sur un pédicule commun. L'anus terminant un tube en forme de trompe.

Une moëlle longitudinale noueuse; des branchies externes, quelquefois cachées; circulation par un cœur et des vaisseaux.

Coquille soit sessile, soit élevée sur un pédicule tendineux, flexible; composée de plusieurs valves inégales, tantôt mobiles, tantôt soudées, tapissées intérieurement par le manteau.

Animalia mollia, capite oculisque carentia, testacea, fixa. Corpus subresupinatum, inarticulatum, tegumenti appendice involutum, desuper brachiis tentacularibus, cirratis, multiarticulatis instructum.

Os subinferum, non prominulum : maxillis transversalibus dentatis per paria dispositis. Brachia numero varia, inœqualia, biordinata : singula cirris geminatis, setaceis, multiarticulatis, ciliatis, tegumento corneo indutis, pediculo impositis. Anus tubum proboscideum terminans.

Medulla longitudinalis nodosa ; branchiœ externœ, interdùm absconditœ ; circulatio corde vasculisque confecta.

Testa vel sessilis vel pediculo flexili tendineo elevata ; valvis pluribus modò mobilibus, modò ferruminatis, tegumenti appendice intùs vestitis.

OBSERVATIONS.

Des animaux qui ont une moëlle longitudinale noueuse, des bras ou cirres articulés, à peau cornée, et plusieurs paires de mâchoires qui se meuvent transversalement, ne sont assurément pas des *mollusques* ; des animaux dont le corps est, à l'extérieur, enveloppé d'un manteau en forme de tunique, sans offrir d'anneaux transverses, ni de faisceaux de soies, ne sauraient être des *annelides*; enfin des animaux qui n'ont point de tête, point d'yeux, et dont le corps, muni d'un manteau, se trouve enfermé dans une véritable coquille, ne peuvent être non plus des *crustacés*. Les animaux dont il s'agit, appartiennent donc à une classe particulière, puisqu'on ne peut les rapporter convenablement à aucune de celles déjà établies; or, c'est le cas des *cirrhipèdes* dont j'ai effectivement formé une coupe classique, qui me paraît devoir être conservée. A la vérité, en établissant la classe des crustacés, j'en formais alors le premier ordre de cette classe, sous le nom de crustacés aveugles; mais, peu d'années après, je les en séparai et les rapportai à la fin des mollusques, ce qui ne valait pas mieux.

Sans doute ces mêmes animaux ont des rapports avec ceux des mollusques que nous appelons *conchifères*, puisque leur corps est pareillement muni d'un manteau, quoique différent par sa forme et son usage; et on les a crus voisins des *brachiopodes*. Mais ils ont des rapports fort remarquables avec des animaux d'autres classes; et dans ce cas, il nous semble qu'on doit peser la valeur de ces rapports. Si, par exemple, l'on considère ceux de leurs caractères que fournissent les plus importans de leurs organes, on trouvera sans contredit que c'est des crustacés que les *cirrhipèdes* se rapprochent le plus; car ils en ont le système nerveux; ils ont même des mâchoires analogues à celles des crustacés, et leurs bras tentaculaires semblent tenir des antennes des astaciens : ce sont aussi des filets sétacés, à peau cornée, partagés en une multitude d'articulations.

Les *cirrhipèdes* complettent et terminent l'énorme

branche des animaux articulés. Si leur corps n'offre plus d'articulations ni de peau solide, leurs bras en présentent encore ; or, c'est uniquement parmi les animaux articulés que l'on trouve une moëlle longitudinale noueuse ou ganglionnée dans toute sa longueur. Ils ne se lient donc pas réellement avec les animaux de la classe suivante.

Après eux, le système nerveux change de mode, la moëlle longitudinale noueuse ne reparaît plus, et, dans les conchifères et les mollusques qui suivent, la moëlle épinière ne se montre pas encore. Ce fut pendant la production de ces derniers que la nature prépara le nouveau plan d'organisation des animaux vertébrés, qui devait amener l'existence des animaux les plus parfaits.

Le corps des *cirrhipèdes* est toujours fort raccourci; mais tantôt presque immobile et enfermé dans un test immédiatement fixé, il n'offre aucun prolongement inférieur, et tantôt il est élevé sur un prolongement inférieur, tubuleux et mobile, qui est fixé par sa base, lui permet divers mouvemens, et doit être distingué du corps qui contient les viscères.

Ainsi, tous les *cirrhipèdes* sont adhérens et fixés par leur base sur des corps étrangers et marins. Mais dans les uns, la coquille adhère immédiatement aux corps marins sur lesquels elle est fixée ; tandis que dans les autres, la coquille, dont les valves sont toujours distinctes, mobiles, entourant complètement ou incomplètement le corps, se trouve portée, avec ce corps, par un pédicule tubuleux, tendineux, souple, mobile, plus ou moins contractile, et qui est fixé par sa base. Il ne paraît pas que l'animal ait la faculté de changer son attache, pour se déplacer et aller se fixer ailleurs.

Dans les uns, la tunique qui constitue le manteau de ces cirrhipèdes n'enveloppe qu'une grande portion du corps, et fournit le tégument externe du pédicule de ceux qui ne sont pas sessiles; dans les autres, comme dans les *otions* et les *cinéras*, la tunique enveloppe tout le corps et ne laisse qu'une ouverture antérieure pour la sortie des bras; dans aucun, cette tunique n'est partagée en deux lobes, comme dans beaucoup de conchifères et de mollusques.

Les *cirrhipèdes* ont un cœur que *Poli* a vu battre très-distinctement, un foie, des branchies hors de l'abdomen, attachées sous le manteau, et renfermées dans la coquille, au moins pour les races dont le corps n'est pas élevé sur un pédicule.

Leurs bras varient en nombre et vont jusqu'à vingt-quatre; c'est-à-dire, douze paires, six de chaque côté : ils sont grêles, longs, inégaux, articulés, ciliés, à peau cornée et disposés par paires. Les plus longs se trouvent au sommet du corps. Ils diminuent ensuite graduellement de longueur, de manière que les plus courts sont près de la bouche. Les uns et les autres se roulent en spirale, lorsque l'animal cesse de les étendre et n'en fait point usage. Ces bras n'ont aucune analogie avec les tentacules des mollusques, ni même avec ceux des céphalopodes, dont le propre est d'être sans articulation. Ils seraient plutôt des espèces d'antennes, étant analogues à celles des crustacés macroures; mais l'animal n'ayant point de tête, je les considère comme des bras.

Le propre de la coquille des *cirrhipèdes* est d'être plurivalve. Néanmoins, dans le plus grand nombre de celles qui sont fixées immédiatement, la coquille paraît univalve, parce que ses pièces, qui nous semblent au nombre de quatre à six, sont ordinairement soudées ensemble par les côtés. Cette coquille est conique ou tubuleuse, fixée par sa base, tronquée et ouverte à son sommet. Dans l'ouverture, qui est terminale, on aperçoit deux ou quatre valves mobiles que l'animal écarte et ouvre à son gré, lorsqu'il veut étendre ses bras; qu'il resserre et referme dans le cas contraire, et qui constituent ce qu'on nomme l'*opercule* de la coquille. Mais dans les *cirrhipèdes* qui ne sont fixés que par l'intermède d'un pédicule tubuleux qui soutient le corps et sa coquille, alors cette coquille est constamment plurivalve. Son caractère est toujours fort différent de celui de la coquille immédiatement fixée. En effet, cette coquille plurivalve consiste, dans le plus grand nombre, en un assemblage de cinq pièces testacées, inégales et qui forment, lorsque la coquille n'est pas ouverte, un cône comprimé sur les côtés. Dans certaines espèces, dont on a formé un genre particulier, on voit, outre les cinq pièces principales, beaucoup d'autres plus petites, inégales, situées au-dessous des premières, et que l'on peut considérer comme des pièces accessoires. Dans quelques cirrhipèdes à corps pédiculé, les pièces de la coquille sont isolées ou très-séparées, ne couvrent point entièrement le corps, et ne font qu'y adhérer. Quelquefois même, il n'y en a que deux en tout.

Quelque grande que soit la différence entre la coquille des cirrhipèdes sessiles et celle de ceux qui sont pédiculés, on remarque néanmoins que les animaux des uns et des autres ont entr'eux beaucoup de rapports, et qu'ils sont liés classiquement par une organisation analogue.

Dans aucun de ces coquillages, on ne voit jamais deux valves, soit principales, soit uniques, réunies d'un côté, s'articulant en charnière; et on ne connaît point de ligament propre pour contenir les valves dans ce point de réunion, et pour les ouvrir. Ces valves sont uniquement maintenues dans leur situation, les unes par leur adhérence à la membrane qui les tapisse à l'intérieur, les autres par celle qui les fixe autour de l'extrémité supérieure du pédicule du corps. Cette disposition des valves, qui jamais ne s'articulent en charnière, montre une grande différence entre la coquille plurivalve des *cirrhipèdes* et celle essentiellement bivalve des *conchifères*.

Ceux qui ont un tube qui soutient la coquille, reçoivent, dans ce tube, les œufs qui se séparent de leur double ovaire. Ils s'y perfectionnent; et comme ce tube n'est point simple et qu'il a des parties musculeuses à l'intérieur, les œufs remontent ensuite dans la coquille et sont rejetés au dehors.

On ne connaît encore qu'un petit nombre de genres appartenant à cette classe d'animaux, quoiqu'on les ait multipliés en considérant mieux les caractères de races déjà observées. Cependant, comme ces animaux sont marins, il est à présumer qu'il en existe un grand nombre que nous n'avons pu encore recueillir, parce que les circonstances dans lesquelles ils se trouvent, les ont fait échapper à nos recherches. Je partage les cirrhipèdes en deux ordres qui sont extrêmement distincts l'un de l'autre; en voici le tableau :

DIVISION DES CIRRHIPÈDES.

ORDRE PREMIER.

CIRRHIPÈDES SESSILES.

Leur corps n'a point de pédoncule, et se trouve enfermé dans une coquille fixée sur les corps marins. La bouche est à la partie supérieure et antérieure du corps.

(1) Opercule quadrivalve.

Tubicinelle.
Coronule.
Balane.
Acaste.

(2) Opercule bivalve.

Pyrgome.
Creusie.

ORDRE SECOND.

CIRRHIPÈDES PÉDONCULÉS.

Leur corps est soutenu par un pédoncule tubuleux, mobile, dont la base est fixée sur les corps marins. La bouche est presqu'inférieure.

(1) Corps incomplètement enveloppé par sa tunique. Sa coquille,

composée de pièces contigües, laisse à l'animal une issue libre, lorsqu'elle s'ouvre.

Anatife.

Pouce-pied.

(2) Corps tout à fait enveloppé par sa tunique, mais qui offre une ouverture antérieure. Sa coquille, formée de pièces séparées, n'a pas besoin de s'ouvrir pour la sortie des bras de l'animal.

Cinéras.

Otion.

ORDRE PREMIER.

CIRRHIPÈDES SESSILES.

Leur corps n'a point de pédoncule, et se trouve enfermé dans une coquille fixée immédiatement sur les corps marins. La bouche est à la partie supérieure et antérieure du corps.

Si l'on ne savait, par l'observation, que l'organisation des animaux de cet ordre est fort analogue à celle des cirrhipèdes pédonculés, à peine oserait-on les ranger tous dans la même classe, tant, à l'extérieur, les deux sortes de coquillages qu'ils présentent sont différentes.

En effet, la coquille des *cirrhipèdes sessiles* n'est jamais comprimée sur les côtés, paraît en général d'une seule pièce, ressemble à un cône ou à un tube tronqué au sommet, et offre constamment à l'intérieur un opercule formé de deux ou quatre pièces mobiles que l'animal écarte lorsqu'il veut faire sortir ses bras tentaculaires.

Cette coquille, solide et calcaire, ainsi que les pièces de son opercule, est toujours fixée sans intermède sur les corps, et ne saurait se déplacer. Par ces différens caractères, elle diffère considérablement de celle des cirrhipèdes pédonculés. Néanmoins les rapports entre les cirrhipèdes, sessiles et pédonculés, sont si grands, que Linné les réunissait tous dans un seul genre, celui de *lepas*. Mais *Bruguière*, sentant la nécessité de diviser le genre *lepas*, au moins en deux genres particuliers, établit à ses dépens ses *balanus* et ses *anatifa*, qui forment actuellement nos deux ordres. Nous rapportons, au premier de ces ordres, les six genres qui suivent.

TUBICINELLE. (Tubicinella.)

Corps renfermé dans une coquille, et faisant saillir supérieurement des bras petits, sétacés, cirreux, inégaux.

Coquille univalve, operculée, tubuleuse, droite, un peu atténuée vers sa base, entourée de bourrelets en anneaux, tronquée aux deux bouts, ouverte au sommet, et fermée à la base par une membrane. Opercule à quatre valves obtuses.

Corpus in testâ inclusum, supernè brachia, parva, setacea, cirrhata inæqualiaque exerens.

Testa univalvis, operculata, cylindraceo-tubulosa, recta, versùs basim subattenuato, costis transversis annulatìm cincta, utrinque truncatâ, apice pervia, membrana postice clausa. Operculum quadrivalve, valvulis obtusis.

OBSERVATIONS.

En attendant que les particularités de l'animal de la *tubicinelle* soient plus connues, nous savons que sa coquille est fort différente de toutes celles des autres cirrhipèdes; qu'elle présente un tube droit, testacé, cylindracé, un peu atténué vers sa base, tronqué aux deux bouts, et muni de bourrelets transverses, en anneaux, qui sont les indices de ses divers accroissemens, chaque bourrelet ayant été d'abord le bord même de l'ouverture de la coquille. Cette coquille semble ouverte aux deux bouts; mais sa troncature inférieure est, pendant la vie de l'animal, fermée par une membrane dont on apperçoit les restes. Cette même coquille est fixée sur le corps des baleines, s'y enfonce partiellement à mesure qu'elle grandit, pénétrant à travers la peau, jusques dans l'épaisseur de la graisse de ces cétacés. Son ouverture est orbiculaire. Les valves de son opercule sont trapézoïdes, obtuses, mobiles, et insérées dans la partie supérieure de la paroi interne de la coquille. La *tubicinelle* a évidemment de grands rapports avec les coronules, et néanmoins sa coquille est très-différente de la leur.

ESPECE.

1. Tubicinelle des baleines. *Tubicinella balænarum.*

Annales du Mus. vol. 1. p. 461. tab. 30. f. 1.

Mus. vormianum. p. 281.

Tubicinella Lamarckii. Leach. cirrip. acampt. f. 1 1

Habite sur les baleines des mers de l'Amérique méridionale.

CORONULE. (Coronula.)

Corps sessile, enveloppé dans une coquille, faisant saillir supérieurement des bras petits, sétacés et cirreux.

Coquille sessile, paraissant univalve, suborbiculaire, conoïde ou en cône rétus, tronquée aux extrémités, à parois très-épaisses, intérieurement creusées en cellules rayonnantes. Opercule de quatre valves obtuses.

Corpus sessile, testâ operculatâ involutum, supernè brachia parva, setacea cirrataque exerens.

Testa sessilis, suborbicularis, valvam indivisam simulans, conoidea, aut conico-retusa, extremitatibus truncata; parietibus crassissimis, intùs cellulis radiantibus excavatis. Operculum quadrivalve: valvis obtusis.

OBSERVATIONS.

Ici, le bord de l'ouverture n'étant jamais renflé en bourrelet, la coquille n'est point cerclée transversalement par des bourrelets en anneaux, comme dans la tubicinelle. Son ouverture est toujours régulière, arrondie-elliptique, légèrement hexagone, et les valves de l'opercule, qui tiennent plutôt à l'animal qu'à sa coquille, ont leur insertion voisine de la base de la paroi interne. La lame testacée qui tapisse la paroi interne de la coquille, s'étend jusqu'en bas dans les *coronules*, et ne s'arrête pas à moitié, comme dans les balanes. L'épaisseur de la coquille va en s'aggrandissant inférieurement, et se trouve divisée dans son intérieur en quantité de cellules rayonnantes, grandes ou petites, qui montrent que cette coquille a une structure très-particulière. Sa troncature inférieure n'a point de lame calcaire pour clore cette extrémité; mais une membrane que fournit l'animal y supplée. Les coronules vivent sur le corps de certains animaux marins, comme les baleines, les cachalots, les tortues de mer, s'enfonçant en partie par leur base dans l'épaisseur de ces corps, lorsque leur tégument n'a pas trop de dureté. On en trouve néanmoins qui vivent sur des corps durs, comme des coquilles, etc.

ESPECES.

1. Coronule diadème. *Coronula diadema.*

C. testâ ventricoso-cylindraceâ, truncatâ; angulis sex, quadricostatis: costis longitudinalibus transversè striatis.

Lepas diadema. Lin. Born. Mus. p. 10. t. 1. f. 5. 6.

Chemn. Conch. 8. p. 319. t. 99. f. 843. 844.

Balanus diadema. Brug. dict. n.° 18. Encycl. pl. 165. f. 13. 14.

Habite sur les baleines, etc.

2. Coronule rayonnée. *Coronula balænaris.*

C. testâ orbiculato-convexâ; radiis sex angustis transversè striatis; interstitiis sulcatis: sulcis radiantibus.

Lepas balœnaris. Gmel.

Pediculus balænaris. Chemn. Conch. 8. t. 99. f. 845. 846.

Annales du Mus. vol. 1. p. 468. tab. 30. f. 2. 3. 4.

Habite sur les baleines. Encycl. pl. 165. f. 17. 18.

3. Coronule des tortues. *Coronula testudinaria.*

C. testâ elliptico-convexâ; radiis sex angustis transversè striatis; interstitiis lœvibus.

Lepas testudinarius. Lin. Gualt. Conch. t. 106. fig. m. n. o.

Chemn. Conch. 8. t. 99. f. 847. 848.

Balanite des tortues. Brug. dict. n.° 19.

Encycl. pl. 165. f. 15. 16.

Habite la Méditerranée, l'Océan, sur les tortues de mer, etc. Elle est très-distincte de la précédente. Les cellulosités de son épaisseur sont très-fines.

BALANE. (Balanus.)

Corps sessile, enfermé dans une coquille operculée. Bras nombreux, sur deux rangs, inégaux, articulés, ciliés, composés chacun de deux cirres soutenus par un pédicule, et exsertiles hors de l'opercule. Bouche sans saillie, ayant quatre mâchoires transverses, dentées, et en outre quatre appendices velus, ressemblant à des palpes.

Coquille sessile, fixée, univalve, conique, tronquée au sommet, fermée au fond par une lame testacée adhérente. Ouverture subtrigone ou elliptique. Opercule intérieur, quadrivalve : les valves mobiles, insérées près de la base interne de la coquille.

Corpus sessile, testâ operculatâ inclusum. Brachia numerosa, biordinata, inæqualia, articulata, ciliata, cirris gemellis pedunculo impositis composita, extrà operculum exsertilia. Os non prominulum : maxillis quatuor transversis dentatis; præterea appendicibus quatuor hirsutis palpos simulantibus.

Testa sessilis, affixa, univalvis, conica, apice truncata : fundo lamellâ testaceâ adhærente clauso. Apertura subtrigona aut elliptica. Operculum internum, quadrivalve : valvis mobilibus, propè basim internam testæ insertis.

OBSERVATIONS.

Ce n'est point de toutes les balanites de *Bruguière* dont il s'agit ici, mais seulement de celles dont la coquille est tout à fait univalve par la soudure de ses pièces, fermée inférieurement par une lame testacée, et qui a un opercule quadrivalve. Nos *balanes* embrassent une grande partie de ces coquillages marins que l'on trouve fixés sur les rochers, les coraux, les coquilles diverses, et qu'on nomme vulgairement *glands de mer*. Comme ceux-ci sont très-nombreux et fort diversifiés dans les mers, il nous a paru qu'ils constituaient plutôt un ordre qu'un seul genre; et en effet nous avons déjà distingué parmi eux plusieurs genres particuliers qui facilitent leur étude.

La coquille des *balanes* est immobile dans toutes ses parties externes; c'est un cône en général court, quelquefois allongé, fixé sans intermède sur les corps marins, et qui paraît univalve, les pièces qui le composent étant bien soudées ensemble. Ce cône est tronqué et ouvert à son sommet, et son ouverture, souvent un peu irrégulière, est trigone ou elliptique. Comme les parois de ce cône sont immobiles, l'animal serait à découvert et exposé dans sa partie supérieure, si la nature ne l'avait pourvu d'un opercule dont les pièces mobiles pussent s'ouvrir à son gré, pour le passage de ses bras cirreux et des alimens qu'il veut saisir. Les pièces de cet opercule, ici au nombre de quatre, s'articulent tantôt près de la base interne des parois de la coquille, et tantôt vers le milieu de ces parois. Elles forment, en se réunissant, un cône intérieur souvent pointu, qui cache alors la partie supérieure de l'animal. Une lame testacée, en grande partie libre, tapisse la partie supérieure et interne de la coquille, et ne descend point jusqu'en bas.

Dans les *cirrhipèdes* du second ordre, la coquille proprement dite n'existe plus, selon nous, mais seulement l'opercule qui en tient lieu et que la nature a varié dans le nombre et la disposition des pièces, suivant les genres.

Le test des *balanes* est médiocrement poreux dans l'épaisseur de ses parois, et comme la paroi interne de ce test est lisse, il n'est pas probable qu'aucune des parties du manteau de l'animal pénètre dans ces pores. Il n'en est pas de même des *coronules*, dont le fond de la coquille n'est point fermé par une lame testacée, et dont les chambres nombreuses des parois du test sont ouvertes inférieurement.

On apperçoit sur le cône des *balanes*, les indices de ses accroissemens en hauteur, et sur la lame de son fond, ceux de ses accroissemens en largeur. Probablement à chaque station d'accroissement, l'animal désunit les pièces de sa coquille, et ensuite les soude entr'elles de nouveau. Les pièces du cône nous paraissent au nombre de six, à quoi ajoutant celle du fond, la coquille en offre sept.

Les valves réunies se recouvrent les unes les autres par leurs bords latéraux, s'enchâssent même quelquefois, et offrent souvent entr'elles, sur leurs côtés, des espaces allongés, verticaux, plus enfoncés que le test, et qui s'élargissent supérieurement; c'est à ces espaces particuliers que Bruguière a donné le nom de rayons.

ESPECES.

1. Balane anguleuse. *Balanus angulosus.*

B. testâ albidâ, conicâ, longitudinaliter costatâ; costis subacutis inæqualibus; radiis transversè striatis.

Mus. n.o

Habite les mers d'Europe, sur le *cancer pagurus.* Elle est multangulaire et se rapproche de la suivante.

2. Balane sillonnée. *Balanus sulcatus.*

B. testâ albidâ, conicâ, longitudinaliter sulcatâ; sulcis obtusis; radiis transversè striatis.

Lepas balanus? Lin. Syst. nat. p. 1107. Poli test. 1. t. 4. f. 5.

Lepas balanus. Born. Mus. p. 8. t. 1. f. 4.

Chemn. Conch. 8. p. 301. t. 97. f. 820.

Balanus sulcatus. Brug. dict. n.o 1. Encycl. pl. 164. f. 1.

(B) *Var. foss. ex Italiâ.*

Habite les mers d'Europe. Mus. n.o Elle tient à la balane tulipe, et conserve quelquefois une teinte rougeâtre. La base de la coquille est comme plissée. La variété fossile se trouve en Piémont et dans le Plaisantin. M. *Ménard.*

3. Balane tulipe. *Balanus tintinnabulum.*

B. testâ purpurascente, conica, subventricosâ, longitudinaliter lineatâ; radiis transversè striatis; operculo postice rostrato.

Lepas tintinnabulum. Lin. S. nat. p. 1108.

(a) *Testâ conicâ, basi latâ.*

Gualt. Conch. t. 106. fig. H.

Chemn. Conch. 8. t. 97. f. 830.

(b) *testâ conicâ, ventricosâ, obliquatâ.*

Rumph. Mus. t. 41. fig. A.

Chemn. Conch. 8. t. 97. f. 829.

(c) *testâ elongato-conicâ, vix ventricosâ.*

Dargenv. Conch. t. 30. fig. A. Knorr. Vergn. 5. t. 30. f. 1.

Chemn. Conch. 8. t. 97. f. 828. Encycl. pl. 164. f. 5.

Habite l'Océan d'Europe, d'Amérique et de l'Inde. Mus. n.° Espèce commune dans les collections, assez grande et qui varie beaucoup. On la trouve fossile en Italie.

14. Balane noirâtre. *Balanus nigrescens.*

B. testâ violaceo-nigrâ, subconicâ, elongata; sulcis profundis longitudinalibus; radiis transversè striatis; operculo postice rostrato.

Mus. n.°

Habite les mers de la Nouvelle Hollande. Voyage de *Péron.*

15. Balane cylindracée. *Balanus cylindraceus.*

B. testâ basi angustiore, elongatâ, subventricosâ, albidâ vel purpurascente radiis transversè striatis.

List. Conch. tab. 443. f. 285.

Knorr. Vergn. 2. t. 2. f. 6

(b) *Var. testâ cylindraceâ, longissimâ.*

Gualt. Conch. tab. 106. fig. E.

(c) *Var. foss. testis aggregatis.*

Habite l'Océan d'Europe et d'Amérique. Mus. n.° Quoique voisine de la balane tulipe, sa coquille n'est point conique; sa base est moins large qu'ailleurs. La variété (b) a quelquefois jusqu'à quatre pouces de longueur. La variété (c) se trouve près de Turin.

16. Balane caliculaire. *Balanus calycularis.*

B. testâ ovatâ, ventricosâ, basi coarctatâ; radiis lævibus; valvis supernè distinctis, subdisjunctis.

Mon cabinet.

Habite les mers d'Amérique, sur des racines. Opercule obliquement pyramidal, à peine rostré, à valves antérieures longues, très-sillonnées.

7. Balane rose. *Balanus roseus.*

B. testâ obliquè conicâ, ventricosâ, roseo-purpurascente; radiis non striatis.

Mus. n.°

Habite l'Océan de la Nouvelle-Hollande, à l'île St.-Pierre, St.-François. Voyage de Péron.

8. Balane œuvée. *Balanus ovularis.*

B. testâ gregali, cylindraceo-ventricosâ, truncatâ, albâ, lævi; aperturâ dilatatâ; radiis lævibus; operculi valvis subacutis.

An lepas balanoides? Lin. Syst. nat. p. 1108.

(a) *Testa breviuscula; altitudine aperturæ latitudinem paululùm superante.*

(b) *Testa oblonga; altitudine aperturæ latitudinem duplo superante.*

Bonan. recr. 2. f. 14. *pessima.*

Chemn. Conch. 8. t. 97. f. 824.

(c) *Testa majuscula, subventricosa.*

Habite les mers d'Europe, sur les corps marins. Les individus nombreux et serrés les uns à côté des autres, ont l'aspect d'œufs rassemblés et très-blancs. Les valves de l'opercule ne sont point sillonnées. Mus. n.°

9. Balane chétive. *Balanus miser.*

B. testâ gregali, brevi, truncatâ; valvis rectis, dorso lævibus aut longitudinaliter divisis; aperturâ dilatatâ; operculi valvis acutis.

Chemn. Conch. 8. t. 97. f. 821. Encycl. pl. 164. f. 4.

(b) *Eadem paulò longior, cylindrica, dorso infernè 2. seu 3 sulcato.*

Habite les mers de l'Europe. Mus. n.° On l'a confondue avec le *lepas balanoides*, dont elle diffère beaucoup. La var. b. habite dans la Manche, et se trouve fossile en Italie.

10. Balane amphimorphe. *Balanus amphimorphus.*

B. testa gregali, purpurascente, ovatâ, subventricosâ; radiis parvis; aperturâ subdilatatâ.

Mus. n.°

Habite.... Celle-ci n'est peut-être qu'une variété de la B. tulipe; mais elle tient de très-près à la suivante, sauf son ouverture peu resserrée. Elle varie à la couleur blanche; les individus ne viennent point les uns sur les autres. On la trouve fossile en Italie.

11. Balane perforée. *Balanus perforatus.*

B. testâ gregali, purpuro-violaceâ, ovato-conicâ; radiis albis angustis; aperturâ coarctatâ.

(a) *Testa conica substriata.* Mon cabinet.

Chemn. Conch. 8. t. 97. f. 822. Encycl. pl. 164. f. 2.

(b) *Testa ventricoso-conica.* Mus. n.°

Bonan recr. 1. f. 15.

Chemn. Conch. 8 t. 98. f. 840. Encycl. pl. 164. f. 12. in-f.

Balanus perforatus. Brug. dict. n.° 9.

Habite la Méditerranée, les côtes de Barbarie, celles du Sénégal, etc.

12. Balane lisse. *Balanus lœvis.*

B. testâ conicâ, lœvi; aperturâ coarctatâ; radiis angustis insculptis.

Balanus lœvis. Brug. dict. n.° 2.

(b) *Var. testâ tenui; striis longitudinalibus crebris minimis.*

Habite l'Océan atlantique austral, les côtes du Brésil. Taille petite ou médiocre. Coquille mince, blanche, en cône oblique.

13. Balane épineuse. *Balanus spinosus.*

B. testâ albo-rubescente, ovato-conicâ, spinis tubulosis echinatâ; radiis transversè striatis.

Lepas spinosa. Gmel. p. 3213.

Chemn. Conch. 8, p. 317, tab. 98. f. 840 et t. 99. f. 841.

Balanus spinosus. Brug. n.° 8. Encycl. pl. 164. f. 10.

Habite l'Océan atlantique austral. Mus. n.° Et mon cabinet.

14. Balane radiée. *Balanus radiatus.*

B. testâ conicâ, lineis violaceis pictâ; radiis lœvibus.

Chemn. Conch. 8. p. 319. t. 99. f. 842.

Encycl. pl. 164. f. 15. *Balanus radiatus.* Brug. n.° 12.

Habite la mer des grandes Indes. Mon cabinet.

15. Balane palmée. *Balanus palmatus.*

B. testâ depresso-conicâ, lævi; valvis infernè fissis, digitato-palmatis.

An balanus striatus? Brug. dict. n.° 3. *Lepas palmipes?* Gmel.

Habite les mers d'Europe, sur des moules. Mon cabinet. Coquille petite, blanche. J'en possède une variété à côtes, dont la circonférence inférieure est à peine divisée.

16. Balane stalactifère. *Balanus stalactiferus.*

B. testâ conoideâ, obliquâ, infernè crassiore, cellulosâ; extùs sulcis filiformibus creberrimis, adpressis; radiis nullis; aperturâ coarctatâ.

Balanus squamosus. Brug. n.° 17.

Encycl. pl. 165. f. 9—10.

An balanus cranchii? Leach. Cirrip. pl.

(b) *Var. sulcis granulosis.*

Habite les mers de St.-Domingue. *Pagès.* Elle vit aussi dans les mers des grandes Indes. Elle tient à la suivante et à la B. crêpue par ses rapports. Sa coquille est d'un gris bleuâtre; ses sillons ressemblent à des stalactites filiformes, inégales, serrées.

17. Balane plissée. *Balanus plicatus.*

B. testâ depresso-conicâ, plicis inæqualibus longitudinalibusque radiatâ; aperturâ tetragonâ; radiis quatuor transversè rugosis.

(a) *Testa valdè depressa, stelliformis.*

(b) *Testa conica.*

(c) *Testa conica scaberrima; plicis tuberculato-granosis.*

Habite les mers de la Nouvelle Hollande. *Péron* et *Lesueur.* Mus. n.° Son test est épais et très-poreux dans l'épaisseur de sa base. Le fond de la coquille paraît dépourvu de lame testacée. Les valves de l'opercule ont leur bord supérieur ondé, sublobé.

18. Balane double-cône. *Balanus duploconus.*

B. testæ parte supremâ univalvi, indivisâ, convexâ: inferiore turbinatâ, non clausâ; aperturâ ellipticâ.

Balanus duploconus. Péron.

Habite les mers de la Nouvelle Hollande, port de l'ouest, sur un madrépore. L'exemplaire est sans opercule et incomplet.

19. Balane patellaire. *Balanus patellaris.*

B. testâ depresso-conicâ, rudi, cinereo-violascente; plicis inæqualibus radiantibus; aperturâ ellipticâ.

Cabinet de M. *Ménard. Lepas stellata?* Poli, test. 1. t. 5. f. 18.

Habite la rade de Villefranche, près de Nice, sous les rochers submergés. Petite espèce qui tient de la B. plissée. Son bord inférieur est festonné, mince, sans cellulosité distincte.

20. Balane demi-plissée. *Balanus semiplicatus.*

B. testâ ovato-conicâ; valvis supernè sulcato-plicatis; radiis transversè striatis.

Habite l'Océan atlantique méridional. Taille petite ou médiocre; individus grouppés, nombreux. Mon cabinet. Elle varie à plis prolongés jusqu'au bas.

21. Balane des gorgones. *Balanus galeatus.*

B. testâ ovato-obliquatâ, subconicâ; aperturâ obliquâ, trigonâ. Lepas galeata. L. Mant. 2. p. 544. Gmel. p. 3209.

Schroet. Einl. in die Conch. 3. p. 518. t. 9. f. 20.

Balanus galeatus. Brug. dict. n.° 16. Encycl. pl. 165. f. 7. 8.

Habite l'Océan asiatique, sur des gorgones qui l'encroûtent. Son ouverture n'est point latérale; mais la position de la coquille sur la gorgone, lui donne cette apparence.

22. Balane subimbriquée. *Balanus subimbricatus.*

B. testâ conoideâ; costis crassis carinato-imbricatis; operculi valvis sinuato-lobatis.

Mus. n.°

Habite les mers de la Nouvelle Hollande, baie des chiens marins. *Péron et Lesueur.*

23. Balane ridée. *Balanus rugosus.*

B. testâ albo-rubescente, conoideâ, longitudinaliter rugosâ; aperturâ minimâ.

Mus. n.°

Habite.... Du voyage de Péron, sur une pointe d'oursin. Ce n'est point le *lepas rugosa*. Mont. act. soc. lin. 8, p. 25. t. 1. f. 5, qui ne m'est pas connu.

24. Balane plancienne. *Balanus plancianus.*

B. testá albá, conicá, brevi, lævigatá; aperturá dilatatá; operculo compresso : valvis obtusissimis.

Plancus Conch. p. 29. tab. 5. f. 12.

Habite la mer adriatique. Collect. de M. *Ménard*. Cette espèce nous paraît fort différente de notre balane œuvée, n.o 8.

25. Balane pustulaire. *Balanus pustularis.*

B. testá brevi, subconicá; valvis lævibus; radiis sex : duobus solitariis; aliis per paria remota geminatis.

Habite..... Fossile d'Andona en Piémont. Cabinet de M. *Ménard.*

26. Balane crêpue. *Balanus crispatus.*

B. testá conicá, truncatá; radiis quinque; valvulis apice nudis, infernè muricato-crispatis.

Lepas crispata. Schroet. Einl. in Conch. 3. p. 534. t. 9. f. 21.

Balanus crispatus. Brug. dict. n.o 7.

Encycl. pl. 164. f. 11.

Habite.... On la trouve fossile en Italie. Cette espèce a l'aspect du *B. conoideus*, n.o 16; mais elle a des rayons bien apparens.

27. Balane ponctuée. *Balanus punctatus.*

B. testá conicá, transversè striatá, albo punctatá; radiis lævibus; operculo posticè bicorni. Br.

Balanus punctatus. Brug. n.o 11. Encycl. pl. 164. f. 14.

Chemn. Conch. 8. tab. 97. f. 827.

Habite l'Océan des Indes.

28. Balane fistuleuse. *Balanus fistulosus.*

B. testá tubulosá, elongatá, striatá; valvulis supernè dehiscentibus; aperturá patulá.

Lepas elongata. Chemn. Conch. 8. tab. 98. f. 838.

Balanus fistulosus. Brug. n.º 6. Encycl. pl. 164. f. 7. 8.
Habite l'Océan boréal.

29. Balane large. *Balanus latus.*

B. testâ brevi, conicâ, truncatâ; basi latâ, lobatâ; valvis sub tabulâ externâ deciduâ sulcatissimis.

Balanus major, latus. List. Conch. tab. 442. f. 284.
Habite l'Océan des Antilles. Mon cabinet.
Etc. Ajoutez le *balanus patelliformis* de Bruguière, n.º 14, et d'autres encore.

ACASTE. (Acasta.)

Animal. . . .

Coquille sessile, ovale, subconique, composée de pièces séparables. Cône formé de six valves latérales, inégales, réunies; ayant pour fond une lame orbiculaire, concave au côté interne, et ressemblant à une patelle ou à un gobelet. Opercule quadrivalve.

Animal. . . .

Testa sessilis, ovata, subconica, partibus separabilibus composita. Conus ex valvis senis lateralibus coadunatis; fundo lamellâ seu valvâ orbiculatâ, latere interno concavâ, patellam vel pocillum simulante. Operculum quadrivalve.

OBSERVATIONS.

Les *acastes* ne sont point fixées sur des corps solides ou durs, et paraissent vivre toutes dans des éponges. Dans une espèce que j'avais observée, j'appercevais des motifs de distinction pour un genre particulier, et j'attendais la confirmation de ce genre, dans l'observation de quelque autre espèce, offrant les mêmes caractères. M. *Leach* vient d'établir ce genre sous le nom d'*acasta*, que je m'empresse d'adopter.

Les valves des *acastes* ont peu d'adhérence entr'elles, surtout celle du fond ; et comme elles sont inégales, l'ouverture de la coquille est irrégulière. Cette coquille posée, ne peut se tenir debout, la valve de sa base étant convexe en dehors, quelquefois conoïde.

ESPÈCES.

1. Acaste de montagu. *Acasta montagui.*

A. testâ valvis acutis, transversè striatis, extùs spinulis ascendentibus muricatis.

Acasta montagui. Leach. Cirrip. Acampt. pl. f.

Habite.... Valve inférieure patelliforme.

2. Acaste gland. *Acasta glans.*

A. ovalis ; testâ supernè spinulosâ, transversìm substriatâ ; valvâ baseos cyathiformi, margine sex-dentatâ.

Mus. n.°

Habite à la Nouvelle Hollande, à l'île *King*, dans des éponges. *Péron.* Elle est rougeâtre, peu épineuse, et les six dents de sa valve inférieure sont inégalement espacées : quatre sont par paires écartées ; les deux autres sont solitaires.

3. Acaste sillonnée. *Acasta sulcata.*

A. testâ oblonga, longitudinaliter sulcatâ ; sulcis scabriusculis ; valvâ baseos pocillatâ, margine crenulatâ.

Mus. n.°

Habite la baie des chiens marins, à la Nouvelle Hollande, dans les éponges. *Péron.* Petite, blanche, presque transparente.

Etc. Ajoutez le *lepas spongites* (*a. spongites*), Poli test. 1. p. 25. tab. 6. f. 5.

CREUSIE. (Creusia.)

Corps sessile, subglobuleux, enfermé dans une coquille operculée. Trois ou quatre paires de bras tentaculiformes. Bouche sans saillie, à la partie antérieure et supérieure du corps.

Coquille sessile, fixée, orbiculaire, convexe-conique, composée de quatre valves : les valves inégales, réunies, distinctes par leurs sutures. Opercule intérieur, bivalve.

Corpus sessile, subglobosum, testâ operculatâ inclusum. Brachiorum tentaculiformium paria tria vel quatuor. Os non prominulum, in anticâ et supremâ corporis parte.

Testa sessilis, fixa, orbiculata, convexo-conica, quadrivalvis : valvis inœqualibus, coadunatis; suturis distinctis. Operculum internum, bivalve.

OBSERVATIONS.

Parmi le petit nombre de glands-de-mer dont l'opercule est bivalve, on ne connaît encore que deux genres, les *creusies* et les *pyrgomes*; ce sont, en général, des coquilles fort petites, fixées sur des madrépores ou sur d'autres corps marins. Le genre des *creusies* a été établi par M. *Leach*; il se distingue des pyrgomes, par la coquille composée de quatre valves bien distinctes par leurs sutures.

ESPECES.

1. Creusie de strome. *Creusia stromia.*

C. testâ conico-convexâ; valvis sulcis radiatis; suturis duabus serratis.

Lepas stromia. Mull. Zool. dan. 3. p. 21. tab. 94. f. 1—4.
Habite les mers du Nord. Ouverture trigone.

2. Creusie spinuleuse. *Creusia spinulosa.*

C. testâ turbinatâ, convexâ, suturis quatuor signatâ; sulcis minimis, radiantibus, spinulosis.

Creusia spinulosa. Leach. cirrip. acampt. pl. f.

Habite les mers de l'Inde, sur un madrépore. L'opercule est obliquement pyramidal. Ses valves, plus larges qu'élevées, sont sillonnées transversalement en-dehors. Ouverture ronde.

3. Creusie verrue. *Creusia verruca.*

C. testâ depressâ, obliquè lamelloso-striatâ; aperturâ subquadratâ.

Lepas striata. Pennant, Zool. brit. 4. pl. 38. f. 7.
Lepas verruca. Chemn. Conch. 8. t. 98. f. 834.
Balanus verruca. Brug. n.° 13. Encycl. pl. 164. f. 16. 17.
Habite les mers du Nord.

PYRGOME. (Pyrgoma.)

Animal. . . .

Coquille sessile, univalve, subglobuleuse, ventrue, convexe en-dessus, percée au sommet. Ouverture petite, elliptique. Opercule bivalve.

Animal. . . .

Testa sessilis, univalvis, globoso-ventricosa, supernè convexa, apice forata. Apertura parva, elliptica. Operculum bivalve.

OBSERVATIONS.

M. *Savigny* est le premier qui ait reconnu, distingué et nommé ce genre, et probablement il nous éclairera sur l'animal, lorsqu'il en publiera la description.

La *pyrgome* diffère fortement des *creusies*, au moins par sa coquille qui paraît entièrement univalve, subglobuleuse, et dont la paroi intérieure est sillonnée longitudinalement. Le dos convexe de cette coquille offre un espace elliptique, circonscrit par un bord crénelé, et c'est presqu'au milieu de cet espace que se trouve l'ouverture. La coquille est enchâssée dans l'épaisseur d'un polypier pierreux, de notre genre *astrea*.

ESPECE.

1. Pyrgome rayonnante. *Pyrgoma cancellata.*

Pyrgoma cancellata. Leach. cirrhip.
Pyrgoma. Sav. Mss.
Habite... la mer rouge? De l'ouverture au bord de l'espace dorsal, partent des sillons convexes et en rayons. C'est la substance du polypier qui les rend échinés.

ORDRE SECOND.

CIRRHIPÈDES PÉDONCULÉS.

Leur corps est soutenu par un pédoncule tubuleux, coriace, mobile, dont la base est fixée sur les corps marins. La bouche est presque inférieure.

Sauf ce qui constitue l'essentiel de l'organisation intérieure, les *cirrhipèdes pédonculés* sont si différens de ceux de notre premier ordre, qu'il est étonnant que Linné les ait réunis les uns et les autres dans le même genre. Malgré son autorité, *Bruguière* a distingué ceux dont il s'agit ici, et en a formé son genre anatife.

Il semble d'abord que ce soit surtout par la coquille que les cirrhipèdes de cet ordre sont si différens des cirrhipèdes sessiles; mais si l'on considère que le tube qui soutient cette coquille est réellement une partie même de l'animal, on sentira que les différences entre les animaux des deux ordres, embrassent différens rapports. Dans ma manière de juger les choses, la coquille analogue ou correspondante à celle des cirrhipèdes sessiles, n'existe plus ici; son opercule seul subsiste après avoir changé de forme et de composition. C'est donc lui seul qui protège maintenant les parties essentielles de l'animal; et comme il est composé de plusieurs pièces inégales, mobiles, susceptibles de s'ouvrir pour les besoins de l'animal qu'il recouvre, nous le verrons lui-même s'atténuer peu-à-peu et presque disparaître, en parcourant les genres qu'il a paru nécessaire d'établir.

Les *cirrhipèdes pédonculés* vivent tous dans la mer. Leurs bras sont cirreux, inégaux, articulés, à peau cornée ou coriace. Leur support tubuleux est organisé, vivant, musculeux intérieurement, reçoit les œufs qui s'y développent et que l'animal fait ensuite remonter pour leur évacuation. Quoiqu'ils n'offrent point de véritable transition aux conchifères, c'est de ces animaux inarticulés qu'il faut les rapprocher, et particulièrement des *conchifères brachiopodes*. Ils ne tiennent nullement aux *pholadaires* : voici les quatre genres qui divisent cet ordre.

ANATIFE. (Anatifa.)

Corps recouvert d'une coquille, et soutenu par un pédoncule tubuleux et tendineux. Bras tentaculaires nombreux, longs, inégaux, articulés, ciliés, sortant d'un côté sous le sommet du corps.

Coquille comprimée sur les côtés, à cinq valves : les valves contiguës, inégales; les inférieures des côtés étant les plus grandes.

Corpus testâ obtectum, pedunculo tubuloso tendineoque impositum. Brachia tentacularia numerosa, longa, inæqualia, articulata, ciliata, sub corporis apice hinc exsertilia.

Testa lateribus compressa, quinquevalvis : valvis contiguis, inæqualibus; laterum inferioribus majoribus.

OBSERVATIONS.

Quoique cela ne soit pas très-nécessaire, je réduis ici le genre anatife de *Bruguière*, aux espèces dont la coquille n'a que cinq valves; et en cela, j'imite M. *Leach*, qui distingue aussi ces cirrhipèdes.

Linné, qui n'a pu faire qu'un dégrossissement, et qui l'a fait partout en homme de génie, rassemblait dans un seul genre tous nos cirrhipèdes. Ce fut Bruguière qui, le premier, commença les nouvelles distinctions que les progrès de la science rendaient indispensables. Il distingua tous les glands de mer, sous le nom de *balanus*, et donna à tous les cirrhipèdes qui ont un pédoncule tubuleux, le nom d'*anatifa*. C'est d'une partie de ces anatifes dont il s'agit ici.

La coquille de nos *anatifes* est composée de cinq valves, deux de chaque côté, et la cinquième sur le bord dorsal. Celle-ci est plus longue et plus étroite que les autres. Ces valves sont réunies les unes aux autres par une membrane qui les borde et les maintient dans leur situation. Dans la coquille fermée, ces mêmes valves sont rapprochées en un cône applati, qui est soutenu sur un pédicule tubuleux tendineux, flexible, susceptible de s'allonger et de se contracter pendant la vie de l'animal, et dont la base est fixée sur quelque corps marin. Les mouvemens divers que l'animal fait exécuter au tube qui le soutient, le mettent à portée de se procurer plus aisément les alimens qui lui conviennent.

L'animal de l'anatife lisse (*lepas anatifera*, Linn.) est décrit et figuré dans l'histoire des testacés de Poli; il a douze paires de bras, et sa bouche est armée de deux paires de mâchoires dentelées et transverses, ainsi que de deux autres paires mutiques, molles et velues, que Poli considère comme des palpes.

Les branchies des anatifes, selon M. *Cuvier*, sont des appendices en pyramides allongées, adhérentes à la base extérieure des cirres, auxquels nous donnons le nom de bras. Ce caractère des branchies fournit un nouveau rapport entre ces cirrhipèdes et les crustacés brachyures.

ESPECES.

1. Anatife lisse. *Anatifa lævis*.

A. testâ compressâ, lævi; tubo pedunculiformi longo transversè rugoso.

Lepas anatifera. Lin. Syst. p. 1109.

Chemn. Conch. 8. p. 340. t. 100. f. 853.

Pennant. Zool. brit. 4. pl. 38. f. 9.

Seba Mus. 3. tab. 16. f. 1. Anatife n.° 2. Brug. dict.

Encycl. pl. 166. f. 1.

Habite les mers d'Europe et ailleurs. Espèce commune, vulgairement appelée *conque anatifère* ou *bernache*. Son pédicule a jusqu'à 9 pouces de longueur.

2. Anatife velue. *Anatifa villosa*.

A. testâ compressâ, lævi; tubo pedunculiformi villoso.

Anatifa villosa. Brug. dict. n.o 1.

Habite la Méditerranée.

3. Anatife dentelée. *Anatifa dentata.*

A. testâ compressâ, lœvi; valvulâ dorsali carinato-dentatâ.

Concha anatifera margine muricata. List. Conch. t. 439. f. 282.

Anatifa dentata. Brug. dict. n.o 3.

Habite la Méditerranée. Voyez Sloan. jam. [illegible] 1. tab. X.

4. Anatife striée. *Anatifa striata.*

A. testâ parvâ triangulari subcompressâ; valvis argutè striatis.

Gualt. Conch. tab. 106. f. 2. 3.

List. Conch. tab. 440. f. 283.

Anatifa striata. Brug. dict. n.o 4.

Encycl. pl. 166. f. 2.

Lepas anserifera. Lin. Syst. nat. p. 1109.

Pentalasmis striata. Leach. cirrhip. campyl. pl. f.

Habite l'Océan atlantique et Américain.

5. Anatife vitrée. *Anatifa vitrea.*

A. testâ subventricosâ, lœvi, tenuissimâ, pellucidâ; valvâ dorsali medio angulatâ, basi latiore, rotundatâ.

Mon cabinet.

Habite les côtes de la Manche, près de Noirmoutier. Communiquée par M. *Latreille.* Cette espèce est très-différente de l'anatife lisse. Sa coquille est courte, enflée, trigone comme celle de l'anatife striée, mince, transparente, à valve dorsale coudée et anguleuse dans son milieu, dilatée et arrondie à son extrémité inférieure. Le *lepas fascicularis* de Montagu, communiqué par M. Leach, ne me paraît qu'une variété de cette espèce.

POUCE-PIED. (Pollicipes.)

Corps recouvert d'une coquille, et soutenu par un pédoncule tubuleux et tendineux. Plusieurs bras tentaculaires, comme dans les anatifes.

Coquille comprimée sur les côtés et multivalve : les valves presque contiguës, inégales, au nombre de treize ou davantage ; les inférieures des côtés étant les plus petites.

Corpus testâ obtectum, pedunculo tubuloso tendineoque im[illegible]um. Brachia plura tentacularia, ut in anatifis.

Testa lateribus compressa, multivalvis : valvis subcontiguis, inœqualibus, tredecim aut ultrà ; laterum inferioribus minoribus.

OBSERVATIONS.

Les *pouce-pieds* ont un aspect assez particulier, qui les rend facilement reconnaissables. Les pièces inférieures des côtés applatis de leur coquille, sont toujours plus petites que les supérieures et quelquefois sont très-nombreuses. Le pédicule qui soutient le corps et sa coquille, est le plus souvent fort court, et en général chagriné, écailleux même, ridé, assez roide. M. *Leach* a le premier établi ce genre, dont néanmoins il distingue le *lepas scalpellum*.

ESPECES.

1. Pouce-pied groupé. *Pollicipes cornucopia.*

P. congesta; pedunculo brevi, coriaceo, squamoso; testa valvis numerosis, lævibus, inæqualibus.

Lepas pollicipes. Gmel. p. 3213.

D'Argenv. Conch. t. 26. fig. D.

List. Conch. t. 439. f. 281.

Chemn. Conch. 8. tab. 100. f. 851. 852.

Anatifa pollicipes. Brug. dict. n.° 6.

Encyclop. pl. 166. f. 10. 11.

Pollicipes cornucopia. Leach. cirrhip. campyl. pl. f.

Habite les côtes de la Manche, la Méditerranée. Mus. n.° [illegible]

2. Pouce-pied couronne. *Pollicipes mitella.*

P. pedunculo squamoso; testâ multivalvi compressâ: valvis transversè striatis.

Lepas mitella. Lin. Syst. nat. p. 1108.

Rumph. Mus. tab. 47. fig. M.

Chemn. Conch. 8. tab. 100. f. 849. 850.

Anatifa mitella. Brug. dict. n.° 7.

Encyclop. pl. 166. f. 9.

Habite les mers de l'Inde. Mus. n.°

3. Pouce-pied scalpel. *Pollicipes scalpellum.*

P. pedunculo squamoso, infernè attenuato; testâ compressâ, tredecimvalvi læviusculâ.

Lepas scalpellum. Lin. p. 1109. Gmel. p. 3210.

Mull. Zool. dan. 3. p. 23. t. 94. f. 1. 2.

Chemn. Conch. 8. vign. p. 294. f. a. A. et p. 338.

Anatifa scalpellum. Brug. dict. n.° 5.

Encyclop. pl. 166. f. 7. 8. *scalpellum vulgare.* Leach, cirrhip.

Habite les mers du nord de l'Europe.

Etc. Ajoutez le *pollicipes villosus.* Leach. cirrhip.

CINÉRAS. (Cineras.)

Corps pédonculé, tout-à-fait enveloppé dans une tunique membraneuse; la tunique enflée supérieurement, ayant antérieurement une ouverture au-dessous de son sommet. Plusieurs bras menus, articulés, ciliés, sortant par l'ouverture antérieure.

Coquille: cinq valves testacées, oblongues, séparées, ne couvrant pas entièrement le corps; dont deux aux côtés de l'ouverture, et les autres dorsales.

Corpus pedunculatum, tunicâ membranaceâ penitùs obvolutum: tunicâ supernè turgidâ, infrà apicem anticè aperturâ hiante. Brachia plura tenuia, articulata, ciliata, per aperturam anticam exsertilia.

Testa : valvæ testaceæ quinque, oblongæ, separatæ, corpus non penitùs tegentes : duabus ad latera aperturæ : alteris dorsalibus.

OBSERVATIONS.

Le genre *cinéras*, établi par M. Leach, partage avec le suivant (les otions) ce caractère remarquable, d'avoir des valves testacées, étroites et tellement séparées, qu'elles ne peuvent recouvrir entièrement le corps de l'animal. On voit même que ce corps, de part et d'autre, est tout-à-fait enveloppé d'une membrane qui, par un prolongement, revêt le pédoncule, puisqu'il offre une ouverture antérieure pour la sortie des bras. Les cinéras se distinguent des otions, parce qu'ils ont cinq valves testacées, et qu'ils ne présentent point à leur sommet les deux cornes tubuleuses et tronquées des otions de ces derniers.

ESPECE.

1. Cinéras flambé. *Cineras vittata.*
   Lepas coriacea. Poli test. 1. tab. 6. f. 20.
   Cineras vittata. Leach. *cirrhip. campylosomata.* pl. f.
   Habite... l'Océan Britannique ? Communiqué par M. Leach.

OTION. (Otion.)

Corps pédonculé, tout-à-fait enveloppé d'une tunique membraneuse, ventrue supérieurement. Deux tubes en forme de cornes, dirigés en arrière, tronqués, ouverts à leur extrémité, et disposés au sommet de la tunique. Une ouverture latérale, un peu grande. Plusieurs bras articulés, ciliés, sortant par l'ouverture latérale.

Coquille : deux valves testacées, petites, sémilunaires, séparées, et adhérentes près de l'ouverture latérale.

Corpus pedunculatum, tunicâ membranaceâ supernè ventricosâ obvolutum. Tubi duo, corniformes, retrorsùm versi, truncati, extremitate pervii, ad apicem tunicœ. Apertura lateralis, majuscula. Brachia plura, articulata, ciliata, per aperturam lateralem exsertilia.

Testa : valvœ duœ, testaceœ, parvulœ, semilunatœ, separatœ, propè aperturam lateralem adhœrentes.

OBSERVATIONS.

Bruguière avait déjà remarqué que l'organisation du *lepas aurita* de Linné, s'éloignait beaucoup de celle de ses anatifes; qu'il y avait même erreur dans ce qu'il disait de sa coquille, et qu'il fallait distinguer ce cirrhipède comme un genre particulier. C'est ce qu'a fait M. *Leach*, en établissant ce genre sous le nom d'*otion*.

Effectivement les *otions* sont les plus singuliers des cirrhipèdes, ceux qui ont la coquille la plus réduite, puisqu'elle ne consiste qu'en deux valves oblongues, presqu'en croissant, et séparées, une de chaque côté de l'ouverture qui donne issue aux bras. Quant aux deux cornes tubuleuses et tronquées qui se trouvent au sommet de la tunique, elles sont plus singulières encore, et il semblerait que les branchies de l'animal reçoivent l'eau par les ouvertures de ces cornes, qui ſont partie de l'enveloppe particulière du corps.

ESPECES.

1. Otion sans taches. *Otion Cuvieri.*

O. corpore cornibusque immaculatis.

Lepas aurita. Lin. Syst. nat. p. 1110.

Ellis Act. angl. 1758. t. 34. f. 1. *Lepas leporina.* Poli test. t. 6. f. 21.

Seba Mus. 3. tab. 16. f. 5.

Martin. Conch. 8. p. 345. tab. 100. f. 857. 858.

Lepas aurita. Brug. dict. p. 66.

Otion Cuvieri. Leach. cirrhip. campyl. pl. f.

Habite l'Océan septentrional.

2. Otion tacheté. *Otion Blainvillii.*

O. corpore cornibusque maculatis.

Otion Blainvillii. Leach. cirrhip. *ibid.* pl. f.

Conchoderma. Olfers magaz. de Berlin, 1814.

Habite la mer de Norwège. Cette espèce est plus grêle dans toutes ses parties que la précédente.

Nota. M. de Blainville a décrit ce genre dans le dict. des Sciences naturelles, sous le nom d'*aurifera*.

CLASSE ONZIÈME.

LES CONCHIFÈRES. (Conchifera.)

Animaux mollasses, inarticulés, toujours fixés dans une coquille bivalve; sans tête et sans yeux; ayant la bouche nue, cachée, dépourvue de parties dures, et un manteau ample, enveloppant tout le corps, formant deux lobes laminiformes : à lames souvent libres, quelquefois réunies par devant. Génération ovo-vivipare; point d'accouplement.

Branchies externes, situées de chaque côté entre le corps et le manteau. Circulation simple; le cœur à un seul ventricule. Quelques ganglions rares; des nerfs divers, mais point de cordon médullaire ganglionné.

Coquille toujours bivalve, enveloppant entièrement ou en partie l'animal, tantôt libre, tantôt fixée : à valves le plus souvent réunies d'un côté par une charnière ou un ligament. Quelquefois des pièces testacées accessoires et étrangères aux valves, augmentent la coquille.

Animalia mollia, inarticulata, in testâ bivalvi perpetuò affixa; capite oculisque nullis; ore nudo, abscondito, partibus solidis destitutò; pallio amplo, corpus totum amplectante, lobos duos laminiformes formante: laminis vel liberis vel anticè coadunatis. Generatio ovo-vivipara; copulatio nulla.

Branchiæ externæ, intrà corpus et pallium reconditæ. Circulatio simplex; cor uniloculare. Gangliones aliquot rari; nervi varii; at chorda medullaris nodosa nulla.

Testa semper bivalvis, animal penitùs vel partìm recondens, modò libera, modò affixa: valvis sæpissimè cardine vel ligamento marginali unitis. Partes testaceæ, accessoriæ, valvis alienæ, testam interdùm amplificant.

OBSERVATIONS.

Lorsqu'on a commencé à instituer des classes pour diviser les animaux, particulièrement ceux qui sont sans vertèbres, on a d'abord considéré nécessairement les plus grandes généralités qui les distinguent; et nos premières coupes, quoique justement limitées par les caractères choisis pour les circonscrire, ont embrassé des plans d'organisation vraiment différens. C'est ainsi que, pour déterminer la classe des insectes, on n'a d'abord considéré, parmi les animaux sans vertèbres, que ceux qui ont des pattes articulées. Dès-lors, les arachnides et les crustacés se trouvèrent rangés parmi les insectes. Linné porta même singulièrement loin la généralisation ; car ayant déterminé les insectes, comme je viens de le dire, tous les autres animaux sans squelette et privés de pattes articulées, furent considérés, par lui, comme ne formant qu'une seule classe, celle des *vers :* classe énorme, qu'il partagea en cinq sections ; les intestinaux, les mollusques, les testacés, les lithophytes et les zoophytes. Comme section des vers, les mollusques de Linné embrassaient effectivement de vrais mollusques, toutes les radiaires, des annelides, des cirrhipèdes ; tandis que d'autres vrais mollusques en étaient séparés, parce qu'ils ont une coquille. Cette mauvaise détermination est encore celle qu'on trouve dans le *Systema naturæ.*

Trouvant cet ordre de choses établi, j'en commençai le changement, dans mon premier cours au Muséum ; je plaçai les mollusques avant les insectes, après en avoir écarté les radiaires et les polypes ; et, peu d'années après, profitant des observations anatomiques de M. *Cuvier*, pour les caractériser convenablement, les mollusques furent nettement distingués, parmi les autres animaux sans vertèbres, comme étant les seuls qui sont à la fois inarticulés, doués d'un système de circulation et d'un système nerveux dépourvu de cordon médullaire ganglionné dans sa longueur. De cette détermination, résulta une rectification qui parut suffire, parce que les animaux qu'elle associait, tenaient réellement les uns aux autres, par des rapports au moins très-généraux.

Cependant, le caractère choisi pour déterminer les mollusques, porte encore sur une généralité si grande, qu'elle embrasse deux plans d'organisation tout-à-fait différens ; car celui des *conchifères*, dont je vais parler, n'est assurément pas le même que celui des vrais mollusques. Jusques-là, je m'étais borné à les distinguer comme un ordre parmi les mollusques; mais considérant enfin les particularités importantes de l'organisation de ces animaux, je les en séparai entièrement, dans mon cours de 1816, et les présentai, comme classe particulière, sous la dénomination que je conserve ici.

Cette coupe était déjà exposée comme classe, par M. *Cuvier*, sous la dénomination d'*acéphales* ou de mollusques acéphales; dénomination subordonnée que je ne pus adopter, parce qu'elle est contraire aux principes convenables et de tout temps admis, sur la manière de diviser les productions de la nature.

En effet, ce savant n'attache plus au mot *classe*, l'idée qu'on en avait eue généralement avant et depuis *Linné*, celle de réunir toutes les races d'un groupe naturel, sous une dénomination générale et commune; puisque maintenant le groupe d'animaux auxquels il donne le nom commun de mollusques, est divisé, par lui, en six classes, qui ne sont que des coupes secondaires. Aussi ses *acéphales* se trouvent-ils être la quatrième division de ses *mollusques*. [Cuv. règne animal, vol. 2, p. 453.]

Lorsqu'on ne veut pas bouleverser tout ce qui a été fait en histoire naturelle, ni détruire l'ordre si simple, établi dans la manière de subordonner les divisions, on ne forme point des *classés* dans une classe. Si quelqu'un avait la fantaisie de donner le nom de classe à chacun des ordres des insectes, et conservait néanmoins le nom d'insectes aux animaux de toutes ces coupes, je dirais que, dans le fait, les insectes seraient encore une véritable classe pour lui, et je pense la même chose des mollusques de

M. *Cuvier*. Pour moi, les conchifères sont tout-à-fait étrangers aux mollusques.

Ces animaux, véritablement particuliers, n'ont effectivement point de tête distincte, jamais d'yeux, jamais de vrais tentacules. Leur bouche, toujours cachée sous le manteau, entre les points de réunion de ses deux lobes, n'offre ni trompe, ni mâchoires, ni dents cornées, en un mot, aucune partie dure, et ne paraît propre qu'à donner entrée aux alimens, dans l'organe de la digestion. Cette bouche, qui n'est que l'orifice d'un œsophage court, est assez grande, et présente quatre feuillets minces, triangulaires, qui paraissent tenir lieu de lèvres, mais qui ne sont point des tentacules.

Ces mêmes animaux ont un cœur placé vers le dos; des vaisseaux artériels et des vaisseaux veineux; par conséquent, la circulation en eux est complètement établie. Néanmoins leur cœur est petit, caché, plus difficile à apercevoir que celui des mollusques.

Il n'y a pas de doute que les animaux dont il s'agit, n'aient réellement un cerveau, et qu'ils ne jouissent du sentiment. Mais ce cerveau, qui paraît ici très-imparfait, est dans sa nature essentiellement unique et indivisé; ce qui est évident pour ceux qui se sont fait une juste idée de sa fonction. Cependant M. *Cuvier* le dit formé de deux ganglions séparés, savoir, un sur la bouche et un autre vers la partie opposée, ajoutant que ces deux ganglions sont réunis par deux cordons nerveux qui embrassent un grand espace [*Anatom. comp. vol.* 2, *p.* 309]. Il me paraît probable qu'un seul de ces ganglions, celui qui est au-dessus de la bouche, est le véritable *cerveau*, et qu'il contient le foyer ou centre de rapport pour les sensations. Si ce cerveau est si peu développé, c'est qu'en effet, dans les animaux dont il est question, le sentiment est encore très-obscur, ce que l'observation d'une huître, d'une moule, etc., atteste suffisamment. Au reste, il n'y a dans ces animaux, non plus que dans tous ceux de la série à laquelle ils appartiennent, ni cordon médullaire ganglionné, ni moelle épinière.

Tous les *conchifères* paraissent privés de sens particuliers, et réduits à très-peu-près au sens général du *toucher*. Dans beaucoup d'entr'eux néanmoins, ce sens paraît se particulariser dans les filets tentaculaires qui bordent les lobes du manteau, ou seulement certains endroits de leur bord. Ces filets tentaculaires, qui paraissent très-sensibles, qui sont au moins très-irritables, sont nombreux en général, courts, très-fins, et s'agitent quelquefois avec une vitesse extrême.

Il résulte toujours de cette réduction des sens à un seul, que les *conchifères* sont inférieurs en perfectionnement et en facultés aux vrais mollusques ; mais ils sont les seuls qui s'en rapprochent par leurs rapports généraux.

Les *conchifères* semblent aussi avoir certains rapports avec les *tuniciers*, et néanmoins ils en sont éminemment distingués par leurs caractères, par le plan même de leur organisation. J'ose dire plus, les conchifères sont moins rapprochés des tuniciers qu'on ne l'a pensé ; car, outre leur forme tout-à-fait particulière, la nature et la situation de leur organe respiratoire, n'offrent rien d'analogue ni de comparable dans les tuniciers ; et, quelque faible que soit le sentiment en eux, on ne saurait douter qu'ils en jouissent, tandis qu'il est plus que probable que les tuniciers en sont privés.

Tous les *conchifères* se reproduisent sans accouplement et paraissent être hermaphrodites. Sans doute ils se suffisent à eux-mêmes, ou bien ils se fécondent les uns les autres, par la voie du fluide environnant, qui sert de véhicule aux matières fécondantes.

Leur corps, enveloppé dans un ample manteau, n'a pu développer sa tête, et des yeux, nécessairement sans usage, n'ont pu s'y former. L'ample manteau de ces *conchifères* nous offre quelques particularités remarquables, qui caractérisent certaines familles de ces animaux. Tantôt il est ouvert par-devant, et offre deux grands lobes bien séparés, et tantôt il l'est seulement aux deux extrémités, imitant un fourreau cylindracé, ouvert aux deux bouts. Ce même manteau fournit, dans plusieurs familles, des replis prolongés, conformés en tubes, plus ou moins saillans au-dehors, et auxquels on a donné le nom de *trachées* ou de *siphons*. De ces trachées, qui sont au nombre de deux, l'une conduit l'eau aux branchies et à la bouche de l'animal, l'autre lui sert pour ses déjections.

Les *conchifères* ont un foie volumineux, qui embrasse l'estomac et une grande partie du canal alimentaire. En général, on peut dire que le système des parties paires semblables est presqu'aussi marqué à l'intérieur qu'à l'extérieur, dans ces animaux.

Leurs branchies sont externes : elles paraissent plus particulièrement telles dans ceux qui ont le manteau ouvert par-devant ; car étant placées au-dehors, sous le manteau, on peut les observer sans détruire aucune partie de l'animal, en soulevant les lobes qui les recouvrent. Ces branchies sont opposées, plus grandes que celles des mollusques, et offrent, dans leur situation et leur forme, des caractères qui leur sont particuliers. Ce sont de grands feuillets vasculeux, ordinairement taillés en croissant, placés de chaque côté sous le manteau, et qui recouvrent le ventre de l'animal, sur les côtés duquel ils sont le plus souvent attachés deux à deux. Ces feuillets, dont souvent la largeur égale presque celle du corps, sont formés par un tissu de petits vaisseaux repliés, serrés les uns contre les autres, et disposés à-peu-près comme des tuyaux d'orgue.

Tous les *conchifères* sont des animaux testacés. Ils sont revêtus d'une enveloppe solide, qui est toujours formée de deux pièces, soit uniques, soit principales. Ces pièces sont opposées l'une à l'autre, et constituent la coquille tout-à-fait particulière de ces animaux.

Ainsi, la coquille des *conchifères* est essentiellement bivalve. Elle est composée de deux pièces opposées, presque toujours jointes ensemble, près de leur base, par un ligament coriace, un peu corné, qui, par son élasticité, tend sans cesse à faire ouvrir les valves. Le point d'union des deux valves a lieu sur une partie de leur bord, représente une charnière, et le plus souvent se trouve, en outre, affermi par les dents ou protubérances testacées qui sont à cette charnière.

Les deux valves d'un conchifère sont tantôt inégales entr'elles ; elles forment alors une coquille dite *inéquivalve ;* et tantôt, au contraire, ces valves se ressemblent entièrement par leur forme générale et leur grandeur : on dit, dans ce second cas, que la coquille est *équivalve.*

Parmi les coquilles équivalves, on en trouve qui, lorsque les deux valves sont fermées, offrent néanmoins, vers leurs extrémités latérales, une ouverture ou un bâillement plus ou moins considérable. Dans celles où le bâillement est considérable, on a observé que l'animal a presque toujours le manteau fermé par-devant.

La coquille des *conchifères* est si particulière aux animaux de cette classe, que, lorsqu'on en observe une dont l'animal n'est pas connu et de quelque pays qu'elle nous soit apportée, on peut toujours déterminer, en la voyant, non-seulement la classe à laquelle appartient l'animal qui l'a formée, mais même quelle est celle des principales familles de cette classe à laquelle cet animal doit être rapporté.

Le ligament des valves est tantôt extérieur et tantôt intérieur. Dans les deux cas, il sert non-seulement à contenir les valves, mais en outre à les entr'ouvrir. Lorsque ce ligament est extérieur, si la coquille est fermée, il est alors tendu. Dans ce cas, si le muscle qui tient les valves fermées se relâche, l'élasticité seule du ligament suffit pour les ouvrir. Lorsqu'au contraire le ligament est intérieur, il se trouve comprimé tant que la coquille est fermée; mais dès que le muscle qui tient les valves fermées se relâche, l'élasticité du ligament comprimé suffit encore pour ouvrir ces valves.

Les *conchifères* ne rampent jamais sur un disque ventral, comme beaucoup de mollusques; mais, parmi eux, il y en a qui possèdent un corps musculeux, contractile, souvent comprimé et lamelliforme, que l'animal fait sortir et rentrer à son gré. Ce corps leur sert à se déplacer avec leur coquille, quelquefois à exécuter une espèce de saut, quelquefois encore à attacher des fils tendineux, pour se fixer aux corps marins.

Comme leurs moyens de mouvement se trouvent à

peu-près réduits à ceux de leurs muscles d'attache et de leur manteau musculeux, ces deux sortes de parties ont obtenu chez eux un grand développement. L'épaisseur du muscle qui attache l'huître à sa coquille, et l'ampleur du manteau de tous les conchifères, sont assez connues. Considérons d'abord les muscles qui attachent ces animaux à leur coquille, parce qu'ils fournissent des caractères utiles à employer dans la détermination des rapports.

Il y a des conchifères qui, comme l'huître, n'ont qu'un seul muscle qui leur traverse en quelque sorte le corps, pour s'attacher aux valves de la coquille, ce qu'*Adanson* a observé.

D'autres en ont deux, tels que les vénus, les tellines, etc.; et ces muscles, écartés entr'eux, traversent les deux extrémités du corps de l'animal, pour s'attacher aux extrémités latérales de la coquille. Il y en a même parmi ces derniers, comme dans les mulettes, les anodontes, qui semblent se diviser et paraissent avoir trois ou quatre muscles d'attache.

Ces muscles ont ordinairement beaucoup d'épaisseur. Ils sont composés de fibres droites, verticales, et, à l'endroit où ils s'unissent à la coquille, ils acquièrent une dureté remarquable. Leur usage est de fermer les valves, en se contractant; lorsqu'ils se relâchent, le ligament de ces valves suffit, par son élasticité, pour les ouvrir.

Pendant la vie de l'animal, ces muscles changent réellement de place, sans cesser un instant d'attacher l'animal à sa coquille. Ils s'oblitèrent, se dessèchent et se détachent insensiblement et successivement d'un côté; tandis qu'ils s'accroissent ou se multiplient de l'autre côté, par l'addition de nouvelles fibres, de manière à garder toujours la même position, relativement aux parties de la coquille, à mesure qu'elle accroît son volume. Lorsque l'animal est enlevé, ces muscles d'attache laissent, sur la face interne de la coquille, des impressions qui font connaître leur situation, leur nombre et les déplacemens qu'ils ont éprouvés.

Dans les *conchifères*, l'animal n'a jamais de coquille, ni de parties dures à l'intérieur. Son corps est toujours mollasse, toujours enveloppé, souvent ovale, plus ou moins comprimé, et sa bouche est ordinairement située vers la partie la plus basse de la coquille, au côté gauche de sa charnière.

Tous les *conchifères* sont aquatiques : aucun ne saurait vivre habituellement à l'air libre, comme beaucoup de mollusques. Quelques races vivent dans les eaux douces ; toutes les autres vivent dans les eaux marines. La plupart sont libres, d'autres sont fixés sur les corps marins par leur coquille, et d'autres encore s'y attachent par des filamens cornés, auxquels on a donné le nom de *byssus*.

Comme la *coquille* n'est pas le propre d'animaux d'une seule classe, que beaucoup de mollusques, d'annelides et tous les cirrhipèdes en sont munis ; que d'ailleurs, je suis obligé, par mon plan, de me resserrer considérablement dans cet ouvrage, je n'en ferai pas ici l'exposition, non plus qu'en traitant des mollusques. Je renvoie, pour tout ce qui concerne la coquille, aux articles *conchifères*, *conchyliologie* et *coquille*, que j'ai publiés dans le Dictionnaire d'Histoire Naturelle, édition dernière de Déterville.

Maintenant que nous savons que les *conchifères* appartiennent à la branche des animaux inarticulés ; qu'ils sont en quelque sorte intermédiaires entre les mollusques et les tuniciers, quoique très-différens des uns et des autres ; qu'ils ne se lient point aux cirrhipèdes, malgré les apparences de rapports qu'offrent les brachiopodes et les cirrhipèdes pédonculés ; enfin, que les conchifères sont les seuls qui offrent généralement une coquille bivalve, presque toujours articulée en charnière ; nous allons faire l'exposition de ceux de leurs genres qui nous sont connus, ainsi que des principales espèces qui appartiennent à ces genres, sans les décrire.

Nous divisons cette classe en dix-neuf familles, que nous partageons en deux ordres, de la manière suivante.

DIVISION DES CONCHIFÈRES.

ORDRE I.er *Conchifères dimyaires.*

Ils ont au moins deux muscles d'attache. Leur coquille offre intérieurement deux impressions musculaires séparées et latérales.

(1) Coquille régulière, le plus souvent équivalve.

(a) Coquille en général béante aux extrémités latérales, ses valves étant rapprochées.

(*) *Conchifères crassipèdes.* Leur manteau a ses lobes réunis par-devant, entièrement ou en partie ; leur pied est épais, postérieur ; le bâillement de leur coquille est toujours remarquable, souvent considérable.

Les Tubicolées.

Les Pholadaires.

Les Solénacées.

Les Myaires.

(**) *Conchifères ténuipèdes.* Leur manteau n'a plus ou presque plus ses lobes réunis par-devant; leur pied est petit, comprimé; le bâillement de leur coquille est souvent peu considérable.

(+) Ligament intérieur, avec ou sans complication de ligament externe.

Les Mactracées.

Les Corbulées.

(++) Ligament uniquement extérieur.

Les Lithophages.

Les Nymphacées.

(b) Coquille close aux extrémités latérales, lorsque les valves sont fermées.

Conchifères lamellipèdes. Leur pied est applati, lamelliforme, non postérieur.

Les Conques.

Les Cardiacées.

Les Arcacées.

Les Nayades.

(2) Coquille irrégulière, toujours inéquivalve.

Les Camacées.

ORDRE II.e *Conchifères monomyaires.*

Ils n'ont qu'un muscle d'attache. Leur coquille offre intérieurement une seule impression musculaire subcentrale.

(1) Coquille transverse et équivalve.

Les Bénitiers.

(2) Coquille soit longitudinale, soit inéquivalve.

(a) Ligament marginal, allongé sur le bord, sublinéaire.

Les Mytilacées.

Les Malléacées.

(b) Ligament resserré dans un espace court sous les crochets, toujours connu et point conformé en tube.

Les Pectinides.

Les Ostracées.

(c) Ligament, soit inconnu, soit formant un tube tendineux sous la coquille.

Les Rudistes.

Les Brachiopodes.

ORDRE PREMIER.

CONCHIFÈRES DIMYAIRES.

Leur coquille offre intérieurement deux impressions musculaires séparées et latérales.

Cet ordre embrasse la principale et la plus grande portion des *conchifères*, et comprend des animaux testacés, attachés à leur coquille par deux muscles au moins, qui sont fort écartés, et s'insèrent vers les extrémités latérales des valves. Lorsque l'animal n'est plus dans sa coquille, ces muscles laissent à l'intérieur des valves, des impressions plus ou moins marquées, qui font reconnaître leurs points d'attache et l'ordre de la coquille.

Je rapporte à cet ordre treize familles, toutes assez distinctes, auxquelles appartiennent les plus belles coquilles bivalves connues. Sauf la dernière de ces familles, toutes les autres offrent des coquilles régulières dont les valves sont parfaitement égales et semblables entr'elles.

Pour en faciliter l'étude, je partage les *conchifères dimyaires* ou à deux muscles, en quatre sections; savoir :

I.re SECTION. Conchifères *crassipèdes.*

II.e SECTION. Conchifères *ténuipèdes.*

III.e SECTION. Conchifères *lamellipèdes.*

IV.e SECTION. Conchifères ambigus, ou les *Camacées.*

CONCHIFÈRES CRASSIPÈDES.

Leur manteau est entièrement ou en partie fermé par-devant; leur pied est épais, postérieur; leur coquille fermée est bâillante par les côtés.

Par les rapports qui semblent les lier entr'eux, les *conchifères crassipèdes* me paraissent constituer une groupe assez naturelle, dont je forme la première section des *dimyaires.* Ces animaux ne se déplacent point ou presque point, quoiqu'ils ne soient pas fixés; ils vivent habituellement dans le même lieu où ils se sont enfoncés, les uns dans la pierre ou dans le bois qu'ils ont percé, les autres dans le sable. Ceux qui ont été observés, ont les deux lobes du manteau plus ou moins complètement réunis par-devant. Les deux siphons qui sont saillans à l'opposé du pied, sont réunis dans ceux que l'on connaît, sous une enveloppe commune que fournit le manteau.

Dans ceux encore dont on connaît le pied, il est épais, gros ou petit, subcylindrique, plus généralement postérieur et plus propre à des mouvemens verticaux ou en avant de la coquille, qu'à ceux de translation ou de locomotion ordinaires. Ce pied ne présente point un corps applati sur les côtés en forme de lame, comme dans les conchifères ténuipèdes et lamellipèdes, où il sort par l'ouverture des valves pour se fixer sur les corps marins, afin de déplacer la coquille en se contractant. Je divise ces conchifères en quatre familles, de la manière suivante.

DIVISION DES CONCHIFÈRES CRASSIPÈDES.

(1) Coquille, soit contenue dans un fourreau tubuleux, distinct de ses valves, soit entièrement ou en partie incrustée dans la paroi de ce fourreau, soit saillante au-dehors.

Les Tubicolées.

(2) Coquille sans fourreau tubuleux.

(a) Ligament extérieur.

(+) Coquille, soit munie de pièces accessoires, étrangères à ses valves, soit très-bâillante antérieurement.

Les Pholadaires.

(++) Coquille sans pièces accessoires, et bâillante seulement aux extrémités latérales.

Les Solénacées.

(b) Ligament intérieur.

Les Myaires.

LES TUBICOLÉES.

Coquille, soit contenue dans un fourreau testacé, distinct de ses valves, soit incrustée, entièrement ou en partie, dans la paroi de ce fourreau, soit saillante en-dehors.

D'après la manière dont la nature procède dans ses productions, l'on doit toujours trouver à l'entrée, comme à la fin de chaque classe, des objets plus différens et en quelque sorte plus singuliers que ceux qui forment la masse principale de la classe même ; et ici, comme dans les autres classes que nous avons établies, ces différences sont très-marquées, puisque nous commençons conchifères par les arrosoirs, et que nous les terminons par la lingule, dernier genre des brachiopodes.

Les *tubicolées* dont il s'agit ici, sont assurément des conchifères ; mais d'une singularité si grande, que certaines d'entre elles ont été rapportées à d'autres classes par des naturalistes modernes, quoique très-éclairés. Il est en effet bien singulier de trouver une coquille bivalve renfermée dans un tube testacé ; et bien plus singulier encore, de la voir incrustée dans la paroi de ce tube, concourant à compléter cette paroi.

La singularité des *tubicolées*, ainsi que celle des pholades, a fait méconnaître ce que les coquilles qui y appartiennent ont réellement d'essentiel ; savoir : deux valves semblables, égales, régulières et articulées en charnière. Comme, parmi les coquilles des tubicolées, il y en a qui ont des pièces accessoires, étrangères à leurs valves, ainsi qu'on en voit dans les pholades, on les a prises pour des coquilles multivalves; ce qui a donné lieu à des associations bizarres, comme nous le montrerons en traitant des pholadaires.

Ici, les doutes, relativement aux rapports classiques des *tubicolées*, et à ceux qu'elles ont avec les pholadaires, sont évidemment levés par les caractères de transition qui lient les arrosoirs aux clavagelles, celles-ci aux fistulanes, et bientôt ensuite aux tarets qui, eux-mêmes, tiennent aux pholades.

Les coquillages de cette famille sont térébrans, s'enfoncent dans la pierre, dans le bois, et même dans les coquilles à test épais; quelques-uns cependant restent dans le sable. Voici les six genres que nous rapportons à cette famille.

ARROSOIR. (Aspergillum.)

Fourreau tubuleux, testacé, se rétrécissant insensiblement vers sa partie antérieure, où il est ouvert, et grossissant en massue vers l'autre extrémité. La massue ayant, d'un côté, deux valves incrustées dans sa paroi. Disque terminal de la massue convexe, percé de trous épars, subtubuleux, ayant une fissure au centre.

Animal inconnu.

Vagina tubulosa, testacea, antice sensìm attenuata, apice pervia, versùs alteram extremitatem in clavam ampliata : clavâ uno latere valvis duabus in pariete incrustatis. Clavœ discus terminalis convexus, foraminibus sparsis subtubulosis instructus, centro fissurâ notatus.

Animal ignotum.

OBSERVATIONS.

L'*arrosoir*, depuis long-tems dans les collections toujours assez rare et recherché, est sans contredit le fourreau testacé d'un conchifère, mais des plus singuliers. Il constitue un genre remarquable, qui a, jusqu'à présent, fort embarrassé les naturalistes pour le classer et assigner son véritable rang parmi les animaux testacés. *Linné* le rangeait parmi les serpules, c'est-à-dire, parmi les annelides testacées; et j'ai été moi-même fort indécis à cet égard, le considérant néanmoins comme appartenant à la classe des mollusques.

Depuis, j'ai enfin reconnu que ce genre est très-voisin des *fistulanes*, et que sa coquille, véritablement bivalve et équivalve, existe toujours, mais se trouve adhérente au fourreau, complétant, par ses deux valves ouvertes et enchâssées, une partie du tube qui contient l'animal. Le genre qui suit, n'offrant plus qu'une valve enchâssée dans la paroi du fourreau, fournit une preuve en faveur du rapport attribué à l'*arrosoir*.

C'est sans doute par erreur qu'on a dit et représenté l'*arrosoir*, comme étant fixé sur les rochers, par son extrémité la plus petite. Il est nécessairement ouvert à cette extrémité, comme les clavagelles et les fistulanes, et ne doit pas être plus fixé que ces coquillages.

ESPÈCES.

1. Arrosoir de Java. *Aspergillum Javanum.*

A. vaginâ lævi; disco postico fimbriâ radiatâ circumdato.
Serpula penis. Lin. Syst. nat. p. 1267.
Gualt. Conch. tab. 10. fig. M.

Martin. Conch. 1. t. 1. f. 7.

Habite l'Océan des grandes Indes. Mus. n.o Mon cabinet.

2. Arrosoir à manchettes. *Aspergillum vaginiferum.*

A. vaginâ longissimâ, subarticulatâ, ad articulos vaginis foliaceis auctâ; fimbriâ disci postici brevissimâ.

An phallus testaceus marinus ? List. Conch. t. 548. f. 3.

Habite la mer Rouge. Mon cabinet. M. Savigny en a recueilli de grandes portions de la partie antérieure du tube. Il doit avoir plusieurs pieds de longueur. Le dernier article postérieur que je possède, est long de 22 centimètres.

3. Arrosoir de la Nouvelle Zélande. *Aspergillum Novæ Zelandiæ.*

A. vaginâ nudâ, posticè clavatâ; clavæ disco terminali parvo, fimbriâ destituto.

Favan. Conch. pl. 79. fig. E.

Habite la Nouvelle Zélande. Espèce très-rare, moins grande et plus en massue que les précédentes. Son disque postérieur est aussi poreux, mais n'est plus entouré par une fraise rayonnante.

4. Arrosoir agglutinant. *Aspergillum agglutinans.*

A. vaginâ variè curvâ, subclavatâ, corpora aliena agglutinante; clavæ disco nudo, tubulis distinctis echinato.

Mus. n.o

Habite les mers de la Nouvelle Hollande. *Péron* et *Lesueur.* Plus grêle et à massue moins grosse que dans l'espèce précédente, son disque postérieur est aussi sans fraise rayonnante, mais ce disque, au lieu d'être simplement percé de pores, offre des tubes saillans, séparés, inégaux, et une fissure au centre. Par-tout au-dehors, à l'exception du disque, ce tuyau testacé est recouvert de fragmens de sable, de coquilles et de madrépores. Longueur, 72 millimètres; mais ce tuyau n'est pas entier.

CLAVAGELLE. (Clavagella.)

Fourreau tubuleux, testacé, atténué et ouvert antérieurement, et terminé en arrière par une massue ovale, subcomprimée, hérissée de tubes spiniformes. Massue offrant d'un côté une valve découverte, enchâssée dans sa paroi; l'autre valve libre dans le fourreau.

Vagina tubulosa, testacea, anticè attenuata et aperta, posticè in clavam ovatam, subcompressam, tubulis spiniformibus echinatam terminata: clavâ hinc valvam detectam in pariete fixam prodiente; altera in tubo libera.

OBSERVATIONS.

Les *clavagelles* sont évidemment moyennes, par leurs rapports, entre les arrosoirs et les fistulanes. Dans les arrosoirs, les deux valves de la coquille sont ouvertes, fixées et enchâssées dans la paroi de la partie postérieure du fourreau, et paraissent au-dehors; dans les *clavagelles*, une seule des deux valves est enchâssée dans la paroi du fourreau, et se montre aussi au-dehors, tandis que l'autre valve est libre dans l'intérieur du fourreau; enfin dans les fistulanes, aucune valve n'est fixée; la coquille est tout-à-fait libre au fond du fourreau. Si la massue des arrosoirs offre de petits tubes disposés en frange circulaire autour du disque postérieur, la massue des *clavagelles* présente aussi de petits tubes saillans qui la rendent hérissée et comme épineuse, soit sur un de ses côtés, soit à son sommet; et ces petits tubes, ni les pores tubuleux du disque, ne se retrouvent plus dans les fistulanes. Par-tout, c'est la partie postérieure du fourreau qui est la plus large, et qui contient la coquille bivalve et équivalve, celle-ci n'enveloppant que la partie postérieure de l'animal, comme dans le taret; tandis que la partie antérieure du fourreau va toujours en se rétrécissant, et se trouve ouverte pour le passage des deux siphons de l'animal.

ESPÈCES.

1. Clavagelle hérissée. *Clavagella echinata.*

C. vaginæ clavâ ventricosâ, uno latere aculeis tubulosis undiquè echinatâ.

Fistulana echinata. Annales du Mus. vol. 7. p. 429. n.o 3. et vol. 12. pl. 43. f. 9.

Habite.... Fossile de Grignon. Cabinet de M. *de Roissy.*

2. Clavagelle à crête. *Clavagella cristata.*

C. vaginæ clavâ utroque latere muticâ; fimbriâ verticali è tubulis spiniformibus distinctis cristam æmulante.

Habite... Fossile de Grignon. Mon cabinet.

3. Clavagelle tibiale. *Clavagella tibialis.*

C. vaginæ clavâ muticâ, subcompressâ, valvam testæ detectam hinc prodiente.

Fistulana tibialis. Annales du Mus. vol. 7. p. 428. n.o 2. et vol. 12. pl. 43. f. 8.

Habite... Fossile de Grignon. Cabinet de M. *de France.* Sa massue n'ayant plus de tubes spinuliformes, cette espèce fait le passage aux fistulanes.

4. Clavagelle de Brocchi. *Clavagella Brocchii.*

C. vaginâ pyriformi; clavâ hinc tubulis brevibus inæqualibus subprominulis asperatâ.

Teredo echinata. Brocch. Conch. vol. 2. p. 270. t. 15. f. 1.

Habite... Fossile d'Italie.

FISTULANE. (Fistulana.)

Fourreau tubuleux, le plus souvent testacé, plus renflé et fermé postérieurement, atténué vers son extrémité antérieure, ouvert à son sommet, contenant une coquille libre et bivalve. Les valves de la coquille égales et bâillantes lorsqu'elles sont fermées.

Animal.... ayant, à sa partie antérieure, deux calamules cyathifères.

Vagina tubulosa, sæpiùs testacea, posticè turgidior et clausa, versùs extremitatem anticam attenuata, apice aperta, testam liberam bivalvem includens; valvis testæ æqualibus, in conjugatione hiantibus.

Animal.... anticâ parte calamulis duobus cyathiferis instructâ.

OBSERVATIONS.

J'ai exposé, dans les *Annales du Muséum*, à l'article fistulane (vol. 7. p. 425), les difficultés que j'avais rencontrées pour caractériser convenablement ce genre de coquillage, parce que je prenais, comme tous les naturalistes, le fourreau tubuleux qui renferme l'animal et sa coquille, pour la coquille elle-même. Mais apercevant enfin que le fourreau dont il s'agit est une pièce tout-à-fait étrangère à la coquille, je reconnus bientôt les rapports qui lient entre eux les divers genres de la famille des *tubicolées* à celle des *pholadaires*; j'exposai ces rapports dans mon cours de l'an X, tels qu'ils me paraissent encore actuellement, et j'en insérai, à l'article cité des Annales, quelques-unes des principales considérations auxquelles je renvoie le lecteur.

Les *fistulanes*, voisines des clavagelles et des arrosoirs, ont leur coquille libre, dans l'intérieur de leur fourreau, et aucune des valves de cette coquille ne se trouve plus enchâssée dans la paroi de ce tube, comme dans les deux genres précédens. Dans quelques-unes, le fourreau offre à l'intérieur, des cloisons commencées, en quart de voûte, et à l'ouverture antérieure, deux petits tubes non saillans au-dehors, et qui sont formés par une cloison longitudinale peu prolongée. Ces fistulanes indiquent leur voisinage de notre genre *clavagelle*.

On ne connaissait aucune partie de l'animal des *fistulanes*, et l'on supposait seulement sa grande analogie avec celui du taret. Mais, d'après des observations récemment communiquées par M. *Lesueur*, pendant son voyage en Amérique, nous savons que l'animal d'une fistulane qu'il a observée, quoique dans l'état sec, est muni de deux calamules qui font saillie en avant, par la partie ouverte du fourreau testacé qui le contient, c'est-à-dire, par l'extrémité grêle de ce fourreau. Ces calamules sont de longs appendices filiformes, fistuleux, calcaires, terminés chacun par cinq à huit godets infundibuliformes, semi-cornés ou calcaires, empilés les uns au-dessus des autres, et qui peuvent s'écarter, puisqu'ils se séparent dans l'état sec. Ils font paraître la partie supérieure de chaque calamule comme verticillée.

Ces appendices ou calamules, que M. *Lesueur* n'a observés que sur une espèce, existent sans doute dans toutes les autres, avec les modifications qui tiennent aux différences spécifiques. Ce sont pour nous, les branchies ou plutôt les supports des branchies de l'animal. Ils sont analogues aux deux palmules observées, par M. *Cuvier*, dans un taret. Ce ne sont point des bras articulés, analogues à ceux des cirrhipèdes, puisque leur pédicule filiforme, fistuleux et calcaire, est sans articulations; ce ne sont pas non plus les deux palettes pierreuses des tarets ici changées, car la fistulane, munie des calamules citées, n'en a pas moins ces deux palettes : elles sont demi-circulaires, striées, avec une dent triangulaire.

Il était nécessaire que, dans les fistulanes, les calamules (comme branchiales) fussent transportées vers l'extrémité ouverte du fourreau testacé, puisque ce fourreau est fermé à l'autre extrémité. Mais dans les tarets, où le fourreau calcaire est ouvert aux deux bouts, cette nécessité n'a point lieu.

Les *fistulanes* vivent dans le sable, dans le bois, dans les pierres et même dans l'épaisseur de quelques autres coquilles qu'elles savent percer. On prétend qu'il y en a dont l'animal, après avoir percé une coquille étrangère, y vit sans autre fourreau que les parois du trou qu'il a creusé. Peut-être qu'alors son fourreau, très-mince et appliqué contre les parois du trou, n'a pu être remarqué. Les valves de certaines de ces coquilles ressemblent un peu à celles des modioles.

ESPECES.

1. Fistulane massue. *Fistulana clava.*

F. vaginâ tereti-clavatâ, rectâ; testæ valvis elongatis, extremitatibus subfornicatis.

Encyclop. pl. 167. f. 17-22.

Favan. Conch. pl. 5. fig. K.

Habite l'Océan des grandes Indes. Mus. n.o Mon cabinet.

2. Fistulane corniforme. *Fistulana corniformis.*

F. vaginâ tereti-clavatâ, undato-tortuosâ; aperturâ anticâ tubulis duobus inclusis divisâ.

Encyclop. pl. 167. f. 16.

Favan. Conch. pl. 5. fig. N.

(b) *Var. vaginâ longiore, magis contortâ; posticè septis aliquot fornicatis.*

Habite l'Océan des grandes Indes. Mon cabinet. D'après un dessin envoyé, il paraît que c'est l'animal de cette espèce que M. Lesueur a observé, et dont il a vu et fait passer les deux calamules. Nous les avons maintenant sous les yeux.

3. Fistulane en paquet. *Fistulana gregata.*

F. vaginis pluribus clavatis, aggregatis; testæ valvis angustis arcuatis; aliis duabus unguiculatis, serrulatis.

Teredo. Schroet. Einl. in Conch. 2. p. 574. t. 6. f. 20.
Encycl. pl. 167. f. 6-14.
Guettard. Mém. vol. 3. t. 70. f. 6-9.
Habite... Mus. n.° Mon cabinet. Cette fistulane a les palettes dentelées, munies d'une dent subulée.

4. Fistulane lagénule. *Fistulana lagenula.*

F. nana, latere affixa; vaginâ lagenœformi, segmentis transversis articulatâ.
Encyclop. pl. 167. f. 23.
Habite.... Mus. n.° Sur une valve d'anomie, où il s'en trouve deux individus. Elle est représentée, sur une valve de peigne, dans l'Encyclopédie.

5. Fistulane ampullaire. *Fistulana ampullaria.*

F. arenulis obducta; vaginâ ampullaceâ continuâ; aperturâ intùs bicarinatâ.
Fistulane ampullaire. Annales du Mus. vol. 7. p. 428.
Faujas. Géologie, vol. 1. p. 93. pl. 3. f. 1-5.
Habite.... Fossile de Grignon et Beynes.

6. Fistulane poire. *Fistulana pyrum.*

F. vaginâ pyriformi nudâ.
Mus. n.°
Habite.... Fossile de Sienne en Italie. *Cuv.*

CLOISONNAIRE. (Septaria.)

Animal....

Tube testacé très-long, insensiblement atténué vers sa partie antérieure, et comme divisé intérieurement par des cloisons voûtées, la plupart incomplètes. Extrémité antérieure du tube terminée par deux autres tubes grêles, non divisés intérieurement.

Animal....

Tubus testaceus longissimus, anticè sensim atte-

nuatus, septis fornicatis plerisque incompletis internè subdivisus: Tubi extremitas anterior tubulis duobus aliis gracilibus, intùs indivisis terminata.

OBSERVATIONS.

Quoique l'animal et la coquille de la *cloisonnaire* ne me soient pas connus, les grandes portions de son fourreau testacé que j'ai vues, m'ont convaincu que l'animal est analogue à celui des fistulanes, qu'il n'en diffère principalement que par sa taille, et parce que ses deux siphons antérieurs sont fort longs et se sont formés chacun un fourreau particulier testacé. Cet animal doit donc avoir postérieurement une coquille bivalve, qui a échappé à ceux qui ont recueilli le grand tube ou les portions qu'on en voit dans les cabinets. Je n'ai vu que des cloisons rares, inégalement distantes et toutes incomplètes. Quelques fistulanes ont aussi des cloisons en voûte, dans la partie postérieure de leur fourreau; mais la partie menue ou antérieure de ce fourreau n'offre point de tubes particuliers saillans au-dehors. Au reste, la *cloisonnaire* n'est guères qu'une fistulane exagérée, et mérite à peine d'être distinguée comme genre.

ESPECE.

1. Cloisonnaire des sables. *Septaria arenaria.*

Serpula polythalamia. Lin. Syst. nat. p. 1269.
Solen arenarius. Rumph. Mus. tab. 41. fig. D. E.
Seba Mus. 3. tab. 94. (*tubi duo majores*).
Martini Conch. 1. tab. 1. f. 6 et 11.
Habite l'Océan des grandes Indes, dans le sable. Mus. n.°

TÉRÉDINE. (Teredina.)

Fourreau testacé, tubuleux, cylindrique; à extrémité postérieure fermée, montrant les deux valves de la coquille; à extrémité antérieure ouverte.

Vagina testacea, tubulosa, cylindrica; extremitate posticâ testæ valvas duas prodiente; anticâ extremitate apertâ.

OBSERVATIONS.

Comme il s'agit ici d'une modification particulière, différente de celles qu'offrent les genres précédens, j'ai cru devoir distinguer, comme genre, les deux coquillages que j'y rapporte, quoiqu'on ne les connaisse que dans l'état fossile.

ESPECES.

1. Térédine masquée. *Teredina personata.*

   T. tubo recto tereti-clavato; clavâ sinubus lobulisque larvam simulante.

   Fistulana personata. Annales du Mus. 7. p. 429. n.o 4.

   Ibid. vol. 12. pl. 43. f. 6. 7.

   Habite.... Fossile de Courtagnon, de Champagne.

2. Térédine bâton. *Teredina bacillum.*

   T. testâ solidâ; tubo recto tereti, vix infernè crassiore.

   Teredo bacillum. Brocch. Conch. 2. p. 273. tab. 15. f. 6.

   Habite.... Fossile des environs de Plaisance, en Italie.

TARET. (Teredo.)

Animal fort allongé, vermiforme, couvert d'un tube testacé, perçant le bois; faisant saillir antérieurement deux tubes courts et deux corps operculifères adhérens aux côtés des tubes, et faisant sortir postérieurement un muscle court, reçu dans une coquille bivalve à laquelle il est attaché.

Tube testacé, cylindrique, tortueux, ouvert aux deux extrémités, étranger à la coquille et recouvrant l'animal. Coquille bivalve, située postérieurement en dehors du tube.

Animal prœlongum, vermiforme, tubo testaceo vestitum, lignum terebrans; anticè tubulos duos breves exerens, corporaque duo operculifera lateribus tubulorum adhœrentia; posticè musculum breve testâ bivalvi receptum et affixum emittens.

Tubus testaceus, cylindricus, flexuosus, utrâque extremitate pervius, à testâ alienus, animal vestiens. Testa bivalvis, posticè extrà tubum disposita.

OBSERVATIONS.

Les *tarets* sont de véritables conchifères, qui appartiennent, comme les cinq genres qui précèdent, à la famille des tubicolées. Ils ont encore, comme les animaux de ces genres, un fourreau testacé qui les enveloppe, qui est étranger à leur coquille, et qu'on ne retrouve plus dans les pholades. Mais ici, le fourreau est ouvert aux deux extrémités; et non-seulement la coquille, au lieu d'être intérieure, se montre au-dehors, mais elle n'est plus immobile, adhérente, fermant le fourreau postérieurement.

La coquille des *tarets* se compose de deux valves qui, dans l'espèce commune, sont presqu'en losange, concaves, munies chacune d'une pièce subulée en dedans, et qui portent sur leur dos l'empreinte bien marquée de deux palettes pinnées, tout-à-fait semblables à celles mentionnées dans la deuxième espèce. Ces palettes existent donc dans les deux espèces, et toujours à l'extrémité postérieure de l'animal. La coquille dont il s'agit n'est pas sans doute proportionnée à la grandeur de l'animal; mais c'est le propre des coquilles de cette famille, d'être incapables de renfermer complètement le corps auquel elles adhèrent. A l'orifice antérieur du fourreau, l'animal présente deux petits tubes ou siphons qu'il tient à l'entrée du trou qu'il habite, et deux corps particuliers opposés qui semblent operculifères. Les palmules ou palettes pinnées, nous paraissent branchiales.

Les tarets font beaucoup de tort en perçant les bois des vaisseaux, les pieux qui sont sous l'eau dans les ports, ruinant les digues, etc.

ESPÈCES.

1. Taret commun. *Teredo navalis.*

T. anticè palmulis duabus brevibus, simplicibus, callo operculiformi terminatis.
Teredo navalis. Lin. Syst. nat. p. 1267.
Le taret. Adans. Seneg. p. 264. pl. 19.
Encycl. pl. 167. f. 1.—5.
Habite en Europe, dans les bois enfoncés sous les eaux marines.

2. Taret des Indes. *Teredo palmulatus.*

T. palmulis longiusculis, pinnato-ciliatis, subarticulatis.
Adans. Act. de l'Acad. des Sciences, 1759. pl. 9. f. 12.
Teredo bipalmulata. Syst. des anim. sans vert. p. 129.
Cuv. regn. anim. vol. 2. p. 494.
Habite l'Océan des grandes Indes, les mers des pays chauds.
Ce *taret*, dont nous n'avons vu ni le tube ni la coquille, ne diffère peut-être du précédent que par sa taille plus grande, et parce que ses palmules, plus longues, ont été facilement observées.

Obs. Le Ropan d'Adanson (Seneg. pl. 19. f. 2.), appartient à cette famille. Sa coquille est enfermée dans un fourreau mince qui reste attaché au corps pierreux dans lequel il est enfoncé. Nous ne le connaissons pas.

LES PHOLADAIRES.

Coquille sans fourreau tubuleux, soit munie de pièces accessoires, étrangères à ses valves, soit très-bâillante antérieurement.

Nous ne rapportons que deux genres à cette famille; mais l'un d'entre eux, fort nombreux en espèces, est extrêmement singulier, en ce que la coquille est munie de pièces accessoires, étrangères à ses valves; c'est le genre des *pholades*.

Il est, en effet, fort singulier de trouver en dehors, sur la charnière des pholades, des pièces particulières attachées, couvrant et cachant le ligament, et d'en observer d'autres en dedans, fixées sous les crochets. Dans un temps où l'on donnait fort peu d'attention à l'importance des rapports, on n'a considéré, dans la coquille des pholades, que le nombre des pièces qu'elle présentait; on l'a regardée comme une coquille multivalve, et, lui associant celle des anatifes, des balanes et des oscabrions, on en a formé une division à part parmi les coquilles. Cette association est assurément tellement disparate, que maintenant personne n'oserait la reproduire.

On reconnaît actuellement que toutes les pholades sont des coquilles bivalves, équivalves, régulières; que leurs valves sont réunies ou articulées en charnière, et que toutes conséquemment sont des conchifères. Mais, outre ces deux valves toujours existantes, ces coquilles présentent des pièces singulières, que l'on doit regarder comme accessoires ; car leur nombre varie selon les espèces, et l'on sait que les deux valves essentielles se retrouvent toujours, enveloppant immédiatement l'animal. Parmi ces pièces accessoires, quelque adhérence qu'aient, avec l'animal, les deux pièces isolées qui sont situées en dedans sous les crochets, ces pièces ne constituent nullement le ligament des valves, celui-ci étant réellement extérieur, quoique caché par l'équipage des pièces testacées qui le recouvrent.

Les *pholadaires* sont térébrantes, s'enfoncent dans la pierre, le bois et les masses madréporiques, où elles vivent solitairement. Quoique leur famille soit peut-être assez nombreuse en genres divers, nous n'y rapportons encore que les genres pholade et gastrochène, ce dernier même paraissant déjà très-différent des pholades.

PHOLADE. (Pholas.)

Animal habitant une coquille bivalve, dépourvu de fourreau tubuleux; faisant saillir antérieurement deux tubes réunis, souvent entourés d'une peau commune, et postérieurement faisant sortir un pied ou un muscle court, très-épais, applati à son extrémité.

Coquille bivalve, équivalve, transverse, bâillante de chaque côté; ayant des pièces accessoires diverses, soit sur la charnière, soit au-dessous. Bord inférieur ou postérieur des valves, recourbé en dehors.

Animal testam bivalvem inhabitans, vaginâ tubulosâ destitutum, tubulos duos coalitos, tegumento communi sæpè vestitos, anticè exerens, posticè pedem vel musculum brevem crassissimum, apice retusum emittens.

Testa bivalvis, æquivalvis, transversa, utroque latere hians; accessoribus testaceis variis suprà vel infrà cardinem adjunctis. Margo inferior aut posterior valvarum supernè reflexus.

OBSERVATIONS.

Quelque singulière que paraisse la coquille des *pholades*, par les pièces accessoires qui se trouvent à sa charnière, elle n'en est pas moins parfaitement conforme au caractère de toutes les coquilles bivalves dont l'essentiel est d'avoir les deux valves réunies en charnière, en un point de leur bord. Mais ici, outre les deux valves qui constituent la coquille, l'on voit des pièces particulières, diversement situées, en nombre variable, et toujours plus petites que les véritables valves. Dans les *pholades*, la coquille enveloppe elle-même, en grande partie, le corps de l'animal, et alors il n'a pas besoin de fourreau pour le défendre ou le garantir; mais, dans les genres précédens, le corps de l'animal étant fort allongé et n'ayant sa coquille bivalve qu'à son extrémité postérieure, il lui a fallu un fourreau pour le garantir des accidens, et c'est celui qu'on observe en effet.

Les *pholades* sont, la plupart, des coquillages térébrans. Elles percent les pierres, le bois, ou s'enfoncent dans le sable; elles vivent, comme stationnaires, dans les trous ou les conduits qu'elles se sont pratiqués. Leur coquille est en général mince, fragile, blanche, à côtes ou stries dentées, rudes au tact. Leur genre est assez nombreux en espèces ; on en mange plusieurs.

ESPECES.

1. Pholade dactyle. *Pholas dactylus.*

Ph. testâ elongatâ, posticè angustato-rostratâ, costis posticalibus dentato-muricatis; latere antico mutico porrecto.

Pholas dactylus. Lin. list. Conch. tab. 433.

Pennant. Zool. brit. 4. tab. 39. f. 10.

Chemn. Conch. 8. tab. 101. f. 859. poli. test. 1pl. 7.

Encycl. pl. 168. f. 2—4.

(b) *Var. costis posticalibus crebrioribus plicato-squamulosis; latere antico abbreviato.*

Habite les mers d'Europe, dans les rochers marins. Mus. n.o Mon cabinet. La variété (b) est moins allongée, plus écailleuse postérieurement.

2. Pholade orientale. *Pholas orientalis.*

Ph. testâ elongatâ, posticè rotundatâ, non rostratâ; costis posticalibus exquisitè dentatis; latere antico mutico.

List. Conch. tab. 431. Encycl. pl. 168. f. 10.

Chemn. Conch. 8. tab. 101. f. 860.

Habite les mers orientales, celles de l'Inde. Mon cabinet. Elle ressemble un peu à la ph. dactyle; mais elle n'est point rostrée postérieurement.

3. Pholade scabrelle. *Pholas candida.*

Ph. testâ oblongâ, posticè non rostratâ; undiquè costis striisque transversis denticuliferis.

Pholas candidus. Lin. Syst. p. 1111. Encycl. pl. 168. f. 11.

Gualt. Conch. tab. 105. fig. E.

Pennant. Zool. brit. tab. 39. f. 11.

Chemn. Conch. 8. tab. 101. f. 861. 862.

(b) *Eadem minor et angustior.*

Habite l'Océan d'Europe, les côtes de France, dans la Manche, et offre quelques variétés. On la trouve enfoncée dans la vase; quelquefois elle se loge dans le bois des bords de la mer. Sa taille est médiocre ou petite. Mon cabinet.

4. Pholade dactyloïde. *Pholas dactyloides.*

Ph. testâ parvâ, ovali-oblongâ, posticè sinuato-rostratâ, vix costatâ; sulcis transversis denticulatis.

An Pennant. Zool. brit. 4. pl. 40. f. 13?

Habite l'Océan britannique. Mon cabinet. Communiquée par M. *Leach*, sous le nom de *pholas parva*, Montag.

5. Pholade silicule. *Pholas silicula.*

Ph. testâ oblongo-angustâ, subpellucidâ, costellis dentiferis radiatâ; dente calloso in utrâque valvâ.

Habite à l'île de France. Mon cab. Longueur, 24 millimètres.

6. Pholade grande taille. *Pholas costata.*

Ph. testâ magnâ, oblongo-ovatâ, costis dentatis elevatis undiquè striatâ; latere postico rotundo.

Pholas costatus. Lin. Syst. nat. p. 1111.

Gualt. Conch. t. 105. fig. G.

Chemn. Conch. 8. tab. 101. f. 863.

List. Conch. pl. 434. Encycl. pl. 169. f. 1. 2.

Habite l'Europe australe, les mers d'Amérique, sur les rochers des côtes. Mon cabinet. Mus. n.° Grande espèce très-distincte. Les côtes de son côté postérieur sont plus élevées et plus écartées que les autres.

7. Pholade crêpue. *Pholas crispata.*

Ph. testâ ovali, hinc obtusiore, hiantissimâ, crispato-striatâ; sulco longitudinali unico, submediano.

Pholas crispata. Lin. Syst. nat. p. 1111.

Pennant. Zool. brit 4. pl. 40. f. 12.

Chemn. Conch. 8. tab. 102. f. 872.—874.

Encycl. pl. 169. f. 5—7.

Habite l'Océan d'Europe, les côtes de la Manche. Mus. n.° Mon cabinet. L'animal devient fort gros, à siphons réunis, longs, avancés.

8. Pholade calleuse. *Pholas callosa.*

Ph. testâ ovato-oblongâ, sinuatâ, posticè crispato-striatâ; latere antico lævi; valvarum callo cardinali prominulo globoso.

Mon cabinet.

Habite aux environs de Bayonne.

9. Pholade en massue. *Pholas clavata.*

Ph. testâ posticè turgidâ, obtusissimâ, anticè elongatâ, compressâ; striis clavæ arcuato-divaricatis : partis posticalis decussato-denticulatis.

(a) *Pholas clavata major. Pholas striata.* Lin.

Gualt. Conch. tab. 105. fig. F.

Chemn. Conch. 8. tab. 102. f. 867—869.

(b) *Pholas clavata media.*

Chemn. Conch. 8. tab. 102. f. 870. 871.

(c) *Pholas clavata minima. Pholas pusillus.* Lin.

Brown. Jam. 417. tab. 40. f. 11.

Chemn. Conch. 8. tab. 102. f. 864—866.

Encycl. pl. 169. f. 8—10.

Habite les mers de l'Europe australe et d'Amérique. Mus. n.o Mon cabinet.

Etc. Voyez la *pholade julan.* Adans. Seneg. pl. 19. f. 1. Encycl pl. 169. f. 3. 4. Elle se rapproche de la ph. crêpue.

GASTROCHÊNE. (Gastrochœna.)

Coquille bivalve, équivalve, presque cunéiforme, très-bâillante; à ouverture antérieure très-grande, ovale, oblique; la postérieure presque nulle. Charnière linéaire, marginale, sans dents.

Testa bivalvis, æquivalvis, subcuneiformis, hiantissima; aperturâ anticâ maximâ, ovali, obliquâ; posticâ subnullâ. Cardo linearis, marginalis, edentulus.

OBSERVATIONS.

Le genre *gastrochêne* de Spengler tient de très-près aux pholades et semble néanmoins appartenir à une famille différente. On dit que l'animal a les deux lobes du manteau libres et non réunis par-devant, et qu'il fait saillir antérieurement, par la grande ouverture de la coquille, deux gros tubes ou siphons réunis. Son pied, qui est à l'opposé, paraît petit, et ne pouvoir sortir qu'en écartant un peu les valves. Quant à la coquille, elle n'a point de pièces accessoires, et elle est térébrante.

ESPECES.

1. Gastrochêne cunéiforme. *Gastrochæna cuneiformis.*

G. testâ cuneiformi, tenui, subpellucidâ; valvarum striis transversis arcuatis.

Gastrochæna. Spengl. Nov. act. dan. 2. f. 8—11.

Cuv. Regn. anim. 2. p. 490.

Pholas hians. Chemn. Conch. 10. p. 364. tab. 172. f. 1678—1681.

Gmel. p. 3217.

Habite à l'île de France, aux îles d'Amérique, dans les rochers calcaires. Mus. n.o Couleur d'un blanc grisâtre.

2. Gastrochêne mytiloïde. *Gastrochæna mytiloides.*

G. testâ ovatâ; valvis areâ longitudinali pyramidatâ distinctis: rugis transversis fuscis.

Mus. n.o

Habite à l'île de France.

3. Gastrochêne modioline. *Gastrochæna modiolina.*

G. testâ parvulâ; natibus antè basim prominulis.

Mya dubia. Pennant. Zool. brit. 4. pl. 44. f. 19.

Encycl. pl. 219. f. 3. 4. *Non bene.*

Habite près de la Rochelle et sur les côtes d'Angleterre. Elle est petite, très-fragile; ses valves séparées sont très-difficiles à réunir, à cause du bâillement considérable qui doit résulter de leur réunion. Mon cabinet.

LES SOLÉNACÉES.

Coquille allongée transversalement, sans pièces accessoires, et bâillante seulement aux extrémités latérales. Ligament extérieur.

Les *solénacées* ne sont plus des coquillages térébrans, comme les pholadaires et les tubicolées, qui percent les pierres et le bois; mais elles s'enfoncent dans le sable où elles vivent solitairement, ou du moins sans se déplacer. Par leur pied épais, subcylindrique, souvent fort long, et par les deux lobes de leur manteau réunis par-devant et ouverts aux deux extrémités, ces coquillages présentent des rapports d'une part avec les pholadaires, et de l'autre, avec les myaires.

La plupart des *solénacées* sont fort remarquables par la singularité de forme que nous offre leur coquille. Ce sont des coquilles bivalves, équivalves, souvent très-allongées transversalement, et qui chacune ressemblent à un bâton ou à un cylindre droit ou arqué, ouvert et bâillant aux extrémités latérales. Plusieurs cependant sont plus ou moins applaties, élargies même, et néanmoins toujours transversales. En général, leurs crochets sont petits, peu saillans, à peine visibles.

Les dents cardinales des *solénacées* sont très-variables, suivant les espèces. Il y en a qui n'en ont aucune; et dans celles qui en possèdent, on n'en trouve pas plus de cinq, outre les deux valves. On en voit tantôt une seule sur chaque valve, tantôt une sur une valve et deux sur l'autre;

tantôt enfin deux sur l'une et trois sur l'autre valve. Le point de réunion des valves ou le lieu de la charnière, varie aussi beaucoup, selon les espèces. Après en avoir séparé quelques genres que l'on confondait parmi les solens, nous réduisons cette famille aux trois genres qui suivent.

SOLEN. (Solen.)

Coquille bivalve, équivalve, allongée transversalement, bâillante aux deux bouts; à crochets très-petits, non saillans.

Dents cardinales petites, en nombre variable, quelquefois nulles, rarement divergentes, plus rarement s'insérant dans des fossettes. Ligament extérieur.

Testa bivalvis, æquivalvis, transversìm elongata, utroque latere hians; natibus minimis, sæpè vix perspicuis.

Dentes cardinales parvi, numero variabiles, interdùm nulli, rarò divaricati, in foveas rariùs intrantes. Ligamentum externum.

Animal à manteau fermé par-devant; faisant sortir, par une extrémité de sa coquille, un pied subcylindrique, et par l'autre, un tube court, contenant deux tubes réunis.

OBSERVATIONS.

Les solens, vulgairement appelés *manches à couteau*, sont des coquilles bivalves, marines, transversalement oblongues, c'est-à-dire, fort étendues en largeur, tandis que ce que l'on doit prendre pour leur longueur, est extrêmement borné. Elles sont obtuses ou arrondies aux extrémités; y offrent, de chaque côté, une ouverture ou un bâillement plus ou moins considérable, et représentent un tuyau un peu aplati, ayant quelquefois la figure d'un manche de couteau. Les unes sont droites et les autres un peu courbées.

Ces coquilles singulières sont composées de deux valves égales, réunies par une charnière, plutôt latérale que située au milieu du bord inférieur. Souvent même cette charnière se trouve très-près de l'une des extrémités. Les crochets sont très-petits, peu renflés, quelquefois à peine apparens. Enfin, le ligament est extérieur et situé près de la charnière.

En ouvrant les valves, on aperçoit deux ou trois petites dents cardinales, qui ne sont point divergentes. Ces dents se joignent latéralement lorsque les valves sont fermées, et ne s'enfoncent point dans des cavités préparées pour les recevoir.

Les solens vivent vers les bords de la mer, dans le sable où ils s'enfoncent quelquefois jusqu'à deux pieds de profondeur, dans une position verticale.

Ainsi, lorsque l'animal est vivant, ce coquillage est toujours situé perpendiculairement sur un des côtés de sa coquille, et présente supérieurement, c'est-à-dire, vers l'entrée de son trou, le côté de la coquille où ses deux tuyaux peuvent sortir. Toute la manœuvre de ce coquillage consiste à remonter, du fond de son trou, jusqu'à la superficie du sable ou même au-dessus, et à rentrer ensuite dans son trou, au moyen des extensions et contractions de son pied musculeux qui se trouve à l'extrémité la plus enfoncée de sa coquille. Voyez les *Mémoires de l'Académie des Sciences*, *année* 1712, p. 116.

ESPECES.

Dents cardinales contiguës au bord antérieur.

1. Solen gaîne. *Solen vagina.*

S. testâ lineari, rectâ; extremitate alterâ marginatâ; cardinibus unidentatis.

Solen vagina. Lin. Syst. nat. p. 1113. Gmel. n.° 1.

(a) *Solen vagina major.* List. Conch. t. 409. f. 255.

Gualt. Conch. t. 95. fig. D. Chemn Conch. 6. t. 4. f. 28.

(b) *Solen vagina abbreviata.* Rumph. Mus. t. 45. fig. M.

Chemn. Conch. 6. t. 4. f. 26.

Encycl. pl. 222. f. 1. a. b. c.

(c) *Solen vagina minor, maculis variis picta.* Mon cab.

Habite l'Océan d'Europe, d'Amérique et de l'Inde. Commun dans les collections. Il offre différentes variétés de coloration et de taille. La var. B se trouve fossile à Grignon.

2. Solen corné. *Solen corneus.*

S. testâ parvâ, lineari, rectâ, immaculatâ; cardinibus unidentatis.

Mus. n.°

Habite à l'île de Java. *Laichenau.* Mon cabinet. Couleur de corne; longueur, 50 millimètres.

3. Solen vaginoïde. *Solen vaginoides.*

S. testâ lineari, subarcuatâ, rubellâ; cardinibus unidentatis.

Mus. n.°

Habite au canal d'Entrecastaux, et à toutes les îles de la Nouvelle Hollande. Très-commun; il est un peu courbé. Largeur, 85 millimètres.

4. Solen silique. *Solen siliqua.*

S. testâ lineari, rectâ; cardine altero bidentato.

Solen siliqua. Lin. Syst. nat. p. 1113. Gmel. n.° 2.

(a) *Solen siliqua major.* Pennant, Zool. brit. 4. pl. 45. f. 20.

Chemn. Conch. 6. pl. 4. f. 29. et litt. d.
Knorr. Vergn. 6. t. 7. f. 1. List. Conch. t. 413 ?
Encycl. pl. 222. f. 2. a. b. c.
(b) *Solen siliqua minor.* Mon cabinet.
Habite les mers d'Europe. Commun dans les collections. *Schroeter* en cite une var. de l'Inde. Einl. in Conch. 2. t. 7. f. 6. La coq. semble un peu courbée. On confond aisément cette espèce avec la première, lorsque les dents cardinales ne sont pas en bon état.

5. Solen sabre. *Solen ensis.*

S. testâ lineari, subarcuatâ; cardine altero bidentato.
Solen ensis. Lin. Syst. nat. p. 1114. Gmel. n.° 3.
(a) *Solen ensis major.*
Schroet. Einl. Conch. 2. p. 626. t. 7. f. 7.
Chemn. Conch. 6. t. 4. f. 29 ? Encycl. pl. 23. f. 3.
(b) *Id. minor et angustior.*
List. Conch. t. 411. f. 257. Pennant, Zool. br. 4. pl. 45. f. 22.
Encycl. pl. 223. f. 1. 2.
Habite les mers d'Europe et d'Amérique. Très-commun dans les collections.

Dents cardinales un peu écartées du bord antérieur.

6. Solen nain. *Solen pygmæus.*

S. testâ minimâ, lineari, subarcuatâ; cardinibus subbidentatis.
Solen pellucidus. Pennant, Zool. brit. 4. pl. 46. f. 23.
Solen minutus. Montag. ex D. Leach.
(b) *Var. cardine altero unidentato.*
Habite l'Océan d'Europe, sur les côtes de France et d'Angleterre. Mon cabinet.

7. Solen ambigu. *Solen ambiguus.*

S. testâ lineari, subrectâ, pallidâ, obscurè radiatâ; cardinibus unidentatis.
Mon cabinet. Mus. n.°
Habite.... Je le crois des mers d'Amérique. On le prendrait pour le *S. vagina*; mais sa charnière est bien plus reculée,

et il a des rayons blancs et obliques sur un fond fauve-pâle. Longueur, un décimètre.

8. Solen coutelet. *Solen cultellus.*

S. testâ tenui, ovali-oblongâ, subarcuatâ, maculosâ; cardine altero bidentato.

Solen cultellus. Lin. Syst. nat. p. 1114. Gmel. n.o 5.

Rumph. Mus. t. 45. fig. F.

Chemn. Conch. 6. t. 5. f. 36. 37.

Encycl. pl. 223. f. 4. a. b. (vulg. la gousse de pois.)

Habite les mers de l'Inde. Espèce jolie, très-distincte; commune dans les collections.

9. Solen plat. *Solen planus.*

S. testâ planulatâ, lineari, rectâ; extremitatibus rotundatis; cardinibus bidentatis.

Solen maximus. Gmel. n.o 15.

Chemn. Conch. 6. tab. 5. f. 35.

Encycl. pl. 223. f. 5.

Habite les mers de l'Inde. Mon cabinet. Espèce rare, plus applatie que les autres. Les deux dents cardinales de la valve gauche sont obliques et divergentes.

10. Solen double côte. *Solen minutus.*

S. testâ minimâ; transversim oblongâ; latere antico costis duabus serratis; cardinibus unidentatis.

Solen minutus. Lin. Syst. nat. p. 1115.

Montag. test. brit. p. 53. t. 1. f. 4. Ex D. Leach.

Chemn. Conch. 6. t. 6. f. 51. 52.

Habite l'Océan britannique. Mon cabinet. Communiqué par M. *Leach*, sous le nom de *Biapholius spinosus*.

3°. *Dents cardinales* [ou charnière] *plus voisines du milieu que du bord antérieur.*

11. Solen gousse. *Solen legumen.*

S. testâ lineari-ovali, rectâ; cardinibus mediis bidentatis; altero bifido.

Solen legumen. Lin. Syst. nat. p. 1114. Gmel. n.o

Planc. Conch. tab. 3. f. 5.

Born. Mus. p. 25. tab. 2. f. 1. 2.

Chemn Conch. 6. tab. 5. f. 32—34.

Encycl. pl. 225. f. 3.

(b) *Var. testâ transversìm longiore; cardine altero tridentato.*

Habite la Méditerranée, l'Océan atlantique. La variété b, que je possède, me paraît être le *chama subfusca* de Lister. Conch. tab. 420. f. 264.

12. Solen de Dombey. *Solen Dombeii.*

S. testâ lineari-ovali, rectâ, radiatâ; cardinibus mediis subbidentatis: dente altero breviore obsoleto.

Encycl pl. 224 f. 1. a b. c.

Habite les mers de l'Amérique méridionale, les côtes du Pérou. *Dombey*. Mus n.°

Mon cabinet.

13. Solen de Java. *Solen Javanicus.*

S. testâ lineari, rectâ, transversìm angustâ; alterius valvæ cardine bidentato, alterius tridentato: medio bifido.

Mon cabinet.

Habite à l'île de Java. M. *Laichenau*. Largeur ou longueur transversale, 60 millimètres. Couleur jaune, à épiderme rembruni.

14. Solen des Antilles. *Solen Cariboeus.*

S. testâ oblongo-ovali, rectâ, pallidè fulvâ; alterius valvæ cardine bidentato, alterius dente unico bifido.

List. Conch. tab. 421. f. 265.

Encycl. pl. 225. f. 1.

Habite l'Océan des Antilles. Coq. non radiée; couleur fauve pâle; des stries d'accroissement ou transverses, et point d'autres. Mon cabinet.

15. Solen sublamelleux. *Solen antiquatus.*

S. testâ oblongo-ovali, sub epiderme albâ; striis transversis, ad latera basimque sublamellosis; cardinibus bidentatis.

Solen cultellus. Pennant, Zool. brit. 4. pl. 46. f. 25.
Solen antiquatus. Montag. ex D. Leach.
Habite l'Océan britannique. Mon cabinet Communiqué par M. *Leach.*

16. Solen resserré. *Solen constrictus.*

S. testâ albâ, tenui, oblongâ, subrectâ, lœviusculâ; extremitatibus rotundatis; medio subconstricto.
Mus. n.o
Habite les mers de la Chine ou du Japon. *Péron.*

17. Solen rétréci. *Solen coarctatus.*

S. testâ ovali-oblongâ, transversè striatâ, medio coarctatâ, utrinque rotundatâ, cardine altero bidentato.
An solen coarctatus? Brocch. Conch. 2. p. 497. n.o
Habite... Fossile d'Italie, envoyé par M. Bonelli. Mus. n.o
Largeur, 27 millimètres. Dents cardinales obliques; une sur une valve et deux sur l'autre, insérées dans une fossette.

18. Solen rose. *Solen strigilatus.*

S. testâ ovali-oblongâ, valdè convexâ, roseâ; radiis binis albis; striis obliquis insculptis.
Solen strigilatus. Lin. Syst. nat. p. 1115. Gmel. n.o 7.
List. Conch. t. 416. f. 260. Gualt. Conch. t. 91. fig e.
Chemn. Conch. 6. tab. 6. f. 41. 42.
Encycl. pl. 224. f. 3.
(b) *Id. Minor; cardinis dente unico recto.*
Habite la Méditerranée, l'Océan atlantique. Mus. n.o Mon cabinet. On le trouve fossile près de Bordeaux et à Dax.

19. Solen radié. *Solen radiatus.*

S. testâ oblongo-ovali, rectâ, violaceâ; radiis quatuor albis.
Solen radiatus. Lin. Syst. nat. p. 1114. Gmel. n.o 6.
List. Conch. tab. 422. f. 266. Gualt. C. tab. 91. fig. b.
Chemn. Conch. 6. t. 5. f. 38. 39.
Encycl. pl. 225. f. 2.
Habite l'Océan asiatique et des grandes Indes. Mus. n.o Mon cabinet.

20. Solen violet. *Solen violaceus.*

S. testâ oblongo-ovali, extremitatibus rotundatâ, violaceâ radiis binis ; cardinibus unidentatis ; nymphis prominentibus.

Mon cabinet.

Habite l'Océan des grandes Indes. Je l'ai d'abord pris pour le *solen diphos* ; mais il est moins grand, et n'est point rostré antérieurement. Il a l'épiderme vert, et deux rayons blanchâtres au-dessous. Son test est violet en dedans comme en dehors.

21. Solen rostré. *Solen rostratus.*

S. testâ transversìm oblongâ, violaceâ ; radiis pluribus obscuris ; latere antico attenuato rostrato ; cardine altero bidentato.

Solen diphos. Chemn. Conch. 6. p. 68. t. 7. f. 53. 54.

Gmel n.° 13. Encycl. pl. 226. f. 1.

An solen virens? Lin Syst. nat. p. 1115.

Habite l'Océan des grandes Indes. Mus. n.° Mon cabinet. Espèce très-distincte de la précédente, ayant de même l'épiderme vert, et les nymphes ou les callosités du ligament saillantes en dehors.

Etc. Voyez le *solen diphos chinensis* de Chemn. Conch. XI. p. 200. tab. 198. f. 1933. Voyez aussi le *solen linearis.* Chemn. Conch. XI. p. 198. t. 198. f. 1931. 1932.

PANOPÉE. (Panopæa).

Coquille équivalve, transverse, inégalement bâillante sur les côtés. Une dent cardinale conique, sur chaque valve, et à côté une callosité comprimée, courte, ascendante, non saillante en-dehors. Ligament extérieur, sur le côté allongé de le coquille, fixé sur les callosités.

Testa æquivalvis, transversa, lateribus inæqualiter hians. Dens cardinalis unicus, conicus, in utrâque valvâ, et hinc callum breve, compressum, ascendens, non exsertum. Ligamentum externum, callis affixum, in latere productiore testæ.

OBSERVATIONS.

C'est avec raison que M. *Ménard de la Groye* a établi le genre des *panopées*. Ces coquilles sont distinguées des glycimères par leur charnière munie de dents et par leur ligament situé sur leur côté allongé. Elles avoisinent plus encore les solens; mais leurs crochets sont très-protubérans. La situation du ligament des valves ne permet pas de les associer aux myes. Je ne citerai que l'espèce non fossile, n'ayant pas l'autre sous les yeux, et qui, d'ailleurs, n'en est peut-être qu'une variété.

ESPECE.

1. Panopée d'Aldrovande. *Panopœa Aldrovandi.*

Chama glycimeris altera. Aldrovand. test. lib. 3. p. 473 et 474.

List. Conch. tab. 414. f. 258. Born. Mus. tab. 1. f. 8.

Mya glycimeris. Gmel. p. 3222.

Chemn. Conch. 6. t. 3. f. 25.

Panopœa. Ménard. Annales du Mus. vol. 9. p. 131.

Habite la Méditerranée. Mon cabinet. La panopée fossile se trouve près de Parme, en Italie. Elle est figurée, table 12, au lieu cité des Annales, et appartient à M. *Faujas de S.-Fond.* M. *Ménard* la considère comme une espèce distincte.

GLYCIMÈRE. (Glycimeris.)

Coquille transverse, très-bâillante de chaque côté. Charnière calleuse, sans dent. Nymphes saillantes au-dehors. Ligament extérieur.

Testa transversa, utroque latere valdè hians. Cardo callosus; dente nullo. Nymphæ extùs prominentes. Ligamentum externum.

OBSERVATIONS.

Le petit nombre de coquilles connues qui appartiennent à ce genre, a été rapporté au genre des myes; mais ces coquilles n'ont ni la charnière des myes, ni celle des mulettes dont on faisait des myes.

Les *glycimères* ont beaucoup de rapports avec les solens et avec les saxicaves; mais elles en diffèrent par le ligament situé sur le côté court de la coquille, et en outre se distinguent des solens par leur charnière sans aucune dent.

ESPÈCES.

1. Glycimère silique. *Glycimeris siliqua.*

Gl. testâ transversìm oblongâ, epiderme nigrâ; natibus decorticatis; valvis intùs disco calloso incrassatis.

Mya siliqua. Chemn. Conch. XI. p. 192. t. 198. f. 1934.

Glycimeris incrassata. Syst. des anim. sans vert. p. 126.

Habite les mers du nor[illegible]us. n.° Mon cabinet.

2. Glycimère arctique. *Glycimeris arctica.*

Gl testâ ovatâ, ventricosâ, anticè truncatâ, transversè striatâ; costis duabus obtusis.

Habite l'Océan arctique, la Mer blanche. Mon cabinet. Ce n'est point le *mya arctica* d'Oth. Fabricius. A l'extérieur, cette glycimère ressemble au *mya truncata.*

3. Glycimère nacrée. *Glycimeris margaritacea.*

Gl. testâ ovatâ, anticè truncatâ, tenui, intùs margaritaceâ.

Mon cabinet.

Habite.... Fossile de Grignon. Coq. très-bâillante antérieurement. Valves minces, fragiles. Largeur, 30 millimètres.

Ect. Voyez le *mya edentula* de Pallas. Iter. 1. p. 26. n.° 87.

LES MYAIRES.

Ligament intérieur. Une dent élargie et en cuilleron, soit sur chaque valve, soit sur une seule, donnant attache au ligament. La coquille est bâillante aux deux extrémités latérales ou à une seule.

Les *myaires* nous ont paru devoir suivre immédiatement les solénacées, venir après les glycimères, et conduire naturellement aux mactracées. Néanmoins elles diffèrent éminemment des solénacées par la situation du ligament de leurs valves; celui-ci étant tout-à-fait intérieur, et reçu tantôt sur une seule dent élargie en cuilleron et saillante en dedans, tantôt sur deux dents semblables et intérieures. L'animal fait saillir antérieurement un gros tube formé de la réunion de deux autres qu'il enveloppe, et postérieurement un pied qui n'est plus cylindrique comme celui des solens, mais comprimé et de taille médiocre. Voici les trois genres que nous rapportons à cette famille.

MYE. (Mya.)

Coquille transverse, bâillante aux deux bouts. Valve gauche, munie d'une dent cardinale grande, comprimée, arrondie saillante presque verticalement. Une fossette cardinale à l'autre valve. Ligament intérieur s'insérant sur la dent saillante et dans la fossette de la valve opposée.

Testa bivalvis, transversa, utrinque hians. Dens cardinalis unicus, magnus, dilatato-compressus, rotundatus, verticaliter prominens ad valvam sinistram. Fovea cardinalis in alterâ valvâ. Ligamentum internum, dente prominulo foveâque alteræ valvæ insertum.

Conchifère à manteau fermé par-devant, ayant à une extrémité un pied court, comprimé et assez épais, et faisant sortir, à l'autre extrémité, un grand tube qui en contient deux autres ; l'un pour l'entrée de l'eau, et l'autre pour l'anus.

OBSERVATIONS.

Les *myes* sont des coquilles marines bivalves, transverses, inéquilatérales, imparfaitement équivalves, et ouvertes plus ou moins aux deux extrémités latérales comme les solens. Elles n'ont qu'une seule dent à la charnière, mais qui est extrêmement remarquable. Cette dent, qui tient à la valve gauche, est grande, relevée presque perpendiculairement au plan de la valve, élargie, comprimée, obronde, et creusée d'un côté comme un cuilleron pour recevoir le ligament. Elle ferme l'entrée de la fossette cardinale de l'autre valve, lorsque les deux valves sont resserrées.

Le ligament des valves est intérieur, court et épais. Il s'attache d'une part à la dent saillante, et de l'autre part dans la fossette de la valve droite.

Le pied de l'animal est court, suborbiculaire.

Linné a confondu mal à propos, dans le même genre, les *myes* avec les mulettes, qui sont de coquilles d'eau douce, et dont la charnière est fort différente.

Les *myes* se tiennent enfoncées dans le sable, à travers

lequel elles font saillir le long tube qui enveloppe ses deux tuyaux.

ESPECES.

1. Mye tronquée. *Mya truncata.*

M. testâ ovatâ, ventricosâ, anteriùs truncatâ; cardinis dente antrorsùm porrecto rotundato integerrimo.

Mya truncata. Lin. Syst. nat. p. 1112. Gmel. n.° 1.

Gualt. Conch. t. 91. fig. D. Pennant. Zool. brit. 4. pl. 41.

Chemn. Conch. 6. t. 1. f. 1. 2.

Encycl. pl. 229. f. 2. a. b.

Habite l'Océan d'Europe. Mon cabinet.

2. Mye des sables. *Mya arenaria.*

M. testâ ovatâ, anteriùs rotundatâ; cardinis dente denticulo laterali aucto.

Mya arenaria. Lin. Syst. nat. p. 1112. Gmel. n.° 2.

Bast. op. subs. 2. p. 69. t. 7. f. 1.

Chemn. Conch. 6. t. 1. f. 3. 4. Encycl. pl. 229. f. 1. a. b.

Pennant, Zool. brit. 4. pl. 42.

Habite l'Océan d'Europe; commune dans la Manche, sur les côtes de France. Mon cabinet.

3. Mye érodone. *Mya erodona.*

M. testâ ovatâ, anticè subrostratâ; cardinis dente nudo recto.

Erodona mactroïdes. Daud. Bosc. hist. des coq. vol. 2. pl. 6. f. 1.

Roissy. hist. des coq. vol. 6. p. 431. t. 69. f. 5.

An tellina guinaica? Chemn. Conch. 10. p. 348. t. 170. f. 1.651—1653.

Habite.... probablement les côtes d'Afrique.

4. Mye solémyale. *Mya solemyalis.*

M. testâ transversim oblongâ, tenui, pellucidâ, extremitatibus obtusâ; latere postico brevissimo: antico productiore, obliquè radiato.

Mus. n.°

Habite les mers de la Nouvelle Hollande. Coquille blanchâtre, singulière, un peu bâillante antérieurement, et qui serait une solémye si chaque valve était munie d'une dent élargie et saillante. Largeur, 20 à 22 millimètres.

ANATINE. (Anatina.)

Coquille transverse, subéquivalve, bâillante aux deux côtés ou à un seul. Une dent cardinale nue, élargie, en cuilleron, saillante intérieurement, insérée sur chaque valve et recevant le ligament. Une lame ou une côte en faulx, adnée, obliquement courante sous les dents cardinales, dans la plupart.

Testa transversa, subæquivalvis, utrinque vel uno latere hians. Dens cardinalis nudus, dilatatus, cochleariformis, internè prominulus in utrâque valvâ, ligamentum excipiens. Lamella vel costa falcata, adnata, infrà dentes cardinales obliquè decurrens, in plurimis.

OBSERVATIONS.

Les *anatines* sont bien distinguées des myes, puisqu'elles ont une dent en cuilleron sur chaque valve, tandis que les myes n'en ont qu'une en tout. Elles semblent faire le passage aux lutraires, et lier les myaires aux mactracées. Chaque cuilleron des *anatines* est comme soutenu par une lame dans les unes, ou par une côte dans les autres, qui est obliquement courante sur la coquille. Le ligament est intérieur, et s'attache dans le creux de chaque cuilleron des valves. Souvent, à côté de chaque crochet, part une fissure décurrente qui forme quelquefois une saillie, imitant une seconde lame courante.

ESPECES.

1. Anatine lanterne. *Anatina laterna.*

A. testâ ovatâ, tenuissimâ, pellucidâ, fragili, utrinque rotundatâ.

An mya anserifera? Chemn. Conch. XI. p. 193. Vign. 26. litt. A. B *mala.*

Habite l'Océan des grandes Indes. Mon cabinet. Elle est renflée, n'est point rostrée antérieurement. On la connaît sous le nom de *lanterne.* Elle est très-rare.

2. Anatine tronquée. *Anatina truncata.*

A testâ ovatâ, tenui, transversè striatâ, anticè subtruncatâ, punctis prominulis minimis extùs asperatâ.

Mon cabinet.

Habite dans la Manche, près de Vannes. Communiquée par M. *Aubry*, Médecin. Le Muséum en possède un individu un peu plus grand, plus transparent, assez semblable d'ailleurs, qui vient de l'île St.-Pierre et St.-François, à la Nouvelle Hollande.

3. Anatine subrostrée. *Anatina subrostrata.*

A. testâ ovatâ, membranaceâ; antico latere attenuato, subrostrato.

Solen anatinus. Lin. Gmel. n.º 8.

Rumph. Mus. t. 45. fig. O.

Chemn. Conch. 6. t. 6. f. 46—48.

Encycl. pl. 228. f. 3. a. b.

Habite l'Océan Indien, les mers de la Nouvelle Hollande. Mus. n.º

4. Anatine longirostre. *Anatina longirostris.*

A. testa ovatâ-oblongâ, membranaceâ, pellucidâ, fragili; latere antico longiore attenuato rostriformi; dente cardinali minuto excavato.

Mya rostrata? Chemn. Conch. XI. p. 195. Vign. 26, litt. C. D.

Habite.... Mus. n.º L'exemplaire du Muséum est jeune, moins grand que dans la fig. citée, et un peu fruste. Il provient probablement des mers australes.

5. Anatine globuleuse. *Anatina globulosa.*

A. testâ subglobosâ, decussatìm striatâ, albâ : pellucidâ; latere antico brevissimo hiante.

Mya anatina. Gmel. p. 3221.

An tugon? Adans. Seneg. t. 19. f. 2.

Chemn. Conch. 6. t. 2. f. 13—16.

Encycl. pl. 229. f. 3. a. b.

Habite sur les côtes d'Afrique, à l'embouchure des fleuves.

6. Anatine trapézoïde. *Anatina trapezoides.*

A. testâ rotundato-quadratâ, convexâ, tenui, pellucidâ, lævigatâ; dente cochleari obliquato.

Corbula. Encycl. pl. 230. f. 6. a. b.

Habite.... Mus. n.° Mon cabinet. Elle est un peu inéquivalve. La coquille de Petiver (Gazoph. t. 94. fig. 4. c. 51.) y ressemble un peu.

7. Anatine ridée. *Anatina rugosa.*

A. testâ rotundato-subquadratâ, convexâ, tenui, pellucidâ; rugis obliquis insculptis.

Mon cabinet.

Habite à St.-Domingue. Elle est un peu plus grande que la précédente. Ses cuillerons sont moins isolés.

8. Anatine imparfaite. *Anatina imperfecta.*

A. testâ ovatâ; subinæquivalvi, tenui, lævigatâ; latere antico abbreviato; dente cardinali angusto, margini adnato.

Mus. n.o

Habite à la Nouvelle Hollande, dans la baie des chiens marins. Blanche, mince, transparente, ayant une côte antérieure. Largeur, 35 millimètres.

9. Anatine myale. *Anatina myalis.*

A. testâ magnâ, ovatâ, ventricosâ, inæquivalvi, punctis minutissimis asperatâ; cochlearibus brevibus rotundatis, unidentatis.

Mya declivis. Pennant. Zool. brit. 4. p. 66. n.° 15.

Ligula pubescens. Montag.

Habite aux îles Hébrides. Mon cabinet. Communiquée par M. *Leach*. Coquille assez semblable au *mya arenaria* par son aspect extérieur, plus grande même, assez solide, et néanmoins demi-transparente.

10. Anatine rupicole. *Anatina rupicola.*

A. testâ parvâ, ovato-oblongâ, extùs transversìm sulcatâ; latere antico longiore, truncato.

Rupicole Extr. du cours, etc. p. 108.

Habite aux environs de la Rochelle, dans les rochers, comme les lithophages. M. *Fleuriau-de-Bellevue*. Largeur, 12 millim.

CONCHIFÈRES TÉNUIPÈDES.

Leur manteau n'a plus ou presque plus ses lobes réunis par devant. Leur pied est petit, comprimé. Le bâillement latéral de leur coquille est le plus souvent peu considérable.

Je rapporte ici un assez grand nombre de coquillages qu'il a jusqu'à présent été fort difficile de ranger convenablement selon l'ordre de leurs rapports, parce qu'ils appartiennent à des familles qui, dans l'ordre de leur production, ne forment point une série simple. Les uns parurent tenir de très-près aux solens, et même y furent réunis; quoiqu'il soit probable que l'animal, et surtout son pied, aient une forme, des proportions et même une disposition très-différentes. D'autres furent rangés parmi les Myes; d'autres le furent parmi les Tellines et les Vénus; enfin quantité de ces coquillages restèrent dans les collections sans détermination et sans trouver, dans les cadres déjà formés, de rang convenable.

Obligé d'augmenter le nombre de ces cadres, afin de faciliter le placement de quantité d'objets qui eussent embarrassé ailleurs, et effacé les limites des familles, ma division des *conchifères ténuipèdes* comprend quatre coupes distinctes, dont une seule (les *lithophages*) paraît plus artificielle que les autres, sans néanmoins cesser d'être utile : voici la citation de ces coupes.

(1) Ligament intérieur, avec ou sans complication de ligament externe.

Les Mactracées.
Les Corbulées.

(2) Ligament uniquement extérieur.

Les Lithophages.
Les Nymphacées.

LES MACTRACÉES.

L'animal a le pied petit, mais comprimé et propre à des mouvemens de déplacement.

Coquille équivalve, le plus souvent baillante aux extrémités latérales. Ligament intérieur, avec ou sans complication de ligament externe.

Les *mactracées* tiennent évidemment de très-près aux myaires ; néanmoins, comme l'animal a le pied petit, comprimé et propre à ramper ou changer de lieu, elles appartiennent à une coupe différente, qui doit suivre celle des myaires. Elles ont effectivement, comme les myaires, le ligament intérieur, et cette situation du ligament se retrouve encore la même dans les corbulées, qui en sont très distinctes. Après les corbulées, le ligament des valves est uniquement extérieur dans le reste des conchifères dimyaires.

Si l'on en excepte quelques lutraires, la coquille des

mactracées n'offre à ses extrémités latérales qu'un baillement médiocre, très-petit, même postérieurement, quelquefois presque nul ou tout à fait nul. Je rapporte ici sept genres, savoir :

(1) Ligament uniquement intérieur.

(a) Coq. baillante sur les côtés.

Lutraire.

Mactre.

(b) Coq. non baillante sur les côtés.

Crassatelle.

Erycine.

(2) Ligament se montrant au-dehors, ou étant double, l'un interne et l'autre externe.

Onguline.

Solémye.

Amphidesme.

LUTRAIRE. (Lutraria.)

Coquille inéquilatérale, transversalement oblongue ou arrondie, baillante aux extrémités latérales. Charnière ayant une dent comme pliée en deux, ou deux dents dont une est simple, et une fossette adjointe, deltoïde, oblique, saillante en-dedans. Dents latérales nulles. Ligament intérieur, fixé dans les fossettes cardinales.

Testa inæquilatera, transversim oblonga, vel rotundata, extremitatibus lateralibus hians. Cardo dente unico subcomplicato, vel dentibus duobus : altero simplici, cum foveâ adjectâ, deltoideâ, obliquâ, intùs prominente. Dentes laterales nulli. Ligamentum internum, in foveis affixum.

OBSERVATIONS.

Les *lutraires* sont éminemment distinguées des mactres, parce qu'elles manquent de dents latérales, et elles offrent une transition aux myaires par leurs rapports avec les anatines. Leur charnière présente en effet, sur chaque valve, une protubérance comprimée, creusée en fossette en-dessus, et, à côté, une ou deux dents, dont une est comme pliée en deux, tandis que l'autre est simple. Ces coquilles, sur-tout celles qui sont transversalement oblongues, sont plus bâillantes que les mactres. L'animal fait sortir par le côté antérieur de sa coquille, qui est le plus ouvert, deux siphons, et par le côté opposé un pied petit, comprimé.

ESPÈCES.

Coquille transversalement oblongue.

1. Lutraire solénoïde. *Lutraria solenoides.*

L. testâ oblongâ; striis transversis rugæformibus; latere antico prælongo, apice rotundato, valdè hiante.

Mya oblonga. Gmel. p. 3221. Gualt. test. t. 90. fig. A. 2.

Da Costa. Conch. brit. p. 30. t. 17. f. 4.

Chemn. Conch. 6. tab. 2. f. 12.

Habite l'Océan d'Europe. Mus. n.o Mon cabinet. Grande coquille d'un blanc sale ou roussâtre, très-bâillante, ventrue, à côté postérieur court, arrondi. Deux dents à côté de la fossette. Largeur, un décimètre et 10 millimètres. On la trouve fossile au *Mont Marius*, près de Rome.

2. Lutraire elliptique. *Lutraria elliptica.*

L. testâ ovali-oblongâ, læviusculâ; striis transversis exiguis; lateribus rotundatis: antico longiore.

Mactra lutraria. Lin. Gmel. p. 3259.

List. Conch. t. 415. f. 259.

Pennant. Zool. brit. 4. pl. 52. f. 44.

Chemn. Conch. 6. t. 24. f. 240. 241.

(b) *Var. antico latere attenuato, obtusè acuto.*

Habite l'Océan d'Europe, dans le sable des côtes. Mon cabinet. Elle est presqu'aussi grande que la précédente, un peu moins bâillante, à crochets petits. On la trouve fossile aux environs de Bordeaux.

3. Lutraire ridée. *Lutraria rugosa.*

L. testâ ovatâ, albido-flavescente; striis longitudinalibus elevatis, transversas minùs elevatas decussantibus.

Mactra rugosa. Gmel. p. 3261.

Chemn. Conch. 6. tab. 24. f. 236.

Encycl. p. 254. f. 2. a. b.

(b) *Var. striis longitudinalibus posticis rarioribus, magis elevatis.*

Mus. n.°

Habite l'Océan européen, où elle paraît rare. Mon cabinet. La variété b. vient de St.-Domingue.

Coquille orbiculaire ou subtrigone.

4. Lutraire comprimée. *Lutraria compressa.*

L. testâ tenui, compressâ, rotundato-trigonâ, squalidâ, transversè striatâ; pectunculus latus, etc. List. Conch. t. 253. f. 88.

Da Costa. Conch. brit. p. 200. tab. 13. f. 1.

Encycl. pl. 257. f. 4. *Ligula compressa*, ex D. Leach.

An mactra Listeri. Gmel. p. 3261?

Habite dans la Manche, sur les côtes de France, où elle est très-commune. Mon cabinet. Elle est d'un gris sale, quelquefois jaunâtre ou roussâtre.

5. Lutraire calcinelle. *Lutraria piperata.*

L. testâ ovatâ, compressâ, transversè striatâ: dentibus minimis; foveolâ magnâ obliquatâ. Poiret, voyage en Barb. 2. p. 15.

Mactra piperata. Gmel. p. 3261.

Calcinella. Adans. Seneg. p. 232. t. 17. f. 18.
Chemn. Conch. 6. t. 3. f. 21.
Habite dans la Méditerranée. Mon cabinet. Cette lutraire est plus applatie et moins arrondie que la précédente. Elle est assez mince, transparente, jaunâtre, quelquefois très-blanche.

6. Lutraire tellinoïde. *Lutraria tellinoides.*

L. testâ ovatâ, tenui, pellucidâ, albâ; striis transversis inæqualibus tenuibus; latere postico brevi, subplicato.
An mactra pellucida? Gmel. p. 3260.
Habite.... On la dit des côtes de la Guinée. Mon cabinet. Cette lutraire et les cinq suivantes sont difficiles à caractériser, étant également blanches, minces et transparentes.

7. Lutraire blanche. *Lutraria candida.*

L. testâ ovatâ, tenui, pellucidâ, candidâ; striis transversis inæqualibus; latere postico anticum superante.
Mus. n.°
Habite.... C'est peut-être à celle-ci qu'appartient le *mactra pellucida*, cité ci-dessus. Les deux espèces sont néanmoins très-distinctes.

8. Lutraire papyracée. *Lutraria papyracea.*

L. testâ ovato-rotundatâ, tenui, pellucidâ, transversim striatâ; latere antico patulo-hiante, lineâ elevatâ longitudinali utrinque distincto.
Mactra papyracea? Gmel. n.° 3.
Chemn. Conch. 6. t. 23. f. 231?
Encycl. pl. 257. f. 2. a. b?
Habite l'Océan indien. Mus. n.° Mon cabinet. Elle a, près de son côté antérieur, des stries longitudinales très-fines, en une place isolée. En vieillissant, elle devient très-bâillante.

9. Lutraire petits-plis. *Lutraria plicatella.*

L. testâ ovato-rotundatâ, tenui, pellucidâ, albâ; plicis tenuibus transversis, crebris; latere antico brevi subangulato.
An mactra papyracea? Gmel. p. 3257.
Chemn. Conch. 6. t. 23. f. 231?
Habite... Probablement l'Océan indien. Mus. n.°

10. Lutraire gros-plis. *Lutraria crassiplica.*

L. testâ ovato-rotundatâ, tenui, pellucidâ, albâ, convexâ; plicis transversis, majusculis, compositis; latere postico brevissimo.

(b) *An ejusd. var?* Encycl. pl. 255. f. 2. a. b.

Habite.... probablement l'Océan indien. Mus. n.° Largeur, 30 millimètres.

11. Lutraire applatie. *Lutraria complanata.*

L. testâ ovatâ, tenui, arcuatim plicatâ; plicis transversìm striatis.

Mactra complanata. Gmel. p. 3261.

Chemn. Conch. 6. t. 24. f. 238.

Encycl. pl. 258. f. 4.

Habite l'Océan indien. Je n'ai point vu cette espèce; et, quoiqu'elle soit sans doute très-voisine de la précédente, elle est différente et plus allongée transversalement.

12. Lutraire dent-épaisse. *Lutraria crassidens.*

L. testâ ovatâ, solidâ, opacâ, transversè substriatâ; dente cardinali crasso; foveâ ligamenti non prominente.

Mon cabinet.

Habite.... Fossile des falluns de la Touraine.

MACTRE. (Mactra.)

Coquille transverse, inéquilatérale, subtrigone, un peu baillante sur les côtés, à crochets protubérans.

Une dent cardinale comprimée, pliée en gouttière sur chaque valve, et auprès une fossette en saillie. Deux dents latérales rapprochées de la charnière, comprimées, intrantes. Ligament intérieur, inséré dans la fossette cardinale.

Testa transversa, inæquilatera, subtrigona, lateribus paulisper hians; natibus prominentibus.

Dens cardinalis in utrâque valvâ compressus, plicato-canaliculatus, cum adjectâ foveolâ intus prominulâ. Dentes laterales duo compressi, utrinque prope cardinem admoti, inserti. Ligamentum internum, in foveolâ cardinali insertum.

OBSERVATIONS.

Les *mactres*, débarrassées des lutraires qui en obscurcissaient le caractère ou le rendaient inexact, constituent un très-beau genre, assez nombreux en espèces. Ce sont des coquilles marines, souvent un peu grandes, presque toujours trigones, légèrement bâillantes sur les côtés, soit lisses, soit ridées ou sillonnées transversalement. Le caractère de leur charnière est assez singulier : on voit sur chaque valve, sous les crochets, une dent comprimée, pliée en gouttière, quelquefois comme divisée en deux pièces divergentes; et à côté se trouve une fossette subcordiforme, oblique, qui donne attache au ligament des valves. On remarque en outre deux dents latérales comprimées et intrantes; l'une rapprochée plus ou moins de la fossette du ligament, et l'autre de la dent cardinale.

Quand la fossette est fort large, comme cela a lieu dans certaines espèces, la dent cardinale est très-oblique, rétrécie et même en partie avortée; mais les dents latérales existent toujours.

Par un des côtés de sa coquille, l'animal fait sortir deux tubes qu'il forme avec son manteau, et par l'autre un pied musculeux, comprimé.

ESPECES.

1 Mactre géante. *Mactra gigantea.*

M. testâ magnâ, solidâ, albido-fulvâ, transversim substriatâ, intrà nates hiante; foveâ cardinali maximâ cordatâ.

Encycl. pl. 259. f. 1. Chemn. Conch. 10. t. 170. f. 1656.

Habite les mers de l'Amérique septentrionale. Mus. n.o Mon cabinet. Le bâillement entre les crochets est ici dans le sens de l'ouverture des valves, et en cela fort différent de celui de l'espèce suivante.

2. Mactre de spengler. *Mactra spengleri.*

M. testâ trigonâ, lævi; vulvâ planâ; natibus distantibus, aperturâ lunatâ separatis.

Mactra spengleri. Gmel. p. 3256.

Chemn. Conch. 6. t. 20. f. 199—201.

Encycl. pl. 252. f. 3. a. b.

Habite les mers du Cap de Bonne-Espérance. Mus. n.° Mon cabinet. Espèce peu commune, recherchée et très-distincte par ses caractères.

3. Mactre striatelle. *Mactra striatella.*

M. testâ magnâ, pellucidâ, albâ, convexâ; vulvâ obliquè striatâ, angulo obtuso circumscriptâ; natibus substriatis.

Encycl. pl. 255. f. 1. a. b.

Habite.... les mers de l'Inde? Mus. n.o Mon cabinet. Je crois que cette espèce a été confondue avec la suivante dont elle est bien distincte. Elle devient plus grande.

4. Mactre carinée. *Mactra carinata.*

M. testâ trigonâ, pellucidâ, albâ, convexâ; vulvâ angulis lamellâ elevatâ carinatis circumscriptâ; natibus lævibus.

Gualt. test. tab. 85. fig. F.

Knorr Vergn. 6. t. 34 f. 1.

Encycl. pl. 251. f. 1. a. b. c.

An mactra striatula? Gmel. p. 3257.

Habite.... la Méditerranée? L'océan des Indes? Mus. n.o Mon cabinet. La planche 251. f. 2. et celle 253. f. 1. de l'Encyclopédie, représentent une mactre à angles du corselet aigus, mais point carinés. Je crois que ce n'est qu'une variété.

5. Mactre fauve. *Mactra helvacea.*

M. testâ ovato-trigonâ, pallidè albâ, fulvo-radiatâ;

vulvâ lunulâque convexis, rufis; dentibus lateralibus remotis.

Mactra glauca. Gmel. *Excluso Bornii synonymo.*

Mactra helvacea. Chemn. Conch. 6. p. 234. t. 23. f. 232. 233.

Encycl. pl. 256. f. 1. a. b. Poli test. 1. t. 18. f. 1—3.

Habite les côtes d'Espagne, de l'Italie. Mus. n.o Mon cabinet. Elle devient fort grande; ses crochets sont lisses. Les vieux individus sont roux, obscurément rayonnés.

6. Mactre rostracée. *Mactra grandis.*

M. testâ trigonâ, anticè productiore subrostratâ, lævi, cervinâ, pallidè radiatâ; natibus tumidis, fusco-violaceis.

Mactra grandis. Gmel. n.o 12.

Chemn. Conch. 6. t. 23. f. 228.

Encycl. pl. 253. f. 1. a. b. *Bona.*

Habite.... Ses rapports avec la suivante, dont elle est cependant très-distincte, font présumer qu'elle vit dans l'Océan atlantique et peut-être Européen. Mon cabinet.

7. Mactre lisor. *Mactra stultorum.*

M. testâ ovato-trigonâ, lævi, subdiaphanâ, pallidè fulvâ; radiis albidis obsoletis; facie internâ albido-purpurascente.

Mactra stultorum. Gmel. n.o 11.

Lisor. Adans. Seneg. tab. 17. f. 16. Poli test. 1. t. 18. f. 10—12.

Chemn. Conch. 6. t. 23. f. 224. 225.

Encycl. pl. 256. f. 2. a. b.

(b) *Var. testâ minore, pallidiore; natibus albidis.*

Habite la Méditerranée, l'Océan d'Europe et l'atlantique. Mus. n.o Mon cabinet. Les individus parfaits ont les crochets violets, comme dans la m. Rostracée, mais leur côté antérieur ne s'avance pas de la même manière.

8. Mactre mouchetée. *Mactra maculosa.*

M. testâ ovato-trigonâ, spadiceo-rufâ, radiis maculisque albis variegatâ; natibus vulvâ lunulâque subviolaceis.

Mus. n.o

Habite.... Elle est plus brillante, plus vivement colorée et moins trigone que la précédente. Intérieurement, elle a trois taches pourprées, dans la partie inférieure de ses valves.

9. Mactre paillée. *Mactra straminea.*

M. testâ ovato-trigonâ, tenui, lævi, subirradiatâ; natibus obsoletè rufis.

Mon cabinet. *An* Schroet. einl. in Conch. 3. t. 8. f. 2.

Habite.... Je soupçonne qu'elle n'est qu'une variété de la m. Lisor; mais elle est singulière, presqu'unicolore et luisante.

10. Mactre australe. *Mactra australis.*

M. testâ trigonâ, solidâ, albâ; striis transversis tenuibus, subfurcatis; facie internâ maculis violaceis nebulosis.

Mus. n.o

An mactra glabrata? Gmel. n.o 7. Chemn. Conch. 6. t. 22. f. 216. 217.

Habite les mers de la Nouvelle Hollande, au port du Roi Georges. Largeur, 39 millimètres.

11. Mactre violette. *Mactra violacea.*

M. testâ ovato-trigonâ, tenui, intus extusque violaceâ; natibus saturioribus; vulvâ anoque albidis.

Mactra violacea. Gmel. n.o 18.

Chemn. Conch. 6. t. 22. f. 213. 214.

Encycl. pl. 254. f. 1. a. b.

Habite l'Océan Indien, sur la côte de Tranquebar. Mus. n.o Mon cabinet. Elle est très-obscurément rayonnée.

12. Mactre fasciée. *Mactra fasciata.*

M. testâ trigonâ, lævi, tenui, subdiaphanâ, albâ; zonis distantibus violaceis; vulvâ striatâ.

Gualt. Conch. t. 71. fig. B.

An mactra corallina? Gmel. n.o 9.

(b) *Var. testâ radiis pallidè fulvis ornatâ.*

Habite.... probablement l'Océan atlantique. Mon cabinet. Coquille, dont je ne connais pas de figure passable, toujours ornée de zones violettes, d'un blanc violet intérieurement, ventrue, rare dans les collections.

13. Mactre enflée. *Mactra turgida.*

M. testâ ovato-trigonâ, tumidâ, tenui, lævi, albâ; natibus rubescentibus; vulvâ eleganter striatâ.

List. Conch. t. 263. f. 99. ?
Chemn. Conch. 6. t. 21. f. 210. 212.
Mactra turgida. Gmel. n.o 17.
Encycl. pl. 255. f. 3. a. b.
Habite les mers de l'Inde. Mus. n.o Elle a une tache rouge-pourprée sous chaque crochet.

14. Mactre plicataire. *Mactra plicataria.*

M. testâ albâ, diaphanâ, transversè rugoso-plicatâ; vulvâ planiusculâ; ano depresso, oblongo.
Chemn. Conch. 6. t. 20. f. 202—204.
Encycl. pl. 255. f. 2. a. b.
Mactra plicataria. Gmel. n.o 2.
Habite l'Océan Indien. Mon cabinet.

15. Mactre rufescente. *Mactra rufescens.*

M. testâ ovato-trigonâ, tumidâ, basi lævigatâ fulvo-rufescente; supernè striato-plicatâ.
Mus. n.o
Habite à la Nouvelle Hollande, dans la baie des chiens marins. La pointe des crochets est violette. Largeur, 55 millimètres.

16. Mactre tachetée. *Mactra maculata.*

M. testâ obtusè trigonâ, inflatâ, tenui, albidâ; maculis spadiceo-rufis, ano impresso.
Chemn. Conch. 6. tab. 21. f. 208. 209.
Habite les mers de l'Inde. Mon cabinet.

17. Mactre subplissée. *Mactra subplicata.*

M. testâ trigonâ, tenui, albâ, lateribus baseos subplicatâ; disco lævi; cardinis dente laterali bilobo.
Mus. n.o
Habite.... Le corselet est circonscrit de chaque côté par un angle comme dans la M. plicataire; néanmoins sa forme et son aspect la distinguent.

18. Mactre triangulaire. *Mactra triangularis.*

M. testâ triangulari, solidâ, albâ, transversè plicatâ; maculis spadiceis sparsis: superioribus majoribus.

Encycl. pl. 253. f. 3. a. b. c.

Habite.... Mus. n.° Mon cabinet. Coquille très-rare.

19. Mactre lactée. *Mactra lactea.*

M. testâ ovato-trigonâ, subturgidâ, tenui, pellucidâ; albâ; fasciis lacteis; striis transversis tenuissimis.

Poli test. 1. tab. 18. f. 13. 14.

An mactra lactea? Gmel. n.° 10.

Habite la Méditerranée, au golfe de Tarente. Mon cabinet. Coquille très-blanche. Largeur, 35 millimètres.

20. Mactre raccourcie. *Mactra abbreviata.*

M. testâ obtusè trigonâ, transversim abbreviatâ, albâ; ano vulvâque eleganter plicatis.

Mus. n.°

Habite les mers de la Nouvelle Hollande, au port Jackson. Largeur, 34 millimètres.

21. Mactre ovaline. *Mactra ovalina.*

M. testâ ovatâ, tenui, pellucidâ, supernè tenuissimè striatâ; vulvâ angulo circumscriptâ; natibus lævissimis.

Mon cabinet.

Habite..... l'Océan Indien? Elle est blanchâtre. Largeur, 35 millimètres.

22. Mactre blanche. *Mactra alba.*

M. testâ obtusè trigonâ, turgidâ, subpellucidâ, albâ; striis transversis minimis; lineis longitudinalibus raris, obsoletis.

An mactra lactea, etc. Chemn. Conch. 6. t. 22. f. 220. 221.

Encycl. pl. 254. f. 5?

Habite.... les mers de l'Inde. Mus. n.°

23. Mactre solide. *Mactra solida.*

M. testâ trigonâ, opacâ, læviusculâ, subantiquatâ.

Mactra solida. Lin. Syst. nat. p. 1126. Gmel. n.° 13.

(a) *Testa unicolor, albido-cinerascens aut flavescens.*

List. Conch. t. 253. f. 87. Pennant Zool. brit. 4. t. 51. f. 43. A.

Encycl. pl. 258. f. 1. Chemn. Conch. 6. t. 23. f. 230.

(b) *Var. testâ cingulis olivaceis fuscis aut cæruleis pictâ.*
Da costa test. brit. tab. 15. f. 1. Knorr vergn. 6. t. 8. f. 5.
Chemn. Conch. 6. t. 23. f. 229.
Habite l'Océan d'Europe. Très-commune dans la Manche.
Mus. n.o Mon cabinet. J'en ai une variété à zones élevées, pliciformes, de la Manche.

24. Mactre marron. *Mactra castanea.*

M. testâ parvulâ, trigonâ, opacâ, subantiquatâ, saturatè castaneâ.
Mus. n.o
Habite.... Elle fut envoyée de Lisbonne, et vient peut-être du Brésil. On pourrait la regarder comme une variété de la précédente; mais elle est proportionnellement moins élevée. Largeur, 34 millimètres.

25. Mactre rousse. *Mactra rufa.*

M. testâ ovato-trigonâ, turgidâ, tenui, lævi, fulvo-rufâ; radiis albidis obsoletis; natibus subviolaceis.
Mus. n.o
Habite.... Elle est bombée et fort différente de la m. Lisor. Largeur, 40 à 42 millimètres.

26. Mactre sale. *Mactra squalida.*

M. testâ subtrigonâ, tumidâ, inæquilaterâ, fulvo-squalidâ; latere antico maculâ fuscâ tincto.
Mus. n.o
Habite.... Elle est d'un blanc jaunâtre, obscurément tachetée de fauve, sans ressembler à la m. tachetée. Largeur, 47 millimètres.

27. Mactre du Brésil. *Mactra Brasiliana.*

M. testâ ovato-ellipticâ, subtrigonâ, albâ, læviusculâ; vulvâ striis longitudinalibus obliquè divaricatis, epiderme fuscâ tectis.
Mus. n.o
Habite à Rio Janeiro. Lalande fils. Largeur, 71 millimètres. Elle est presqu'équilatérale.

28. Mactre donacie. *Mactra donacia.*

M. testâ solidâ, transversè striatâ; latere postico brevissimo, subtruncato; antico valdè productiore.

Mus. n.°

Habite.... Elle est très-différente de la lutraire solénoïde; et presqu'aussi grande. Je n'en ai vu qu'une valve.

29. Mactre déprimée. *Mactra depressa.*

M. testâ subovatâ, tenui, pellucidâ, candidâ, convexâ; disco lævi depresso; lateribus striato-plicatulis.

Chemn. Conch. 6. tab. 24. f. 234.

Habite .... les mers de l'Inde.? Mus. n.° Largeur, 48 millim.

30. Mactre lilacée. *Mactra lilacea.*

M. testâ ovato-trigonâ, solidâ, albo-violacescente, supernè eleganter plicatâ, infernè lævigatâ; cingulis natibusque violaceis.

Mus. n.°

Habite.... Elle vient de Lisbonne, peut-être rapportée du Brésil. Elle offre à l'intérieur, une grande tache fauve sous chaque crochet. Largeur, 43 millimètres.

31. Mactre trigonelle. *Mactra trigonella.*

M. testâ trigonâ, inæquilaterâ, albâ; dentibus cardinalibus obsoletis, subnullis.

Encycl. pl. 259. f. 2. a. b. c ?

Habite à la baie des chiens marins. Mus. n.°

32. Mactre deltoïde. *Mactra deltoides.*

M. testâ ovato-trigonâ, inæquilaterâ, albâ; latere postico breviore; vulvâ anoque eleganter plicatis.

Mus. n.°

(b) *Eadem testâ majore, fossili.* de Grignon.

(c) *Eadem testâ multo minore, fossili.* de Bordeaux.

Habite.... La variété b. fossile est large de 34 millimètres.

33. Mactre crassatelle. *Mactra crassatella.*

M. testâ trigonâ, solidâ, umbonibus tumidâ, transversè striatâ, subantiquatâ; dentibus lateralibus crassiusculis.

Mactra truncata. Montag. ex D. Leach.
Habite l'Océan britannique. Mon cabinet. Communiquée par M. *Leach*. Couleur fauve, avec quelques zones rousses ou livides.

CRASSATELLE. (Crassatella.)

Coq. inéquilatérale, suborbiculaire ou transverse, à valves closes. Deux dents cardinales subdivergentes et une fossette à côte. Ligament intérieur, inséré dans la fossette de chaque valve. Dents latérales nulles ou obsolettes.

Testa inæquilatera, suborbicularis vel transversa, clausa.

Dentes cardinales subbini, cum foveâ laterali adjectâ : laterales nulli aut obsoleti. Ligamentum internum, foveolâ cardinali insertum.

OBSERVATIONS.

Les *crassatelles* ont beaucoup de rapports avec les *mactres* et avec les *lutraires* : et en effet, dans chacun de ces trois genres, le ligament des valves est intérieur et attaché dans la fossette cardinale de chaque valve. Mais, dans les crassatelles, les valves réunies sont tout à fait closes, au moins sur les côtés, ce qui n'est pas ainsi dans les mactres ni dans les lutraires.

Il n'y a que deux dents cardinales apparentes dans les crassatelles, parce que la fossette un peu large a fait avorter la troisième, ce qui fait que cette fossette se trouve à côté des dents cardinales. Dans certaines espèces, le ligament, quoiqu'intérieur, se montre un peu à l'extérieur, mais moins que dans les amphidesmes.

Toutes les crassatelles sont des coquilles marines, régulières, équivalves, inéquilatérales, libres, ou qui n'adhèrent point aux corps marins. La plupart des espèces acquièrent avec l'âge beaucoup d'épaisseur.

ESPÈCES.

Coquille non fossile.

1. Crassatelle de King. *Crassatella kingicola.*

C. testâ ovato-orbiculatâ, subgibbâ, albido-flavescente, obsoletè radiatâ; striis transversis exiguis; natibus plicatis.

Mus. n.° Annales, vol. 6. p. 408.

Habite les mers de la Nouvelle Hollande, à l'île King. *Péron* et *Lesueur*. Son épiderme est brun, manque à la base de la coq. Largeur, 75 millimètres.

2. Crassatelle donacine. *Crassatella donacina.*

C. testâ ovato-trigonâ, valdè inæquilaterâ, gibbâ; striis transversis exiguis; natibus lævibus.

Mus. n.° Annales, vol. 6. p. 408.

(b) *Eadem natibus plicato-rugosis.* Mon cabinet.

Habite les mers de la Nouvelle Hollande. Epiderme mince, brun-roussâtre. Le côté postérieur plus court et arrondi; l'anus et le corselet enfoncés.

3. Crassatelle sillonnée. *Crassatella sulcata.*

C. testâ ovato-trigonâ, valdè inæquilaterâ, gibbâ, transversim sulcato-plicatâ; latere antico angulato productiore.

Mus. n.° Annales, vol. 6. p. 408.

(b) *Eadem testâ minore fossili.*

Crassatelle sillonnée. Annales du Mus. vol. 6. p. 409. n.° 2.

(c) *Var. testâ magis depressâ, elegantissimè plicatâ.*

Habite les mers de la Nouvelle Hollande, à la baie des chien marins. Elle est par-tout élégamment plissée et sillonnée transversalement; ses crochets néanmoins sont presque lisses.

Taille des précédentes. La coquille (b) se trouve aux environs de Beauvais. La variété (c) se trouve à l'île aux Kanguroos. Voyez Chemn. Conch. vol. 10. tab. 172. f. 1668-1669. C'est de cette espèce que paraît se rapprocher notre crassatelle renflée fossile.

4. Crassatelle rostrée. *Crassatella rostrata.*

C. testâ crassâ, ovato-trigonâ, lævigatâ, rostratâ; latere antico productiore subangulato; intùs margine crenulato.

Mus. n.° Annales vol. 6. p. 408. Mon cabinet.

Habite l'Océan des Antilles, de l'Amérique méridionale. Epiderme brun; test fauve ou jaunâtre à l'extérieur, finement rayonné par des lignes verticales peu apparentes.

5. Crassatelle polie. *Crassatella glabrata.*

C. testâ trigonâ, solidâ, supernè anticèque sulcatâ; natibus umbonibusque glabratis.

Mactra. Encycl. pl. 257. f. 3.

Crassatella glabrata. Annales du Mus. 6. p. 408.

An mactra glabrata? Gmel. p. 3258.

Habite.... l'Océan d'Afrique? de l'Inde? Mus. n.° Mon cab.

6. Crassatelle subrayonnée. *Crassatella subradiata.*

C. testâ trigonâ, subæquilaterâ, transversè sulcatâ, griseo-fulvâ; radiis albis interruptis, obsoletis.

Cabinet de M. Valenciennes.

Habite l'Océan austral. Rapportée par M. *Milbert*, du voyage de Baudin. Petite coquille formant presqu'une transition à l'espèce suivante. Largeur, 16 à 17 millimètres. Le *mactra striata*, Chemn. Conch. 6. t. 22. f. 222, en offre un peu l'aspect.

7. Crassatelle de Guinée. *Crassatella contraria.*

C. testâ trigonâ, tumidâ, albâ aut fulvo-rubescente, maculis spadiceis variâ; anticè striis transversalibus, posticè longitudinalibus.

Vénus. Chemn. Conch. 6. p. 318. t. 30. f. 317-319.

Crassatella undulata. Annales du Mus. 6. p. 408. *Venus contraria.* Gmel.

(a) *Testâ albâ, maculis rufis flexuosis pictâ; natibus lividis.*

(b) *Testâ fulvo-rubescens; maculis fuscis variis; natibus rubris.*

Habite l'Océan d'Afrique, les côtes de Guinée. Mon cabinet. Cette *crassatelle* obtusément trigone, renflée dans les deux variétés, est crénelée au bord interne des valves. Ses crochets sont colorés.

8. Crassatelle en coin. *Crassatella cuneata.*

C. testâ solidâ, transversâ, lævi, subcuneatâ; latere postico brevissimo subtruncato.

Mus. n.o

Habite les mers de la Nouvelle Hollande, à l'île aux Kanguroos. Forme d'un *donax;* couleur blanchâtre; largeur, 27 mill.

9. Crassatelle erycinée. *Crassatella erycinæa.*

C. testâ trigonâ, lævigatâ, fulvo-virescente, depressiusculâ; natibus decorticatis.

Mus. n.o

Habite les mers australes. Mon cabinet. Communiquée par M. *Labillardière.* Largeur, 18 à 20 millimètres.

10. Crassatelle cycladée. *Crassatella cycladea.*

C. testâ obtusè trigonâ, gibbâ, tenui; striis transversis exiguis; dentibus lateralibus longiusculis.

Mus. n.o

Habite les mers australes. Voyage de *Péron.* Taille et forme de la cyclade cornée. Couleur, gris rougeâtre.

11. Crassatelle striée. *Crassatella striata.*

C. testâ trigonâ, compressâ; striis transversis, crassis, sulciformibus; umbonibus lævigatis.

Mactra striata. Gmel. p. 3257.

Chemn. Conch. 6. tab. 22. f. 222—223.

Encycl. pl. 254. f. 4.

Habite.... Cabinet de M. Valenciennes. Mus. n.o Coq. blanchâtre; largeur, 25 millimètres. On la dit de la Nouvelle Hollande.

Coquille fossile.

12. Crassatelle renflée. *Crassatella tumida.*

C. testâ ovato-trigonâ, ætate gibbâ crassissimâ; antico latere angulato; natibus transversè sulcatis; margine intùs denticulato.

Annales du Mus. vol. 6. p. 408.

Chemn. Conch. 7. tab. 69. litt. a b. c. d. *Venus ponderosa.* Gmel.

Encycl. pl. 259. f. 3. a. b. *An mactra cycnus?* Gmel.

Habite.... Fossile de Grignon. Mus. n.o Mon cabinet. Son analogue vivante paraît être la crassatelle sillonnée, n.o 3. Elle est striée et, dans certains individus, tout-à-fait sillonnée transversalement.

13. Crassatelle sinuée. *Crassatella sinuata.*

C. testâ obliquè trigonâ, tumidâ, transversè sulcatâ; latere antico subangulato, sinuato.

Mus. n.o

Habite.... Fossile des environs de Bordeaux.

14. Crassatelle striatule. *Crassatella striatula.*

C. testâ ovato-trigonâ; striis sulcisve transversis, crebris, tenuibus.

Habite.... Fossile du cabinet de M. Valenciennes, trouvé près de St.-Brieux.

15. Crassatelle comprimée. *Crassatella compressa.*

C. testâ ovato-orbiculatâ, planiusculâ, anticè angulatâ; sulcis transversis tenuibus, scalariformibus, ad nates eminentioribus.

Cr. compressa. Annales du Mus. vol. 6. p. 410.

Habite..... Fossile de Grignon et de Courtagnon. Mon cabin. Mus. n.o Le bord interne des valves est finement crénelé.

16. Crassatelle lamelleuse. *Crassatella lamellosa.*

C. testâ transversim oblongâ, planiusculâ, anticè angu-

latâ; cingulis transversalibus erectis, remotis, lamelliformibus.

Crass. lamellosa. Annales du Mus. vol. 6. p. 416.

Brander foss. h. tab. 7. f. 69. pro 89. *Tellina sulcata.*

(b) *Var. testâ turgidiore, transversim breviore.*

Habite.... Fossile de Grignon. Mus. n.° Mon cabinet. Elle a aussi le bord interne des valves finement crénelé.

17. Crassatelle trigonée. *Crassatella trigonata.*

C. testâ parvulâ, orbiculato-trigonâ, transversim eleganterque sulcatâ; natibus læviusculis; margine integerrimo.

Crassatella triangularis. Annales du Mus. 6. p. 411.

Habite.... Fossile de Grignon et de Magnitot. Mon cabinet.

Etc. Ajoutez la cr. lisse et la cr. bossue des Annales, dont je n'ai pas d'exemplaires sous les yeux.

18. Crassatelle large. *Crassatella latissima.*

C. testâ ellipticâ, compressâ, maximâ, transversim inæqualiter sulcatâ; latere antico subangulato; margine integro.

Cabinet de M. *Faujas de St.-Fond.*

Habite.... Fossile de Saint-Iries, près de Boulenne, département de Vaucluse. Elle est large, plate et d'une taille extraordinaire. Largeur, 132 millimètres.

ERYCINE. (Erycina.)

Coquille transverse, subinéquilatérale, équivalve, rarement bâillante. Deux dents cardinales inégales, divergentes, ayant une fossette interposée. Deux dents latérales oblongues, comprimées, courtes, intrantes. Ligament intérieur, fixé dans les fossettes.

Testa transversa, subinæquilatera, æquivalvis, rarò hians. Dentes cardinales duo, inæquales, divaricati, cum foveolâ interpositâ. Dentes laterales duo, oblongi, compressi, breves, inserti. Ligamentum internum, in foveolis affixum.

OBSERVATIONS.

Les *erycines* sont des coquilles en quelque sorte équivoques, dont le vrai caractère de la charnière est assez difficile à juger. On y aperçoit deux dents inégales divergentes entre lesquelles est une fossette. Mais l'une de ces dents se réunissant avec la base de la dent latérale de ce côté, on la prend quelquefois pour une dent bifide, et l'on croit voir dans son lobe externe, l'élément de la dent pliée des mactres. Néanmoins l'enfoncement qui, dans l'autre valve, correspond à ce lobe, suffit pour montrer l'erreur. Je ne citerai ici qu'une espèce, parce que celles que j'ai indiquées dans les Annales du Museum, ne sont plus sous mes yeux.

ESPECE.

1. Erycine cardioïde. *Erycina cardioides.*

E. testâ ovato-orbiculari, parvulâ, decussatim striatâ: striis transversis remotis, longitudinalibus creberrimis.

Mus. n.o

Habite les mers de la Nouvelle Hollande, au port du Roi Georges. Trouvée sur le sable. Largeur, 9 ou 10 millimètres.

Etc. Pour les Erycines fossiles, voyez les *Annales du Muséum*, vol. 6. p. 413.

ONGULINE. (Ungulina.)

Coquille longitudinale ou transverse, arrondie supérieurement, presque équilatérale; à valves closes. Les crochets écorchés,

Une dent cardinale courte et subbifide, sur chaque valve, et à côté une fossette oblongue, marginale, divisée en deux par un étranglement. Ligament intérieur, s'insérant dans les fossettes.

Testa longitudinalis aut subtransversa, supernè rotundata, subæquilatera; valvis non hiantibus. Nates decorticati.

Dens cardinalis in utrâque valvâ, brevis subdivisus, cùm adjectâ foveâ oblongâ, marginali, medio angustato-divisâ. Ligamentum internum foveis insertum.

OBSERVATIONS.

Ce genre, établi par *Daudin*, est remarquable par la fossette qui reçoit le ligament. Elle est oblongue et comme divisée en deux fossettes, l'une au bout de l'autre. Quoique le ligament soit intérieur, on l'aperçoit au-dehors, à cause de la situation presque marginale des fossettes. Les *ongulines* sont sillonnées au-dehors, et teintes de rouge en-dedans.

ESPECES.

1. Onguline allongée. *Ungulina oblonga.*

U. testâ fulvo-fuscâ, arcuatim rugosâ, supernè rotundatâ, longitudine latitudinem superante.

Ungulina. Daud. Bosc. hist. nat. des coq. 3. p. 76. pl. 20. f. 1. 2.

Habite.... Patrie inconnue. Mon cabinet. Longueur, 27 mil. coquille convexe, enflée, arrondie dans sa jeunesse, s'allongeant avec l'âge.

2. Onguline transverse. *Ungulina transversa.*

U. testâ rotundato-transversâ, rugosâ, fulvo-fuscâ.

Mus. n.o

Habite.... Cette onguline n'est peut-être qu'une variété de la précédente. Elle est seulement un peu plus large que longue.

SOLÉMYE. (Solemya.)

Coquille inéquilatérale, équivalve, allongée transversalement, obtuse aux extrémités, à épiderme luisant, débordant. Crochets sans saillie, à peine distincts. Une dent cardinale sur chaque valve, dilatée, comprimée, très-oblique, légèrement concave en-dessus, recevant le ligament. Ligament en partie intérieur et en partie externe.

Testa inæquilatera, æquivalvis, transversìm oblonga, extremitatibus obtusa, epiderme nitido marginem prominente. Nates non prominuli, vix distincti. Dens cardinalis in utrâque valvâ, dilatatus, compressus, perobliquus, supernè subconcavus, ligamentum excipiens. Ligamentum partìm internum, partìm externum.

OBSERVATIONS.

Au premier aspect, les *solémyes* ressemblent à des modioles, et néanmoins leurs caractères les rapprochent des solens et plus encore des anatines. Ce sont des coquilles minces, transversalement oblongues, presque cylindriques ou cylindriques-déprimées, obtuses aux extrémités, et munies de rayons écartés, divergens, qui partent des crochets et vont se terminer au bord supérieur des valves, ainsi qu'à leurs extrémités latérales. Elles sont recouvertes d'un épiderme brun, très-luisant, qui déborde la coquille en se déchirant, sur-tout vers son côté antérieur. Ces coquilles ne sont point bâillantes postérieurement, mais elles le sont un peu à leur côté antérieur. Les deux dents cardinales qui reçoivent le ligament ont une callosité courante au-dessous de chacune d'elles ; mais ce ligament resserré entre la dent et le bord de chaque valve, se montre en outre au dehors, enveloppant le bord de la valve.

ESPECES.

1. Solémye australe. *Solemya australis.*

S. testâ oblongâ, fuscâ, nitidâ, radiatâ; valvis propè nates emarginatis.

Mus. n.o *Mya marginipectinata.* Péron.

Habite les mers de la Nouvelle Hollande, au port du Roi Georges. Largeur, 40 à 50 millimètres.

2. Solémye méditerranéenne. *Solemya mediterranea.*

S. testâ oblongâ, fuscâ, nitidâ, flavo-radiatâ; valvis ad nates indivisis.

Poli, test. 2. p. 42. et vol. 1. tab. 15. f. 20

Solen. Encycl. pl. 225. f. 4.

Habite la Méditerranée, dans le sable. Cabinet de M. *Valenciennes.*

AMPHIDESME. (Amphidesma.)

Coquille transverse, inéquilatérale, subovale ou arrondie, quelquefois un peu bâillante sur les côtés. Charnière ayant une ou deux dents, et une fossette étroite, pour le ligament intérieur. Ligament double : un externe court; un autre interne, fixé dans les fossettes cardinales.

Testa inæquilatera, transversa, subovalis vel rotundata, interdùm lateribus subhians. Cardo dente unico vel dentibus duobus, cum foveolâ angustâ ligamento interno idonæâ. Ligamentum duplex : externum breve ; internum in foveolis cardinalibus affixum.

OBSERVATIONS.

Les *amphidesmes* semblent, par leur réunion, former un groupe artificiel, et néanmoins ils se tiennent tous par ce rapport singulier, d'avoir deux ligamens ; un extérieur qui maintient les valves, et un autre intérieur, fixé dans les fossettes de la charnière. Quelques-uns offrent, outre les dents cardinales, des dents latérales plus ou moins saillantes. Depuis assez long-tems, j'avais établi ce genre dans mes cours, sous le nom de donacille (extrait du cours, etc. p. 107), parce que l'espèce que je connus d'abord avait l'aspect d'une donace.

Ces coquillages font une sorte de transition des mactracées aux conchifères dimyaires à ligament extérieur. La plupart sont de petite taille.

ESPECES.

1. Amphidesme panaché. *Amphidesma variegata.*

A. testâ suborbiculatâ, convexo-depressâ, tenui, albido-purpurascente, maculis lituræformibus spadiceis; natibus contiguis, radiatis.

Tellina. Encycl. pl. 291. f. 3.

(b) *An ejusd. var. mactra achatina.* Chemn. Conch. XI. t. 200. f. 1957. 1958.

Habite.... les côtes d'Afrique? Mon cabinet et celui de M. *Regley.* La coquille de Chemnitz vient de l'Inde. Plis des tellines. Largeur, 42 millimètres.

2. Amphidesme donacille. *Amphidesma donacilla.*

A. testâ ovato-trigonâ, posteriùs breviore obtusâ, albido fulvo fuscoque variegatâ, subiradiatâ.

Mon cabinet. *Mactra cornea.* Poli, test. 2. tab. 19. f. 9.—11

Habite la Méditerranée, dans le golfe de Tarente. Coquille petite, très-variable dans ses couleurs. Largeur, 20 millim.

3. Amphidesme lacté. *Amphidesma lactea.*

A. testâ rotundato-ellipticâ, tenui, albâ, nitidâ; latere antico subhiante; striis transversis tenuissimis.

Tellina lactea. Poli, test. 1. tab. 15. f. 28. 29.

Habite la Méditerranée, dans le golfe de Tarente. Mon cab. La coquille est moins orbiculaire que le *tellina lactea* de Linné. Ses fossettes plus courtes, plus larges.

4. Amphidesme corné. *Amphidesma cornea.*

A. testâ ovato-trigonâ, posteriùs brevissimâ, corneo-rufescente, immaculatâ.

Mus. n.o

Habite.... les mers de l'Ile de France? Largeur, 26 millimètr. Il semble avoisiner les crassatelles.

5. Amphidesme albelle. *Amphidesma albella.*

A. testâ ellipticâ, tenui, pellucidâ, lævigatâ; dente cardinali foveâque minimis.

Mus. n.o

Habite.... les mers australes. Voyage de *Péron*. Blanc, luisant, transparent. Largeur, 20 à 22 millimètres.

6. Amphidesme lucinale. *Amphidesma lucinalis.*

A. testâ orbiculatâ, gibbâ, albâ, pellucidâ, lævi; foveis cardinalibus angustis, perobliquis.

Tellina lactea. Lin. Gmel. n.o 69.

Gualt. test. tab. 71. fig. D.

Chemn. Conch. 6. t. 13. f. 125.

Lucina. Encycl. pl. 286. f. 1. a. b. c.

Habite l'Océan d'Europe. Commun dans la Manche. Mon cab.

7. Amphidesme de Boys. *Amphidesma Boysii.*

A. testâ ovatâ, glabrâ, albâ; foveolis cardinalibus breviusculis.

Mactra Boysii. Maton, act. soc. linn. 8. p. 72. n.° 10.

Wood, act. soc. linn. 6. t. 18. f. 9. 12.

Habite les côtes d'Angleterre, etc. Largeur, 18 millimètres.

8. Amphidesme exigu. *Amphidesma tenuis.*

A. testâ minimâ orbiculato-trigonâ, subæquilaterâ; dentibus lateralibus remotis.

Mactra tenuis. Maton, act. soc. linn. 8. p. 72. n.° 8.

Abra tenuis. Leach.

Habite les mers d'Angleterre. Communiqué par M. *Leach.*

9. Amphidesme sinué. *Amphidesma flexuosa.*

A testâ parvulâ, subglobosâ, tenerrimâ; sinu ab umbone ad marginem decurrente.

Tellina flexuosa. Maton, act. soc. linn. 8. p. 56. n.° 16.

Thyasira flexuosa. Leach.

Habite les mers d'Angleterre. Communiqué par M. *Leach.*

10. Amphidesme mince. *Amphidesma prismatica.*

A. testâ ovato-oblongâ, submembranaceâ, pellucidâ; dentibus cardinalibus subnullis; lateralibus remotiusculis.

Ligula prismatica. Montag. test. brit. suppl. 23. t. 26. f. 3. *Ex D. Leach.*

Abra prismatica. Leach.

Habite les côtes d'Angleterre. Communiqué par M. *Leach.*

11. Amphidesme phaséoline. *Amphidesma phaseolina.*

A. testâ ovatâ, subdepressâ, tenui, albâ; latere antico brevi, angulato, truncato.

Mon cabinet et celui de M. *Valenciennes.*

Habite à Cherbourg, dans la Manche. Coquille blanche, à fossettes cardinales, étroites. Dents cardinales fortes; les latérales nulles. Largeur, 20 millimètres.

12. Amphidesme corbuloïde. *Amphidesma corbuloides.*

A testâ ovato-oblongâ, inæquivalvi, tenui; latere antico longiore, angulato, truncato; epiderme longitudinaliter striatâ.

Mya Norwegica. Chemn. Conch. 10. p. 345. t. 170. f. 1647. 1648.

Habite la mer du nord, et dans la Manche. Mon cabinet et celui de M. Regley.

13. Amphidesme glabrelle. *Amphidesma glabrella.*

A. testâ subovali, albâ, subpellucidâ; striis transversis exiguis; latere antico breviore, obliquè truncato.

Mus. n.o

Habite les mers de la Nouvelle Hollande, à l'île aux Kanguroos. Largeur, 24 millimètres.

14. Amphidesme pourpré. *Amphidesma purpurascens.*

A. testâ ovali, tenui, obsoletè transversìm striatâ, parvulâ, albido-purpurascente.

Habite les côtes de France, près de Cherbourg. Cabinet de M. de France.

15. Amphidesme nucléole. *Amphidesma nucleola.*

A. testâ minimâ, rotundatâ, inæquilaterâ, convexâ; albidâ; lateribus puniceis.

Habite les côtes de France, aux environs de Cherbourg. Cabinet de M. de France. Largeur, 5 ou 6 millimètres.

16. Amphidesme physoïde. *Amphidesma physoides.*

A. testâ orbiculato-globosâ, hyalinâ, vesiculari.

Mus. n.o

Habite au port du roi Georges. *Péron.* Taille d'un pois ordinaire.

LES CORBULÉES.

Coquille inéquivalve. Ligament intérieur.

L'inégalité des valves n'est point uniquement le propre des coquilles irrégulières : elle se rencontre aussi dans certaines coquilles véritablement régulières; c'est-à-dire, dont tous les individus d'une espèce se ressemblent entièrement, aux différences près des âges. On en trouve effectivement des preuves dans quelques bucardes et autres, qui sont néanmoins des coquilles régulières, et c'est aussi le cas des *corbulées* qui, comme coquilles régulières, ne doivent point faire partie de la famille des camacées.

Ainsi, les *corbulées* sont des coquilles régulières, inéquivalves, inéquilatérales et transverses. Elles avoisinent évidemment les mactracées, et tiennent aux crassatelles et aux érycines par leurs rapports; mais comme coquilles inéquivalves, elles s'en distinguent et constituent une petite famille à part.

Les *corbulées* sont des coquilles marines, en général de petite taille ou de taille médiocre. Elles ne sont point sensiblement bâillantes sur les côtés, et l'un de leurs crochets est toujours plus protubérant que l'autre. Je ne rapporte à cette petite famille que deux genres; savoir : celui des corbules et celui des pandores.

CORBULE. (Corbula.)

Coquille régulière, inéquivalve, inéquilatérale, point ou presque point bâillante. Une dent cardinale sur chaque valve, conique, courbée, ascendante et, à côté, une fossette. Point de dents latérales. Ligament intérieur, fixé dans les fossettes.

Testa regularis, inæquivalvis, inæquilatera, subclausa. Dens cardinalis in utrâque valvâ, conicus, curvus, ascendens, cum foveâ laterali adjectâ.

Dentes laterales nulli. Ligamentum internum in foveis insertum.

OBSERVATIONS.

Bruguière ne connaissait point les *corbules*, en formant son tableau des genres des coquilles ; mais quoiqu'il n'en ait pas donné les caractères, il les reconnut et leur assigna un nom générique, lorsqu'il fit dessiner les bivalves. Ces coquilles avoisinent l'onguline et les crassatelles par leurs rapports; mais elles s'en distinguent éminemment par l'inégalité de leurs valves, et par cette dent cardinale forte et relevée qui les caractérise. On en connaît déjà un assez grand nombre d'espèces. Leur taille est médiocre ou petite.

ESPECES.

1. Corbule australe. *Corbula australis.*

C. testâ ovatâ, valdè inœquilaterâ, lateribus subhiante; striis transversis undatis ; latere antico longiore, angulato

Mus. n.o

(b) *Var. testâ minore, anteriùs magis depressâ.* Mus. n.o

Habite les mers de la Nouvelle Hollande, au port du Roi Georges, et ailleurs. Elle semble se rapprocher de la *venus monstrosa*, que Bruguière a rangée parmi ses corbules (Encycl. pl. 230. f. 2. a. b. c.); mais la nôtre est différente. Coquille blanchâtre, à côté postérieur très-court. Largeur, 35 millimètres.

2. Corbule sillonnée. *Corbula sulcata.*

C. testâ subcordatâ, transversim sulcatâ, obsolète radiatâ; natibus gibbis purpurascentibus..

Corbula. Encycl. pl. 230. f. 1. a. b. c.

Corbula sulcata. Syst. des anim. sans vert. p. 137.

Habite.... l'Océan indien? Mon cabinet. Largeur, 20 à 22 m.

3. Corbule dent-rouge. *Corbula erythrodon.*

C. testâ ovatâ, transversim sulcatâ; latere antico productiore subacuto, margine interno purpurascente.

Mus. n.o Une valve.

Habite.... On la dit des mers de la Chine et du Japon. Largeur, 30 millimètres.

4. Corbule ovaline. *Corbula ovalina.*

C. testâ ovatâ, parvulâ, transversè sulcatâ, rubro radiatâ; latere antico subacuto.

Mus. n.o

Habite les mers de la Nouvelle Hollande. Largeur, 8 ou 9 millimètres.

5. Corbule de Taïti. *Corbula taïtensis.*

C. testâ ovato-trapeziformi, biangulatâ, radiatâ; sulcis transversis scalariformibus: interstitiis longitudinaliter striatis.

Mus. n.o

Habite à l'île de Taïti. M. *Patersoon.* Largeur, 12 ou 13 mill.

6. Corbule noyau. *Corbula nucleus.*

C. testâ globoso-trigonâ, transversim striatâ, subantiquatâ; umbone altero gibbosiore.

Mya inæquivalvis. Montag. test. brit. p. 38.

Maton, act. societ. linn. vol. 8. p. 40. tab. 1. f. 6.

Habite l'Océan britannique. Mon cabinet. Communiquée par M. *Leach.*

7. Corbule enfoncée. *Corbula impressa.*

C. testâ ovato-trigonâ, turgidâ, transversim sulcatâ; pube planâ; ano profundè impresso.

Mus. n.o

Habite.... Petite coquille d'un gris rougeâtre ou pourpré. Largeur, 12 millimètres.

8. Corbule porcine. *Corbula porcina.*

C. testâ transversim oblongâ, albidâ, læviusculâ; latere postico rotundato; antico angulato, subrostrato, truncato.

Corbula. Encycl. pl. 230. f. 3. a. b. c.

Habite... On la dit des mers australes. Mus. n.o Mon cabinet.

Par sa forme, elle tient de l'amphidesme corbuloïde.

9. Corbule graine. *Corbula semen.*

C. testâ perparvâ, ovato-trigonâ, tenui, pellucidâ, læviusculâ.

Mus. n.o

Habite les mers australes, au port du Roi Georges. Largeur, 7 à 8 millimètres

Espèces fossiles.

10. Corbule gauloise. *Corbula gallica.*

C. testâ ovato-transversâ; valvâ majore turgidâ, ad nates tenuissimè striatâ: umbone læviusculo.

Corbula gallica. Mus. Annales, vol. 8. p. 466.

Encycl. tab. 230. f. 5. a. b. c ?

Habite.... Fossile de Grignon. Mus. n.o Commune. Je n'ai vu qu'une valve.

11. Corbule petites-côtes. *Corbula costulata.*

C. testâ ovato-trigonâ; valvâ minore, costellis longitudinalibus radiatâ: nate lævi.

Mus. n.o

Habite.... Fossile de Grignon. J'avais pris la valve de celle-ci, comme étant la supérieure de l'espèce précédente.

12. Corbule ridée. *Corbula rugosa.*

C. testâ trigonâ, ventricosâ, subgibbâ; sulcis transversis grossiusculis; latere antico angulato, subacuto.

Corbula rugosa. Mus. Annales, vol. 8. p. 467. n.o 2.

(b) *Var. testæ sulcis scalariformibus.* Mus. n.o

(c) *Var. testâ sublævigatâ.* Mus. n.o Mon cabinet.

Habite.... Fossile de Grignon. La variété b. se trouve aux environs de Bordeaux et en Italie. La variété c. est de Grignon.

13. Corbule striée. *Corbula striata.*

C. testâ ovato-transversâ, subrostratâ; striis transversis tenuibus elegantissimis.

Corbula striata. Mus. Annales, vol. 8. p. 467. n.° 3.
Habite...... Fossile de Grignon et de Courtagnon. Mon cabinet.

Etc. Voyez dans le vol. 8. des Annales du Muséum, p. 468, 469, d'autres espèces que je n'ai point sous les yeux.

PANDORE. (Pandora.)

Coquille régulière, inéquivalve, inéquilatérale, transversalement oblongue, à valve supérieure applatie, et l'inférieure convexe.

Deux dents cardinales oblongues, divergentes et inégales à la valve supérieure; deux fossettes oblongues à l'autre valve. Ligament intérieur.

Testa regularis, inæquivalvis, inæquilatera, transversim oblonga; valvâ superiore planulatâ; inferiore convexâ.

Dentes cardinales duo oblongi, divaricati, inæquales, in valvâ superiore; foveolæ duæ oblongæ ad valvam alteram. Ligamentum internum.

OBSERVATIONS.

Par leur charnière, les *pandores* semblent se rapprocher des placunes; mais elles ont deux impressions musculaires, et, quoiqu'inéquivalves comme les camacées, leur coquille régulière et libre les en éloigne et les rapproche des corbules.

ESPÈCES.

1. Pandore rostrée. *Pandora rostrata.*

P. testâ latere antico longiore, attenuato, rostrato, hinc in utrâque valvâ angulato.

Tellina inæquivalvis. Lin. syst. nat. p. 1118. Gmel. n.o 23.
Poli test. 1. tab. 15. f. 5 et 9.
Chemn. Conch. 6. tab. XI. f. 106. a. b. c.
Pandora. Encycl. pl. 250. f. 1. a. b. c. *Pand. margaritacea* syst. des anim. sans vert. p. 137.
Habite la Méditerranée et dans la Manche, sur nos côtes. Mon cabinet.

2. Pandore obtuse. *Pandora obtusa.*

P. testâ latere antico versùs extremitatem dilatato, obtusissimo, hinc obsoletè angulato.
Pandora obtusa. Leach.
Habite.... l'Océan britannique? Mon cabinet. Communiquée par M. *Leach.* Espèce plus petite et très-distincte de la précédente.

LES LITHOPHAGES.

Coquilles térébrantes, sans pièces accessoires, sans fourreau particulier, et plus ou moins bâillantes à leur côté antérieur. Le ligament des valves est extérieur.

Les animaux de ces coquilles savent percer les rochers calcaires, s'y établissent à demeure et y vivent habituellement. Ils s'y enfoncent de manière que leur extrémité antérieure, placée vers l'entrée du trou qui les contient, est toujours à portée de recevoir l'eau dont ils ont besoin.

Ces coquillages bivalves restent ainsi cachés, toute leur vie, dans des trous assez profonds qu'ils se sont creusés dans les rochers. On ne connait pas encore les particularités de l'organisation de ces animaux; mais leurs habitudes étant analogues à celles de la plupart des pholadaires, ils nous avaient d'abord paru devoir s'en rapprocher au moins sous ce rapport : depuis, nous les en avons écartés.

Cependant nous n'entendons pas rassembler ici toutes les coquilles bivalves térébrantes ou qui percent les pierres; car nous ferions en cela un assemblage évidemment disparate. Nous connaissons effectivement des coquilles pareillement térébrantes, qu'on ne peut écarter les unes des vénus, les autres des modioles, les autres des lutraires, les autres enfin des cardites, et ce n'est point de celles-là dont il est maintenant question.

Parmi les conchifères térébrans, nos *lithophages* sont des coquilles plus ou moins bâillantes antérieurement; à côté postérieur court, arrondi ou obtus; à ligament des valves toujours extérieur; qui vivent habituellement dans les pierres; et dont, quant à présent, nous ne connaissons point de famille particulière à laquelle il soit plus convenable de les rapprocher. Nous citerons néanmoins parmi elles quelques espèces dont les habitudes ne nous sont pas connues.

M. *Fleuriau de Bellevue* nous a fait connaître la plupart de ces coquillages, en a traité dans le Journal de physique de l'an 10, et dans le Bulletin des Sciences, n.º 62. Il pense que les coquilles térébrantes ne percent point les pierres à l'aide d'un frottement de la coquille contre la pierre; mais au moyen d'une liqueur amollissante ou dissolvante que l'animal répand peu à peu.

Par la réduction que nous exécutons parmi nos *lithophages*, leurs genres se bornent aux trois qui suivent.

SAXICAVE. (Saxicava.)

Coquille bivalve, transverse, inéquilatérale, bâillante antérieurement et au bord supérieur. Charnière presque sans dents. Ligament extérieur.

Testa bivalvis, transversa, inæquilatera, anticè marginique superiore hians. Cardo subedentulus. Ligamentum externum.

OBSERVATIONS.

Les *saxicaves*, que M. Fleuriau de Bellevue nous a d'abord fait connaître, sont des lithophages remarquables par leur charnière; en ce qu'elle est tantôt dépourvue de dents cardinales, et que tantôt elle offre deux tubérosités écartées, relevées, obsolètes, à peine dentiformes. Ces coquilles sont transverses, à côté postérieur court et obtus; à côté antérieur plus allongé, moins renflé, souvent tronqué. Elles percent les rochers. Taille petite ou médiocre.

ESPECES.

1. Saxicave ridée. *Saxicava rugosa.*

S. testâ rudi, ovatâ, utrâque extremitate obtusâ, transversè striatâ.

Mytilus rugosus. Lin. syst. nat. p. 1156.

Pennant. Zool. brit. 4. pl. 63. f. 72.

Habite l'Océan du nord, les mers britanniques. Communiquée par M. *Leach.*

2. Saxicave gallicane. *Saxicava gallicana.*

S. testâ ovato-oblongâ, transversè striatâ; latere antico productiore compresso truncato.

Mon cabinet.

Habite la Manche, sur les côtes de France, à St.-Valerie et à la Rochelle. M. Fleuriau de Belle-Vue. Elle est moins grande et moins renflée que la précédente.

3. Saxicave pholadine. *Saxicava pholadis.*

S. testâ oblongâ, rudi, transversim rugosâ; posticè obtusiore.

Mytilus pholadis. Lin. Mant. Gmel. p. 3357.

Mull. Zool. dan. 3. tab. 87. f. 1—3.

Mya byssifera. O. Fabr. faun. groënl. p. 408. n.° 409.

Byssomie. Cuv. regn. anim. 2. p. 490.

Habite la mer du nord, dans les fentes des rochers et perçant les pierres.

4. Saxicave australe. *Saxicava australis.*

S. testâ ovatâ, turgidâ, transversim striatâ; latere antico costâ obliquâ subangulato.

Mus. n.° *Mactra crassa.* Péron.

Habite à l'île des Kanguroos. *Péron.*

Etc. Le *mytilus rugosus* de Schroeter. einl. in. Conch. 3. p. 429. t. 9. f. 14. paraît être de ce genre.

5. Saxicave venériforme. *Saxicava veneriformis.*

S. testâ transversim oblongâ; striis transversis variis.

Mus. n.°

Habite.... Elle est beaucoup plus grande que les autres.

PÉTRICOLE. (Petricola.)

Coquille bivalve, subtrigone, transverse, inéquilatérale; à côté postérieur arrondi; l'intérieur atténué, un peu bâillant. Charnière ayant deux dents sur chaque valve ou sur une seule.

Testa bivalvis, subtrigona, transversa, inæquilateralis; latere postico rotundato; antico attenuato, paulùm hiante. Cardo dentibus duobus in utrâque valvâ, vel in unicâ.

OBSERVATIONS.

Je réunis ici mes genres pétricole et rupellaire. Le caractère du premier était d'offrir deux dents sur une valve et une seule sur l'autre; celui du second, de présenter deux dents sur chaque valve. Mais ayant trouvé quelque variation à cet égard, et la forme de la coquille étant à peu près la même de part et d'autre, il y a de l'avantage à les réunir.

Les *pétricoles* dont il s'agit maintenant sont térébrantes, du moins celles dont l'habitation est connue, et constituent un genre assez nombreux en espèces. Il me serait assez difficile de leur assigner ailleurs une place plus convenable.

ESPÈCES.

1. Pétricole lamelleuse. *Petricola lamellosa.*

P. testâ ovato-trigonâ, obliquâ; lamellis transversis, reflexo-erectis; interstitiis tenuissimè striatis.

An donax irus? Lin. syst. nat. p. 1128. *An venus rupestris?* Brocch. Conch. 2. t. 14. f. 1.

Habite la Méditerranée. Mon cabinet. Rapportée d'Italie, dans l'état fossile, par M. *Faujas*. Elle est plus grande que l'*irus*. Largeur, 24 millimètres. Deux dents sur une valve, et une seule sur l'autre. J'ai une autre coquille que je rapporte à l'*irus*.

2. Pétricole ochroleuque. *Petricola ochroleuca.*

P. testâ tenui, ovato-trigonâ, albo-lutescente; striis transversis remotiusculis; ad interstitia striis exilioribus verticalibus.

Mon cabinet.

Habite.... Envoyée de Bordeaux. Largeur, 26 millimètres. Deux dents sur une valve, et une en cœur sur l'autre.

3. Pétricole demi-lamelleuse. *Petricola semi-lamellata.*

P. testâ tenui, albâ, trigonâ; sulcis transversis remotiusculis: superioribus lamellosis; interstitiis longitudinaliter striatis.

Mon cabinet.

Habite aux environs de la Rochelle, dans les pierres, d'où je l'ai retirée. Elle est petite, demi-transparente. Deux dents sur une valve et une sur l'autre.

4. Pétricole lucinale. *Petricola lucinalis.*

P. testâ suborbiculari, inflatâ, margine superiore subdepressâ; striis transversis arcuatis, aliisque longitudinalibus interpositis variè inflexis.

Mus. n.°

Habite à la Nouvelle Hollande, au port du Roi Georges. *Péron.* Deux dents sur une valve et une sur l'autre. Largeur de l'ongle.

5. Pétricole striée. *Petricola striata.*

P. testâ ovato-trigonâ, sulcis longitudinalibus creberrimis striatâ; striis transversis raris; latere antico compresso.

Mon cabinet.

Habite près de la Rochelle, dans les pierres. *Fleuriau de Belle Vue.* Deux dents sur une valve et une dent bifide sur l'autre.

6. Pétricole costellée. *Petricola costellata.*

P. testâ inflatâ, trigonâ; costellis longitudinalibus, crebris, undatis, subacutis.

Mon cabinet.

Habite près la Rochelle, dans les pierres. *Fleuriau de Belle Vue.* Une dent large et deux petites sur une valve; une seule sur l'autre.

7. Pétricole roccellaire. *Petricola roccellaria.*

P. testâ ovato-trigonâ, sulcis longitudinalibus radiatim rugosâ; striis transversis raris.

Mon cabinet.

Habite près de la Rochelle, dans les pierres. *Fleuriau de Belle Vue.* Deux dents sur une valve; une dent obsolète sur l'autre.

8. Pétricole menue. *Petricola exilis.*

P. testâ minimâ, subellipticâ; striis transversis remotis, longitudinalibus, crebris, tenuissimis.

Mon cabinet.

Habite..... Fossile des environs de Pont-Levois, à huit lieues de Blois. *Tristan.*

9. Pétricole rupérelle. *Petricola ruperella.*

P. testâ ovato-trigonâ; latere postico inflato, lævi: antico longitudinaliter rugoso.

Ruperelle striée. Fleuriau de Belle-Vue.

(b) *Var. undiquè sulcis longitudinalibus rugosa.*

Habite aux environs de la Rochelle, dans les rochers calcaires. Deux dents sur chaque valve, dont une au moins est bifide. La variété (b) vient des environs de Bayonne.

10. Pétricole chamoïde. *Petricola chamoides.*

P. testâ ovatâ, inflatâ, crassâ; rugis longitudinalibus propè marginem superum lamelloso-crispis; latere antico latiore.

Mon cabinet.

Habite..... Fossile d'Italie, communiqué par M. *Faujas.* Deux dents sur chaque valve. Largeur, 30 millimètres.

11. Pétricole pholadiforme. *Petricola pholadiformis.*

P. testâ transversim elongatâ; latere postico brevissimo, sulcis longitudinalibus lamelloso-dentatis utrinque radiato; antico subglabro.

Mon cabinet.

Habite..... Coquille très-rare, non fossile, provenant du cabinet de Madame de Bandeville, et ayant, à l'extérieur, l'aspect d'une pholade. Deux dents cardinales à chaque valve. Côté antérieur un peu bâillant. Largeur, 46 millim.

12. Pétricole fabagelle. *Petricola fabagella.*

P. testâ ovali, striis longitudinalibus exilibus transversisque aliquot decussatâ.

Mus. n.°

Habite à la Nouvelle Hollande, dans des madrépores.

13. Pétricole languette. *Petricola linguatula.*

P. testâ parvâ, transversim oblongâ; latere postico brevissimo; antico elongato subtruncato.

Mus n.° Mya solenoidés. Péron.

Habite à la Nouvelle Hollande, port du Roi Georges.

Etc. Voyez *venus lithophaga.* Gmel. n.o 145. et Brocch.

Conch. 2. t. 13. f. 15. Voyez aussi *venus lapicida*. Gmel. n.° 148. Chemn. Conch. 10. t. 172. f. 1665. 1666.

VÉNÉRUPE. (Venerupis.)

Coquille transverse, inéquilatérale, à côté postérieur fort court, l'antérieur un peu bâillant.

Charnière ayant deux dents sur la valve droite, trois sur la valve gauche, quelquefois trois sur chaque valve : ces dents étant petites, rapprochées, parallèles et peu ou point divergentes. Ligament extérieur.

Testa transversa, inæquilateralis; latere postico brevissimo; antico subhiante. Cardo dentibus duobus in valvâ dextrâ, tribus in sinistrâ, interdùm tribus in utrâque : omnibus parvis, approximatis; parallelis, vix divaricatis. Ligamentum externum.

OBSERVATIONS.

Les *vénérupes*, ou vénus de roches, semblent effectivement avoir une charnière analogue à celle des vénus, et cependant leurs dents cardinales, un peu différemment disposées, suffisent pour faire reconnaître leur genre. Ce sont des coquilles lithophages ou perforantes, très-inéquilatérales, et qui ne sont distinguées de nos pétricoles que parce qu'elles ont trois dents cardinales, au moins sur une valve.

ESPECES.

1. Vénérupe perforante. *Venerupis perforans.*

V. testâ ovato-rhombeâ, transversim striatâ; latere antico productiore lamelloso, subtruncato.

Venus perforans. Montag. test. brit. p. 127. t. 3. f. 6.
Mat. act. soc. linn. 8. p. 89.
(b) *Eadem minor et angustior; lamellis substriatis.*
Habite sur les côtes d'Angleterre, dans les pierres. Mon cabinet. Communiquée par M. *Leach.* Largeur, 38 millimètres. La variété b. se trouve sur les côtes de France. M. *Fleuriau de Belle-Vue.*

2. Vénérupe noyau. *Venerupis nucleus.*

V. testâ ovatâ, extremitatibus obtusâ, ad umbones lævigatâ; striis transversis; latere antico lamelloso.
Mon cabinet.
Habite dans les pierres, aux environs de la Rochelle. M. *Fleuriau de Belle-Vue.* Trois dents sur une valve et deux sur l'autre. Largeur, 12 millimètres.

3. Vénérupe lamelleuse. *Venerupis irus.*

V. testâ ovali, anticè longiore, latiore, subangulato, lamellis transversis cinctâ; interstitiis longitudinaliter striatis.
Donax irus. Lin. syst. nat. p. 1128. Gmel. n.o 11.
Gualt test. t. 95. fig. A.
Chemn. Conch. 6. t. 26. f. 268—270.
Poli, test. 2. t. 19. f. 25. 26. Encycl. pl. 262. f. 4.
(b) *Eadem minor, fucis adhærens.*
Habite la Méditerranée et s'enfonce dans les pierres. Mon cabinet.

4. Vénérupe étrangère. *Venerupis exotica.*

V. testâ ovali-oblongâ, extremitatibus obtusâ, lamellis transversis cinctâ; interstitiis transversim striatis, localiter subdecussatis.
Mus. n.o
Habite.... Elle est du voyage de *Péron.* Largeur, 17 mill.

5. Vénérupe distante. *Venerupis distans.*

V. testâ ovato-rhombeâ, albâ, fulvo-maculatâ; striis longitudinalibus tenuibus; lamellis transversis raris distantibus.
Mus. n.o
Habite les mers australes, aux îles St.-Pierre et St.-François.

Péron. Cette espèce et les précédentes ont des rapports avec l'*irus*.

6. Vénérupe crénelée. *Venerupis crenata*.

V. testâ ovatâ, longitudinaliter transversimque sulcatâ, intùs violaceâ; sulcis superioribus lamellosis crenatis.

Mus. n.°

Habite les mers de la Nouvelle Hollande. Voyage de *Péron*. Largeur, 40 millimètres.

7. Vénérupe carditoïde. *Venerupis carditoides*.

V. testâ ovato-oblongâ, extremitatibus obtusâ, albâ, lamellis transversis cinctâ; interstitiis longitudinaliter costatis.

Mon cabinet.

Habite les mers de la Nouvelle Hollande. *Péron*. Largeur, 32 millimètres.

LES NYMPHACÉES.

Deux dents cardinales au plus sur la même valve. Coquille souvent un peu bâillante aux extrémités latérales. Ligament extérieur; nymphes, en général, saillantes au dehors.

Sous la coupe des *nymphacées*, je rassemble différens coquillages qui furent en quelque sorte vaçillans, pour les naturalistes, entre les solens et les tellines, dont effectivement plusieurs d'entr'eux furent rapportés, les uns aux solens, et les autres au genre des tellines, et cependant dont aucun n'appartient réellement ni au premier, ni au second de ces genres.

Les *nymphacées* avoisinent plus les conques par leurs rapports, que les solénacées. L'animal de ces coquillages a le pied petit, souvent comprimé, et non conformé ni disposé comme dans les solénacées et les myaires. Si la coquille est bâillante aux extrémités latérales, c'est en général de peu de chose. Les dents cardinales sont rarement divergentes, et on n'en voit jamais trois sur la même valve. Ces coquillages sont littoraux.

Toutes les *nymphacées* s'avoisinent par leurs rapports, et les différens genres établis parmi elles ne paraissent, dans leurs caractères distinctifs, que les résultats de changemens successifs et presqu'insensibles, survenus parmi ces coquillages. Je les partage en deux coupes de la manière suivante.

(1) Nymphacées solénaires.

Sanguinolaire.
Psammobie.
Psammotée.

(2) Nymphacées tellinaires.

(a) Des dents latérales: une ou deux.

Telline.
Tellinide.
Corbeille.
Lucine.
Donace.

(b) Point de dents latérales.

Capse.
Crassine.

SANGUINOLAIRE. (Sanguinolaria.)

Coquille transverse, subelliptique, un peu bâillante aux extrémités latérales; à bord supérieur arqué, non parallèle à l'inférieur; charnière offrant sur chaque valve deux dents rapprochées.

Testa transversa, subelliptica, ad latera paulisper hians; margine supero arcuato, inferiori non parallelo. Cardo dentibus duobus approximatis in utrâque valvâ.

OBSERVATIONS.

Quoique les coquilles dont il s'agit ici paraissent tenir de très-près aux solens, dont même on ne les a point distinguées, elles n'en ont plus la forme générale, et commencent à s'en éloigner. Elles n'offrent plus effectivement cette forme transversalement allongée, ayant le bord supérieur parallèle à l'inférieur, comme dans la plupart des solens. Elles ne sont plus que médiocrement bâillantes aux extrémités latérales, et il est probable que l'animal de ces coquilles n'a plus ce pied cylindrique, tout à fait postérieur des solens; que les deux lobes de son manteau ne sont plus qu'en partie fermés ou réunis par devant, peut-être même ne le sont point du tout.

ESPÈCES.

1. Sanguinolaire soleil-couchant. *Sanguinolaria occidens.*

S. testâ subellipticâ, transversim striatâ, albo rubelloque radiatâ et maculatâ; nymphis prominentibus.
Sol occidens. Chemn. Conch. 6. p. 74. t. 7. f. 61.
Solen occidens. Gmel. n.° 21. Encycl. pl. 226. f. 2. a. b.
Habite... Mus. n.° Mon cabinet. Grande et belle coquille très-rare. Elle est un peu renflée ou ventrue, à crochets légèrement protubérans. Elle a près d'un décimètre de largeur.

2. Sanguinolaire rosée. *Sanguinolaria rosea.*

S. testâ semi-orbiculatâ, leviter convexâ, albâ; natibus roseis; striis transversis arcuatis.

List. Conch. t. 397. f. 236. Knorr. Vergn. 4. t. 3. f. 4.

Chemn. Conch. 6. t. 7. f. 56.

Solen sanguinolentus. Gmel. p. 3227.

Habite à la Jamaïque. Mus. n.° Mon cabinet. Elle est bien connue.

3. Sanguinolaire livide. *Sanguinolaria livida.*

S. testâ semi-orbiculatâ, tenui, violacescente, lævigatâ; latere postico subtriradiato.

Mus. n.°

Habite à la Nouvelle Hollande, baie des chiens marins. *Péron.* Largeur, 55 millimètres. Elle a trois rayons blanchâtres sur le côté postérieur.

4. Sanguinolaire ridée. *Sanguinolaria rugosa.*

S. testâ ovatâ, ventricosâ, longitudinaliter rugosâ, posterius violaceâ; nymphis violaceo-nigris; ano nullo.

Venus deflorata. Gmel. p. 3274.

List. Conch. tab. 425. f. 273.

Chemn. Conch. 6. t. 9. f. 79—82.

(b) *Var. testâ extùs roseâ, non radiatâ.*

Habite les mers de l'Inde et celles de l'Amérique. Mus. n.° Mon cabinet. La coquille b. semble devoir être distinguée comme espèce.

PSAMMOBIE. (Psammobia.)

Coquille transverse, elliptique ou ovale-oblongue, planiuscule, un peu bâillante de chaque côté, à crochets saillans. Charnière ayant deux dents sur la valve gauche, et une seule dent intrante sur la valve opposée.

Testa transversa, elliptica aut ovato-oblonga, planiuscula, utroque latere paulisper hians; natibus pro-

minulis. Cardo dentibus duobus in valvâ sinistrâ; dente unico inserto in oppositâ.

OBSERVATIONS.

Comme les sanguinolaires, les *psammobies* semblent tenir aux solens parce qu'elles sont un peu bâillantes par les côtés, et plusieurs y ont été effectivement réunies. Néanmoins elles en diffèrent par leur forme qui se rapproche plus de celle des tellines. Outre qu'elles sont bâillantes par les côtés, elles n'ont point le pli irrégulier du côté antérieur des tellines, quoiqu'elles aient souvent, sur ce côté, un angle ou un pli qui est symétrique sur les deux valves. Ces coquilles sont assez jolies, souvent ornées de couleurs vives, et leurs espèces sont assez nombreuses.

ESPÈCES.

1. Psammobie vergettée. *Psammobia virgata.*

P. testâ ovatâ, anticè subangulatâ, albidâ, radiis roseis pictâ; rugis transversis crassiusculis.

An tellina angulata? Born. Mus. p. 30. t. 2. f. 5. Encycl. pl. 227. f. 5.

(b) *Eadem? transversè longior; rugis tenuioribus.* Mus. n.°

Habite l'Océan indien. Mon cabinet. Il semble que le solen striatus de Gmelin ait des rapports avec cette espèce; mais on ne lui attribue qu'une dent cardinale.

2. Psammobie boréale. *Psammobia feroensis.*

P. testâ oblongo-ovatâ, subtiliter transversim striatâ, albâ, radiis roseis pictâ; areâ anguli antici decussatim striatâ.

Tellina feroensis. Gmel. p. 3235.

Tellina incarnata. Pennant, Zool. brit. pl. 47. f. 31.

Habite les mers du nord. Mon cabinet. Communiquée par M. Leach. Ce n'est presque qu'une variété de la précédente. Cependant ses stries sont plus fines sur les deux facettes de son côté antérieur; elle est treillissée près des crochets.

3. Psammobie vespertinale. *Psammobia vespertina.*

P. testâ ovali-oblongâ, albidâ; natibus fulvo-violaceis; radiis violaceo-rubellis; rugis transversis, anticè eminentioribus.

Solen vespertinus. Gmel. p. 3228.

Chemn. Conch. 6. tab. 7. f. 59. 60.

(b) *Eadem magis violacea; radiis intensioribus.* Mus. n.o

Born. Mus. tab. 2. f. 6. 7.

Habite la Méditerranée, l'Océan atlantique. Mon cabinet. La variété b. tout-à-fait violette à l'intérieur, se trouve dans les lagunes de Venise, près de Chioggia. Mon cabinet.

4. Psammobie fleurie. *Psammobia florida.*

P. testâ ovali-oblongâ, lutescente; radiis rubris, albo maculatis.

Mon cabinet. *Tellina.* Poli, test. 1. tab. 15. f. 19 et 21.

Habite dans les lagunes de Venise, près de *Chioggia*, et dans le golphe de Tarente.

5. Psammobie maculée. *Psammobia maculosa.*

P. testâ ovali, rubellâ, radiis spadiceis interruptis; maculis albis variis; rugis transversis striisque obliquis decussantibus.

An Encycl? pl. 228. f. 2.

(b) *Eadem major, testâ vix radiatâ.* Mon cabinet.

Habite.... Mus. n.o Belle espèce remarquable par des stries fines, très-obliques, qui traversent les rides transverses. Ces rides, sur le côté antérieur, sont relevées presque en lames.

6. Psammobie bleuâtre. *Psammobia cærulescens.*

P. testâ ovali-oblongâ, anticè angulatâ, subviolaceâ; rugis transversis, tenuibus, furcatis, anastomosantibus; lineolis verticalibus minimis.

An tellina gari? Lin. Gmel. p. 3229.

Chemn. Conch. 6. p. 100. t. 10. f. 92. 93.

(b) *Eadem multiradiata.* Mus. n.c

Habite les mers de l'Inde. Mon cabinet. Sa couleur est d'un violet rougeâtre ou gris de lin. Son pli antérieur est régulier, et ne ressemble point à celui des tellines.

7. Psammobie allongée. *Psammobia elongata.*

P. testâ ovato-elongatâ, pallidâ, violaceo-radiatâ; natibus fulvis, tumidis.

Mon cabinet.

Habite dans la mer Rouge. Largeur, 70 à 80 millimètres.

8. Psammobie jaunâtre. *Psammobia flavicans.*

P. testâ ellipticâ, carneo-flavescente; striis transversis exiguis.

Mus. n.o

Habite à la Nouvelle Hollande, port du Roi Georges. *Péron.* Mon cabinet. Largeur, 60 à 64 millimètres.

9. Psammobie écailleuse. *Psammobia squamosa.*

P. testâ ovali-oblongâ, violaceâ, transversim rugosâ, obliquè striatâ; costis posticis imbricato-squamosis.

Mon cabinet.

Habite..... Coquille mince, comme le *Solen bullatus* de Linné, dont nous faisons un *cardium*, qui a aussi son bord postér. crénelé; mais qui est un peu plus petite et plus étroite. Elle est très-rare, et nous la croyons des mers des grandes Indes. Largeur, 33 millimètres.

10. Psammobie blanche. *Psammobia alba.*

P. testâ ovali, albâ, subbiradiatâ, tenui; striis transversis minimis.

Mus. n.o

Habite à la Nouvelle Hollande, port du Roi Georges. Voyage de Péron. Largeur, 30 millimètres.

11. Psammobie de Cayenne. *Psammobia Cayenensis.*

P. testâ ovali, albâ, posticè rotundatâ; latere antico angustiore, subrostrato.

Solen constrictus. Brug. catal. Mém de la Soc. d'hist. nat. p. 126. n.o 3.

Habite à Cayenne. Mon cabinet. Communiquée par M. *le Blond.* Voyez Encycl. pl. 227. f. 1. Elle lui ressemble un peu.

12. Psammobie lisse. *Psammobia lœvigata.*

P. testâ ovatâ, lœvi, posticè latiore rotundatâ, anticè angustiore; natibus pallidè roseis.

Mus. n.o

Habite.... Elle est blanche, avec une légère teinte rose vers les crochets. Largeur, 44 millimètres.

13. Psammobie tellinelle. *Psammobia tellinella.*

P. testâ oblongâ, subæquilaterâ, transversim striatâ, albidâ; radiis rubris interruptis.

Habite dans la Manche, près de Cherbourg. Cabinet de M. *Valenciennes*. Ce n'est point là *tellina donacina* de Linné. Point de dents latérales.

14. Psammobie gentille. *Psammobia pulchella.*

P. testâ ovali-oblongâ, tenui, rubro-violacescente, elegantissimè striatâ; striis lateris antici cum aliis discordantibus.

Mus. n.o

Habite.... Du voyage de *Péron.* Largeur, 22 millimètres. Un angle, en ligne oblique, sépare les stries transverses de celles du côté antérieur.

15. Psammobie orangée. *Psammobia aurantia.*

P. testâ ovato-oblongâ, parvulâ, tenui, pellucidâ, supernè hiante.

Mus. n.o

Habite à l'île de France. M. Mathieu. Petite coquille d'un jaune orangé, dont les valves réunies sont bâillantes au bord supérieur. Largeur, 13 à 14 millimètres.

16. Psammobie fragile. *Psammobia fragilis.*

P. testâ ovali-oblongâ, purpureo-violascente, tenuissimâ, fragilissimâ; striis transversis exiguis lineolisque verticalibus minimis interruptis.

Habite la Méditerranée? Cabinet de M. *Valenciennes.* Coquille très-mince, transparente. Largeur, environ 30 millimètres.

17. Psammobie livide. *Psammobia livida.*

P. testâ oblongâ, anticè angulatâ, carneo-lividâ, transversè striatâ; lineolis longitudinalibus exiguis interruptis; valvâ angustâ inæquali.

Mus. n.o

Habite les mers de la Nouvelle-Hollande, à la baie des chiens marins. Elle est luisante; et à son corselet, l'une de ses valves est plus sillonnée que l'autre. Largeur, 30 millimètres.

18. Psammobie galathée. *Psammobia galathœa.*

P. testâ ellipticâ, depressâ, lacteâ, striis minimis reticulatâ: aliis transversis, aliis longitudinaliter perobliquis.

Mus. n.o

Habite... les mers australes? Coquille toute blanche, tant à l'intérieur, qu'au dehors. Son côté antérieur obliquement tronqué, n'a point de réticulation. Largeur, 36 millimèt.

PSAMMOTÉE. (Psammotæa.)

Coquille transverse, ovale ou ovale-oblongue, un peu bâillante sur les côtés; une seule dent cardinale sur chaque valve, quelquefois sur une seule valve.

Testa transversa, ovata vel ovato-oblonga, ad latera paulisper hians. Dens cardinalis unicus in utrâque valvâ, interdùm in valvâ unicâ.

OBSERVATIONS.

Les *psammotées* ne sont que des psammobies dégénérées: elles n'en ont plus les trois dents cardinales [deux sur une valve et une seule sur l'autre]; car la valve gauche qui devait offrir deux dents, n'en présente plus qu'une; quelquefois l'une des valves est sans dents, et l'autre valve en montre deux. Ces coquillages ne sont point des solens, n'en ont point la véritable forme, et ont les crochets protubérans. Leur ligament est extérieur, s'attache sur des nymphes un peu saillantes, et leur côté antérieur n'offre point le pli irrégulier des tellines.

ESPECES.

1. Psammotée violette. *Psammotœa violacea.*

P. testâ ovato-oblongâ, subventricosâ, albido-radiatâ; striis transversis.

Mus. n.o

Habite les mers de la Nouvelle Hollande. Voyage de *Péron.* Largeur, environ 50 millimètres.

2. Psammotée zonale. *Psammotœa zonalis.*

P. testâ ovato-oblongâ, planiusculâ, albido-lutescente; zonis lividis transversis.

Mon cabinet.

Habite... Elle est striée transversalement, et offre des linéoles verticales, blanches, interrompues, très-fines. Largeur, 42 millimètres.

3. Psammotée solénoïde. *Psammotœa solenoides.*

P. testâ oblongo-ellipticâ, lœvigatâ; natibus subprominulis; cardinibus mediis, unidentatis.

Mon cabinet.

Habite.... Fossile de Grignon.

4. Psammotée transparente. *Psammotœa pellucida.*

P. testâ ovali-oblongâ, depressâ, pellucidâ; latere antico lanceolato, subangulato, plicato.

Mon cabinet.

Habite.... Deux dents cardinales sur une valve; aucune sur l'autre. Coquille mince, blanchâtre. Largeur, 45 millimètres.

5. Psammotée sérotinale. *Psammotœa serotina.*

P. testâ ovali-oblongâ, subdepressâ, pallidè violaceâ; natibus albis; radiis binis albidis, obsoletis.

Habite.... On la dit des mers de l'Inde. Cabinet de M. Regley. Elle est mince, violacée à l'intérieur. Largeur, 48 millim.

Mus. n.o

6. Psammotée blanche. *Psammotœa candida.*

P. testâ ovali-oblongâ, tenui, pellucidâ; latere antico

brevissimo, angulato; striis transversis, exilissimis, longitudinalibusque aliquot radiantibus.

An Chemn. Conch. 6. t. 11 f. 99. *Tellina hyalina.*

Habite les mers de la Nouvelle Hollande, à l'île aux animaux. Mus. n.o

La dent cardinale de chaque valve est bifide.

Largeur, 50 millimètres.

7. Psammotée tarentine. *Psammotœa tarentina.*

P. testâ orbiculato-ovatâ, subdepressâ, albidâ, decussatâ; striis transversis, arcuatis, tenuibus: verticalibus exilissimis; natibus flavis.

Mon cabinet.

Habite la Méditerranée au golphe de Tarente. Coquille à côté postérieur arrondi et plus court. Largeur, 26 millimètres.

8. Psammotée donacine. *Psammotœa donacina.*

P. testâ ovatâ, subdepressâ, albidâ; radiis rubris remotis; striis transversis, exiguis, elegantissimis.

Habite... l'Océan d'Europe? Mon cabinet. Largeur, 22 millimètres.

NYMPHACÉES TELLINAIRES.

Ces nymphacées sont plus nombreuses que celles que j'ai nommées *solénaires*, peu ou point bâillantes aux extrémités latérales, et n'offrent aussi presque jamais plus de deux dents cardinales sur la même valve.

Les animaux de ces coquillages ont tous le manteau à deux lobes libres, sauf les plications qu'il forme pour les deux syphons antérieurs, soit réunis, soit séparés, qu'on leur connaît. Leur pied, qu'ils font sortir de la coquille, lorsqu'ils veulent se déplacer, est en général applati en lame plus ou moins large, et néanmoins il est quelquefois étroit, allongé et en cordelette.

Dans les coquilles de cette division, le ligament des valves est extérieur; mais il est quelquefois plus ou moins enfoncé, et il arrive que lorsque les bords de l'écusson se trouvent très-rapprochés, il paraît intérieur. Ces coquillages vivent dans le sable, à peu de distance des côtes.

Parmi les genres qui appartiennent à ces nymphacées, nous allons d'abord exposer ceux qui, outre leurs dents cardinales, quelquefois presqu'effacées, offrent une ou deux dents latérales; tels que les *tellines*, *tellinides*, *corbeilles*, *lucines* et *donaces*. Nous présenterons ensuite les *capses* et les *crassines*, qui n'ont point de dents latérales.

TELLINE. (Tellina.)

Coquille transverse ou orbiculaire, en général applatie; à côté antérieur anguleux, offrant, sur le bord, un pli flexueux et irrégulier. Une seule ou deux dents cardinales sur la même valve. Deux dents latérales souvent écartées.

Testa transversa vel orbicularis, ut plurimùm planulata; latere antico angulato, margine inflexo, aut plicaturâ irregulari flexuosâ insignito. Dens cardinalis unicus vel dentes cardinales duo in eâdem valvâ. Dentes laterales duo, sæpe remoti.

OBSERVATIONS.

Le genre des *tellines*, établi par Linné, est naturel, et n'avait besoin que d'un peu plus de précision dans ses caractères, afin d'être débarrassé de quelques coquilles qui lui sont étrangères et qui y furent réunies. Les *tellines* tiennent de très-près aux *nymphacées solénaires* par leurs rapports, et d'un peu plus loin aux solens. Le pli flexueux qu'on remarque sur leur bord supérieur, près de leur côté court, les rend facilement reconnaissables. Presque toutes d'ailleurs ont des dents latérales qui, sur une valve, sont applaties. On les distingue des conques, non-seulement par leur pli irrégulier, mais parce qu'on ne leur voit pas trois dents cardinales sur la même valve. Ces coquilles sont marines, littorales, point ou peu bâillantes sur les côtés, souvent lisses, quelquefois écailleuses, et en général d'un aspect agréable par les couleurs vives qui les ornent.

Dans les *tellines*, comme dans les donaces et les capses, c'est le côté le plus court de la coquille qui porte le ligament des valves; ce ligament est uniquement extérieur. Quoique ces coquilles soient équivalves dans leur circonscription, les deux valves du même individu ne se ressemblent pas toujours parfaitement. Quelquefois une valve est plus bombée que l'autre; quelquefois encore les stries d'une valve, ou de l'un de ses côtés, ne sont point semblables à celles de l'autre. Dans quelques espèces, la charnière ressemble à celle des capses : mais le pli du bord l'en distingue.

Ce genre est fort nombreux en espèces, et souvent elles sont assez difficiles à caractériser. Des figures ne suffisent pas toujours; on en a peu de bonnes, et il faudrait des descriptions; mais nous n'en pouvons donner ici.

ESPECES.

Coquille transversalement oblongue.

1. Telline soleil-levant. *Tellina radiata*.

   T. testâ oblongâ, longitudinaliter subtilissimè striatâ, nitidâ, albâ; radiis rubris.

Tellina radiata. Lin. syst. nat. p. 1117. Gmel. p. 3232.
Gualt. test. tab. 89. fig. 1.
Chemn. Conch. 6. tab. 11. f. 102.
Encycl. pl. 289. f. 2.
Habite l'Océan d'Europe et d'Amérique. Mus. n.° Mon cab. Belle et assez grande espèce, commune dans les collections.

2. Telline unimaculée. *Tellina unimaculata.*

T. testâ oblongâ, longitudinaliter subtilissimè striatâ, subpolitâ, albâ; natibus purpureis; intùs flavescente.
Encycl. pl. 289. f. 3.
Habite l'Océan d'Amérique. Mus. n.° Mon cabinet. Quoique très-voisine de la précédente, elle en est constamment distincte. Dans tous les âges, elle est sans rayons.

3. Telline semizonale. *Tellina semizonalis.*

T. testâ oblongâ, angustâ, longitudinaliter subtilissimè striatâ, albido-violacescente, subzonatâ; intùs purpureâ.
Mon cabinet.
Habite.... Cette espèce, moins grande et plus étroite que les précédentes, est pourpre intérieurement, avec deux rayons blanchâtres très-obliques au côté antérieur.

4. Telline maculée. *Tellina maculosa.*

T. testâ oblongâ, anticè rostratâ, transversim striatâ, subscabrâ, albidâ; maculis litturiformibus spadiceis; pube lamellosâ.
Chemn. Conch. t. 8. f. 73. List. Conch. t. 399. f. 238.
Encycl. pl. 288. f. 7. Favan. Conch. t. 49. fig. F. 1.
(b) *Var. testâ albo-radiatâ.*
(c) *Var. testâ albidâ, immaculatâ.* Mus. n.°
Chemn. Conch. 6. t. 11. f. 104. Encycl. pl. 288. f. 5
Habite.... Elle est toujours plus allongée que le *tellina virgata.* Je la crois des mers de l'Inde et de l'île de France. Mus. n.° Mon cabinet. Vulg. la pince de chirurgien.

5. Telline vergetée. *Tellina virgata.*

T. testâ ovali, anticè angulatâ, transversim striatâ, radiis virgatâ; maculis nullis.

Tellina virgata. Lin. Gmel. p. 3229.
Rumph. Mus. tab. 45. fig. H.
Chemn. Conch. 6. t. 8. f. 66—72.
Encycl. pl. 288. f. 2—4.
(a) *Testá albá; radiis rubris.*
(b) *Testá flavá; radiis rubris.*
(c) *Testá rubrá; radiis albis.*
Habite l'Océan indien. Mus. n.o Mon cabinet. Elle est commune dans les collections, qu'elle orne par ses variétés.

6. Telline staurelle. *Tellina staurella.*

T. testá ovali, anticè angulatá, transversè striatá, albidá obsoletè radiatá; natibus sæpe cruce purpureá notatis.
(a) *Testa cruce radiisque ornata.*
(b) *Testa crucigera; radiis nullis.*
(c) *Testa subradiata; cruce nullá.*
Habite les mers de la Nouvelle Hollande. Voyage de *Péron*. Quoique voisine de la précédente, elle en paraît très-distincte. Largeur, 52 millimètres. Mus. n.o

7. Telline porte-croix. *Tellina crucigera.*

T. testá ovato-oblongá, subrostratá, transversè tenuissimèque striatá, candidá; natibus cruce purpureá insignitis.
Mus. n.o
Habite.... Du voyage de Péron. Celle-ci n'est point rayonnée, et diffère de la précédente par sa forme. Largeur, 45 millimètres.

8. Telline de spengler. *Tellina spengleri.*

T. testá angusto-elongatá, transversim striatá, subtus utroque latere angulatá: laterum angulis serratis.
Tellina spengleri. Gmel. p. 3234.
Chemn. Conch. 6. tab. 10. f. 88—90.
Encycl. pl. 287. f. 5. a. b.
(b) *An ejusd. var.?* List. Conch. t. 398. f. 237.
Habite aux îles de Nicobar. Mus. n.o Mon cabinet. Espèce tranchée et fort remarquable. Elle est blanche, un peu rose près des crochets.

9. Telline rostrée. *Tellina rostrata.*

T. testâ oblongâ, purpurascente, nitidâ, anteriùs angulato-rostratâ; rostro recto, supernè sinu separato.
An tellina rostra a? Lin. Gmel. n.o 22.
List Conch t. 382. f. 225. Rumph. Mus. t. 45. fig. L.
Gualt. test. t. 88. fig. T.
Chemn. Conch. 6. tab. 11. f. 105.
Knorr. Vergn. 4. t. 2. f. 3 et 5.
Encycl. pl. 289. f. 1.
Habite l'Océan indien. Mus. n.o Mon cabinet. Elle est mince, fragi'e, à stries très-fines, d'un pourpre plus foncé aux crochets.

10. Telline latirostre. *Tellina latirostra.*

T. testâ oblongâ, purpurascente, subradiatâ, anteriùs sinuato-angulatâ; rostri margine infimo ascendente.
Mon cabinet.
Habite.... les mers de l'Inde. Espèce voisine, mais distincte de la précédente.

11. Telline sulfurée. *Tellina sulphurea.*

T. testâ oblongâ, citrinâ vel albido-lutescente, anteriùs sinuato-angulatâ; ligamento immerso.
Tellina. Born. Mus. tab. 2. f. 12.
(b) *Var. testâ majore; albidâ, basi pallidè fulvâ.*
Habite l'Océan indien. Mus. n.o Mon cabinet. La variété (b) est blanchâtre, un peu fauve vers les crochets, et teinte d'orangé en-dedans. Elle se trouve dans la baie de tous les saints.

12. Telline langue-d'or. *Tellina foliacea.*

T. testâ ovali, tenui, valdè depressâ, aureo-fulvâ; rimâ serratâ.
Tellina foliacea. Lin. Gmel n.o 18.
Rumph. Mus. t. 45. fig. K.
Chemn. Conch. 6. t. 10. f. 95. Encycl. pl. 287. f. 4.
Habite l'Océan indien. Mus. n.o Mon cabinet. Valves très-minces. Dents latérales fort rapprochées des cardinales.

13. Telline bicolore. *Tellina operculata.*

T. testâ ovato-oblongâ, purpureâ, albo fasciatâ; latere antico productiore, subrostrato; valvâ alterâ convexiore.
Tellina operculata? Gmel. n.° 32.
Chemn. Conch. 6. t. 11. f. 97.
Habite l'Océan des Antilles. Mus. n.° Cabinet de M. Dufrêne. Les dents latérales nulles. Stries fines et croisées vers le bord supérieur. Deux callosités blanches, à l'intérieur, près du pli de ce bord. Largeur, 66 millimètres.

14. Telline rose. *Tellina rosea.*

T. testâ ovatâ, trigonâ, albido-roseâ, propè nates magis coloratâ; striis decussatis obsoletissimis.
Mus. n.°
Habite.... Elle est grande, plus rose en-dedans qu'en-dehors, un peu convexe. C'est peut-être le *tellina rosea*, Gmel. n.° 58. Mais la figure qu'il cite de Knorr, n'en donne pas une idée. Largeur, 72 millimètres; longueur, 48.

15. Telline chloroleuque. *Tellina chloroleuca.*

T. testâ ovali, tenuì, pellucente, albidâ, tenuissimè striatâ; latere postico majore rotundato; natibus purpureis.
(b) *Eadem testâ, radiis rubris obsoletis.*
Habite.... Mus. n.° Espèce assez grande, à valves très-minces, teintes, en-dedans, d'un jaune faible et verdâtre. Largeur, 65 millimètres.

16. Telline elliptique. *Tellina elliptica.*

T. testâ oblongo-ellipticâ, tenui, albidâ, tenuissimè striatâ, intùs aurantiâ; natibus subpurpureis.
Gualt. test. tab. 89. fig. G.
Habite.... Mus. n.° Cette espèce avoisine beaucoup la précédente; mais sa forme, sa taille et ses couleurs, sont différentes. Elle est un peu teinte d'orangé; une de ses valves est plus colorée que l'autre. Largeur, 76 millimètres.

17. Telline albinelle. *Tellina albinella.*

T. testâ ovato-oblongâ, tenui, pellucidâ, albâ; latere

antico attenuato, subangulato; umbonibus obsoletè corneis.

Mus. n.o

Habite les mers de la Nouvelle Hollande, à l'île St.-Pierre-St.-François. *Péron.* Elle est fort applatie. Largeur, 43 millimètres.

18. Telline perle. *Tellina margaritina.*

T. testâ ovali, tenui, pellucidâ, nitidâ, margaritaceâ; latere antico attenuato.

Mus. n.o

Habite à la Nouvelle Hollande, au port du Roi Georges. *Péron.* Largeur, 17 à 18 millimètres.

19. Telline zonelle. *Tellina strigosa.*

T. testâ ovato-oblongâ, extùs intùsque candidâ, obscurè zonatâ; dente cardinali in utrâque valvâ subunico.

An tellina strigosa? Gmel. n.° 64.

Vagal. Adans. Seneg. t. 17. f. 19.

Habite sur les côtes occidentales de l'Afrique. Mus. n.o Mon cabinet. Elle est très-blanche, avec quelques zones obscures, pâles, grisâtres, quelquefois jaunâtres; planiuscule, striée transversalement. Largeur, 70 millimètres.

20. Telline applatie. *Tellina planata.*

T. testâ ovatâ, compressâ, transversim substriatâ, albidâ; umbonibus lœvibus fulvo-rubellis: intùs pallidè roseâ.

Tellina planata. Lin. Gmel. n.° 19.

Gualt. test. tab. 89. fig. G. Poli test. 1. t. 14. f. 1.

Born. Mus. tab. 2. f. 9. *Tellina complanata.* Gmel. n.o 60.

An Chemn. Conch. 6. t. 11. f. 98.? Encycl. pl. 289. f. 4?

Habite la Méditerranée. Mon cabinet. Espèce grande, fort applatie, très-distincte.

21. Telline pourprée. *Tellina punicea.*

T. testâ ovatâ, subtrigonâ, planulatâ, transversim dense striatâ; dentibus cardinalibus bifidis.

Tellina punicea. Born. Mus. tab. 2. f. 8.

Gmel. n.o 59. Encycl. pl. 291. f. 2.

Mus. n.o

Habite la Méditerranée. Elle varie à zones blanchâtres, inégales. Couleur d'un blanc pourpré au pourpre intense. Largeur, 40 millimètres.

22. Telline palescente. *Tellina depressa.*

T. testâ ovatâ, inæquilaterâ, planiusculâ, tenuissimè striatâ, pallidè incarnatâ; umbonibus purpurascentibus.

Tellina. Gualt. test. t. 88. fig. L.

Tellina depressa. Gmel.

Tellina incarnata. Poli, vol. 1. tab. 15. f. 1. vol. 2. p. 36.

Tellina squalida. Mont. test brit p. 56.

Habite la Méditerranée et l'Océan d'Europe. Mus. n.o Mon cabinet. Elle a deux rayons blancs sur le côté antérieur.

23. Telline gentille. *Tellina pulchella.*

T. testâ ovato-oblongâ, depressâ, nitidâ, anticè rostratâ, transversim striatâ, rubrâ; radiis albidis.

Tellina rostrata. Born. Mus. tab. 2. f. 10.

Poli, test. 1. tab. 15. f. 8. et vol. 2. p. 38.

Habite la Méditerranée, dans le golphe de Tarente. Mus. n.o Mon cabinet. Espèce petite, jolie, analogue au tellina virgata, mais étroite et constante.

24. Telline féverolle. *Tellina fabula.*

T. testâ ovatâ, compressâ, anteriùs subrostratâ: valvâ alterâ lævi, alterâ obliquè substriatâ; striis reflexis.

Tellina fabula. Gmel. p. 3239.

Montag. test. brit p. 61.

Maton, act. societ. linn. 8. p. 52. n.o 7.

Habite l'Océan boréal d'Europe. Mon cabinet. Communiquée par M. *Leach.* Petite coquille blanche, un peu teinte de fauve. Ses stries obliques sont sur le côté antérieur d'une de ses valves, quelquefois sur la face entière de la valve. Largeur, 15 à 18 millimètres.

25. Telline mince. *Tellina tenuis.*

T. testâ ovato-trigonâ, tenui, planiusculâ, tenuissimè striatâ, rubellâ: supernè fasciis angustis albicantibus.

List. Conch. t. 405. f. 251.
Tellina tenuis. Mat. act. soc. linn. 8. p. 52. n.o 8.
Habite l'Océan britannique. Mon cabinet. Elle est très-distincte du *tellina incarnata* de Linné. Elle a des stries verticales interrompues.

26. Telline délicate. *Tellina exilis.*

T. testâ ovato-trigonâ, tenuissimâ, compressâ, pellucidâ, purpurascente; striis transversis subtilissimis.
Mon cabinet.
Habite.... Elle est plus mince et plus délicate que la précédente. Côté antérieur fort court, oblique, obtusément anguleux. Largeur, 12—14 millimètres.

27. Telline donacée. *Tellina donacina.*

T. testâ ovatâ, compresso-planiusculâ, tenuissimè striatâ; anteriùs obtusissimâ, albidâ; radiis rubris interruptis.
Tellina donacina. Lin. syst. nat. p. 1118.
Tellina variegata. Poli. test. 1. tab. 15. f. 10. et vol. 2. p. 45.
Tellina donacina. Mat. act. soc. linn. 8. p. 50. t. 1. f. 7.
Habite la Méditerranée et l'Océan d'Europe. Mon cabinet et celui de M. *Valenciennes*.

28. Telline onix. *Tellina nitida.*

T. testâ ovato-trigonâ, oblongâ, compressâ, subæquilaterâ, eleganter striatâ, pallidè fulvâ; zonis lacteis; intùs aurantiâ.

Tellina nitida. Poli. test. 1. t. 15. f. 2—4.
Habite la Méditerranée. Du cabinet de M. *Valenciennes*. Très-distincte de la t. zonelle; largeur, 36 millimètres.

29. Telline scalaire. *Tellina scalaris.*

T. testâ ovatâ, compressiusculâ, albo-flavescente, transversim eleganterque striatâ; latere antico subbiangulato, breviore.
Mus. n.o
Habite.... Voyage de Péron? Elle semble avoir des rapports

par sa forme et ses stries, avec notre telline scalaroïde, fossile. Largeur, 34 millimètres.

30. Telline psammotelle. *Tellina psammotella.*

T. testâ ovatâ, transversim subtilissimè striatâ, albidâ; latere antico brevi angulato sinuato; natibus roseo tinctis.

Mus. n.o

Habite.... Elle semble se rapprocher du t. angulata de Gmelin. n.o 90. Chemn. Conch. 10. t. 170. f. 1654. 1655. Elle offre à l'intérieur des rayons aurores, et d'autres roses ou pourpres, inégaux, incomplets. Largeur, 35 millimètr.

Coquille orbiculaire, ou arrondie-ovale.

31. Telline pétonculaire. *Tellina remies.*

T. testâ suborbiculatâ, compressâ, crassâ, albidâ; striis transversis tenuissimis; verticalibus interruptis fissuriformibus.

Tellina remies. Lin. Gmel. n.o 66.

List. Conch. t. 266. f. 102.

Born. Mus. tab. 2. f. 11.

Encycl. pl. 290. f. 2.

Habite l'Océan indien et américain. Mus. n.o Mon cabinet. Coquille grande, commune dans les collections. Deux dents cardinales sur chaque valve.

32. Telline sillonnée. *Tellina sulcata.*

T. testâ suborbiculatâ, convexiusculâ, transversim sulcato-rugosâ, albâ; natibus lævibus.

An Chemn. Conch. 6. tab. 12. f. 113?

Encycl. pl. 290. f. 3.

(b) *Var. testâ fasciis rufis obsoletis.*

Habite la mer des Indes et celle de la Nouvelle Hollande, à la baie des chiens marins, ainsi qu'au port Jackson. Mus. n.° Mon cabinet. Il paraît qu'on l'a confondue avec la précédente, dont elle est cependant très-distincte.

33. Telline striatule. *Tellina striatula.*

T. testâ suborbiculatâ, tenui, transversim subtilissimè striatâ, albidâ; valvâ alterâ dente cardinali unico.

List. Conch. t. 267. f. 103.

An tellina fausta? Montan. act. soc. linn. 8. p. 52.

Habite.... l'Océan d'Europe? Mus n.o Mon cabinet. Elle est toujours moins grande que la t. pectonculaire, et à valves minces.

34. Telline rape. *Tellina scobinata.*

T. testâ lenticulari, convexâ, scabrâ; squamis lunatis quincuncialibus.

Tellina scobinata. Lin. Gmel. n.o 68.

Gualt. test. tab. 76. fig. E.

Chemn. Conch. 6. t. 13. f. 122—124.

Encycl. pl. 291. f. 4. a. b. c. d.

Habite l'Océan indien. Mus. n.o Mon cabinet Coquille un peu grande, écailleuse, blanche, à taches ferrugineuses, quelquefois disposées par rayons.

35. Telline rayonnante. *Tellina crassa.*

T. testâ suborbiculatâ, incrassatâ, transversim sulcatâ; albidâ, roseo-radiatâ; umbonibus purpurascentibus; intùs sæpe sanguineo-maculatâ.

List. Conch. t. 299. f. 136. Encycl. pl. 291. f. 5.

Tellina crassa. Pennant, zool. brit. 4. p. 73. t. 48. f. 28.

Venus crassa. Gmel. p. 3288.

Habite l'Océan d'Europe, etc. Mus. n.o Mon cabinet. Elle devient assez grande, plus ou moins rayonnée, et est élégamment sillonnée transversalement.

36. Telline doigt-d'aurore. *Tellina lævigata.*

T. testâ orbiculato-ovatâ, disco lævigatâ, versùs marginem striato-sulcatâ, albidâ; radiis margineque aurantiis; nymphis inflexis.

Tellina lævigata. Lin. Gmel. n.o 20.

Chemn. Conch. 6. t. 12. f. 111.

Schroet. einl. 2. p. 649. t. 7. f. 10.

Habite l'Océan européen et indien. Mus. n.o Belle espèce, plus grande que la précédente. Les nymphes font un peu le cuilleron en-dedans. Couleur blanche à l'intérieur; avec une teinte citrine de chaque côté.

37. Telline langue de chat. *Tellina lingua felis.*

T. testâ rotundato-ovatâ, anticè obtusissimâ, albâ, radiis roseis pictâ; squamulis lunatis quincuncialibus.

Tellina lingua felis. Lin. Gmel. p. 3229.

Rumph. Mus. t. 45. fig. G.

Knorr. Vergn. 2. t. 2. f. 1.

Chemn. Conch. 6. t. 8. f. 65. Encycl. pl. 289. f. 6.

Habite l'Océan indien. Mus. n.° Mon cabinet. Jolie espèce, bien distincte.

38. Telline ridée. *Tellina rugosa.*

T. testâ rotundato-ovatâ, albâ; natibus flavescentibus; rugis transversis, undato-flexuosis

Tellina rugosa. Born. Mus. tab. 2. f. 3. 4.

Chemn. Conch. 6. t. 8. f. 62.

Encycl. pl. 290. f. 1.

Habite les mers de l'Inde et la Nouvelle-Hollande. Mus. n.° Mon cabinet.

39. Telline contournée. *Tellina lacunosa.*

T. testâ rotundato-ovatâ, ventricosâ, tenui, transversim striatâ, supernè medio depressâ, contorto-lacunosâ; dentibus lateralibus nullis.

Tellina lacunosa. Chemn. Conch. 6. t. 9. f. 78.

Tellina papyracea. Gmel. n.° 10.

Encycl. pl. 290. f. 14.

Habite les côtes de Guinée. Mus. n.° Cabinet de M. Valenciennes. Coquille blanchâtre; largeur, 51 millimètres.

40. Telline dentelée. *Tellina gargadia.*

T. testâ rotundato-ovatâ, compressâ, superiùs anteriùsque undato-rugosâ, albâ; rimâ dentatâ; natibus lævibus.

Tellina gargadia. Lin. Gmel. n.° 1.

Rumph. Mus. t. 42. fig. N.

Chemn. Conch. 6. t. 8. f. 63. 64.

Encycl. pl. 287. f. 2

Habite l'Océan indien. Mus. n.° Mon cabinet. Largeur, 34 millimètres.

41. Telline scie. *Tellina pristis.*

T. testâ rotundato-ovatâ, transversim pereleganter striatâ, albâ; vulvâ lanceolatâ concavâ, dentibus exiguis utrinque armatâ.

Encycl. pl. 287. f. 1. a. b.

Habite.... l'Océan indien. Mus. n.° Elle est striée, même sur les crochets; largeur, 38 millimètres. Le *tellina serrata*, Brocch. test. 2. p. 510. t. 12. f. 1. paraît avoisiner cette espèce.

42. Telline multangle. *Tellina multangula.*

T. testâ lato-trigonâ, subventricosâ, transversim striatâ, propè marginem subdecussatâ, albâ; latere antico longiore, sinuato, subbiangulato.

Tellina polygona. Chemn. Conch. 6. t. 9. f. 77.

Tellina multangula. Gmel. n.° 9.

Habite les côtes de Tranquebar. Mus. n.° Point de dents latérales; les crochets jaunâtres, ainsi que l'intérieur.

43. Telline polygone. *Tellina polygona.*

T. testâ trigonâ, ventricosâ, transversim striatâ, albâ; margine superiore sinuato, flexuoso.

Tellina guinaica. Chemn. Conch. 10. t. 170. f. 1651—1653.

Tellina polygona. Gmel. n.° 91.

Habite les mers de la Nouvelle-Hollande et l'Océan indien. Mus. n.° Celle-ci est teinte d'un orangé pâle aux crochets et à l'intérieur; elle n'a pas de dents latérales. Malgré sa forme, je présume qu'elle n'est qu'une variété de la précédente.

44. Telline capsoïde. *Tellina capsoides.*

T. testâ lato-trigonâ, subæquilaterâ, transversim striatâ, striis verticalibus subdecussatâ; lateris antici angulo bisulcato.

Mus. n.°

Habite à l'île St.-Pierre-St.-François. *Péron.* Coquil blanche, qui semble tenir à la telline multangle, mais qu en est distincte; largeur, 48 millimètres; des dents latérales.

45. Telline treillissée. *Tellina decussata.*

T. testâ orbiculato-trigonâ, subæquilaterâ, sulcis verticalibus striisque transversis decussatâ; natibus flavescentibus, læviusculis.

Mus. n.°

Habite à la Nouvelle Hollande, au port du Roi Georges. *Péron.* Elle diffère du Pirel d'Adanson (*tellina cancellata*, Gmel.) étant presqu'équilatérale; couleur blanche; des dents latérales.

46. Telline du Brésil. *Tellina Brasiliana.*

T. testâ obovato-trigonâ, tenui, albâ, margaritaceâ; extùs intùsque fasciâ obliquâ purpureâ ex nate ad latus posticum.

Mus. n.°

Habite l'Océan du Brésil, à Rio-Janeiro. *Lalande.* Largeur, 30 millimètres.

47. Telline oblique. *Tellina obliqua.*

T. testâ ovali-trigonâ, compressâ, transversim tenuissimè striatâ; latere antico obliquè attenuato, longiore; postico brevissimo, rotundato.

An tellina Madagascariensis? Gmel. n.° 44.

List. Conch. t. 386. f. 233.

Habite.... à Madagascar? Mon cabinet. Couleur grisâtre; Largeur, 50 millimètres. Inflexion du bord et côté antérieur à peine sensible.

48. Telline ombonelle. *Tellina umbonella.*

T. testâ ovali, subtrigonâ, convexâ, albidâ, subantiquatâ; striis tenuissimis; umbonibus hyalinis.

Mus. n.°

Habite à la Nouvelle Hollande, à l'île King. Le côté antérieur est plus court et un peu anguleux; largeur, 39 millimètres.

49. Telline deltoïdale. *Tellina deltoidalis.*

T. testâ orbiculato-trigonâ, compressâ, transversim stria-

tâ; latere antico obliquè attenuato, inflexo; valvâ alterâ sulcato.

Mus. n.°

(b) *Var. testâ striis elegantioribus; latere antico vix inflexo.*

Habite les mers de la Nouvelle Hollande, à l'île St.-Pierre-St.-François. Couleur blanche; largeur, 34 millimètres.

50. Telline nymphale. *Tellina nymphalis.*

T. testâ rotundato-ovatâ, supernè transversim striatâ; latere antico obliquè attenuato, angulato sulcato; nymphis internis dilatatis.

Mus. n.°

Habite.... Elle est blanchâtre, à côté postérieur large, arrondi. Ses crochets sont lisses; une dent sur une valve et deux fort inégales sur l'autre; point de dents latérales; largeur, 41 millimètres.

51. Telline solidule. *Tellina solidula.*

T. testâ orbiculato-trigonâ, convexâ, anteriùs subangulatâ, rubellâ aut flavescente; fasciis concentricis albidis.

Bonan. recr. 2. f. 44. Petiv. gaz. t. 94. f. 6.

Pennant. Zool. brit. 4. t. 49. f. 32.

Dacosta. Conch. brit. t. 12. f. 14.

Maton. Act. soc. linn. 8. p. 58.

(b) *Var. testâ minore subglobosâ.*

Habite l'Océan européen, les côtes de France et d'Angleterre. Coquille commune dans les collections, quelquefois rougeâtre, sur-tout sur les crochets, plus souvent jaunâtre, avec des zones fasciales. Elle tient à la telline mince par ses rapports; mais elle est moins large, plus convexe et plus solide. Ses dents cardinales varient beaucoup; néanmoins il n'y en a jamais plus de deux sur la même valve.

52. Telline bimaculée. *Tellina bimaculata.*

T. testâ triangulo-subrotundâ, latiore, lævi, albidâ; intùs maculis duabus, sanguineis.

Tellina bimaculata. Lin. Gmel. n.° 71.

Chemn. Conch. 6 tab. 13. f. 127.

Encycl. pl. 290. f. 9.

Habite l'Océan européen. Cabinet de M. de France. Largeur, 16 millimètres.

53. Telline six-rayons. *Tellina sexradiata.*

T. testâ rotundato-trigonâ, inæquilaterâ, albidâ; intùs præsertim radiis sex fusco-cœruleis, subinterruptis.

Chemn. Conch. 6. tab. 13. f. 132. litt. b.

Encycl. pl. 290. f. 10.

Habite l'Océan d'Europe. Cabinet de M. de France. Taille de la précédente, mais distincte.

54. Telline ostracée. *Tellina ostracea.*

T. testâ ovato-rotundatâ, complanatâ, tenui, albido-griseâ; striis transversis elevatis; latere antico obliquè truncato, biplicato.

Encycl. pl. 290. f. 13.

Habite les mers de l'Inde. Mon cabinet. Petite coquille grisâtre, à stries inférieures fines, tandis que les supérieures sont presque lamelliformes. Taille du *tellina tenuis.*

Coquille fossile.

1. Telline patellaire. *Tellina patellaris.*

T. testâ ellipticâ, compressiusculâ; striis transversis subæqualibus tenuissimis; cardine bidentato.

Annales du Mus. 7. p. 232.

Habite.... Fossile de Grignon. Cabinet de M. de France.

2. Telline scalaroïde. *Tellina scalaroides.*

. testâ rotundato-ovatâ, compressâ, subangulatâ; striis transversis, elevatis, remotiusculis, tenuibus; cardine bidentato.

Annales du Mus. 7. p. 233.

Habite.... Fossile de Grignon. Mon cabinet et celui de M. de France. L'une des deux dents cardinales est canaliculée, comme divisée en deux.

3. Telline rostrale. *Tellina rostralis.*

T. testâ oblongo-transversâ, angustâ, transversim sulcatâ; latere antico rostrato, subbiangulato.

Annales du Mus. 7. p. 234. n.o 6.

Habite... Fossile de Grignon et de Parnes. Cabinet de M. de France et le mien.

4. Telline zonaire. *Tellina zonaria.*

T. testâ ovatâ, complanatâ, transversim subtilissimè striatâ; zonis rufis, inæqualibus; latere antico angulato subacuto.

Annales du Mus. 7. p. 235. obs.

Habite... Fossile des environs de Dax et de Bordeaux. Mon cabinet. Largeur, 49 millimètres.

Etc. Voyez le septième volume des Annales du Muséum, pour d'autres tellines fossiles qui y sont mentionnées.

TELLINIDE. (Tellinides.)

Coquille transverse, inéquilatérale, un peu applatie, légèrement bâillante sur les côtés; à crochets petits, non enflés; sans pli irrégulier sur le bord. Charnière à deux dents divergentes sur chaque valve. Deux dents latérales presque obsolettes, dont une postérieure est rapprochée des cardinales, sur une valve.

Testa transversa, inæquilatera, planulata, lateribus paulisper hians; natibus parvis subdepressis; margine plicaturâ irregulari non inflexo. Cardo dentibus duobus divaricatis in utrâque valvâ. Dentes laterales duo, subobsoleti; unico postico propè cardinem admoto in unicâ valvâ.

OBSERVATIONS.

Je me vois obligé de présenter comme type d'un genre particulier, une coquille qui ne peut être placée convenablement dans aucun de ceux qui l'avoisinent. Elle diffère des psammobies par ses dents latérales, des tellines par son défaut de pli marginal flexueux, des lucines, parce qu'elle est bâillante et qu'elle n'en a point les impressions fasciales intérieures. Une de ses valves paraît avoir trois dents cardinales, à cause de la dent latérale rapprochée de la charnière.

ESPECE.

1. Tellinide de Timor. *Tellinides Timorensis.*

Mus. n.o Cabinet de M. *Valenciennes.*
Habite l'Océan des grandes Indes ou austral, près de Timor.
Coquille ovale-elliptique, applatie, blanche, assez mince, à stries transverses, concentriques, ayant une dépression sur le côté antérieur de chaque valve, et le bord supérieur ondé.
Largeur, 55 millimètres.

CORBEILLE. (Corbis.)

Coquille transverse, équivalve, sans pli irrégulier au bord antérieur; ayant les crochets courbés en dedans, en opposition. Deux dents cardinales; deux dents latérales, dont la postérieure plus rapprochée de la charnière. Impressions musculaires simples.

Testa transversa, æquivalvis, anteriùs hinc ad marginem non deformiter flexa; natibus oppositè incurvis. Cardo dentibus duobus. Dentes laterales duo: postico ad cardinem propiùs admoto. Impressiones musculorum simplices.

OBSERVATIONS.

Les *corbeilles,* que je réunissais comme Bruguières avec les lucines, en paraissent réellement distinguées, surtout par les animaux qui les produisent. Aussi n'ont-elles pas, comme les lucines, une de leurs impressions musculaires prolongée en bandelette. Elles tiennent de plus près aux tellines; mais elles n'ont pas, comme ces dernières, un pli irrégulier au bord antérieur et supérieur des valves. Ainsi, je suivrai M. *Cuvier*, qui vient d'en former un genre à part.

ESPÈCES.

1. Corbeille renflée. *Corbis fimbriata.*

C. testâ transversè ovali, gibbâ, longitudinaliter striatâ; sulcis transversis undulatis; margine crenulato.

Venus fimbriata. Lin.

Corbis fimbriata. Cuv. Regn. anim. 2. p. 481.

Chemn. Conch. 7. p. 3. Vign. et t. 43. f. 448. 449.

Encycl. pl. 286. f. 3. a. b. c. *Lucina.*

Habite l'Océan indien. Mus. n.o Mon cabinet. Coquille blanche, grosse, renflée, recherchée dans les collections. M. *Valenciennes* en possède un individu, ayant, accidentellement, un pli sinueux sur le bord du côté postérieur.

2. Corbeille lamelleuse. *Corbis lamellosa.*

C. testâ transversim ellipticâ, cancellatâ; lamellis transversis, elevatis, remotiusculis; striis longitudinalibus creberrimis, intrà lamellas.

Lucina lamellosa. N. Annales du Mus. vol. 7. p. 237.

Chemn. Conch. 6. t. 13. f. 137. 138. Encycl. pl. 286. f. 2. a. b. c.

Habite.... Fossile de Grignon, près de Versailles. Mus. n.o Mon cabinet. Elle est elliptique, transverse, et a ses lames simplement dentées du côté postérieur.

3. Corbeille pétoncle. *Corbis petunculus.*

C. testâ rotundatâ, ventricosâ, crassâ, cancellatâ; lamellis transversis crebris, ad latus posticum plicato-crispis serratis.

Cabinet de M. *Brongniart.*

Habite.... Fossile des falunières de Granville, au sud de Valogne. Coquille grande, ayant à l'extérieur l'aspect d'un grand pétoncle treillissé, crépu.

LUCINE. (Lucina.)

Coquille suborbiculaire, inéquilatérale, à crochets petits, pointus, obliques. Deux dents cardinales divergentes, dont une bifide, et qui sont variables ou disparaissent avec l'âge. Deux dents latérales : la postérieure plus rapprochée des cardinales. Deux impressions musculaires très-séparées, dont la postérieure forme un prolongement en fascie, quelquefois fort long.

Testa suborbicularis, inæquilateralis; natibus parvis, acutis, obliquis. Cardo variabilis : modò dentibus duobus divaricatis, unâ quorum bipartitâ, ætate evanescentibus; modò dentibus nullis. Dentes laterales duo, interdùm obsoleti : postico ad cardinem propiùs admoto. Impressiones musculares remotissimæ, laterales : posticâ in fasciam interdùm prælongam productâ. Ligamentum externum.

OBSERVATIONS.

Le genre *lucine*, aperçu et nommé d'abord par *Bruguières*, qui en fit graver les principales espèces, me paraît naturel et devoir être conservé, sauf à en séparer les corbeilles. Il est cependant singulier, en ce que, dans ce genre, la charnière est souvent variable. Ce qui semble néanmoins le caractériser, en indiquant des rapports entre les animaux des espèces, ce sont les impressions musculaires, dont une (celle du côté postérieur) se prolonge et forme une bandelette plus ou moins longue, qui s'étend quelquefois jusqu'au milieu de la valve. Ces impressions indiquent un pied analogue à celui de la *loripède* de Poli.

La charnière des *lucines*, quoique variable, offre ordinairement deux dents cardinales divergentes, dont une est comme partagée en deux. Ces dents s'effacent ou disparaissent avec l'âge, au moins dans certaines espèces. Dans une autre, on n'en trouve jamais. Les dents latérales existent dans la plupart des espèces; et dans certaines, on ne les retrouve point.

Par leur charnière, les *lucines* semblent se rapprocher des tellines, surtout à cause de leurs dents latérales; mais on ne leur voit nullement le pli irrégulier des tellines. Dans les espèces qui offrent un angle sur la coquille, cet angle ne forme jamais, dans le bord, le pli flexueux qui distingue les tellines, ce qui a fait rapporter ces coquilles, par Linné, à son genre *vénus*. Toutes nos lucines ont le ligament extérieur; il y est toujours apparent, quoique quelquefois il soit un peu enfoncé. Il l'est même tellement dans la *telline lactée*, avec les bords de l'écusson rapprochés, qu'il paraît alors tout-à-fait intérieur. Or, comme le pied singulier et en cordelette de l'animal de cette coquille a été observé et décrit par M. Poli, ce savant zoologiste napolitain en a fait un genre particulier, sous le nom de *loripes*. Nous n'avons pas adopté ce genre, quoiqu'il paraisse fondé, tant sur un caractère de la coquille, que sur des caractères de l'animal, parce que nous pensons que les rapports de ce coquillage avec les autres lucines, ne permettent pas de l'en écarter, et que les impressions qui s'observent dans la coquille de la plupart des autres lucines, indiquent que leurs animaux ont un pied analogue, sauf les différences qui appartiennent à celles des espèces.

ESPÈCES.

1. Lucine de la Jamaïque. *Lucina Jamaicensis.*

L. testâ lentiformi, scabrâ, sulcato-lamellosâ, intùs sub-luteâ; lamellis brevibus concentricis; latere antico utrinque angulato.

Venus Jamaicensis. Chemn. Conch. 7. p. 24. t. 39. f. 408. 409.
Encycl. pl. 284. f. 2. a. b. c.
List. Conch. t. 300. f. 137.
(b) *Eadem testâ intùs flavâ, scabrâ.*
(c) *Eadem testâ minore intùs extùsque candidâ.*
Habite l'Océan des Antilles. Mus. n.° Mon cabinet. Coquille grande, moins bombée que les suivantes. Le corselet relevé sous l'anus; les lames transverses écartées. L'abricot.

2. Lucine épaisse. *Lucina pensylvanica.*

L. testâ lentiformi ventricosâ, tumidâ, crassâ, albâ; lamellis concentricis, membranaceis; ano cordato magno.
Venus pensylvanica. Lin. Gmel. n.° 71.
List. Conch. t. 305. f. 138.
Born. Mus. t. 5. f. 8.
Encycl. pl. 284. f. 1. a. b. c.
Habite l'Océan d'Amérique. Mus. n.° Mon cabinet. Vulg. *la Bille d'ivoire.* Espèce très-distincte; coquille blanche en dedans et en dehors.

3. Lucine édentée. *Lucina edentula.*

L. testâ orbiculato-ventricosâ, subglobosâ, intùs flavescente, edentulâ; ano ovato; striis concentricis rugæformibus.
Venus edentula Lin. Gmel. n.° 80.
List. Conch. t. 260. f. 96.
Chemn. Conch. 7. p. 34. t. 40. f. 427—429.
Encycl. pl. 284. f. 3. a. b. c.
Habite l'Océan de l'Amérique, la Jamaïque. Mus. n.° Mon cabinet. Coquille mince, enflée, blanchâtre au dehors, jaune d'abricot en dedans et aussi grande que les précédentes. On en trouve sur nos côtes, une variété toute blanche. Cabinet de M. *Valenciennes.*

4. Lucine changeante. *Lucina mutabilis.*

L. testâ orbiculato-ovatâ, obliquâ, compressâ; intùs valvis radiatim striatis; seniorum cardine edentulo.
Venus mutabilis. Annales du Mus. vol. 7. p. 61.

Habite..... Fossile de Grignon. Mus. n.° Mon cabinet. Coquille singulière, n'ayant des dents cardinales que dans les jeunes individus. L'une de ces dents, profondément divisée en deux, donne à une valve l'apparence de trois dents divergentes. Largeur, trois à quatre pouces.

5. Lucine ratissoir. *Lucina radula.*

L. testâ orbiculatâ, lentiformi, convexâ, albidâ; lamellis concentricis numerosis; intùs striis radiantibus obsoletis.

Tellina radula. Montag. test. brit. t. 2. f. 1. 2.

Maton. Act. soc. linn. 8. p. 54. n.° 12.

Petiv. gaz. tab. 93. n.° 18.

Habite l'Océan britannique. Mon cabinet. Communiquée par M. *Leach.* Elle se rapproche beaucoup de la suivante.

6. Lucine concentrique. *Lucina concentrica.*

L. testâ orbiculatâ, compresso-convexâ; lamellis concentricis, elevatis, distinctis; striis longitudinalibus ad interstitia minutissimis, interdum nullis.

Lucina concentrica. Annales du Mus. vol. 7. p. 238.

Encycl. pl. 285. f. 2. a. b. c.

Habite.... Fossile de Grignon. Mus. n.° Mon cabinet. Taille de la précédente; mais elle est presque l'analogue fossile de la l. rotondaire.

7. Lucine divergente. *Lucina divaricata.*

L. testâ orbiculari, subglobosâ, albâ, antiquatâ, bifariam obliquè striatâ.

Tellina divaricata. Gmel. n.° 74.

Bonann. recr. 3. f. 349.

Chemn. Conch. 6. p. 134. t. 13. f. 129.

Encycl. pl. 285. f. 4. a. b. Poli. test. 1. pl. 15. f. 25.

Habite la Méditerranée, l'Océan Américain, les côtes du Brésil. Lalande. Largeur, 30 millimètres. Mus. n.° Mon cabinet. Bord des valves quelquefois crénelé.

8. Lucine carnaire. *Lucina carnaria.*

L. testâ orbiculato-trigonâ, inæquilaterâ, convexo-depressâ, extùs intùsque incarnatâ; striis tenuibus variis : hinc undato-reflexis.

Tellina carnaria. Lin. Gmel. n.° 70.
List. Conch. t. 339. f. 176.
Born. Mus. t. 2. f. 14.
Chemn. Conch. 6. t. 13. f. 126.
Habite l'Océan d'Europe, la Méditerranée, dans le golfe de Venise. Mus. n.° Mon cabinet. Intérieur des valves, rouge de sang.

9. Lucine rude. *Lucina scabra.*

L. testâ orbiculari depresso-convexâ, albâ, subpellucidâ; costellis squamosis radiantibus; intùs punctis impressis.
Encycl. pl. 285. f. 5. a. b. c.
Chemn. Conch. XI. tab. 199. f. 1945. 1946.
Habite.... les mers d'Amérique? Mon cabinet.

10. Lucine réticulée. *Lucina reticulata.*

L. testâ orbiculari, compresso-convexâ, albidâ; lamellis concentricis, distinctis; interstitiis longitudinaliter striatis; ano ovato impresso.
An tellina reticulata? Maton. Act. soc. linn. 8. p. 54. t. 1. f. 9.
Chemn. Conch. 6. t. 12. f. 118.
Habite les côtes de France, près de l'Orient. Mon cabinet. Ses dents cardinales sont fortes, et une des latérales, rapprochée de la charnière, semble en augmenter le nombre. Cette coquille ressemble encore beaucoup à la l. rotondaire.

11. Lucine écailleuse. *Lucina squamosa.*

L. testâ suborbiculatâ, tumidâ, inæquilaterali; costellis radiantibus imbricato-squamosis; ano vulvâque excavatis.
Encycl. pl. 285. f. 3. a. b. c.
Habite..... Cabinet de M. *Valenciennes.* Largeur, 24 millimètres.

12. Lucine lactée. *Lucina lactea.*

L. testâ lentiformi, gibbâ, albâ, pellucidâ, transversim tenuiter striatâ; natibus tumidis, uncinatis.
Tellina lactea. Gmel. n.° 69.
Gualt. test. t. 71. fig. D.
Chemn. Conch. 6. t. 13. f. 125. Encycl. pl. 286. f. 1. a. b. c.

Poli. test. 1. tab. 15. f. 28. 29. *Loripes.*

(b) *Eadem major, valvis intùs substriatis.*

Habite la Méditerranée. Mon cabinet. Fossile dans les faluns de la Touraine. Largeur, 16 millimètres. Le pied de l'animal est allongé et en cordelette. La variété b. vient des mers de la Nouvelle-Hollande.

13. Lucine ondée. *Lucina undata.*

L. testâ suborbiculari, convexâ, transversim inæqualiter striatâ, subundatâ, albidâ; umbonibus fulvis.

Venus undata. Pennant. Zool. brit. 4. t. 55. f. 51.

Mysia undata. Leach.

An tellina rotundata? Maton. Act. soc. linn. 8. p. 56.

Habite l'Océan britannique et sur les côtes de Cherbourg. Mon cabinet. Communiquée par M. Leach.

14. Lucine circinaire. *Lucina circinaria.*

L. testâ orbiculatâ, anticè subangulatâ; striis transversis creberrimis, exiguis; dentibus lateralibus subnullis.

Annales du Mus. vol. 8. p. 238. n.° 3.

Habite.... Fossile de Grignon, Courtagnon, etc. Mon cab.

15. Lucine colombelle. *Lucina columbella.*

L. testâ suborbiculatâ, convexo-gibbosâ, transversim sulcatâ; latere sulco magno exarato; natibus prominulis obliquè arcuatis.

Mus. n.°

Habite.... Fossile des faluns de la Touraine et des environs de Bordeaux. Mon cabinet.

16. Lucine sinuée. *Lucina sinuata.*

L. testâ rotundato-ovatâ, tumidâ, tenui, albâ; latere antico sulco profundè exarato.

Tellina sinuata. Montag. Ex. D. Leach.

An tellina flexuosa? Maton. Act. soc. linn. 8. p. 56.

Habite l'Océan britannique. Mon cabinet. Communiquée par M. *Leach.* Petite coquille mince, transparente, très-voisine de la l. colombelle, par sa forme.

17. Lucine peigne. *Lucina pecten.*

L. testâ orbiculato-transversâ, planulato-convexâ, albidâ; costellis rotundatis, transversim striatis, radiantibus.

Mon cabinet.

Habite sur les côtes du Sénégal. Largeur, 14 millimètres.

18. Lucine jaune. *Lucina lutea.*

L. testâ minimâ orbiculato-transversâ, lævi, pellucidâ, luteo-virente; dentibus lateralibus nullis.

Mon cabinet.

Habite les mers de l'Ile-de-France. Largeur, 9 ou 10 millimèt.

19. Lucine digitale. *Lucina digitalis.*

L. testâ parvâ, orbiculato-trigonâ, albidâ; umbonibus tumidis, roseo-pictis; striis tenuibus obliquis elegantissimis.

An tellina digitaria? Lin. Gmel. n.º 75.

Habite la Méditerranée. Mon cabinet. Petite coquille blanche, teinte de rose.

20. Lucine globulaire. *Lucina globularis.*

L. testâ subglobosâ, tenui, albidâ, vesiculosâ; dentibus lateralibus nullis.

Mus. n.º

Habite les mers de la Nouvelle-Hollande, au port du Roi Georges. Largeur, 11 millimètres.

DONACE. (Donax.)

Coquille transverse, équivalve, inéquilatérale, à côté antérieur très-court, très-obtus.

Deux dents cardinales, soit sur chaque valve, soit sur une seule; une ou deux dents latérales plus ou moins écartées. Ligament extérieur, court, à la place de la lunule.

Testa transversa, æquivalvis, inæquilatera; latere antico brevissimo, obtusissimo.

Dentes cardinales duo, vel in utrâque valvâ, vel

in alterâ : laterales 1 *s.* 2, *subremoti. Ligamentum externum, breve, posticum, ani loco insertum.*

OBSERVATIONS.

Les *donaces* se reconnaissent, en général, au premier aspect, par leur forme assez particulière. Ce sont des coquilles transverses, un peu applaties, très-inéquilatérales, presque triangulaires, ayant leur côté antérieur fort raccourci, obtus et comme tronqué, ce qui leur donne assez souvent la forme d'un coin. Leurs valves sont égales l'une à l'autre; et dans beaucoup d'espèces, le bord intérieur de ces valves est dentelé ou finement crénelé.

Ce qui caractérise leur genre, c'est d'avoir à leur charnière, outre les dents cardinales, une ou deux dents latérales, un peu écartées, séparées des cardinales, et qui sont analogues aux dents latérales des mactres, des lucines, des tellines, des corbeilles, des cyclades.

Relativement aux conchifères à coquille inéquilatérale, et qui appartiennent à cette famille, le côté le plus court de la coquille est toujours le postérieur dans les *vénus* et les *cythérées*, tandis que le plus long ou le plus grand, dans ces coquilles, est celui qui porte le ligament, c'est-à-dire, le côté antérieur. Or, c'est précisément le contraire dans les *donaces* et les tellines; car le ligament des valves se trouve sur le côté le plus court de ces coquilles. Ainsi, les *donaces* ont plus de rapports avec les tellines qu'avec les vénus. Elles n'ont point, malgré cela, le pli flexueux des tellines.

L'animal des donaces fait sortir de sa coquille deux tubes ou siphons disjoints, grêles, fort longs, et un pied en lame large, quelquefois sécuriforme.

Les *donaces* sont des coquilles marines, lisses ou finement striées, littorales, et souvent ornées de couleurs vives très-agréables.

ESPECES.

Bord interne des valves entier ou presqu'entier.

1. Donace bec-de-flûte. *Donax scortum.*

D. testâ triangulari, anticè acutâ, decussatim striatâ; vulvâ cordatâ, planâ: marginibus submuticis.

Donax scortum. Lin. syst. nat. p. 1126. Gmel. n.° 1.

List. Conch. tab. 377. f. 220.

Born. Mus. tab. 4. f. 1. 2. Encycl. pl. 260. f. 2.

Chemn. Conch. 6. t. 25. fig. 242—247.

Habite l'Océan indien. Mus. n.° Mon cabinet. Coquille blanchâtre, un peu violette, l'une des grandes espèces du genre.

2. Donace pubescente. *Donax pubescens.*

D. testâ triangulari, decussatâ, lamellosâ; vulvâ cordatâ, planâ: marginibus lamelloso-serratis.

Donax pubescens. Lin. Gmel. n.° 2.

Chemn. Conch. 6. p. 251. tab. 25. f. 248.

Encycl. pl. 260. f. 1.

Habite l'Océan indien. Mon cabinet. Espèce très-voisine de la précédente; mais distincte et moins grande.

3 Donace en coin. *Donax cuneata.*

D. testâ trigonâ, compressâ, cuneiformi, rufâ, albo radiatâ; striis longitudinalibus exilissimis; vulvâ convexâ rugosâ.

Donax cuneata. Lin. Gmel. n.° 7.

List. Conch. t. 392. f. 231.

Born. Mus. p. 52. Vign. Knorr. Vergn. 6. t. 7. f. 3.

Chemn. Conch. 6. t. 26 f. 260. Encycl. pl. 261. f. 5.

Habite l'Océan indien. Mus. n.° Mon cabinet. Le Muséum en possède une variété de l'Asie australe, à laquelle la figure citée de Lister paraît ressembler.

4. Donace comprimée. *Donax compressa.*

D. testâ cuneiformi, compressâ, basi acutâ, carneo-fulvâ, irradiatâ; vulvâ subrugosâ: marginibus angulatis.

Encycl. pl. 262. f. 6. a. b. c.

Habite.... Je la crois des mers de l'Inde. Mon cabinet. Elle est voisine de la précédente; mais bien distincte.

5. Donace deltoïde. *Donax deltoïdes.*

D. testâ triangulari, læviusculâ, albido-roseâ; vulvâ planiusculâ, longitudinaliter striatâ.

Mus. n.o

Habite à l'île aux Kanguroos. Péron. Elle est plus grande et moins comprimée que la précédente.

6. Donace rayonnante. *Donax radians.*

D. testâ ovato-trigonâ, transversè striatâ, albo fulvoque radiatâ vulvâ obliquè striatâ.

Chemn. Conch. 6. t. 26. f. 267.

Encycl. pl. 261. f. 7.

Habite.... Elle est très-distincte de la donace en coin, n.o 3. Mon cabinet.

7. Donace raccourcie. *Donax abbreviata.*

D. testâ trigonâ, transversim tenerrimè striatâ, antice rugosâ, albidâ; radiis duobus rufis; altero cærulescente.

Cabinet de M. *Faujas de St.-Fond.*

Habite.... Cette donace est transversalement plus courte que les autres, a le bord interne des valves très-entier, et des linéoles sur le sommet des rayons. Largeur, 28 millimètres.

8. Donace granuleuse. *Donax granosa.*

D. testâ ovato-trigona, tenuissimè striatâ, albidâ: radiis zonisque violaceis obsoletis; vulvâ angulatâ, subgranosâ.

Mus. n.o

Habite.... Elle a des linéoles longitudinales interrompues comme dans la donace. Encycl. pl. 262. f. 8., à laquelle elle ressemble un peu.

9. Donace colombelle. *Donax columbella.*

D. testâ ovato-trigonâ, transversè striatâ, albido-violacescente; zonis obsoletis.

Mus. n.o

(2) *Var. zonis violaceis.*

Habite à la Nouvelle Hollande, au port du roi Georges. Mon cabinet. Son côté antérieur est court, obliquement tronqué. Largeur, 24 à 26 millimètres. Sa variété est violette en-dedans.

10. Donace vénériforme. *Donax veneriformis.*

D. testâ orbiculato-trigonâ, transversè striatâ, griseâ; radiis obscuris; striis vulvæ crenulatis.

Mus. n.o

Habite.... les mers d'Asie? Du voyage de *Péron*. Largeur, 27 millimètres.

11. Donace australe. *Donax australis.*

D. testâ ovato-trigonâ, transversè striatâ, albidâ vel fulvâ, intùs violaceâ; vulvâ decussatâ, subgranosâ.

Mus. n.o

Habite à Timor et à la Nouvelle Hollande. *Péron*. Elle a des rapports avec la donace bicolore. Largeur, 30 millimètres.

12. Donace épidermie. *Donax epidermia.*

D. testâ cuneato-trigonâ, anteriùs obtusâ, epiderme viridi-flavicante, læviusculâ; vulvâ longitudinaliter striatâ.

Mus. n.o

Habite à l'île des animaux, à la Nouvelle Hollande. *Péron*. Elle a des rapports avec le *donax lævigata*. (Voyez le grand Capse); mais elle est très-différente par sa forme plus en coin, et par les dents de sa charnière.

13. Donace bicolore. *Donax bicolor.*

D. testâ ovato-cuneatâ, albidâ, fusco tinctâ; striis longitudinalibus exiguis, pauciores transversas decussantibus; anticè sulcis undulato-crispis.

Gualt. test. tab. 88. fig. S. List. Conch. t. 392. f. 231?

An Donax bicolor? Gmel. n.o 16.

Habite... Je la crois des mers de l'Inde ou de celles de l'Ile-de-France. Mon cabinet. Elle est tachée de violet à l'intérieur.

14 Donace subrayonnée. *Donax vittata.*

D. testâ ovatâ, depressiusculâ, transversim striato-sulcatâ, albidâ; radiis rufis, perpaucis, supernè latescentibus.

Mon cabinet?

Habite l'Océan britannique. Communiquée par M. *Leach*.

15. Donace triquètre. *Donax triquetra.*

D. testâ triangulari, subæquilaterâ, infrâ nates saccatâ, albidâ; striis transversis exiguis.

Mus. n.º

Habite les mers de la Nouvelle-Hollande, au port du Roi Georges. Coquille petite, luisante, ayant quelques vestiges de rayons, et, à l'intérieur, une tache violâtre obscure. Largeur, 15 millimètres.

Bord interne des valves distinctement crénelé ou denté.

16. Donace grimaçante. *Donax ringens.*

D. testâ magnâ, ovato-trigonâ, albidâ, intùs violaceâ; vulvâ gibbâ, undato-rugosâ, scabrâ: margine serrato-ringente.

Donax serra. Chemn. Conch. 6. tab. 25. f. 251. 252.

Encycl. pl. 260. f. 3. a. b.

Habite l'Océan indien. Mus. n.º Mon cabinet. Coquille grande, bâillante, grimaçante à l'angle supérieur de son corselet, et constituant une espèce très-distincte. Largeur, 74 millimètr.

17. Donace ridée. *Donax rugosa.*

D. testâ triangulari, inflatâ, anticè obliquè truncatâ, sulcis longitudinalibus creberrimis, rugosâ; vulvâ cordatâ: marginibus angulatis.

Dnax rugosa. Lin. syst. nat. p. 1127.

Gualt. test. tab. 89. fig. D.

Chemn. Conch. 6. t. 25. f. 250.

Encycl. pl. 262. f. 5. a. b.

(2) *Var. testâ rubente natibus purpureis.* Encycl. pl. 262. f. 3.

Knorr. Vergn 6. pl. 28. f. 8.

(3) *Var. testâ intùs extùsque violaceâ. È Nov. Holl.*

(4) *Var. testâ extus albâ aut purpurascente; margine super. undatim depresso. È Nov. Holl.*

Habite l'Océan d'Amérique, les côtes des Antilles. Mus. n.o Mon cabinet. Cette espèce est fort différente de celle qui précède. Elle est élégamment sillonnée, blanche, ou rougeâtre, ou violette, selon les variétés.

18. Donace de Cayenne. *Donax Caianensis.*

D. testá subtriangulari, purpurascente, anticè obtusissimá; sulcis longitudinalibus exiguis; vulvá lateribus subbiangulatá.

Mon cabinet.

Habite l'Océan de la Guyane. Elle est très-voisine de la précédente; mais moins renflée.

19. Donace allongée. *Donax elongata.*

D. testá transversim elongatá, longitudinaliter sulcatá, anterius obtusissimá; vulvæ sulcis subdenticulatis.

Pamet. Adans. Sénég. tab. 18. f. 1.

Gualt. test. tab. 89. fig. F.

An donax spinosa? Chemn. Conch. 6. t. 26. f. 258.

(2) *Var. testá albido-fulvá, intùs albá.*

Habite l'Océan atlantique, les côtes d'Afrique. Mus. n.o Mon cabinet. Elle est violette en dedans. La variété (2) est du voyage de *Péron.*

20. Donace denticulée. *Donax denticulata.*

D. testá anteriùs obtusissimá, albá, cæruleo aut purpureo radiatá; striis longitudinalibus impresso-punctatis; labiis transversè rugosis.

Donax denticulata. Lin. syst. nat. p. 1127. Gmel. n.o 6.

List. Conch. t. 376. f. 218. 219.

Knorr. Vergn. 2. t. 23. f. 2—5.

Chemn. Conch. 6. tab. 26. f. 256. 257.

Encycl. pl. 262. f. 7. a. b. c.

Habite la Méditerranée, l'Océan atlantique. Mus. n.o Mon cabinet. Espèce jolie, distincte, d'une taille médiocre.

21. Donace cardioïde. *Donax cardioides.*

D. testá trigoná, turgidá, longitudinaliter sulcatá, posticè læviusculá, albá, rufo maculatá; vulvá medio gibbá.

Mus. n.o

Habite les mers de la Nouvelle Hollande, à l'île St.-Pierre-St.-François. Mon cabinet. Elle est renflée, courte transversalement, sillonnée comme un *cardium*, maculée de rouge brun. Largeur, 28 ou 30 millimètres. Une tache orangée à l'intérieur. On en a une variété blanche au dehors.

22. Donace à réseau. *Donax meroe.*

D. testâ ovato-trigonâ, compressâ, transversim parallelè striatâ, lineis purpureis subreticulatis pictâ; vulvâ excavatâ.

Venus meroe. Lin. Gmel. n.° 22.

List. Conch. t. 378. f. 221.

Chemn. Conch. 7. t. 43. f. 450—452.

Encycl. pl. 261. f. 1. a. b.

Habite l'Océan indien. Mus. n.° Mon cabinet. Jolie coquille, voisine de la suivante; mais bien distincte. Largeur, 50 millimètres.

23. Donace ondée. *Donax scripta.*

D. testâ ovatâ, subcompressâ, lævi; scriptâ lineis purpureis undatis: vulvâ cavâ: marginibus acutis.

List. Conch. t. 379. f. 222. et t. 380. f. 223.

Knorr. Vergn. 6. t. 7. f. 4. 5.

Chemn. Conch. 6. t. 26. f. 261—265.

Encycl. pl. 261. f. 2. 3. 4.

Habite l'Océan indien. Mus. n.° Mon cabinet. Moins grande que celle qui précède, elle n'est pas, comme elle, élégamment sillonnée en travers; elle offre plusieurs variétés qu'on pourrait distinguer.

24. Donace tronquée. *Donax trunculus.*

D. testâ transversim elongatâ, striis longitudinalibus minimis, intùs violaceâ; latere antico lævi, brevissimo.

Donax trunculus. Lin. syst. nat. p. 1127.

List. Conch. t. 376. f. 217.

Adans. Seneg. t. 18. f. 2.

Knorr. Vergn. 1. t. 7. f. 7.

Born. Mus. t. 4. f. 3. 4.

Chemn. Conch. 6. t. 26. f. 253—254.

Habite la Méditerranée, au golfe de Tarente (Mon cabinet.),

l'Océan atlantique. Elle est petite, olivâtre en-dehors, ressemble à la donace allongée par sa forme; mais son côté antérieur est sans rides. On donne son nom à une autre coquille en Angleterre. Cette espèce est assez rare dans les collections.

25. Donace fabagelle. *Donax fabagella.*

D. testâ transversim oblongâ, nitidâ, albido-rubellâ, obsoletè radiatâ; striis tenerrimis verticalibus transversas decussantibus.

Cabinet de M. Dufresne.

Habite.... Son côté antérieur est court, oblique, convexe, subcariné. Largeur, 26 millimètres.

26. Donace des canards. *Donax anatinum.*

D. testâ transversim oblongâ, nitidulâ, albidâ, corneâ vel pallidè rubente, striis longitudinalibus exilissimis; latere antico obliquè truncato.

An tellina donacina. Lin.

Gualt. test. tab. 88. fig. N.

(2) *Var. testâ majore; radiis interruptis.*

(3) *Var. testâ penitùs albâ.*

Habite l'Océan d'Europe, la Méditerranée. Mus. n.° Mon cabinet. Coquille commune, dont on ne trouve aucune figure bonne à citer. On en rencontre souvent, par quantité, dans le jabot des canards-macreuses. Elle est tantôt sans rayons, et tantôt obscurément rayonnée. A l'intérieur, elle est légèrement teinte de violet La var. (2) est de la Méditerranée; elle a jusqu'à 40 millimètres de largeur. Cette espèce n'a rien de commun avec le *tellina donacina.* Maton, act. soc. linn. 8. t. 1. f. 7. Je crois que celle-ci est la *psammobia tellinelle.*

Etc. Ajoutez les autres espèces qui ne me sont pas connues.

27. Donace de la Martinique. *Donax Martinicensis.*

D. testâ ovato-transversâ, complanatâ, transversè striatâ; striis longitudinalibus exilissimis; antico latere obliquè truncato: postico producto rotundato.

Mon cabinet.

Habite les côtes de la Martinique. M. *Moreau de Joannès.* Belle espèce, blanchâtre, teinte de rose, applatie comme le *tellina planata*, obscurément rayonnée. Largeur, 50 millim.

CAPSE. (Capsa.)

Coquille transverse, équivalve, close. Charnière ayant deux dents sur la valve droite ; une seule dent bifide et intrante sur l'autre valve. Dents latérales nulles. Ligament extérieur.

Testa transversa, æquivalvis, valvis approximatis clausa. Cardo dentibus duobus in valvâ dextrâ, dente unico bifido et inserto in alterâ. Dentes laterales nulli. Ligamentum externum.

OBSERVATIONS.

Les *capses* sont des coquilles un peu inéquilatérales, ayant leur ligament sur le côté court, comme dans les tellines et les donaces. Elles appartiennent à la division des tellinoïdes, quoiqu'elles manquent de dents latérales. Elles tiennent aux psammobies et à certaines tellines par les dents de leur charnière ; mais elles ne sont presque point bâillantes sur les côtés, et n'ont pas le pli des tellines.

ESPECES.

1. Capse lisse. *Capsa lævigata.*

C. testâ triangulari, subæquilaterâ, obsoletè striatâ, epiderme flavo-virescente, intùs et ad nates violaceâ.

Donax lævigata. Gmel. p. 3265.

Chemn. Conch. 6. p. 253. t. 25 f. 249.

Habite l'Océan indien, à Tranquebar. Mon cabinet. Elle est à peine déprimée dans le voisinage de son côté antérieur, et plus équilatérale que la suivante. Largeur, 55 millimètres.

2. Capse du Brésil. *Capsa Brasiliensis.*

C. testâ oblongo-trigonâ, inæquilaterâ, propè latus anticum valde depressâ, transversim longitudinaliterque striatâ.

Donax. Encycl. pl. 261. f. 10.

Habite l'Océan du Brésil. *Lalande.* Mus. n° Mon cabinet. Elle avoisine la précédente, offre un épiderme semblable; mais elle devient plus grande, est plus inéquilatérale, presque blanche à l'intérieur, et distincte par ses stries.

CRASSINE. (Crassina.)

Coquille suborbiculée, transverse, équivalve, subinéquilatérale, close. Charnière ayant deux dents fortes, divergentes sur la valve droite, et deux dents très-inégales sur l'autre valve. Ligament extérieur, sur le côté le plus long.

Testa suborbiculata, transversa, æquivalvis, subinæquilatera, clausa. Cardo dentibus duobus validis, divaricatis in valvâ dextrâ; dentibus duobus inæqualissimis in alterâ. Ligamentum externum, in latere longiore.

OBSERVATIONS.

La *crassine* ressemble à une petite crassatelle, par son aspect, et par l'épaisseur, la solidité et la clôture parfaite de ses valves dans leur rapprochement; mais la situation de son ligament l'en distingue. Elle ne peut être du genre des *vénus*, puisqu'elle n'a pas plus de deux dents sur chaque valve, et qu'elle semble même n'en avoir qu'une seule, très-grosse, sur la valve gauche, l'autre dent étant fort peu saillante.

ESPÈCE.

1. Crassine crassatellée. *Crassina danmoniensis.*

C. testâ orbiculato-rigonâ, brunneo-fulvâ, transversè rugosâ; rugis parallelè striatis, scalariformibus; intùs albâ.

Venus danmoniensis. Montag. *Ex D. Leach.*

Habite l'Océan britannique. Mon cabinet. Communiquée par M. *Leach*. Corselet et anus concaves : le premier, lancéolé ; le second, presqu'en cœur ; les bords internes des valves crénelés. Largeur, 30 millimètres.

LES CONQUES.

Trois dents cardinales au moins sur une valve, l'autre en ayant autant ou moins. Quelquefois des dents latérales.

Les *conques* constituent une des plus belles familles et des plus nombreuses parmi les conchifères. Elles offrent des coquilles équivalves, orbiculaires ou transverses, toujours régulières, libres, et en général très-closes, surtout sur les côtés. Elles sont plus ou moins inéquilatérales, et on les voit rarement munies à l'extérieur de côtes véritablement rayonnantes. Leur dernier genre en offre assez généralement de semblables ; parce qu'il est sur la limite et qu'il fait une transition des *conques* aux cardiacées.

L'animal des *conques* forme souvent, avec son manteau, deux tubes ou siphons qu'il fait sortir hors de sa coquille, dont l'un sert pour le passage de l'eau qui arrive aux branchies et à la bouche, tandis que l'autre est utile aux déjections. Son pied est éminemment lamelliforme. Je divise cette famille en *conques fluviatiles*, dont l'animal a le pied allongé, étroit et peu saillant ; et en *conques marines*, dont l'animal fait sortir des siphons allongés, inégaux, et a le pied large, saillant.

1.° *Conques fluviatiles :* coq. ayant des dents latérales et recouverte d'un faux épiderme.

Cyclade.

Cyrène.
Galathée.

2.° *Conques marines :* point de dents latérales dans la plupart ; rarement un drap marin subsistant et recouvrant toute la coquille, sauf les crochets.

Cyprine.
Cythérée.
Vénus.
Vénéricarde.

CONQUES FLUVIATILES.

Coquilles recouvertes d'un faux épiderme, et ayant à leur charnière des dents latérales.

Les *conques fluviatiles* vivent dans les eaux douces, ainsi que les nayades ; mais les premières nous paraissent faire partie de la famille des conques, tandis que les nayades s'en éloignent évidemment. Les unes et les autres ont la coquille recouverte d'une espèce d'épiderme verdâtre, qui devient plus ou moins brun, et qui, sur les crochets, est souvent écorché et comme rongé. Ces coquillages habitent les lacs, les étangs, les rivières, se tiennent en général dans la vase et y sont situés de manière que leurs crochets sont en bas et plus ou moins enfoncés dans cette vase.

Ce qui distingue les *conques fluviatiles* des nayades, c'est que les premières tiennent aux conques par l'animal et la charnière de leur coquille ; qu'effectivement leur animal fait saillir des siphons, et que la charnière de leur coquille offre des dents cardinales, analogues à celles des vénus; tandis que rien de semblable ne se montre dans l'animal et la coquille des nayades. Néanmoins les conques fluviatiles diffèrent des marines, non-seulement par l'habitation, mais aussi parce que leur charnière présente des dents latérales, qui n'existent point dans la coquille des conques marines. Je rapporte à cette coupe les trois genres qui suivent.

CYCLADE. (Cyclas.)

Coquille ovale-bombée, transverse, équivalve; à crochets protubérans. Dents cardinales très-petites, quelquefois presque nulles : tantôt deux sur chaque valve, dont une pliée en deux; tantôt une seule pliée ou lobée sur une valve et deux sur l'autre.

Dents latérales allongées transversalement, comprimées, lamelliformes. Ligament extérieur.

Testa ovato-globosa, transversa, æquivalvis; natum umbonibus tumidis. Cardo dentibus minimis, interdùm subnullis : modò duobus in utrâque valvâ: uno complicato; modò dente unico subcomplicato vel lobato in unicâ valvâ, et duobus in alterâ.

Dentes laterales transversim elongati, compressi, lamelliformes. Ligamentum externum.

OBSERVATIONS.

Les *cyclades*, ici réduites à leur genre naturel, sont très-distinctes de nos fluvicoles que *Bruguière* y réunissait. Ce sont de petites coquilles ovales bombées, à valves minces, et qui n'ont jamais trois dents cardinales sur aucune de leurs valves. Leurs crochets d'ailleurs ne sont jamais écorchés ou rongés. Quelques-unes de ces coquilles sont si minces, qu'elles sont transparentes et très-fragiles. Elles sont d'un vert grisâtre ou un peu jaunâtre, les unes presque lisses, les autres striées transversalement, offrant quelquefois des bandes légèrement colorées. Les espèces de ce genre sont assez nombreuses, distinctes et cependant difficiles à caractériser. C'est avec l'une d'elles que Linné a formé son *tellina cornea*.

ESPECES.

1. Cyclade des rivières. *Cyclas rivicola.*

C. testâ subglobosâ, solidulâ, eleganter striatâ, corneo-virescente, intùs cœrulescente; sulcis 2 s. 3. transversis, subcoloratis.

List. Conch. t. 159. f. 14.

Cyclas cornea? Draparn. h. des moll. p. 128. pl. 10. f. 1—3.

Encycl. pl. 302. f. 5. a. b. c.

Cyclas rivicola. Leach.

Habite en Europe, dans les rivières. Mus. n.o Mon cabinet. Communiquée par M. *Leach*. Elle est assez rare en France, et paraît commune dans la Tamise. Cette espèce est la plus grande connue de ce genre; elle a deux ou trois indices d'accroissement, qui forment autant de zones étroites, souvent colorées en brun. Largeur, 20 millimètres.

2. Cyclade cornée. *Cyclas cornea.*

C. testâ subglobosâ, tenui, tenerrimè striatâ, pallidè corneâ; sulco subunico; zonâ marginali lutescente.

Tellina cornea. Lin. syst. nat. p. 1120.

Gualt. test. tab. 7. fig. B.

Cyclas rivalis. Draparn. h. des m. p. 129. pl. 10. f. 4. 5.

(2) *Var. testâ penitùs globosâ.*

(3) *Var. testâ magis transversâ.*

Habite les petites rivières, les ruisseaux de l'Europe. Espèce fort commune en France, toujours plus mince, moins colorée et moins grande que la précédente. Mus. n.o Mon cabinet. Les deux variétés viennent de l'Amérique septentrionale, rapportées par M. *Michaud*.

3. Cyclade des lacs. *Cyclas lacustris.*

C. testá subrhombeá, planiusculá, tenuissimè striatá, subinæquilaterá.

Tellina lacustris. Mull. Verm. p. 204.

Cyclas lacustris. Draparn. h. des m. p. 130. pl. 10. f. 6. 7.

Habite en Europe, dans les lacs et les marais.

4. Cyclade oblique. *Cyclas obliqua.*

C. testá obliquè trigoná, subgibbá, striatá, corneo-virescente; sulcis 2 s. 3 nigrescentibus, zoniformibus.

An tellina amnica? Mull. Verm. p. 205.

Chemn. Conch. 6. tab. 13. f. 134.

Cyclas amnica. Ex D. Leach.

Habite en Europe, dans les ruisseaux, les fosses aquatiques. Mon cabinet. Elle est plus oblique et plus bombée que la précédente. Largeur, 8 ou 9 millimètres.

5. Cyclade calyculée. *Cyclas calyculata.*

C. testá orbiculato-rhombeá, subdepressá, tenui, diaphaná, albo-lutescente; natibus prominentibus, tuberculosis.

Cyclas calyculata. Draparn. h. des m. p. 130. pl. 10. f. 14. 15.

(2) *Var. testá semipellucidá, rufescente; natibus nigricantibus, minus prominulis.*

Cyclas stagnicola. Leach.

Habite en France, dans des mares, près de Fontainebleau, *Mauger*, et en Franche-Comté, *Ferrussac*. Mus. n.o Mon cabinet. La variété (2) vient d'Angleterre, et m'a été communiquée par M. *Leach*.

6. Cyclade obtusale. *Cyclas obtusalis.*

C. testá ovali, tumidá, subinæquilaterá, pellucidá, fragilissimá; umbone obtusissimo.

Mon cabinet.

Habite.... Je la crois de France. Elle a des rapports avec la suivante. Largeur, près de 4 millimètres.

7. Cyclade des fontaines. *Cyclas fontinalis.*

C. testá globosá, subdepressá, subinæquilaterali; umbone subacuto. Dr.

Cyclas fontinalis. Draparn. h. des m. p. 130. pl. 10. f. 9—12.
(2) *Var. testâ nigrescente. Ibid.* f. 13.
Habite aux environs de Montpellier, dans les fontaines. Mon cabinet. C'est la plus petite des espèces européennes. Elle est très-mince, transparente, fragile, grisâtre, et n'a que deux millimètres de largeur.

8. Cyclade australe. *Cyclas australis.*

C. testâ subcordatâ, tumidâ, inæquilaterali, transversim striato-sulcatâ; umbone prominente; natibus obliquè versis.
Mus. n.o
(2) *Var. testâ minimâ, subpellucidâ.*
Habite à l'île de Timor. Coquille opaque; largeur, 5—7 millimètres. La variété (2) vient de la Nouvelle Hollande, au port du Roi Georges, *Péron*. Elle est aussi petite que la cyclade des fontaines.

9. Cyclade sillonnée. *Cyclas sulcata.*

C. testâ ovali, transversâ, subinæquilaterali, fuscatâ; sulcis transversis elevatis, sublamellatis.
Cabinet de M. *Valenciennes.*
Habite le lac Georges, Amérique septentrionale. Largeur, 15 millimètres; d'un blanc bleuâtre à l'intérieur.

10. Cyclade striatine. *Cyclas striatina.*

C. testâ rotundato-ellipticâ, subinæquilaterali, convexâ; eleganter striatâ; natibus subdecorticatis.
Cabinet de M. *Valenciennes.*
Habite dans l'Amérique septentrionale, avec la précédente. Elle se rapproche de la cyclade cornée; mais elle est plus inéquilatérale, plus petite, plus striée, etc. Largeur, 7 millimètres.

11 Cyclade de Sarratoga. *Cyclas Sarratogea.*

C. testâ ovali, transversâ, epiderme fucescente indutâ; striis transversis; natibus decorticatis et erosis.
Mus. n.o
Habite l'Amérique septentrionale, dans le lac Sarratoga. Largeur, 24 millimètres.

CYRÈNE. (Cyrena.)

Coquille arrondie-trigone, enflée ou ventrue, solide, inéquilatérale, épidermifère, à crochets écorchés. Charnière ayant trois dents sur chaque valve. Les dents latérales presque toujours au nombre de deux, dont une souvent est rapprochée des cardinales. Ligament extérieur, sur le côté le plus grand.

Testa rotundato-trigona, turgida aut ventricosa, inæquilatera, solida, corticata; natibus erosis aut decorticatis. Cardo dentibus tribus in utrâque valvâ. Dentes laterales subbini : unico sœpe sub ano posito. Ligamentum externum, latere majore insertum.

OBSERVATIONS.

Les *cyrènes* sont des coquillages fluminicoles que l'on a d'abord confondus avec les cyclades, mais qui en sont bien distingués et doivent constituer un genre particulier. Ce sont des coquilles équivalves, solides, la plupart épaisses, d'un volume assez grand, quelquefois même fort grand, et qui toutes sont recouvertes à l'extérieur d'une espèce d'épiderme verdâtre ou rembruni. Presque toutes ont les crochets écorchés et comme rongés. Ces coquilles sont distinguées des cyclades, parce qu'elles ont trois dents cardinales sur chaque valve. Elles ont en outre des dents latérales, dont souvent une est placée sous le corselet.

Les espèces de ce genre sont nombreuses et habitent dans les fleuves et les grandes rivières. Il paraît qu'elles sont toutes étrangères à l'Europe.

ESPECES.

Dents latérales serrulées ou dentelées.

1. Cyrène trigonelle. *Cyrena trigonella.*

C. testâ parvulâ, triangulari, subæquilaterali, fulvâ, læviusculâ; natibus subviolaceis.

Mus. n.o

Habite..... Elle provient du voyage de *Péron*. Largeur, 8 millimètres.

2. Cyrène orientale. *Cyrena orientalis.*

C. testâ trigonâ, olivaceâ; sulcis transversis remotiusculis; dentibus lateralibus serrulatis; natibus violaceis.

Mus. n.° *È Chinâ.*

(2) *Var. testâ majori; dente cardinali mediano bifido. Ex Oriente.* Bruguières.

Habite à la Chine, et sa variété dans les rivières du Levant. Mon cabinet. Elle est un peu violette à l'intérieur, surtout sous les crochets; largeur, 17 millimètres; et sa variété, 20 millimètres.

3. Cyrène cœur. *Cyrena cor.*

C. testâ elongato-cordatâ, inæquilaterâ, tumidâ, scalariter sulcatâ; natibus prominentibus involutis.

Mon cabinet.

Habite... Communiquée par *Olivier*, venant de son voyage. Elle est d'un vert olivâtre en-dehors, et violette à l'intérieur. Les dents latérales sont finement dentelées; ses crochets non écorchés; largeur, 16 millimètres.

4. Cyrène rembrunie. *Cyrena fuscata.*

C. testâ cordatâ, fusco-virente; sulcis transversalibus, creberrimis, subimbricatis, intùs et ad nates violaceâ.

Chemn. Conch. 6. p. 320. t. 30. f. 321.

Encycl. pl. 302. f. 2. a. b. c.

(2) *Var.?* Chemn. *Ibid.* t. 30. f. 320. Encycl. pl. 301. f. 2. a. b.

Habite dans les fleuves de la Chine et du Levant. Mon cabinet. Largeur, 29 millimètres. Les dents latérales sont fort allongées transversalement et dentelées.

5. Cyrène cerclée. *Cyrena fluminea.*

C. testâ cordatâ, gibbâ, flavo-virente; sulcis doliaribus circumcinctâ, intùs albo violaceoque variegatâ.

Chemn. Conch. 6. p. 321. t. 30. f. 322. 323.

Tellina fluminea. Gmel. p. 3243.

Habite à la Chine, dans les fleuves. Mus. no. Les dents latérales sont finement dentelées; largeur, 24 millimètres.

6. Cyrène tronquée. *Cyrena truncata.*

C. testâ cordatâ, inæquilaterâ, obliquè truncatâ; sulcis transversis; latere antico angulato.

Du cabinet de M. *Valenciennes.*

Habite..... Fossile de l'état de New-Yorck, de l'Amérique. Largeur, 25 millimètres. Dents latérales dentelées; coquille oblique, ayant presque la forme d'un *donax.*

7. Cyrène violette. *Cyrena violacea.*

C. testâ ovato-ellipticâ, inæquilaterali, transversè sulcatâ, violaceâ, obscurè radiatâ: antico latere convexo, acuto.

Mon cabinet.

Habite.... Belle et assez grande espèce, à crochets écorchés, violette, tant à l'extérieur qu'en dedans, ayant les dents latérales dentelées; largeur, 38 millimètres.

Dents latérales entières.

8. Cyrène comprimée. *Cyrena depressa.*

C. testâ lenticulari-trigonâ, compressâ, sulcis doliaribus cinctâ, albidâ; epiderme fulvo; natibus decorticatis.

An venus borealis? Gmel. p. 3285. Encycl. pl. 302. f. 3.

Chemn. Conch. 7. tab. 39. f. 412—414?

Habite.... Mon cabinet. Quoiqu'un peu anomale, je ne puis douter que cette coquille ne soit une cyrène; elle a même l'aspect du *c. fluminea*; mais elle a le corselet et la vulve excavés; largeur, 25 millimètres.

9. Cyrène de Caroline. *Cyrena caroliniensis.*

C. testâ cordatâ, turgidâ, inæquilaterâ; natibus distantibus, erosis, decorticatis; vulvâ hiante.

Cyclas caroliniensis. Bosc. hist. nat. des coq. 3. pl. 18. f. 4.

Habite l'Amérique septentrionale, les rivières de la Caroline. Mon cabinet. Largeur, 46 millimètres.

10. Cyrène du Bengale. *Cyrena Bengalensis.*

C. testâ cordatâ, subtumidâ, inæquilaterâ; natibus remotiusculis, decorticatis; nymphis conniventibus.

Mon cabinet.

Habite au Bengale, dans les rivières. *Massé.* Elle semble moyenne entre la précédente et celle qui suit; Largeur, 48 millimètres; les stries transverses fines.

11. Cyrène de Ceylan. *Cyrena Zeylanica.*

C. testâ subcordatâ, tumidâ, inæquilaterâ; antico latere subangulato; rimâ hiante.

Venus ceylonica. Chemn. Conch. 6. p. 333. t. 32. f. 336.

Encycl. pl. 302. f. 4. a. b.

Venus coaxans. Gmel. p. 3278.

Habite dans les rivières de l'île de Ceylan. Mus. n.o Mon cabinet. Elle devient très-grande, est presqu'aussi longue que large. Crochets rapprochés, épiderme verdâtre, stries fines et inégales. Elle a jusqu'à 70 millimètres de largeur.

GALATHÉE. (Galathea.)

Coquille équivalve, subtrigone, recouverte d'un épiderme verdâtre. Dents cardinales sillonnées : deux sur la valve droite, conniventes à leur base ; trois sur l'autre valve, l'intermédiaire avancée, séparée. Dents latérales écartées.

Ligament extérieur, court, saillant, bombé. Nymphes prominentes.

Testa æquivalvis, subtrigona, epiderme virente induta. Dentes cardinales sulcati : duobus in valvâ dextrâ, basi conniventes; tribus in alterâ : intermedio anteriore distincto. Dentes laterales remoti.

Ligamentum externum, breve, prominente, turgidum. Nymphæ prominulæ.

OBSERVATIONS.

La *Galathée* est une coquille fluviatile, très-voisine des cyrènes par ses rapports; mais qui s'en distingue par la conformation particulière de ses dents cardinales; ce qui a engagé *Bruguières* à en former un genre à part. Ses dents cardinales sont divergentes. Il y en a deux sur une valve, qui sont conniventes sous le crochet, et qui ont, en devant, une cavité raboteuse. Sur l'autre valve, on en voit trois, disposées comme en triangle, l'intermédiaire étant avancée, séparée, grosse et calleuse. Les impressions musculaires sont latérales et paraissent doubles de chaque côté. On ne connaît encore de ce genre que l'espèce suivante.

ESPECE.

1. Galathée à rayons. *Galathea radiata.*

Annales du Mus. vol. 5. p. 430. pl. 28.
Encycl. pl. 250. f. 1. *Galathea.*
Venus paradoxa. Born. Mus. p. 66. t. 4. f. 12. 13.
(2) *Varietas?* List. Conch. t. 158. f. 13.
Venus subviridis. Gmel. p. 3280.
Egéric, Roissy, vol. 6. p. 324.
Habite dans les rivières de l'île de Ceylan et des grandes Indes. Cabinet de M. *Castellin*. Coquille rare, recherchée, précieuse. Sous l'épiderme, son test est d'un blanc de lait, taché de violet vers sa base, et marqué de deux à quatre rayons violets; largeur, 8 à 9 centimètres (au moins 3 pouces).

CONQUES MARINES.

Point de dents latérales dans la plupart; rarement un drap marin recouvrant toute la coquille, sauf les crochets.

Les conques marines sont extrêmement nombreuses, variées, souvent élégantes, et la plupart font l'ornement des collections. Linné n'en avait formé qu'un seul genre auquel il assigna le nom de *vénus*; mais le nombre des espèces s'étant considérablement accru depuis que cet illustre naturaliste l'a institué, il est devenu indispensable, pour l'étude, de le partager en plusieurs genres particuliers. Nous l'avons effectivement divisé en quatre coupes, qui nous paraissent distinctes, et qui constituent pour nous les genres *cyprine*, *cythérée*, *vénus* et *vénéricarde*, dont nous allons faire une exposition rapide, nous bornant à la simple indication des espèces que nous avons sous les yeux, et de leur caractère distinctif.

CYPRINE. (Cyprina.)

Coquille équivalve, inéquilatérale, en cœur oblique, à crochets obliquement courbés. Trois dents cardinales inégales, rapprochées à leur base, un peu divergentes supérieurement. Une dent latérale écartée de la charnière, disposée sur le côté antérieur, quelquefois obsolète. Callosités nymphales grandes, arquées, terminées, près des crochets, par une fossette. Ligament extérieur, s'enfonçant en partie sous les crochets.

Testa æquivalvis, inæquilatera, obliquè cordata; natibus obliquè curvis. Cardo dentibus tribus inæqualibus, basi approximatis, supernè subdivaricatis. Dens lateralis a cardine remotus, in antico latere, interdùm obsoletus. Calli nymphales magni, arcuati, propè nates lacunâ ovatâ subterminati. Ligamentum externum, partim sub natibus sæpe immersum.

OBSERVATIONS.

Les *cyprines* sont en général d'assez grandes coquilles de

la famille des conques, très-voisines des vénus par leurs rapports, et qui semblent même n'en être que médiocrement distinguées par les caractères de leur genre. Cependant ces coquilles sont singulières en ce qu'elles ont une dent latérale comprimée sur leur côté antérieur; que leurs nymphes sont grandes, presque toujours terminées près des crochets, par une fossette ovale, quelquefois d'une grandeur singulière; que le ligament de leurs valves s'étend jusque sous les crochets et y remplit la fossette qui termine les nymphes; enfin qu'elles ont un épiderme ou drap marin, presqu'à la manière des cyrènes. Par leur dent latérale, quelquefois obsolète, et par leur drap marin subsistant, les *cyprines* tiennent un peu aux conques fluviatiles, et il est probable que plusieurs vivent dans la mer, à l'embouchure des fleuves.

ESPECES.

1. Cyprine géante. *Cyprina gigas.*

C. testâ maximâ, cordato-rotundatâ; striis tenuissimis sulcisque remotioribus transversis; lacunâ natum maximâ; ano nullo.

Mus. n.o

Habite.... Fossile des environs de Sienne en Italie, *Cuvier.* Coquille très-grande, épaisse et pesante; remarquable par la grande fossette qui avoisine les crochets; sa dent latérale est presque effacée; largeur, 15 centimètres.

2. Cyprine d'Islande. *Cyprina Islandica.*

C. testâ cordatâ, transversim striatâ, epiderme indutâ; antico latere subangulato; ano nullo.

Venus islandica. Lin. Gmel. n.o 15.

Pennant Zool. brit. 4. pl. 53. f. 47.

Encycl. pl. 301. f. 1. a. b. *Cyclas.*

Habite l'Océan boréal, à l'embouchure des fleuves. Mus. n.o Mon cabinet. Elle offre quelques variétés dans la grandeur et la courbure de ses crochets, dans son ligament plus ou moins bombé, dans l'angle obtus et plus ou moins sinueux de son côté antérieur, enfin dans ses crochets plus ou moins rongés.

elle a près d'un décimètre de largeur. On la trouve fossile aux environs de Bordeaux et en Italie.

3. Cyprine de Piémont. *Cyprina Pedemontana.*

C. testâ rotundatâ, tenui, transversìm sulcatâ; dente laterali obsoleto; ano oblongo.

Mus. n.o

Habite.... Fossile des environs de Turin. *Bonelli.* Largeur, 55 millimètres.

4. Cyprine ridée. *Cyprina corrugata.*

C. testâ ovato-cordatâ; sulcis transversis, infernè sensìm remotioribus, ad interstitia verticaliter striatis; ano impresso.

Mon cabinet.

Habite...., Fossile d'Italie. Largeur, 11 centimètres.

5. Cyprine tridacnoïde. *Cyprina tridacnoides.*

C. testâ transversim ovatâ, corrugatâ; striis verticalibus; limbo superiore undatim plicato.

Mon cabinet. List. Conch. t. 499. f. 53.

Habite.... Fossile d'Italie. Largeur, 11 centimètres. Coquille singulière, grande, plissée, en son limbe, comme dans les tridacnes, ayant dans les interstices de ses sillons des stries verticales.

6. Cyprine fines-stries. *Cyprina tenui-stria.*

C. testâ longitudinali, ovato-rotundatâ, crassâ, fulvâ, intùs candidâ; striis transversis concentricis tenuibus; margine crenato; ano nullo.

Cabinet de M. de France.

Habite.... Belle coquille striée comme la cythérée concentrique, mais plus longue que large, épaisse, fauve ou roussâtre, convexe, ayant quelques stries longitudinales sur le côté antérieur, et une dent latérale obsolette sous l'écusson, outre les trois dents cardinales. Longueur, 60 millimètres; largeur, 54. Comparez la *venus incrassata.* Swerby. Conch. min. n.o 27. tab. 155. f. 1. 2.

7. Cyprine islandicoïde. *Cyprina islandicoides.*

C. testâ cordato-rotundatâ, supernè transversim striatâ; antico latere non angulato; ano nullo.

Brocch. Conch. foss. pl. 14. f. 5.

Swerby, Conch min. n.o 4. p. 59. t. 21. *Venus æqualis.*

Habite..... Fossile d'Italie, des environs de Bordeaux et d'Angleterre. Elle paraît l'analogue ancien de la Cyprine d'Islande, n.o 2.

8. Cyprine ombonaire. *Cyprina umbonaria.*

C. testâ cordato-rotundatâ, subantiquatâ, transversim tenuiterque striatâ; umbonibus tumidis; ano nullo.

Mus. n.o *Venus angulata.* Swerby, Conch. n.o 12. t. 65?

Habite.... Fossile du Piémont, donné par M. *Bonelli.* Elle est voisine de la précédente; mais plus grande, plus arrondie, à stries fines et élégantes: largeur, 96 millimètres.

CYTHÉRÉE. (Cytherea.)

Coquille équivalve, inéquilatérale, suborbiculaire, trigone ou transverse.

Quatre dents cardinales sur la valve droite, dont trois divergentes, rapprochées à leur base, et une tout-à-fait isolée, située sous la lunule.

Trois dents cardinales divergentes sur l'autre valve, et une fossette un peu écartée, parallèle au bord.

Dents latérales nulles.

Testa æquivalvis, inæquilatera, suborbicularis, trigona, vel transversa.

Cardo valvæ dextræ dentibus quatuor, quorum tribus basi convergentibus et approximatis: unico solitario, remotiusculo, sub ano.

Cardo alteræ valvæ dentibus tribus divaricatis, basi approximatis, cum foveâ remotiusculâ, margini parallelâ.

Dentes laterales nulli.

OBSERVATIONS.

Les *cythérées* offrant quatre dents cardinales sur une

valve, et seulement trois dents réunies, mais divergentes, sur l'autre valve; et, en outre, sur la valve qui n'a que trois dents, une fossette isolée, ovale et parallèle au bord de la coquille, se trouvent, par ces caractères, très-bien distinguées des *vénus*.

Ces coquilles sont les mêmes que celles que j'ai nommées *mérétrices* dans mon *Système des animaux sans vertèbres*, et auxquelles depuis j'ai donné un nom plus convenable, en traitant de ce genre, dans les *Annales du Muséum* (vol. 7. p. 132.) Elles ont sans doute les plus grands rapports avec les vénus, et néanmoins les dents de leur charnière les en distinguent éminemment. Il était donc convenable d'employer cette distinction pour en former un genre à part, afin que le genre des vénus, si nombreux en espèces, d'après le caractère que lui assigna Linné, ne fût plus aussi difficile à étudier dans celles qui lui appartiennent réellement.

Toutes les *cythérées* sont des coquilles marines, solides, la plupart fort belles et très-diversifiées dans leurs couleurs et les caractères de leur test. Toutes offrent des coquilles libres, régulières, équivalves, inéquilatérales, à crochets égaux, recourbés et médiocrement saillans. La fossette isolée de la valve gauche, et qui correspond à la dent isolée de la valve droite, est ovale, parallèle au bord postérieur de la coquille, et ne se confond nullement avec les cavités qui reçoivent les trois dents cardinales, ces cavités étant différemment dirigées.

Malgré leur séparation des vénus, les espèces de ce genre sont encore fort nombreuses, nuancées entr'elles, quelquefois fort difficiles à caractériser. Parmi leurs dents cardinales, deux sont souvent rapprochées entr'elles; et la troisième, plus divergente, est placée du côté antérieur, sous la nymphe. Celle-ci est tantôt simple, et tantôt canaliculée avec des stries dans son canal. Quant à la dent isolée, placée sous la lunule, on reconnaît qu'elle n'est qu'une dégénérescence de dent latérale. Il en résulte que les *cythérées* avoisinent plus les genres précédens, que les vénus.

ESPÈCES.

[1] *Bord interne des valves très-entier.*

[a] *Dent cardinale antérieure à canal strié, ou à bord dentelé.*

1. Cythérée des jeux. *Cytherea lusoria.*

C. testâ ovato-cordatâ, lævi, albâ; zonis castaneis medio interruptis; dente cardinali antico canaliculato striato.

Venus lusoria. Chemn. Conch. 6. p. 337. t. 32. f. 340.

Encycl. pl. 270. f. 1. a. b. *Bona.*

Habite les mers du Japon et de la Chine. Mus. n.o Mon cabinet. Les Chinois et les Japonois s'en servent pour certains jeux; ils la peignent, en dedans, de diverses couleurs et figures. Largeur, 69 millimètres.

2. Cythérée pétéchiale. *Cytherea petechialis.*

C. testâ ovato-cordatâ, tumidâ, lævi, albo-glaucescente; maculis fulvis, punctiformibus, subsparsis; latere antico angulato.

Encycl. pl. 268. f. 5. b. et f. 6.

Habite l'Océan des grandes Indes. Mon cabinet. Coquille très-rare. Son corselet est lisse, un peu glauque; la lunule n'est point marquée; elle est blanche à l'intérieur; largeur, 70 millimètres.

3. Cythérée impudique. *Cytherea impudica.*

C. testâ cordatâ, lævi, crassâ, albido-fulvâ, subradiatâ; vulvâ livido-cœrulescente; angulis lateris antici obtusis.

Chemn. Conch. 6. t. 33. f. 347. 348 et 350.

Encycl. pl. 269. f. 1. a. b.

Habite l'Océan indien. Mus. n.o Mon cabinet. Coquille assez commune dans les collections, confondue avec les deux suivantes; largeur, 71 millimètres.

4. Cythérée marron. *Cytherea castanea.*

C. testâ cordatâ, lævi, crassâ, fusco-castaneâ; vulvâ cœruleo-nigrescente; angulis lateris antici obtusis.

Chemn. Conch. 6. t. 33. f. 351.

Encycl. pl. 269. f. 4. a. b.

Habite l'Océan indien. Mus. n.o Mon cabinet. Coquille très-voisine de la précédente, et qui paraît néanmoins devoir en être distinguée.

5. Cythérée zonaire. *Cytherea zonaria.*

C. testâ trigonâ, laevi, albidâ, lineis rufis angulato-flexuosis zonatâ; vulvâ planulatâ, fulvo scriptâ.

D'Argenv. Conch. t. 21. fig. F.

Favan. pl. 47. fig. F 1. *Pectinée.*

(b) *Var. testâ castaneo alboque zonatâ.*

Habite l'Océan indien. Mus. n.o Mon cabinet pour la var. (b); elle est moins grande que les deux précédentes; largeur, 64 millimètres.

6. Cythérée courtisane. *Cytherea meretrix.*

C. testâ trigonâ, laevi, albâ; umbonibus maculatis; vulvâ violaceo-caerulescente; latere antico angulato.

(b) *Var. testâ castaneo zonatâ; lateribus marginibusque albis.*

Habite.... l'Océan indien? Cette cythérée, ainsi que les trois précédentes, sont comprises sous le nom de *venus meretrix*, par les auteurs. Celle-ci nous a aussi paru mériter d'être séparée; nous n'en connaissons point de figure. Mon cabinet.

7. Cythérée graphique. *Cytherea graphica.*

C. testâ trigono-rotundatâ, laevi, griseâ, fusco radiatâ aut lineolis flexuosis pictâ; vulvâ ovali, glaucinâ; ano oblongo.

An Chemn. Conch. 6. t. 34. f. 359. 360?

Venus nebulosa? Gmel. n.o 40.

Encycl. pl. 266. f. 3. a. b.

Habite l'Océan indien. Mus. n.o Mon cabinet. Elle est tantôt sans rayons et tantôt à deux rayons bruns, imparfaits; le corcelet est glauque, un peu élevé au milieu; largeur, 38 millimètres.

8. Cythérée morphine. *Cytherea morphina.*

C. testâ trigono-rotundatâ, laevi, griseâ; radiis nullis aut binis fuscis, imperfectis; vulvâ fusco-caerulescente; ano ovato.

Chemn. Conch. 6. t. 34. f. 360.

Venus triradiata? Gmel. n.° 45.
Encycl. pl. 266. f. 3. a. b?
Habite l'Océan des grandes Indes et à la Nouvelle Hollande. M. *Labillardière*. Mon cabinet. Elle est si voisine de la précédente, qu'elle n'en est peut-être qu'une variété. Largeur, 38 millimètres.

9. Cythérée pourprée. *Cytherea purpurata.*

C. testâ rotundato-cordatâ, purpureâ, albido fasciatâ; sulcis transversis inæqualibus: superioribus posticisque eminentioribus; intùs albâ.

Habite.... Belle coquille, renflée, pourprée, à crochets grands et bombés, ayant la dent cardinale antérieure dentelée, granuleuse. Mus. n.o Largeur, 52 millimètres. Je la crois des mers du Brésil ou d'Amérique.

10. Cythérée chaste. *Cytherea casta.*

C. testâ cordato-rotundatâ, gibbâ, crassâ, albâ; pube anoque ovatis, convexis, glaucescentibus; intùs violaceo maculatâ.

Venus casta. Gmel. n.o 42.
Chemn. Conch. 6. t. 33. f. 346.
Habite l'Océan indien. Mon cabinet. Coquille rare, blanche, presque lisse, ayant des stries longitudinales peu apparentes; lunule ovale, grande, à peine circonscrite. Largeur, 45 millimètres.

11. Cythérée corbicule. *Cytherea corbicula.*

C. testâ trigonâ, glabrâ, albidâ aut fulvâ, rufo subradiatâ; umbonibus angustatis; ano magno subcordato.

Venus corbicula. Gmel. n.o 39.
List. Conch. t. 251. f. 85.
Chemn. Conch. 6. t. 31. f. 326.
(2) *Var. testâ fulvâ, radiis nullis.*
Habite l'Océan atlantique et américain. Mus. n.o Mon cabinet. La dent cardinale antérieure est sillonnée obliquement, ainsi que dans la suivante. Largeur, 45 millimètres.

12. Cythérée tripline. *Cytherea tripla.*

C. testâ trigonâ, lævi, albidâ aut fulvâ; umbonibus tumidis, angustatis; radiis subnullis; ano ovato magno.

Venus tripla. Lin. Gmel. n.o 29.

List. Conch. t. 252. f. 86.

Gualt. test. t. 75. fig. Q?

Chemn. Conch. 6. t. 31. f. 330—332.

Encycl. pl. 269. f. 4. a. b.

(2) Knorr. Vergn. 6. t. 6. f. 4.

Habite l'Océan atlantique. Mus. n.° Mon cabinet. Moins grande que celle qui précède, elle y tient de très-près. Son intérieur est taché de violet; largeur, de 35 à 38 millimètres. La var. (2) est roussâtre.

[b] *Dent cardinale antérieure non striée dans son canal, ni dentelée en son bord.*

13. Cythérée géante. *Cytherea gigantea.*

C. testâ maximâ, ovatâ, sublividâ; radiis numerosis interruptis fuscis aut cærulescentibus; ano impresso ovato.

Venus gigantea. Gmel. n.° 89.

Chemn. Conch. 10. p. 354. t. 171. f. 1661.

Encycl. pl. 280. f. 3. a. b. Favan. Conch. pl. 49. fig. I i.

Habite l'Océan indien, à l'île de Ceylan. Mon cabinet. Mus. n.° Coquille rare, la plus grande de son genre; largeur, 22 centimètres.

14. Cythérée cedo-nulli. *Cytherea erycina.*

C. testâ ovatâ, aurantio-fulvâ, variegatâ, fusco-radiatâ; sulcis transversis obtusissimis; ano ovato.

Venus erycina. Lin. Gmel. p. 3271.

List. Conch. t. 268. f. 104. Knorr. Vergn. 4. t. 3. f. 5.

Chemn. Conch. 6. t. 32. f. 337.

Encycl. pl. 264. f. 2. a. b. Favan. pl. 46. fig. F. 2.

(2) *Var. testâ albâ; radiis binis, cæruleo-fuscis; pube immaculatâ.*

(3) *Var. testâ albidâ, supernè violacescente; radiis numerosis fusco-violaceis.*

Habite l'Océan indien. Mus. n.° Mon cabinet. Coquille fort belle et qui fait l'ornement des collections; largeur, 34 millimètres. On la trouve fossile aux environs de Bordeaux. Les variétés deux et trois viennent des mers de la Nouvelle Hollande.

15. Cythérée lilacine. *Cytherea lilacina.*

C. testâ ovatâ, fulvo-lividâ, obscurè radiatâ; margine intùsque violacescentibus; ano livido.

Chemn. Conch. 6. t. 32. f. 338. 339.

Encycl. pl. 264. f. 3. a. b.

Habite l'Océan des grandes Indes, celui des Moluques. Mus. n.o Mon cabinet. Elle est couleur de bois, un peu livide, et teinte de violet, vers les bords et en-dedans; largeur, 55 millimètres.

16. Cythérée sans pareille. *Cytherea impar.*

C. testâ obliquè cordatâ, albidâ, posticè eminentiùs sulcatâ; radiis fulvo-violaceis; pube glaucâ.

An Chemn. Conch. XI. p. 226. t. 202. f. 1975?

Habite les mers de la Nouvelle Hollande, *Péron*. Mus. n.o Mon cabinet. Jolie coquille qui tient à la c. cedo-nulli par ses rapports. Elle est blanche en-dedans, avec une tache de violet brun sur le côté antérieur. Ses sillons transverses sont presqu'effacés antérieurement; largeur, 48 millimètres.

17. Cythérée erycinelle. *Cytherea erycinella.*

C. testâ ovali, albâ, lineis pallidè violaceis undatis et angulatis variegatâ; sulcis transversis, crassis, planulatis; ano subcordato.

Habite les mers australes? Mus. n.o Elle a des rapports avec la variété (2) de la c. cedo-nulli; mais elle en paraît différente; largeur, 38 millimètres.

18. Cythérée pectorale. *Cytherea pectoralis.*

C. testâ ovatâ, depressa, transversim sulcatâ, fulvo-violacescente; natibus pube anique marginibus candidis, spadiceo-lineatis; ano livido.

Habite... Petite coquille d'une couleur lie de vin un peu pâle, ayant le corselet, les crochets et les bords de la lunule très-blancs, tachetés; elle a quelques rayons très-obscurs. Mus. n.o Largeur, 26 millimètres.

19. Cythérée planatelle. *Cytherea planatella.*

C. testâ ovatâ, planulatâ, transversim sulcatâ, albâ; maculis variis fulvis; intùs violaceo maculatâ.

Chemn. Conch. 7. t. 43. litt. b?

Habite.... Petite coquille très-distincte des précédentes; lunule petite, ovale, fauve; largeur, 24 millimètres. Mon cabinet et celui de M. *Valenciennes*.

20. Cythérée fleurie. *Cytherea florida.*

C. testâ ovatâ, transversim sulcatâ, albidâ, purpureo-

nebulosâ; radiis binis spadiceis; pube lineolatâ; ano spadiceo.

Habite.... Espèce jolie, petite, nuée de pourpre, avec deux rayons rouge-bruns, sur un fond blanchâtre; elle est, à l'intérieur, d'un pourpre violet. Mon cabinet. Largeur, 23 millimètres.

21. Cythérée nitidule. *Cytherea nitidula.*

C. testâ ovato-ellipticâ, lævigatâ, fulvo-rubente; cingulis transversis subduabus spadiceo-maculatis; natibus albidis.

Habite la Méditerranée. Cabinet de M. *Valenciennes.* A l'intérieur, elle est blanchâtre.

22. Cythérée fauve. *Cytherea chione.*

C. testâ ovato-cordatâ, lævi, fulvâ, subradiatâ; sulcis transversis, obsoletis; ano sublanceolato.

Venus chione. Lin. Gmel. n.° 16.

List. Conch. t. 269. f. 105.

Gualt. test. t. 86. fig. A. Favanne. pl. 47. fig. B.

D'Argenv. Conch. t. 21. fig. C.

Knorr. Vergn. 6. t. 4. f. 1.

Chemn. Conch. 6. t. 32 f. 343.

Encyclop. pl. 266. f. 1. a. b. Poli. test. 2. t. 20.

Habite la Méditerranée, l'Océan atlantique et d'Europe. Mus. n.° Mon cabinet. Coquille commune dans les collections, d'une assez grande taille, et d'un fauve un peu marron; largeur, 90 millimètres.

23. Cythérée tachetée. *Cytherea maculata.*

C. testâ ovato-cordatâ, lævi, albidâ, rufo tessellatim maculatâ; vulvâ subfasciatâ.

Venus maculata. Lin. Gmel. n.° 17.

List. Conch. t. 270. f. 106.

Gualt. t. 86. fig. I.

Knorr. Vergn. 2. t. 28. f. 5 et 6. t. 20. f. 3.

Chemn. Conch. 6. t. 33. f. 345.

Encycl. pl. 265. f. 4. a. b.

(b) *Var. testâ lineis angulato-flexuosis.* Encyclop. *ibid.* f. 4. c. d.

Habite les mers d'Amérique. Mus. n.° Mon cabinet. Largeur,

65 millimètres. Deux rayons imparfaits s'observent dans l'arrangement des taches.

24. Cythérée citrine. *Cytherea citrina.*

C. testâ cordato-trigonâ, transversim striatâ, citrinâ; latere antico fusco-rufescente; ano subcordato.

Habite les mers de la Nouvelle-Hollande. Mus. n.o Mon cabinet. Espèce bien distincte, tachée de brun au côté antérieur et en-dedans, à corselet roussâtre, accompagné de quelques raies longitudinales, de même couleur, sur le côté; largeur, 44 millimètres.

25. Cythérée albine. *Cytherea albina.*

C. testâ subcordatâ, albâ; umbonibus pallidis; striis transversis exiguis; ano subnullo.

Habite.... l'Océan indien? Mon cabinet. Elle est toute blanche à l'intérieur et a quelques rapports avec le *pectunculus* List. Conch. t. 263. f. 99. Largeur, 42 millimètres.

26. Cythérée tumescente. *Cytherea læta.*

C. testâ cordatâ, tumidâ, albidâ, semi-radiatâ; radiis flavicantibus, supernè interruptis; ano subovato.

Venus læta. Lin. Gmel. n.o 19.

Knorr. Vergn. 4. t. 24. f. 2. et 6. t. 10. f. 5?

Chemn. Conch. 6. t. 34. f. 353. 354.

Encycl. pl. 266. f. 4. a. b.

(*b*) *Var. testâ albidâ; radiis nullis; maculis rufis minimis ad umbones.*

Habite l'Océan indien, etc. Mus. n.o Mon cabinet. La lunule est relevée vers sa pointe, où elle forme un angle: largeur, 55 à 60 millimètres.

27. Cythérée mactroïde. *Cytherea mactroides.*

C. testâ trigonâ, subæquilaterâ, depressâ, pallidè fulvâ; radiis albidis raris; ano lanceolato.

Habite.... Elle a des stries transverses, qui s'effacent inférieurement. Corselet planulé, roux ou ferrugineux; crochets blanchâtres; très-blanche à l'intérieur: largeur, 50 millim. Mon cabinet.

28. Cythérée trigonelle. *Cytherea trigonella.*

C. testâ parvulâ, trigonâ, lævigatâ, albido fulvo purpu-

reoque variâ; lineis rufis angulato-flexuosis; intùs maculatâ.

Habite l'Océan des Antilles. Cabinet de M. *Dufresne.* Largeur, 15 ou 16 millimètres. Elle est quelquefois très-vivement colorée et assez jolie.

29. Cythérée sulcatine. *Cytherea sulcatina.*

C. testâ rotundato-trigonâ, rufo-fucescente, albido-radiatâ; striis transversis, posticè sulciformibus; ano cordato; intùs aureâ.

Chemn. Conch. 6. t. 35. f. 371. 372.

Encyclop. pl. 269. f. 3. a. b.

(2) *Var. testâ intùs albâ, anteriùs pallidè fuscâ.*

Habite l'Océan indien. Mon cabinet. Mus. n.o Largeur, 44 millimètres.

30. Cythérée hébraïque. *Cytherea hebrœa.*

C. testâ obliquè cordatâ, ventricosâ, transversim striatâ, albâ, fulvo litturatâ; subradiatâ; ano nullo.

Habite.... l'Océan indien? Elle a une tache rouge-brun sous chaque crochet, à l'intérieur. Au dehors, elle offre quelques rayons composés de linéoles fauves, disposées en chaînettes: largeur, 30 millimètres. Mon cabinet.

31. Cythérée point d'Hongrie. *Cytherea Castrensis.*

C. testâ rotundato-cordatâ, ventricosâ, albâ, lineis angularibus transversis, spadiceis, hinc fimbriatis; ano cordato.

Venus castrensis. Lin. Gmel. n.o 20.

List. Conch. t. 262. f. 98.

Gualt. test. t. 82. fig. H.

Knorr. Vergn. 1. t. 21. f. 5. 2. t. 20. f. 2. et 6. t. 6. f. 5. 6.

Regenf. Conch. 1. t. 1. f. 3.

Chemn. Conch. 6 t. 35. f. 367. 368 et 370.

Encyclop. pl. 273. f. 1. a. b.

Habite l'Océan indien. Mus. n.o Mon cabinet. Belle coquille, peu rare, mais ornant les collections: largeur, 55 millimètres. Il faut y réunir, comme variété, la *venus australis*, de Chemnitz, Conch. X. tab. 171. f. 1662.

32. Cythérée parée. *Cytherea ornata.*

C. testâ rotundato-trigonâ, albo-cœrulescente, lineis an-

gularibus longitudinalibus confertis spadiceis; pube pictâ lutescente.

Chemn. Conch. 6. t. 35. f. 369. 370.

Encyclop. pl. 273. f. 5. a. b.

Habite l'Océan des grandes Indes. Mus. n.o Mon cabinet. Coquille rare, moins bombée que la précédente, avec laquelle on l'a confondue, ainsi que celle qui suit. Elle a aussi sa lunule en cœur : largeur, 49 millimètres.

33. Cythérée peinte. *Cytherea picta.*

C. testâ rotundato-trigonâ, albâ, maculis lineisque rufis aut spadiceis, diversissimè pictâ; intùs lutescente.

List. Conch. t. 259. f. 95.

Regenf. Conch. 1. t. 1. f. 2. 4.

Chemn. Conch. 6. t. 35. f. 373 et 376—381.

Encycl. pl. 273. f. 2. a. b. et fig. 3. a. b.

Habite l'Océan indien. Mus. n.o Mon cabinet. En général, plus petite que les deux précédentes, cette cythérée présente quantité de variétés qui en sont néanmoins toujours distinctes. La plupart offrent un réseau plus ou moins serré, et des taches blanches trigones. Il y en a qui sont un peu rayonnées. Elle est plus arrondie que la suivante.

34. Cythérée tigrine. *Cytherea tigrina.*

C. testâ ovatâ, medio lævi, lateribus transversim sulcatâ; albâ; maculis fusco-nigris trigonis; ano cordato, parvo, fusco.

An Chemn. Conch. 6. t. 35. f. 374. 375 ?

Habite la mer de l'Inde. Mon cabinet. Ses taches sont petites, inégales, éparses: largeur, 35 millimètres. Si l'on réunit cette cythérée avec les trois précédentes, où s'arrêtera-t-on ?

35. Cythérée vénitienne. *Cytherea venetiana.*

C. testâ obliquè cordatâ, transversim striatâ, albâ, luteo s. rufo-radiatâ; ano pubeque rufo-fuscis.

Habite dans les lagunes de Chioggia, près de Venise. Petite coquille, ayant quelques rayons jaune-roussâtres, en partie composés de taches brisées, anguleuses : largeur, 19 ou 20 millimètres.

36. Cythérée jouvencelle. *Cytherea juvenilis.*

C. testâ orbiculari, convexâ, albâ, rufo maculatâ, natibus obliquè prominulis; sulcis transversis concentricis, anterius et posterius lamellatis.

Venus juvenilis. Gmel. n.° 84.

Chemn. Conch. 7, t. 38, f. 405.

Encycl. pl. 280. f. 2. a. b.

Habite la mer de l'Inde. Mus. n.° Mon cabinet. Elle est un peu rayonnée. Sa lunule est petite, en cœur, enfoncée : largeur, 28 millimètres.

37. Cythérée rousse. *Cytherea rufa.*

C. testâ lenticulari, convexâ, fulvo-rufescente; radiis binis saturatioribus; sulcis transversis concentricis, ad latera sublamellosis.

An List. Conch. t. 295. f. 131 ?

Habite.... Elle tient à la précédente et en est très-distincte : lunule petite, en cœur, enfoncée : largeur, 27 millimètres. Mon cabinet.

38. Cythérée atlantique. *Cytherea guineensis.*

C. testâ obliquè cordatâ; striis transversis elevato-lamellosis; ano vulvâque saturatè purpureis, muticis.

Venus guineensis. Gmel. n.° 10.

(a) *Testa rubens aut purpurascens, albido-radiata.*

Born. Mus. t. 4. f. 8. List. Conch. t. 306. f. 139.

Chemn. Conch. 6. t. 30. f. 311.

(b) *Testa albida, rubello-radiata.*

Encycl. pl. 265. f. 1. a. b.

(c) *Testâ albidâ; radiis nullis.*

Habite l'Océan atlantique, sur les côtes occidentales de l'Afrique. Mus. n.° Mon cabinet. Forme de la C. épineuse, mais mutique et très-distincte.

39. Cythérée épineuse. *Cytherea dione.*

C. testâ obliquè cordatâ, roseo-purpurascente; sulcis transversis, elevato-lamellosis; pube vulvâque ad margines spinosis.

Venus dione. Lin. syst. nat. p. 1128. Gmel. n. 1.

List. Conch. t. 307. f. 140.

Gualt. test. t. 76. fig. D.

D'Argenv. Conch. t. 21. fig. 1.

Knorr. Vergn. 1. t. 4. f. 3. 4.

Chemn. Conch. 6. t. 27. f. 271—273.

Encycl. pl. 275. f. 1. a. b.

Habite l'Océan américain. Mus. n.o Mon cabinet. Coquille peu rare, mais recherchée et précieuse, lorsque ses épines sont bien conservées. Elle est singulière par sa forme, et célèbre par la belle description métaphorique qu'en a donnée Linné.

40. Cythérée arabique. *Cytherea arabica.*

C. testâ rotundato-cordatâ, transversè sulcatâ et striatâ, albidâ, rufo vel spadiceo maculatâ, subradiatâ.

An Venus cordata? Forsk. descript. anim. p. 123.

Habite la mer Rouge. M. *Savigny.* Mon cabinet. Elle offre plusieurs variétés : les unes sans rayons ; mais ayant soit des lignes rouge-brun brisées ou en zig-zag, soit de très-petites taches arénuleuses ; les autres avec des rayons divers. A l'intérieur, elle est tachée de violet d'un côté, et a le disque blanchâtre ou rose. Largeur, 25 à 30 millimètres.

41. Cythérée trimaculée. *Cytherea trimaculata.*

C. testâ obliquè cordatâ, supernè transversim sulcatâ; castaneâ; natibus lævibus anoque violaceis; intùs albâ, trimaculatâ.

An Venus phryne? Gmel. n.o 21.

Habite.... Mus. n.o Elle a sur le côté postérieur trois ou quatre rayons blancs; et à l'intérieur, trois taches d'un violet-brun et arrondies. Largeur, 25 millimètres.

42. Cythérée sans taches. *Cytherea immaculata.*

C. testâ rotundato-cordatâ, anterius breviore et tumidiore, albâ; striis transversis, concentricis; ano subcordato.

Habite.... Elle ressemble un peu au *pectunculus* de Lister. tab. 263. f. 99; mais elle est toute blanche au dehors et au dedans. Mus. n.° Largeur, 36 millimètres.

43. Cythérée transparente. *Cytherea pellucida.*

C. testâ ovali, tenui, pellucidâ, albâ, lineolis fulvis, litturatis, transversim pictâ; natibus obliquè inflexis, rufis.

Habite les mers de la Nouvelle Hollande. Mus. n°. Elle a une tache violette à la base de la lunule; largeur, 34 millimètres.

44. Cythérée hépatique. *Cytherea hepatica.*

C. testâ rotundato-obliquâ, inæquilaterâ, transversim tenerrimè striatâ, albidâ; maculis rufo-violaceis lividis; lineolis longitudinalibus, minimis interruptis.

Habite.... les mers australes? Mus. n.° Mon cabinet. Elle est tachée et comme livide au dedans et au dehors; sa lunule est presqu'effacée; largeur, 22 millimètres.

45. Cythérée lucinale. *Cytherea lucinalis.*

C. testâ lenticulari, subæquilaterâ, anterius angulatâ, albido-violaceâ; natibus rufis; striis concentricis elevatis; ano lineâ impressâ circumscripto.

Habite les mers d'Amérique, à l'île de St.-Thomas. Cabinet de M. *Valenciennes* et le mien. Elle a aussi des linéoles longitudinales, mais non interrompues, et elle est d'une couleur livide à l'intérieur; largeur, 28 millimètres.

46. Cythérée lunaire. *Cytherea lunaris.*

C. testâ suborbiculari, obliquâ, albâ; striis transversis concentricis; natibus purpureo tinctis; ano cordato.

Venus lupinus. Poli Conch. 2. tab. 21. f. 8.

Habite la Méditerranée, dans le golfe de Tarente. Mon cab. Largeur, 22 millimètres.

47. Cythérée lactée. *Cytherea lactea.*

C. testâ minimâ, rotundato-ellipticâ, albâ, pellucidâ; natibus subpurpureis.

Habite.... Elle est à peine de la taille de la lucine lactée; mais elle est cythérée par sa charnière. Mus. n.° Largeur, 10 millimètres.

48. Cytherée exolète. *Cytherea exoleta.*

C. testâ orbiculari, subæquilaterâ, albidâ; maculis lineis radiisve rufis pictâ; striis concentricis, subdetritis; ano cordato impresso, sublamelloso.

Venus exoleta. Lin. Gmel. n.° 75.

List. Conch. t. 291. f. 127. et t. 292. f. 128.

Gualt. test. t. 75. fig. F.

Born. Mus. t. 5. f. 9. Adans. Sénég. t. 16. f. 4.

Chemn. Conch. 7. t. 38 f. 402. 404.

Maton act. soc. linn. 8. t. 3. f. 1.

Encycl. pl. 279. f. 5. et pl. 280. f. 1. a. b.

Poli test. 2. tab. 21. f. 9. 10. 11.

Habite la Méditerranée, l'Océan atlantique, les côtes d'Angleterre. Mus. n.° Mon cabinet. Elle offre différentes variétés, soit dans sa teinte principale, soit dans ses taches, ses lignes brisées ou ses rayons. Ses stries concentriques sont moins fines, moins serrées, moins lisses que dans la suivante.

49. Cythérée lustrée. *Cytherea lincta.*

C. testâ suborbiculari, obliquâ, inæquilaterâ, albidâ, immaculatâ; striis concentricis confertis tenuissimis lævibus.

List. Conch. t. 290. f. 126.

Maton. act. soc. linn. 8. tab. 3. f. 2.

Habite les côtes d'Angleterre, etc. Mon cabinet. Communiquée par M. *Leach*. Son côté antérieur est oblique, moins arrondi et plus grand que le postérieur; largeur, 33 mill. Dans celle-ci et la précédente, le ligament est enfoncé, à peine à découvert.

50. Cythérée concentrique. *Cytherea concentrica.*

C. testâ orbiculari, convexo-depressâ, subæquilaterâ, albâ; striis concentricis, confertis; ano cordato impresso lævi.

Venus concentrica. Gmel. n.° 82.

List. Conch. t. 261. f. 97. et t. 288. f. 124.

Dosin. Adans. Seneg. t. 16. f. 5.

Born. Mus. t. 5. f. 5.

Chemn. Conch. 7. t. 37. f. 392.

Encycl. pl. 279. f. 2. a. b.

(2) *Ead. testâ antiquatâ; ano cordato-oblongo.*

Encycl. pl. 279. f. 4. a. b?

Habite l'Océan américain et atlantique. Mus. n.°. Mon cabinet. Coquille blanche, assez grande et élégamment striée ou sillonnée. Le ligament est bien à découvert. La variété (2) vient de la Nouvelle Hollande. Largeur, 78 millimètres.

51. Cythérée dentifère. *Cytherea prostrata.*

C. testâ orbiculari, convexo-depressâ, albidâ seu fulvâ; striis concentricis, ad latera crassioribus, magis elevatis; pube marginibus dentiferis.

Venus prostrata. Lin. Gmel. n.o 79.

Venus excavata. Gmel. n.o 83.

Born. Mus. tab. 5. f. 6.

Chemn. Conch. 6. t. 29. f. 298.

Encycl. pl. 277. f. 1. a. b.

Habite l'Océan indien. Mon cabinet. Forme et aspect de la C. concentrique, mais très-distincte par ses côtés inégalement ridés, presqu'écailleux, et par son corselet bordé de dents calleuses. Lunule enfoncée, cordiforme. Largeur, 38 mill.

52. Cythérée interrompue. *Cytherea interrupta.*

C. testâ suborbiculari, convexâ, albâ, intùs luteo-virescente, transversim sulcatâ; striis longitudinalibus in utroque latere: medio subnullis.

Encycl. pl. 279. f. 1. a. b.

Habite.... l'Océan indien? Mon cabinet. Elle avoisine la suivante; mais elle n'est treillissée que sur les côtés. Les stries longitudinales sont très-fines, manquent sur le milieu du disque. Le bord interne n'est ni rose, ni pourpré. Largeur, 48 millimètres.

53. Cythérée tigérine. *Cytherea tigerina.*

C. testâ lentiformi, convexiusculâ, decussatim striatâ, albâ; intùs margine infero purpureo; ano trigono impresso minimo.

Venus tigerina. Lin. Gmel. n.o 69.

Rumph. Mus. t. 42. fig. H.

List. Conch. t. 337. f. 174.

Gualt. test. t. 77. fig. A.

Chemn. Conch. 7. p. 6. t. 37. f. 390. 391.

Encycl. pl. 277. f. 4. a. b.

(2) *Var. testâ intùs penitùs albâ.*

(3) *Var. testâ exasperatâ, subgranosâ: striis transversis eminentioribus.*

Habite l'Océan indien et américain. Mus. n.o Mon cabinet. Coquille assez grande, treillissée, blanche en dehors, et à l'intérieur, teinte de rose ou de pourpre en son bord, du côté de la charnière.

54. Cythérée bord-rose. *Cytherea punctata.*

C. testâ lentiformi, convexiusculâ, longitudinaliter sul-

gatâ; sulcis planulatis; limbo interno roseo: disco incrassato subpunctato.

Venus punctata. Lin. Gmel. n.° 74.

Rumph. Mus. t. 43. fig. D.

Gualt. test. t. 75. fig. D.

Chemn. Conch. 7. p. 15. t. 37. f. 397. 398.

Encyclop. pl. 277. f. 3. a. b. c.

Habite l'Océan des grandes Indes. Mus. n.° Mon cabinet. Espèce intéressante, qui avoisine celle qui précède, mais qui en est toujours distincte. Lorsqu'on l'a polie, son bord rose paraît au dehors.

55. Cythérée ombonelle. *Cytherea umbonella.*

C. testâ cordatâ, tumidâ, inæquilaterâ, basi purpurascente, supernè albâ; antico latere lævi; postico transversè sulcato; umbonibus tessellatis.

Habite.. On la dit de la mer Rouge. Cabinet de M. *Dufresne.* Grande et belle coquille, à lunule en cœur-arrondi, enfoncée; à crochets bombés, parquetés. Elle est blanche à l'intérieur, avec une tache violette au côté de devant. Largeur, 75 millimètres.

56. Cythérée ondatine. *Cytherea undatina.*

C. testâ lentiformi, convexo-depressâ, transversim sulcatâ lineisque ferrugineis undatis pictâ; natibus depressis; ligamento tecto.

Habite l'Océan des grandes Indes. Mus. n.° Espèce rare, voisine de la suivante; mais qui en est très-distincte. Son ligament est caché et intérieur. Son bord antérieur est arqué jusqu'aux crochets. Le corselet et la lunule sont noirs, et très-étroits; largeur, 41 millimètres.

57. Cythérée plate. *Cytherea scripta.*

C. testâ lentiformi, complanatâ, basi angulo recto terminatâ, transversim striatâ, variè pictâ seu litturatâ; natibus compressis; ligamento extus conspicuo.

Venus scripta. Lin. Gmel. n.° 79.

Rumph. Mus. t. 42. fig. C.

Gualt. test. t. 77. fig. C. D'Argenv. t. 21. fig. M.

Knorr. Vergn. 5. t. 15. f. 3.

Chemn. Conch. 7. t. 40. f. 420—426.

Encycl. pl. 274. f. 1.

Habite l'Océan Indien. Mus. n.o Mon cabinet. Jolie coquille, la plus applatie de son genre, quoique légèrement convexe en son disque, et fort remarquable par ses variétés de couleurs, par les lignes rouge-brun, anguleuses ou en zig-zag, dont elle est souvent ornée, sur un fond blanc, quelquefois jaunâtre; lunule et corselet bruns, enfoncés, fort étroits.

58. Cythérée nummuline. *Cytherea nummulina.*

C. testâ suborbiculatâ, depressâ, albidâ, basi purpureo-nigricante; striis longitudinalibus bifariam divaricatis; natibus subacutis, prominulis.

Habite les mers de la Nouvelle Hollande, au port du Roi Georges. Mus. n.o. Les stries longitudinales n'atteignent point le bord supérieur, et sont un peu treillissées par d'autres stries transverses; largeur, 28 millimètres.

59. Cythérée piqûre-de-mouche. *Cytherea muscaria.*

C. testâ ovali, convexo-depressâ, albidâ, punctis rufis adspersâ; sulcis transversis, et ad latus anticum longitudinalibus, obliquè arcuatis.

Chemn. Conch. XI. t. 202. f. 1981. 1982.

Habite.... Elle est déprimée supérieurement, toute blanche à l'intérieur. Sa lunule est oblongue, presque lancéolée, d'un rouge très-brun; son corselet est litturé; largeur, 29 ou 30 millimètres. Mon cabinet.

60. Cythérée pulicaire. *Cytherea pulicaris.*

C. testâ ovali, convexiusculâ, albidâ, maculis rufis adspersâ; sulcis transversis, et anticis longitudinalibus rugæformibus; ano oblongo fusco.

(2) *Var. testâ albo spadiceo violaceoque variegatâ.*

Habite..... Elle est blanche à l'intérieur, avec une ou deux taches, d'un roux-brun, sous les crochets; le corselet est un peu litturé; largeur, 32 millimètres.

61. Cythérée mixte. *Cytherea mixta.*

C. testâ ovato-cuneatâ, albo-cærulescente, spadiceo maculatâ; sulcis medianis transversis; laterum longitudinalibus obliquè curvis; ano lanceolato.

Encycl. pl. 271. f. 2. a. b.

Habite.... Espèce distincte, de taille petite ou médiocre; ses sillons divergens et latéraux sont légèrement crénelés; largeur, 30 millimètres.

62. Cythérée raccourcie. *Cytherea abbreviata.*

C. testâ obovatâ, anticè retusâ, rufâ, albo-fasciatâ; striis transversis et in antico latere longitudinalibus obliquis subbifariis.

Habite.... l'Océan indien? Mon cabinet. Elle a une couleur rousse ou marron, avec deux fascies blanches litturées, et a une tache rousse, à l'intérieur, sous les crochets; son corselet est blanc et litturé; largeur, 25 millimètres.

[2] *Bord interne des valves crénelé ou dentelé.*

63. Cythérée pectinée. *Cytherea pectinata.*

C. testâ ovatâ, albo spadiceoque variegatâ; sulcis granulosis: medianis longitudinalibus; lateralibus obliquatis, curvis bifidis: ano ovato.

Venus pectinata. Lin. Gmel. n.° 78.

List. Conch. t. 312. f. 148.

Gualt. test. t. 72. f. E. F. et t. 75. f. A.

Dargenv. Conch. t. 21. f. P.

Chemn. Conch. 7. t. 39. f. 418. 419?

Encycl. pl. 271. f. 1. a. b.

Habite l'Océan indien. Mus. n.o Mon cabinet. Coquille assez commune, vulg. nommée l'*amande*, et que l'on a confondue avec la suivante, quoiqu'elle ait toujours les sillons plus grêles, et qu'elle ne soit jamais renflée de même près des crochets. Elle est par-tout panachée de blanc et de rouge-brun; largeur, 46 millimètres.

64. Cythérée gibbie. *Cytherea gibbia.*

C. testâ subcordatâ, œtate gibbosissimâ, albâ, rarò maculatâ; sulcis longitudinalibus crassis, crenatis, antico latere obliquis.

Chemn. Conch. 7. t. 39. f. 415. 416.

List. Conch. t. 313. f. 149. *È specimine juniore.*

Knorr. Vergn. 6. t. 3. f. 3. *id.*

Encycl. pl. 271. f. 4. a. b.

(2) *Var. testâ spadiceo-maculatâ; pube violacescente, lineatâ.*

Habite.... l'Océan indien? Mus. n.o Mon cabinet. Soit sur les jeunes, soit sur les vieux individus, cette espèce est toujours reconnaissable par ses rides longitudinales grossières, par la lunule et le corselet colorés, et par le renflement qu'elle acquiert : largeur, 52 millimètres.

65. Cythérée ranelle. *Cytherea ranella.*

C. testâ ovato-rotundatâ, depressâ, albâ; sulcis longitudinalibus crassiusculis, crenatis; vulvâ anoque angustatis, coloratis.

Encycl. pl. 271. f. 5. a. b ?

Habite.... l'Océan indien ? Mus. n.o Mon cabinet. Celle-ci, même grande, est toujours applatie, et paraît encore distincte : la lunule est ovale-oblongue, violâtre ; le corselet est maculé de rouge-brun.

66. Cythérée divergente. *Cytherea divaricata.*

C. testâ cordato-rotundatâ, albidâ, maculis angularibus fulvis aut fuscis variegatâ; striis longitudinalibus confertis, bifariis, supernè divaricatis, transversas decussantibus.

Venus divaricata. Gmel. p. 3277.

Chemn. Conch. 6. t. 30. f. 316.

List. Conch. t. 310. f. 146.

Encycl. pl. 273. f. 5. a. b.

Habite l'Océan des Indes orientales. Mus. n.° Mon cabinet. Le corselet et le côté de la lunule, sont litturés.

67. Cythérée testudinale. *Cytherea testudinalis.*

C. testâ cordato-rotundatâ, depressâ, rufo-fuscescente; striis longitudinalibus bifariis, divaricatis, transversas decussantibus; pube angustâ, variegatâ; radiis obscuris.

Mon cabinet. Encycl. pl. 274. f. 2. a. b.

Habite l'Océan des grandes Indes. On pourra considérer cette coquille comme une variété de la précédente ; mais elle en est constamment distinguée par les proportions de ses parties et par sa coloration ; largeur, 50 millimètres.

68. Cythérée en coin. *Cytherea cuneata.*

C. testâ rotundato-cuneatâ, convexiusculâ, albidâ; sulcis transversis, ad umbones longitudinalibus divaricatis, granulosis; ano pubeque purpureo-fuscis.

Habite les mers de la Nouvelle Hollande, au port du Roi Georges. Mus. n.° Largeur, 28 millimètres.

69. Cythérée placunelle. *Cytherea placunella.*

C. testâ orbiculato-ellipticâ, planulatâ, tenui, albidâ; sul-

cis longitudinalibus bifariis, angulatim divaricatis, transversè striatis.

Chemn. Conch. XI. p. 229. t. 202. f. 1980.

Encycl. pl. 271. f. 3. a. b.

Habite..... Mus. n.° Petite coquille mince, transparente. Ses sillons divergens atteignent [illegible] bord supérieur; sur le côté antérieur, elle n'a que des stries transverses; largeur, 8 millimètres.

70. Cythérée rugifère. *Cytherea rugifera.*

C. testâ rotundato-trigonâ, plano-convexâ, albidâ; sulcis transversis pliciformibus, lineolatis; pube anoque ferrugineis; natibus depressis, corrugatis

Chemn. Conch. 7. p. 25. t. 39. f 410. 411.

Habite la mer d'Égypte. *Montfort.* Mon cabinet. Elle est applatie, d'un rouge fauve en dedans. Sa lunule est lancéolée, peinte, ainsi que le corselet, de linéoles ferrugineuses très-fines; largeur, 34 millimètres.

71. Cythérée plicatine. *Cytherea plicatina.*

C. testâ rotundato-trigonâ, plano-convexâ, albidâ; lineis spadiceis flexuoso-angulatis; sulcis transversis pliciformibus; pube litturatâ.

Habite l'Océan austral, à la Nouvelle Hollande. Mon cabinet Coquille très-voisine de la précédente, mais distincte. Se crochets sont un peu comprimés, mais sans rides; elle est blanche en dedans; largeur, 45 millimètres.

72. Cythérée crénulaire. *Cytherea flexuosa.*

C. testâ cordato-trigonâ, latere antico productiore; rugis transversis subcrenatis; pube anoque impressis, litturatis.

Venus flexuosa. Lin. Gmel. n.° 12.

Rumph. Mus. t. 44. fig. M.

Gualt. test. tab. 83. fig. I.

Born. Mus. t. 4. f. 10.

Chemn. Conch. 6. t. 31. f. 333 et 334.

Encycl. pl. 266. f. 6. a. b.

(2) *Var. testâ punctis litturisque fuscis pictâ.*

Encycl. pl. 266. f. 7. a. b.

(3) *Var. testâ transversim breviore; angulis lateris antici elevatis.*

Encycl. pl. 267. f. 1. a. b.

Habite l'Océan indien. Mus. n.o Mon cabinet. Coquille commune dans les collections, d'une taille médiocre, blanchâtre, roussâtre ou grisâtre, plus ou moins tachetée, et qui offre des variétés si peu constantes, qu'il est difficile et même inconvenable de les séparer.

73. Cythérée grosse-dent. *Cytherea macrodon.*

C. testâ cordato-trigonâ, flavescente, immaculatâ; rugis transversis integris, supernè obsoletis; dente anali maximo.

Mon cabinet.

Habite.... les mers australes? Du voyage de *Péron.* Elle avoisine la précédente; mais elle n'a point ses rides crénelées par des stries longitudinales; largeur, 29 millimètres.

74. Cythérée lunulaire. *Cytherea lunularis.*

C. testâ cordato-trigonâ, lividâ, transversim sulcatâ, supernè radiatâ; ano basi maculâ triangulari albâ.

Mus. n.o

Habite.... l'Océan américain? Elle vient du cabinet de Lisbonne. Largeur, 33 millimètres.

75. Cythérée écailleuse. *Cytherea squamosa.*

C. testâ cordato-trigonâ, sulcis longitudinalibus transversisque cancellatâ; ano rotundato fuscescente.

Venus squamosa. Lin. Gmel. n.o 27.

Chemn. Conch. 6. t. 31. f. 335.

Habite les mers de l'Inde. Mus. n.o Mon cabinet. Coquille d'un blanc-roussâtre, qui tient, par ses rapports, à la *C. flexuosa.* Largeur, 38 millimètres.

76. Cythérée cardille. *Cytherea cardilla.*

C. testâ cordatâ, inæquilaterâ, convexâ, albâ, ferrugineo litturatâ; sulcis longitudinalibus, radiantibus, strias exiles transversas decussantibus.

Mus. n.o

Habite.... Elle vient du cabinet de Lisbonne; et provient peut-être du Brésil. Lunule ovale; corselet ferrugineux; largeur, 35 millimètres.

77. Cythérée cygne. *Cytherea cygnus.*

C. testâ cordatâ, tumidâ, intùs extùsque albâ; striis transversis elevatis, versùs marginem minoribus; ano cordato.

Mus. n.o

Habite.... Elle est toute blanche, enflée, à crochets recourbés vers la lunule; largeur, 38 millimètres.

78. Cythérée dentaire. *Cytherea dentaria.*

C. testâ triangulari, latè transversâ, pallidè fulvâ, albo radiatâ; latere antico intùs maculato.

Mus. n.o

Habite les côtes du Brésil, près de Rio Janeiro. *Lalande.* Elle a une tache d'un roux-brun au côté antérieur, plus marquée en dedans qu'en dehors; largeur, 61 millimètres.

Espèces fossiles.

1. Cythérée erycinoïde. *Cytherea erycinoides.*

C. testâ ovatâ, depressiusculâ, albidâ, rufo submaculatâ; sulcis transversis obtusissimis; ano ovato.

Mus. n.o Mon cabinet.

Habite.... Fossile des environs de Bordeaux. Cette coquille paraît l'analogue ancien de la cythérée cedô-nulli, n.° 8. Il est très-curieux de la trouver fossile en France. On la trouve aussi au Montmarin, près de Rome.

2. Cythérée multilamelle. *Cytherea multilamella.*

C. testâ cordato-rotundatâ, inæquilaterâ; sulcis transversis distinctis, erectis, lamellæformibus; ano cordato.

Mus. n.o

Habite.... Fossile du Montmarin, près de Rome, et des environs de Turin. Mon cabinet. Les interstices des lames sont applatis, substriés. Elle ressemble un peu à une *venus casina* fossile, et paraît différente de la venus aphrodite de Brocch. Conch. 2. p. 541. t. 14. f. 2; largeur, 47 millimètr.

3. Cythérée scutellaire. *Cytherea scutellaria.*

C. testâ suborbiculatâ, planiusculè, tenui; striis transversis distantibus.

Annales du Mus. 7. p. 133. n.o 1.

Habite.... Fossile des environs de Beauvais. Cabinet de M. Defrance. Largeur, 60 millimètres

4. Cythérée demi-sillonnée. *Cytherea semi-sulcata.*

C. testâ ovato-trigonâ, subdepressâ, supernè anticoque latere transversim sulcatâ; pube excavatâ: lateribus planatis.

Annales du Mus. 7. p. 133. n.° 2.

Habite.... Fossile de Grignon et de Courtagnon. Mus. n.° Mon cabinet. Elle est plus applatie, plus trigone que la suivante, et remarquable par son corselet enfoncé, ayant ses côtés comprimés, plats.

5. Cythérée luisante. *Cytherea nitidula.*

C. testâ ovatâ, convexâ, inæquilaterali; striis transversis exiguis, interdùm obsoletis.

Annales du Mus. 7. p. 134. n.° 3.

Habite...... Fossile de Grignon. Mus. n.° Mon cabinet. Coquille très-commune, souvent luisante.

6. Cythérée polie. *Cytherea polita.*

C. testâ ovatâ, lævi, planiusculâ; natibus perparvis, recurvis, acuminatis.

Annales du Mus. 7. p. 134. n.° 4.

Habite.... Fossile de Houdan. Cabinet de M. Defrance.

7. Cythérée étagée. *Cytherea antiquata.*

C. testâ trigonâ, subcordatâ, antiquatâ, transversim striatâ; sinu posticali infrà nates.

Mus. n.°

Habite.... Fossile de Pontchartrain. Largeur, 35 millimètr.

8. Cythérée lisse. *Cytherea lævigata.*

C. testâ oblongo-transversâ, lævi, nitidâ; natibus obtusis, recurvis.

Annales du Mus. 7. p. 134. n.° 5.

Habite.... Fossile de Grignon, Courtagnon. Mus. n.° Mon cabinet.

9. Cythérée tellinaire. *Cytherea tellinaria.*

C. testâ obovatâ, trigonâ, lævi, anterius coarctato-sinuatâ; lunulâ ovato-oblongâ.

Annales du Mus. 7. p. 135. n.° 6.

Habite.... Fossile de Grignon. Mon cabinet. Taille petite. Largeur, 15 à 18 millimètres.

Etc. Voyez le 7e. volume des Annales du Mus. p. 135 et 136.

VÉNUS. (Venus.)

Coquille équivalve, inéquilatérale, transverse ou suborbiculaire.

Trois dents cardinales rapprochées sur chaque valve : les latérales divergentes au sommet. Ligament extérieur, recouvrant l'écusson.

Testa æquivalvis, inæquilatera, transversa vel suborbicularis.

Cardo dentibus tribus, omnibus approximatis, in utrâque valvâ : lateralibus apice divergentibus. Ligamentum externum nymphas labiaque obtegens.

OBSERVATIONS.

Le genre des *vénus* est un des plus beaux que l'on connaisse parmi les conchifères. Réduit, comme je l'ai fait, aux espèces qui n'ont jamais quatre dents cardinales sur aucune valve, il est encore fort nombreux en espèces, et il l'était beaucoup trop lorsqu'on suivait la détermination faite par Linné.

Les *vénus* ne sont point distinguées par leur forme générale, des cythérées; en sorte que pour reconnaître leur genre, il faut examiner leur charnière. Cependant elles sont plus généralement transverses qu'orbiculaires. Ce sont des coquilles toutes marines, libres, régulières, très-agréablement variées dans leurs couleurs. Leurs dents cardinales sont toutes très-rapprochées; celle du milieu, qui est souvent bifide, est droite, tandis que les latérales sont obliques et divergentes. Il y a néanmoins quelques espèces, en petit nombre, qui ont toutes leurs dents cardinales presque droites.

C'est ici surtout que la détermination des espèces est difficile, prête à l'arbitraire, et qu'on est effectivement exposé à donner pour espèces, de véritables variétés, ou à prendre pour variété ce qui devrait plutôt être considéré comme espèce ; car on est en général fort riche en coquilles de ce genre dans les collections.

Afin d'éviter toute méprise, je n'indiquerai que les espèces dont j'ai eu les objets sous les yeux, et je réponds de la réalité des caractères que j'ai cités ; mais pour être plus aisément saisi, il eût fallu des descriptions que le plan resserré de cet ouvrage ne permet pas.

Il paraît que l'animal des *vénus* a le manteau ouvert par devant, donnant lieu à deux siphons plus ou moins saillans au dehors. Son pied est comprimé, lamelliforme, de taille et de forme variables.

Les *vénus* vivent dans le sable à une médiocre distance des côtes. On en trouve dans toutes les mers, quoiqu'elles soient plus nombreuses et plus variées dans celles des climats chauds.

ESPECES.

[1] *Bord interne des valves, crénelé ou dentelé.*

[a] *Des stries lamelleuses.*

1. Vénus bombée. *Venus puerpera.*

V. testâ cordato-rotundatâ, gibbâ, subglobosâ, albidâ vel ferrugineâ; striis longitudinalibus confertis; transversis membranaceis remotiusculis; ano cordato; labiis supernè vulvam occultantibus.

Venus puerpera. Lin. Gmel. p. 3276.

(1) *Testâ albidâ, ferrugineo maculatâ; lamellis transversis brevibus.*

List. Conch. t. 336. f. 173.

Knorr. Vergn. 6. tab. 15. f. 1.

Chemn. Conch. 6. t. 36. f. 388. 389.

Encycl. pl. 278. f. 1. a. b.

(2) *Var. testâ albidâ ; lamellis transversis elevatioribus, subcrispis ; ano magis elongato.*

List. Conch. t. 341. f. 178. Encycl. pl. 278. f. 2. a. b.

Habite l'Océan indien. Mus. n.o Mon cabinet. Grosse coquille épaisse, pesante, blanchâtre ou tachée de rouille, et qui semble réticulée par les stries transverses et lamelleuses, qui croisent celles qui sont longitudinales. Elle est blanche en dedans, quelquefois tachée de rouille ou de violet au côté antérieur. Largeur, 75 à 98 millimètres.

2. Vénus crépue. *Venus reticulata.*

V. testâ cordato-rotundatâ, tumidâ, albâ, rufo-maculatâ ; striis longitudinalibus distinctis ; transversis, membranaceis, plicato-crispis, subgranulosis.

Venus reticulata. Lin. Gmel. p. 3275.

Chemn. Conch. 6. t. 36. f. 382—384.

Favan. Conch. pl. 46. fig. B. 1.

(2) *Var. testâ lamellis transversis magis elevatis ; intùs violaceo rubroque tinctâ. È nov. Hollandiâ.*

Habite l'Océan des grandes Indes. Mus. n.o Elle est très-voisine de la précédente ; mais elle devient moins grande. Sur un fond tout-à-fait blanc, elle est tachée ou rayonnée d'orangé ou de roux, et ses lames transverses sont toujours plissées et comme frisées ou crépues. Largeur, 65 millim. Dans la variété (2), les plis des lames transverses forment une granulation sur le dos de ces lames. Cette variété indique les rapports de cette espèce avec les suivantes.

3. Vénus pygmée. *Venus pygmæa.*

V. testâ ovatâ, depressiusculâ, subdecussatâ, albidâ, rufo aut fusco maculatâ ; lamellis transversis undato-crispis ; pube lamellosâ ; natibus roseis.

Cabinet de M. *Valenciennes.*

Habite la mer des Antilles, à l'île de St.-Thomas. Coquille extrêmement petite, jolie, qui tient à la précédente par ses lames transverses, quoique plus couchées ; et à la *V. marica*, par les lames qui bordent son corselet. Largeur, 10 millim.

4. Vénus corbeille. *Venus corbis.*

V. testâ cordato-rotundatâ, tumidâ, albâ, spadiceo-maculatâ ; striis longitudinalibus, transversisque decussatis, granulosis ; cardine croceo.

Mon cabinet. Encycl. pl. 276. f. 4. a. b. c.

List. Conch. t. 335. f. 172.

Habite l'Océan des grandes Indes. Coquille très-rare, que l'on a confondue avec la précédente et qui en est très-distincte. Ses lames transverses, tout-à-fait couchées, n'offrent qu'une assez fine granulation, et aucune lamelle en saillie. La crénelure du bord interne des valves ne s'apperçoit plus. Elle est blanche en dedans, avec une teinte aurore ou safranée, qui est très-marquée sur la charnière. On la nomme *corbeille de l'Inde ;* mais elle n'a point d'analogie avec notre genre corbeille. Largeur, 60 millimètres.

5. Vénus crénulée. *Venus crenulata.*

V. testâ cordato-trigonâ, albidâ, radiatim fulvo-maculatâ; striis longitudinalibus obsoletis; transversis prominulis crenulatis; ano latè cordato.

Venus crenulata. Chemn. Conch. 6. p. 370. t. 36. f. 385.

Habite les mers de l'Inde. Mon cabinet. Elle est toute blanche en dedans. Le bord, sous la lunule, est fortement sillonnée. Largeur, 45 millimètres.

6. Vénus discine. *Venus discina.*

V. testâ obovato-rotundatâ, depressâ, albidâ, obsoletè maculosâ; lamellis transversis concentricis, ad atus anticum majoribus.

Cabinet de M. *Valenciennes.*

Habite dans la Manche, sur les côtes du Cotentin. Elle diffère de la *V. casina*, parce qu'elle est applatie, et que ses lames transverses sont égales, régulièrement espacées. Lunule en cœur oblong. Largeur, 35 millimètres.

7. Vénus à verrues. *Venus verrucosa.*

V. testâ cordato-rotundatâ, convexâ, albidâ, rufo-maculatâ; striis longitudinalibus obsoletis, ad latera divaricatis; transversis membranaceis, antrorsùm imprimis verrucosis.

Venus verrucosa. Lin. Gmel. n.° 6.

Gualt. test. t. 75. fig. H.

List. Conch. t. 284. f. 122.

Born. Mus. t. 4. f. 7. Pennant. Zool. brit. 4. t. 54. f. 48.

Chemn. Conch. 6. t. 29. f. 299—306.

(2) *Var. testâ minore, magis verrucosâ; verrucis per series longitudinales obliquas dispositis. È novâ Holl.*

(3) *Var. testâ minore, planiore, minus verrucosâ. Novâ Holl.*

Habite les mers d'Europe, des Antilles et australes. Mus. n.° Mon cabinet. Coquille assez commune dans les collections. La lunule est en cœur; le corselet est maculé d'un côté.

8. Vénus ridée. *Venus rugosa.*

V. testâ cordatâ, tumidâ, albâ, rufo-maculatâ; striis transversis membranaceis crebris; ano late cordato.

Venus rugosa. Lin. Gmel. n.° 31.

Chemn. Conch. 6. t. 29. f. 303.

Encycl. pl. 273. f. 4. a. b.

Habite les mers de l'Inde. Mus. n.° Mon cabinet. Elle est blanche en dedans. Sa charnière est presque celle des cythérées, la 4e. dent paraissant encore, ainsi que sa fossette sur l'autre valve, quoique très-petite. Dans les interstices des stries lamelleuses, on voit d'autres stries transverses non élevées. Les stries longitudinales sont obsolètes. Largeur, 65 millimètres.

9. Vénus chambrière. *Venus casina.*

V. testâ cordato-rotundatâ, fulva; sulcis transversis, inæqualibus, elevatis, lamelliformibus; ano subcordato.

Venus casina. Lin. Gmel. n.° 7.

List. Conch. t. 286. f. 123.

Pennant. Zool. brit. 4. t. 54. f. 48. A.

Chemn. Conch. 6. t. 29. f. 301. 302.

Schroet. Einl. in Conch. 3. p. 115. t. 8. f. 6.

Maton, act. soc. linn. 8. p. 79. t. 2. f. 1.

Habite l'Océan atlantique européen. Mus. n.° Mon cabinet. Elle est toute blanche en dedans, d'une couleur fauve au dehors, avec une teinte rousse plus foncée aux crochets et sur le côté postérieur. Largeur, 50 millimètres.

10. Vénus crébrisulque. *Venus crebrisulca.*

V. testâ cordato-rotundatâ, albidâ, rufo-maculatâ; sulcis transversis crebris, obtusis, ad latus anticum eminentioribus, sublamellosis.

Encycl. pl. 276. f. 1. a. b.

(2) *Var. testâ minore, sulcis laterum crassioribus subcallosis.*

Encycl. pl. 275. f. 6. a. b.

Habite.... l'Océan indien? Mon cabinet. Belle espèce, très-différente de celle qui suit, et avec laquelle il paraît qu'on l'a confondue. La lunule est en cœur oblong, presque lamelleuse, rousse, avec une petite tache blanche à sa base. Le corselet est enfoncé, étroit, bordé de tubercules inégaux, souvent lituré d'un côté. Largeur, 46 millim.

11. Vénus lévantine. *Venus plicata.*

V. testâ subcordatâ, anterius angulatâ, albo-roseâ; striis transversis elevato-lamellosis, distantibus; vulvâ anoque rubellis.

Venus plicata. Gmel. n.° 30.

Argenv. Conch. t. 21. fig. K. Favan. pl. 47. fig. E. 7.

Born. Mus. t. 4. f. 9. *E. specimine juniore.*

Chemn. Conch. 6. t. 28. f. 295—2.

Encycl. pl. 275. f. 3. a. b.

Habite l'Océan indien. Mus. n.° Mon cabinet. Espèce rare, précieuse et fort recherchée dans les collections. Elle est blanche, avec une teinte rose ou pourprée, sur-tout dans les individus jeunes. Le corselet est glabre, enfoncé; la lunule est en cœur; le bord interne des valves est très-légèrement dentelé. Largeur, 70 millimètres. On la trouve fossile près de Turin. Mus. n.°

12. Vénus cancellée. *Venus cancellata.*

V. testâ cordatâ, longitudinaliter sulcatâ, cingulis elevatis, remotis, transversim cinctâ, albidâ, spadiceo vel fusco maculatâ; ano cordato.

List. Conch. t. 278. f. 115.

Knorr. Vergn. 6. t. 10. f. 2. *ejusd.* 2. t. 28. f. 3.

Chemn. Conch. 6. t. 28. f. 287—290.

Encycl. pl. 268. f. 1. a. b.

(2) *Var. testâ minore, albâ, subimmaculatâ.*

Habite les mers d'Amérique. Mus. n.° Mon cabinet. Coquille commune dans les collections, qui est fort différente de notre *V. dysera*, et à laquelle il est assez difficile d'assigner le nom que lui a donné Linné. Le bord des valves est crénelé. Largeur, 45 millimètres. Elle offre, dans ses taches et l'écartement de ses petites lames transverses, différentes variétés. A l'intérieur, elles ont une tache brune sur le côté antérieur. La var. (2) est de Cayenne; elle est sans tache en dedans.

13. Vénus subrostrée. *Venus subrostrata.*

V. testâ cordatâ, striis longitudinalibus transversisque cancellatâ, albidâ, radiatim rufo maculatâ; ano cordato.

Encycl. pl. 267. f. 7. a. b. ?

Habite les mers des Antilles, à l'île St.-Jean. *Richard.* Elle est très-voisine de la précédente ; mais ses stries transverses sont fréquentes, régulièrement espacées ; et à l'intérieur, elle est toute blanche. Largeur, 30 millimètres.

[b] *Point de stries lamelleuses.*

14. Vénus rudérale. *Venus granulata.*

V. testâ cordato-rotundatâ, longitudinaliter sulcatâ, striis transversis decussatâ, albidâ, fusco-maculatâ; pube lituratâ.

Venus granulata. Gmel. n.° 33.

List. Conch. t. 280. f. 118?

Venus marica. Born. Mus. t. 4. f. 5. 6.

Chemn. Conch. 6. t. 30. f. 313.

Encycl. pl. 272. f. 3. a. b.

(2) *Var.* Encycl. pl. 274. f. 5. a. b.

Habite les mers d'Amérique, aux Antilles. Mus. n.° Mon cabinet. Coquille assez commune et néanmoins encore peu connue. Taille petite ou médiocre; couleur grisâtre ou blanchâtre, avec des lignes ou des taches brunes diverses. A l'intérieur, elle est tachée d'un violet noirâtre. Lunule en cœur, souvent colorée. Largeur, 30 à 46 millimètres. Elle a l'aspect d'un petit *cardium.*

15. Vénus pectorine. *Venus pectorina.*

V. testâ ovato-cordatâ, longitudinaliter radiatimque sulcatâ, striis transversis decussatâ, pallidè fulvâ, intùs immaculatâ; pube litturis fuscis ornatâ.

Habite..... les mers d'Amérique ? Très-voisine de la précédente. Elle est plus élégamment sillonnée, n'est tachée au dehors que par les liturations de son corselet. Lunule grande, en cœur, incolore. Largeur, 36 millimètres. Mon cabinet.

16. Vénus squamifère. *Venus marica.*

V. testâ subcordatâ; sulcis longitudinalibus striisque transversis decussatâ, albidâ, fusco maculatâ; pube appendicibus squamiformibus utrinque marginatâ.

Venus marica. Lin. Gmel. n°. 3.

Chemn. Conch. 6. t. 27. f. 282—284.

Encycl. pl. 275. f. 2. a. b.

Habite à Timor et dans les mers d'Amérique. Mus. n.° Mon

cabinet. Coquille petite, ayant l'aspect de la V. rudérale, mais un peu moins renflée, et caractérisée par les appendices qui bordent son corselet. Lunule en cœur oblong. Largeur, 26 millimètres.

17. Vénus sanglée. *Venus cingulata.*

V. testâ cordatâ, valdè convexâ, annulis transversis crenulatis cinctâ; striis intermediis tenuissimis; maculis fuscis, subradiatis.

An Chemn. Conch. 6. t. 36. f. 386?

Habite..... Mus. n.° Elle n'a point de stries longitudinales. En dehors, elle est blanchâtre, avec des taches brunes en rayons; et à l'intérieur, elle est toute blanche. Lunule en cœur. Largeur, 28 millimètres.

18. Vénus cardioïde. *Venus cardioides.*

V. testâ orbiculato-trigonâ, albidâ aut fulvâ, radiatim sulcatâ; striis transversis exilibus sulcos decussantibus; ano oblongo.

Encycl. pl. 274 f. 4. a. b.

Habite à Cayenne et à la Jamaïque, sur les côtes. Mus. n.° Mon cabinet. A l'extérieur, celle-ci a l'aspect d'un *cardium* ou d'un peigne, par la disposition rayonnante de ses sillons longitudinaux. Elle est rarement tachée. La lunule est sans couleur, en cœur oblong. Dans une variété, le corselet est litturé de rouge brun. Largeur, 38 millimètres.

19. Vénus grise. *Venus grisea.*

V. testâ ovatâ, transversâ, extùs griseâ, intùs violaceo maculatâ, decussatâ; sulcis longitudinalibus eminentioribus; ano ovali.

Habite..... du voyage de Péron? Elle a un peu le port de la *V. decussata*; mais son bord crénelé l'en éloigne. Largeur, 25 millimètres. Mus. n.°

20. Vénus elliptique. *Venus elliptica.*

V. testâ ellipticâ, subæquilaterâ, albidâ, immaculatâ; sulcis transversis, confertis; ano lanceolato.

Encycl. pl. 267. f. 5. a. b.

Habite.... Mon cabinet. Elle est très-distincte des autres par sa forme générale, sans offrir de particularités remarquables. Largeur, 32 millimètres.

21. Vénus de Dombey. *Venus Dombeii.*

V. testâ ovato-rotundatâ, crassâ, testaceâ; sulcis planulatis strias transversas decussantibus; intùs albâ, punctis impressis erosâ; ano ovato.

An Encycl. pl. 279. f. 1. a. b? *Non bene.*

Habite les côtes du Pérou. *Dombey*. Mus. n.° Mon cabinet. Elle semble tenir de la *Cytherea punctata.*; mais c'est une vénus qui a une forme moins arrondie, plus renflée, et qui offre au dehors une couleur de brique, tandis qu'elle est blanche à l'intérieur, avec des points enfoncés et très-irréguliers dans le disque. Largeur, 47 millimètres.

22. Vénus tachée. *Venus mercenaria.*

V. testâ solidâ, obliquè cordatâ, transversim striato-sulcatâ, stramineâ; ano cordato; intùs violaceo maculatâ.

Venus mercenaria. Lin. Gmel. n°. 14.

List. Conch. t. 271 f. 107.

Chemn. Conch. 10. p. 352. t. 171. f. 1659. 1660.

Encycl. pl. 263.

Habite l'Océan boréal de l'Amérique et de l'Europe. Mus. n.° Mon cabinet. Coquille assez grosse, solide, pesante, et qui, à l'extérieur, ressemble à la Cyprine d'Islande; mais elle n'a point de dent latérale, et offre complétement le caractère des vénus. Elle est blanche en dedans, avec une belle tache bleue ou violette sur le côté antérieur.

23. Vénus gélinotte. *Venus lagopus.*

V. testâ cordato-trigonâ, candidâ, fulvo-maculatâ, intùs roseo tinctâ; sulcis transversis, erectis, confertis, latere crenulatis; ano oblongo.

Mus. n.°

Habite les mers de la Nouvelle Hollande, au port du roi Georges. Jolie coquille, très-remarquable par ses sillons transverses, serrés et crénelés en leur côté supérieur, et qui, sur le côté antérieur, sont presque lamelleux. Largeur, 40 millimètres.

24. Vénus poule. *Venus gallina.*

V. testâ cordato-trigonâ, supernè rotundatâ, albidâ, rufo-radiatâ; sulcis transversis, elevatis, albo et rufo articulatim pictis.

Venus gallina. Lin. Gmel. n°. 9.

List. Conch. t. 282. f. 120.

Knorr. Vergn. 5. t. 14. f. 2. et 5.

Born. Mus. p. 57. Vign. fig. b.
Chemn. Conch. 6. t. 30. f. 308—310.
Encycl. pl. 268. f. 3. a. b.
(2) *Var. sulcis ad latus anticum furcatis.*

Habite l'Océan d'Amérique et les mers d'Europe. Mus. n.° Mon cabinet. Coquille de taille médiocre, assez commune dans les collections. Sa lunule est en cœur oblong; son corselet est souvent rayé ou litturé de fauve ou de rouge brun. Elle n'a que trois rayons. Largeur, 32 à 35 millim.

25. Vénus poulette. *Venus gallinula.*

V. testâ cordato-ellipticâ, albidâ, lineis longitudinalibus rufis subangulatis pictâ; sulcis transversis elevatis scalariformibus. Mus. n.°

Habite les mers de la Nouvelle Hollande, à l'île King. *Péron.* Coquille jolie, élégamment ornée de linéoles rousses, interrompues, et qui tient de la précédente, mais en est très-distincte. Lunule ovale; corselet assez court, un peu étroit. Elle est teinte de pourpre violâtre à l'intérieur. Sa largeur la plus grande, est de 35 millimètres.

26. Vénus pectinule. *Venus pectinula.*

V. testâ rotundato-trigonâ, albido-fulvâ, longitudinaliter sulcatâ; sulcis crenulatis, radiantibus; ano ovato.

Habite la Manche, à Cherbourg. Elle ressemble à la coquille figurée dans les actes de la Soc. linn. vol. 8. tab. 2. f. 5. Cabinet de M. *Defrance.*

27. Vénus sillonnée. *Venus sulcata.*

V. testâ rotundato-trigonâ, castaneâ, transversim sulcatâ: sulcis superioribus obsoletis; natibus subacutis.

Venus sulcata. Maton, act. soc. linn. 8. p. 81. t. 2. f. 2.

Habite sur les côtes de France, à Cherbourg. Cabinet de M. *Defrance.* Largeur, 18 millimètres.

[2] *Le bord interne des valves très-entier.*

28. Vénus belles lames. *Venus lamellata.*

V. testâ ovali, anterius angulatâ, albidâ; lamellis transversis, distantibus, anticè appendiculatis, latere superiore striatis.

(2) *Var. testâ subdepressâ; lamellis angustioribus, non appendiculatis.*

Habite les mers de la Nouvelle Hollande, au canal d'Entrecasteaux. *Péron* et *Lesueur*. Mus. n.° Mon cabinet. Belle et rare coquille, voisine de la V. lévantine par ses rapports, mais qui en est très-distincte, et qui n'a point le bord des valves dentelé. Elle est singulièrement remarquable par ses lames transverses élevées, distantes, recourbées et presque frangées en leur bord supérieur; ayant leurs parois supérieures striées verticalement, et formant, sur le côté antérieur, des appendices en canal. Corselet glabre, à côtés inégaux; lunule sublamelleuse, en cœur oblong: largeur, 60 millimètres. La variété (2) vient aussi de la Nouvelle Hollande, et m'a été communiquée par M. *Macleay*.

29. Vénus blanche. *Venus exalbida.*

V. testâ ovali, plano-convexâ, extùs intùsque albâ, transversim sulcatâ; sulcis acutis sublamellosis; ano oblongo.

List. Conch. t. 269. f. 105?

V. exalbida. Chemn. Conch. XI. p. 225. t. 202. f. 1974.

Encycl. pl. 264. f. 1. a. b.

Habite les mers d'Amérique? Mus. n.° Mon cabinet. Coquille assez grande, peu rare, d'une couleur partout uniforme, et qui, sans être fossile, en a l'apparence. Largeur, 90 millimètres.

30. Vénus rousse. *Venus rufa.*

V. testâ ovali, tumidâ, transversim sulcatâ, rufâ, intùs albâ, punctis asperatâ; striis longitudinalibus exilissimis.

Habite les mers australes, *Péron*; et celles du Péron, *Dombey*. Mus. n.° Belle et grande coquille, ayant le limbe du bord supérieur blanchâtre. Largeur, 86 millimètres.

31. Vénus dorsale. *Venus dorsata.*

V. testâ ovali, tumidâ, latere antico elevato, obtusè angulato; sulcis transversis crebris; superioribus sublamellosis; ano oblongo fusco.

(1) *Testa straminea; pube submaculatâ.*

(2) *Testa subalbida, lineis spadiceis litturata.*

Habite les mers de la Nouvelle Hollande, *Péron*. Mus. n.° Elle est blanche en dedans, avec une teinte couleur de chair dans le disque. Le corselet est fort étroit; largeur, 70 millimètres.

32. Vénus hiantine. *Venus hiantina.*

V. testâ ovatâ, inflatâ, anticè angulatâ, albido-rufescente;

sulcis transversis, crebris, irregularibus; ano nullo; vulvâ hiante.

Habite les mers australes. Mon cabinet. Elle est blanche en dedans, et offre au dehors, dans une variété, deux ou trois rayons obscurs; largeur, 65 millimètres. Mus. n.o

33. Vénus gros-sillons. *Venus crassisulca.*

V. testâ ovato-oblongâ, anticè subangulatâ, albidâ, immaculatâ; sulcis transversis latis subscalariformibus.

Mus. n.o

Habite les mers de la Nouvelle Hollande, à la baie des chiens marins. *Péron.* Elle est d'un blanc sale, un peu jaunâtre. On n'en a qu'une valve; largeur, 61 millimètres.

34. Vénus rugelle. *Venus corrugata.*

V. testâ ovatâ, exalbidâ; rugis transversis undatis inæqualibus; striis longitudinalibus exiguis rugas decussantibus; ano oblongo.

(1) *Testa albida, intùs flava: lateribus violaceo maculatis; ano violacescente.*

(2) *Var. testâ intùs albâ; latere antico violaceo.*

Chemn. Conch. 7. p. 50. t. 42. f. 444.

Venus corrugata. Gmel. n.o 52.

Habite les mers de la Nouvelle Hollande. Mus. n.o La variété (2) vient de la Méditerranée, selon Gmelin. Je ne l'ai point vue.

35. Vénus de Malabar. *Venus Malabarica.*

V. testâ oblongo-ovatâ, obscurè radiatâ, cinereâ; sulcis transversis elevatis crebris; ano cordato; vulvâ angustâ.

Venus malabarica. Chemn. Conch. 6. t. 31. f. 324. 325.

Venus gallus. Gmel. n.o 37.

Habite l'Océan indien. Mus. n.o Mon cabinet. Coquille rare, d'un blanc cendré, un peu fauve, luisante, élégamment sillonnée, ayant quatre rayons obscurs, bruns ou bleuâtres, et des lignes anguleuses, litturaires, peu apparentes; largeur, 65 millimètres.

36. Vénus aile-de-papillon. *Venus papilionacea.*

V. testâ ovato-elongatâ, transversim sulcatâ, fulvâ; radiis quatuor spadiceis, interruptis; margine violacescente.

Chemn. Conch. 7. t. 42. f. 441.

Venus rotundata. Gmel. n.° 134.
Encycl. pl. 281. f. 3. a. b.
Habite l'Océan indien. Mus. n.° Mon cabinet. Jolie coquille allongée transversalement, à sillons applatis, ayant le corselet et la lunule lancéolés, litturés ainsi que le limbe supérieur, et des taches d'un rouge-brun, disposées en rayons; largeur, un décimètre.

37. Vénus lichnée. *Venus adspersa.*

V. testâ oblongo-ovatâ, anticè subangulatâ, obtusâ, aurantio-fulvâ; sulcis planulatis; radiis quatuor spadiceis interruptis.
Chemn. Conch. 7. t. 42. f. 438. 439.
Encycl. pl. 282. f. 1. a. b.
(2) *Var. testâ maculis spadiceis rarioribus.*
Encycl. pl. 281. f. 4. a. b.
(3) *Var. testâ albidâ, subpunctatâ; radiis nullis.*
Habite l'Océan indien. Mon cabinet. Mus. n.° Cette coquille n'est pas moins belle que la précédente; elle paraît plus large, par sa hauteur plus grande, n'est point litturée et ne nous semble point, non plus que la suivante, devoir être une variété de la *V. litturata.*

38. Vénus ponctifère. *Venus punctifera.*

V. testâ oblongo-ovatâ, anticè subangulatâ, obtusâ; pallidè stramineâ; striis transversis, confertis; longitudinalibus tenuissimis.
Venus punctata. Chemn. Conch. 7. t. 41. f. 436. 437.
Habite l'Océan indien. Mus. n.° Mon cabinet. Celle-ci n'a point transversalement les sillons larges et applatis de la précédente; elle est généralement d'une couleur pâle, tantôt avec des taches en rayons imparfaits, et des points épars; et tantôt tout-à-fait sans rayons.

39. Vénus renflée. *Venus turgida.*

V. testâ ovali, turgidâ, transversè sulcatâ, fulvâ, lineis angulatis obscurè litturatâ, subbiradiatâ; ano ovato.
Mus. n.°
Habite l'Océan des grandes Indes. Elle est, par sa forme, très-distincte de la suivante; largeur, 73 millimètres.

40. Vénus écrite. *Venus litterata.*

V. testâ ovatâ, anterius subangulatâ, transversim tenuiterque sulcatâ, albidâ, lineis angulatis spadiceis aut maculis fuscis pictâ; natibus lævibus parvulis.

Venus litterata. Lin. Gmel. n.o 132.

Rumph. Mus. t. 42. fig. B. Argenv. t. 21. fig. A.

List. t. 402. f. 246. Gualt. test. t. 86. fig. F.

Knorr. Vergn. 1. t. 6. f. 4.

Chemn. Conch. 7. p. 37. t. 41. f. 432. 433.

Encycl. pl. 280. f. 4. a. b. et pl. 281. f. 1.

(2) *Var. testâ litturatâ maculisque fusco-rubentibus ornatâ.*

Chemn. Conch. 7. t. 41. f. 434.

(3) *Var. testâ subalbidâ; maculis magnis fusco-nigricantibus.*

Venus nocturna. Chemn. Conch. 7. t. 41. f. 435.

Habite l'Océan indien. Mus. n.o Mon cabinet. Grande et belle espèce, offrant diverses variétés dans sa litturation, et qui, dans la variété (3), n'en présente plus de vestige. Les crochets sont toujours lisses, sans taches; elle est blanche à l'intérieur; largeur, un décimètre.

41. Vénus sillonnaire. *Venus sulcaria.*

V. testâ ovato-oblongâ, albidâ, litturis fusco-rufis subreticulatis pictâ; sulcis transversis ad latus anticum sensim latioribus.

Mus. n.o

Habite.... l'Océan des grandes Indes? Celle-ci, très-distincte, est moyenne entre la précédente et celle qui suit. Ses crochets sont très-petits, blancs et lisses. Sa forme est celle de la suivante; mais elle est très-remarquable par ses sillons étroits postérieurement, larges et applatis sur le côté antérieur; largeur, 70 millimètres.

42. Vénus tissue. *Venus textile.*

V. testâ ovato-oblongâ, glaberrimâ, pallidè fulvâ; lineis angulato-flexuosis, cærulescentibus, subobsoletis; ano pubeque litturatis.

Venus textile. Gmel. n.o 51.

List. Conch. t. 400. f. 239.

Knorr. Vergn. 2. t. 28. f. 4.

Chemn. Conch. 7. t. 42. f. 442.

Habite les côtes du Malabar, etc. Mus. n.º Mon cabinet. Elle n'est point rare. Largeur, 66 millimètres.

43. Vénus entrelacée. *Venus texturata.*

V. testâ ovatâ, antiquatâ, albidâ; lineis flavo-rubellis, variis, subreticulatis; striis transversis tenuissimis; ano ovato.

Chemn. Conch. 7. t. 42. f. 443.

Habite l'Océan indien. Mus. n.º Cette coquille est fort différente de celle qui précède, tant par sa forme, que par ses autres caractères. Sa lunule est plus large, plus courte; ses crochets sont plus élevés; largeur, 40 millimètres. Mon cabinet.

44. Vénus géographique. *Venus geographica.*

V. testâ ovato-oblongâ, valdè inæquilaterâ, albâ, lineis fusco-rufis subreticulatâ; sulcis transversis; striis longitudinalibus obsoletis.

Venus geographica. Gmel. n.º 133.

Chemn. Conch. 7. t. 42. f. 440.

Encycl. pl. 283. f. 2. a. b.

Habite la Méditerranée. Mus. n.º Mon cabinet. Crochets petits, peu saillans; largeur, 30 à 38 millimètres.

45. Vénus rariflamme. *Venus rariflamma.*

V. testâ ovato-oblongâ, transversim sulcatâ, albidâ; flammis fulvis, distantibus, breviusculis.

Encycl. pl. 283. f. 5. a. b.

Habite... les côtes d'Afrique? Mus. n.º Mon cabinet. Coquille de taille médiocre, élégamment sillonnée, à crochets très-petits, presque lisses. Outre ses flammes brunes et courtes, accompagnées quelquefois de taches blanches trigones, elle est plus ou moins marquée de linéoles fauve-brunes, très-faibles. Lunule allongée, peu distincte. Le *Pégon* d'Adanson, Sénég. pl. 17. f. 12. semble avoir des rapports avec cette espèce.

46. Vénus croisée. *Venus decussata.*

V. testâ ovatâ, anterius subangulatâ: decussatim striatâ: striis longitudinalibus eminentioribus; albidâ; litturis maculis aut radiis fuscis vel rufis pictâ.

Venus decussata. Lin. Gmel. n.º 135.

List. Conch. t. 423. f. 271.

Gualt. test. t. 85. fig. L. Born. Mus. t. 5. f. 2.

Chemn. Conch. 7. t. 43. f. 455. 456.
Encycl. pl. 283. f. 4.
(2) *Var. testâ rhombeâ, transversim breviore, cinereâ, immaculatâ.*
Gualt. test. t. 85. fig. E.
(3) *Var. testâ albido-ferrugineâ; striis longitudinalibus tenuioribus.*
Venus decussata. Maton; act. soc. linn. 8. t. 2. f. 6.
(4) *Var. testâ minore, albido fulvo fuscoque variâ; pube lineis oppositis fuscis sectâ. È nov. Holl.*
Habite la Méditerranée, l'Océan européen, les mers australes. Mus. n.° Mon cabinet. Coquille commune, dont on a une multitude de variétés et dont on mange l'animal en Provence et ailleurs. Elle est treillissée par des stries longitudinales et par d'autres transverses; mais les longitudinales sont les plus apparentes et les plus serrées.

47. Vénus fines-stries. *Venus pullastra.*

V. testâ oblongo-ovatâ, sæpius albidâ, delicatissimè decussatim striatâ; striis longitudinalibus subobsoletis.
Venus pullastra. Maton; act. soc. linn. 8. p. 88. t. 2. f. 7.
Habite l'Océan d'Europe, les côtes de France et d'Angleterre. Mon cabinet. Les stries transverses sont les plus apparentes; elles deviennent lamelleuses sur le côté antérieur.

48. Vénus glandine. *Venus glandina.*

V. testâ oblongâ, transversâ, decussatim tenuiterque striatâ; albo et rufo variâ; intùs umbonibus latereque antico submaculatis.
Habite les mers de la Nouvelle Hollande. Ce n'est peut-être qu'une variété de la *V. decussata*; mais son aspect lui est particulier; elle est lustrée, subrayonnée: largeur, 25 mill. Mus. n.o

49 Vénus tronquée. *Venus truncata.*

V. testâ ovatâ, albido-fulvâ, fusco-cærulescente variâ, subdecussatâ; sulcis longitudinalibus eminentioribus; antico latere latiore subtruncato.
Habite.... Elle est du voyage de *Péron*. Son aspect est celui d'une *V. decussata* raccourcie, élargie et comme tronquée antérieurement. Elle est jaune ou dorée à l'intérieur; largeur, 33 millimètres. Mus. n.°

50. Vénus rétifère. *Venus retifera.*

V. testâ ovato-oblongâ, transversim sulcatâ; albidâ; lineolis subangulatis, fulvis, in radios retiformes coadunatis; ano oblongo pubeque fuscis.

Habite.... les mers d'Europe? Elle est blanche à l'intérieur; largeur, 40 millimètres. Cabinet de M. *Valenciennes.*

51. Vénus anomale. *Venus anomala.*

V. testâ ovali-oblongâ, anteriùs subangulatâ, valdè inæquilaterâ; striis transversis, latere antico sublamellosis; dentibus cardinalibus rectis.

(2) *Var. testâ albâ, transversim longiore.*

Habite les mers australes, à la baie des chiens marins. Couleur pâle, un peu rougeâtre vers les crochets; point de lunule; corselet allongé et bâillant; son côté postérieur est fort court; largeur, 25 millimètres; celle de la variété (2) est de 34. Mus. no.

52. Vénus galactite. *Venus galactites.*

V. testâ ovato-elongatâ, anteriùs subangulatâ, candidâ, subdecussatâ; sulcis longitudinalibus eminentioribus; dentibus cardinalibus rectis.

Mus. n.°

Habite les mers de la Nouvelle Hollande, au port du Roi Georges. Elle a la forme d'une cardite et devient assez grande; point de lunule; largeur, 62 millimètres.

53. Vénus délicate. *Venus exilis.*

V. testâ oblongo-ellipticâ, tenui, pellucidâ, albâ, antiquatâ; striis transversis tenuissimis; longitudinalibus obsoletis; ano nullo.

Habite.... Petite coquille un peu convexe; à charnière tridentée, fort petite; à côté postérieur très-court; largeur, 16 millimètres. Mus. n.°

54. Vénus scalarine. *Venus scalarina.*

V. testâ subcordatâ, depressâ, albidâ, obsoletè maculatâ; sulcis transversis elevatis; ano lanceolato; natibus violaceis.

Mon cabinet.

Habite les mers australes; ses sillons transverses sont élevés, un peu séparés, nombreux, marqués de petites taches fauves, en articulations. Le corselet est glabre; les nymphes bâillantes;

largeur, 34 millimètres. Elle a des rapports avec la V. aphrodine.

55. Vénus d'Ecosse. *Venus Scotica.*

V. testá subcordatá, subcompressá; sulcis transversis, parallelis regularibus; margine lævi.

Venus scotica. Maton. act. soc. linn. 8. p. 81. t. 2. f. 3.

Habite l'Océan britannique. Mon cabinet. Communiquée par M. *Macleay*. Coquille petite, blanche, immaculée; largeur, 16 millimètres.

56. Vénus dorée. *Venus aurea.*

V. testá subcordatá, albo-flavicante, transversim subtiliter sulcatá; striis longitudinalibus inæqualibus; ano ovato.

Venus aurea. Gmel. n.o 98. Maton. act. soc. linn. 8. p. 90. t. 2. f. 9.

List. Conch. t. 404. f. 249.

Chemn. Conch. 7. t. 43. f. 458.

Encycl. pl. 283. f. 3. a. b.

Habite les côtes d'Angleterre. Mon cabinet. Communiquée par M. *Leach*. Largeur, 35 millimètres. Elle acquiert une teinte orangée à l'intérieur.

57. Vénus virginale. *Venus virginea.*

V. testá subovatá, anteriùs obtusè angulatá, pallidè fulvá; striis transversis versùs latus anticum majoribus; pube tumidá, subcurvá.

An Venus virginea? Lin. Gmel. n.o 136.

List. Conch. t. 403. f. 247.

Pennant Zool. brit. 4. t. 55. *fig. dextra.*

(2) *Var. testá albo rufo, fuscoque variá.*

Venus virginea. Maton act. soc. linn. 8. p. 88. t. 2. f. 8.

Habite l'Océan d'Europe. Mon cabinet. Les espèces avoisinantes rendent, pour moi, très-difficile la connaissance de la coquille que Linné a désignée sous le nom de *V. virginea.* Les fig. de Chemnitz que cite Gmelin, me paraissent étrangères à cette espèce.

58. Vénus marbrée. *Venus marmorata.*

V. testá ovatá, transversim sulcatá, albo, fulvo rufoque variegatá; ano ovali-oblongo, apice fusco-violascente; pube magná coloratá, lineolatá.

Habite les mers de l'Europe australe. Elle est blanche à l'intérieur; le corselet et la lunule sont te[illegible]ts d'un fauve ou brun violâtre, très-marqué. Les crochets [illegible]t petits, blancs, un peu en étoile; largeur, 38 millimètres. Mon cabinet.

59. Vénus ovulée. *Venus ovulæa.*

V. testâ oblongo-ovali, tumidâ, anteriùs obtusè angulatâ, transversim sulcatâ, albidâ, intùs flavicante; natibus lævibus.

Habite les mers de la Nouvelle-Hollande, au port du Roi Georges. Elle a quelque chose de la V. virginale; mais elle est grande, renflée, à lunule fauve et oblongue. Elle est obscurément litturée et rayonnée de fauve dans sa partie supérieure; largeur, 58 millimètres. Mus. n.o

60. Vénus latérisulque. *Venus laterisulca.*

V. testâ subcordatâ, rubellâ, albido maculosâ; sulcis transversis, medio obsoletis, substriatis; pube rufo maculatâ; ano ovali-oblongo.

Cabinet de M. Valenciennes.

Habite.... Elle est blanche à l'intérieur. Je la trouve distincte de toutes celles que je connais. Largeur, 44 millimètres.

61. Vénus belle-étoile. *Venus callipyga.*

V. testâ subovatâ, anteriùs subangulatâ, transversim sulcatâ, maculis lineolisque rufis pictâ; umbonibus stellâ albâ, angulatâ notatis.

Venus callipyga. Born. Mus. t. 5. f. 1. Gmel. n.o 66.

Encycl. pl. 267. f. 6. a. b?

(2) *Var. testâ fulvâ, subimmaculatâ.* Bonann. recr. 2. t. 62.

Habite les côtes du Portugal. Mus. n.o Mon cabinet. Espèce remarquable par la tache blanche en étoile angulaire de sa base. Elle est variée de jaunâtre, de fauve et de blanc. Ses nymphes sont violettes à l'intérieur. Sa lunule est petite, allongée; largeur, 35 à 40 millimètres.

62. Vénus grasse. *Venus opima.*

V. testâ subcordatâ, tumidâ, crassâ, lævigatâ, pallidè fulvâ; ano impresso subcordato; pube lineatâ, griseo-cærulescente.

Venus opima. Gmel. p. 3279.

Chemn. Conch. 6. p. 335. t. 34. f. 355.—357.

Encycl. pl. 266. f. 3. a. b.

(2) *Var. testâ umbone maculis albis substellatis pictâ.*

Encycl. *ibid.* f. 5. a. b.

Habite l'Océan indien. Mus. n.o Mon cabinet. Belle espèce, très-distincte, épaisse, lisse, luisante, comme grasse, plus ou moins renflée, fauve, avec des rayons obscurs, bruns ou bleuâtres, quelquefois nuls; blanche en dedans, ayant, sous la charnière du côté postérieur, une callosité applatie, munie d'une fossette. La variété (2) a des taches blanches aux crochets, ou quelques rayons blancs. Largeur, 35 mill.

63. Vénus nébuleuse. *Venus nebulosa.*

V. testâ subcordatâ, glabrâ, pallidè fulvâ; lineolis subangulatis radiisque fuscis aut cæruleo-violaceis; pube anoque lineatis, cærulescentibus.

Venus nebulosa. Gmel. n.o 46.

Chemn. Conch. 6. t. 34. f. 359-361.

(2) *Var. testâ majore, transversim sulcatâ.*

Habite la mer de l'Inde, à Tranquebar. Mon cabinet. Plus petite que la précédente, elle y tient par ses rapports; sa lunule est moins large, un peu relevée au milieu; largeur, 26 millimètres. La variété (2) est du cabinet de M. *Valenciennes.*

64. Vénus phaséoline. *Venus phaseolina.*

V. testâ ovatâ, tenui, transversim striatâ, griseâ aut pallidè fulvâ, radiatâ; ano ovato; natibus subviolaceis.

Mon cabinet.

Habite.... Elle est marquetée de petites taches blanches, trigones; rayons étroits, quelquefois obsolètes: largeur, 32 millimètres.

65. Vénus carnéole. *Venus carneola.*

V. testâ ovali, transversim striatâ; striis longitudinalibus tenuioribus; ano lanceolato; natibus violaceis.

Mon cabinet.

Habite.... Elle est couleur de chair, non maculée; largeur, 30 millimètres.

66. Vénus fleurie. *Venus florida.*

V. testâ ovatâ, transversim striatâ, parvulâ, albo rufo spadiceoque variè pictâ; vulvâ brevi; ano oblongo.

Mon cabinet. Poli, test. 2. tab. 21. f. 1. 2.

Habite la Méditerranée, dans le golfe de Tarente. Petite coquille assez jolie, peu renflée, offrant une multitude de variétés dans la disposition de ses couleurs. Elle est tantôt rayonnée, tantôt sans rayons; le corselet, après l'écusson, est un peu élevé en carène; elle se rapproche de la V. géographique; largeur, 26 millimètres.

67. Vénus pétaline. *Venus petalina.*

V. testâ ovatâ, transversim striatâ, carneâ, uni seu biradiatâ; natibus violaceis.

An Poli, test. 2. tab. 21. f. 14. 15?

Habite la Méditerranée, dans le golfe de Tarente. Taille et forme de la précédente; mais à stries très-fines et à coloration différente. Mon cabinet.

68. Vénus bédau. *Venus bicolor.*

V. testâ ovatâ, transversim longitudinaliterque tenuissimè striatâ, albâ; pube uno latere fuscâ.

Mon cabinet. *An* Poli, test. 2. t. 21. f. 3?

Habite la Méditerranée. Quoique les deux précédentes aient quelques stries longitudinales, celle-ci en a davantage; elle en est sans doute toujours distincte.

69. Vénus floridelle. *Venus floridella.*

V. testâ ovatâ, depressiusculâ, transversim sulcatâ, albidâ; radiis nebulosis, purpureo-violaceis; extremitate anticâ obliquè truncatâ.

Habite.... les mers d'Europe? Elle est plus grande et très-distincte de la V. fleurie; son écusson est allongé; ses rayons, d'un violet pâle, vont, en s'élargissant, vers le bord supérieur; largeur, 36 millimètres. Mon cabinet.

70. Vénus caténifère. *Venus catenifera.*

V. testâ ovatâ, transversim sulcatâ, albidâ, radiis quatuor fuscis catenulatis ornatâ; ano impresso, subcordato.

Habite la Méditerranée. En dedans, elle est tachée d'aurore; largeur, 40 millimètres. Cabinet de M. *Dufresne.*

71. Vénus gentille. *Venus pulchella.*

V. testâ parvulâ ovali, nitidâ, albo rufo miniatoque variegatâ; supernè transversim sulcatâ; umbonibus lævibus.

Habite la Méditerranée. Largeur, 25 millimètres. Cabinet de M. *Dufresne*.

72. Vénus sinueuse. *Venus sinuosa.*

V. testâ subcordatâ, transversim sulcatâ, pallidè fulvâ; ano pubeque litturatis; margine sinuoso.

Mon cabinet.

Habite les mers australes. Couleur d'un fauve pâle; lunule ovale, presqu'en cœur, brune à sa base; deux rayons obscurs, subarticulés; largeur, 40 millimètres.

73. Vénus triste. *Venus tristis.*

V. testâ subcordatâ, transversim sulcatâ, fulvo-rufescente; intùs maculâ aurantiâ et margine infero cæruleo.

(2) *Var. testâ radiis interruptis fuscis.* Mus. n.°

Habite les mers de la Nouvelle Hollande. Elle avoisine la précédente et en est distincte; elle a une tache aurore sous les crochets, comme dans la V. dorée. Largeur, 39 millimètres. La variété (2) est rayonnée, et a aussi intérieurement une tache aurore, mais presque point de bleu à son bord inférieur. Mon cabinet.

74. Vénus rimulaire. *Venus rimularis.*

V. testâ subcordatâ, tumidâ, transversim sulcatâ, albâ vel rufescente, obscurè radiatâ; rimâ hiante.

Habite à la Nouvelle Hollande. Le corselet est courbé, un peu convexe, quelquefois litturé; à l'intérieur, elle est blanche, avec une teinte bleue sous les nymphes; largeur, 50 millim. Mus. n.°

75. Vénus vulvine. *Venus vulvina.*

V. testâ subcordatâ, transversim sulcatâ, pallidè fulvâ, subradiatâ; pube convexâ; vulvâ anoque lividis.

Habite.... Elle est toute blanche à l'intérieur. Largeur, 41 millimètres. Mus. n.°

76. Vénus vermiculeuse. *Venus vermiculosa.*

V. testâ subcordatâ, tumidâ, transversim striatâ, fulvâ, litturis rufis aut fuscis subreticulatâ.

Habite les mers de la Nouvelle Hollande. Elle a extérieurement l'aspect de la V. dorée; mais elle est blanche en dedans, avec une teinte bleue sous les nymphes. Largeur, 36 millimètres. Mus. n.o

77. Vénus flammiculée. *Venus flammiculata.*

V. testá ovali, convexá, transversim sulcatá striatáque, pallidè fulvá, flammulis albis radiantibus; vulvá pubeque cærulescentibus.

Habite la Nouvelle Hollande. Ses sillons transverses sont striés, et en outre, elle a des stries longitudinales très-fines; elle est blanche en dedans et tachée de bleu sous la lunule et le corselet. Largeur, 35 millimètres. Mus. n.o

78. Vénus cônulaire. *Venus conularis.*

V. testá conoideá, obliquá, parvulá, cæruleo-purpurascente; sulcis transversis elevatis; ano subnullo.

abité les mers de la Nouvelle Hollande, à l'île St.-Pierre-St.-François. Ses crochets sont pourprés : elle est à l'intérieur d'un bleu-violet ou pourpré, comme au dehors. Largeur, 23 millimètres. Mus. n.o

79. Vénus allongée. *Venus strigosa.*

. testá obliquè conicá, convexá, sulcis elevatis transversis cinctá, albidá; lineis rufis variis; vulvá glabrá.

Venus strigosa. Peron.

(1) *Testá albido-fulvá, immaculatá.*

(2) *Var. testá albá lineis rariusculis simplicibus aut in angulum coadunatis pictá.*

(3) *Var. testá albo-violacescente; lineis fuscis crebris curvis.*

Habite les mers de la Nouvelle Hollande, au port du Roi Georges. Mus. n.o Elle est blanche à l'intérieur, avec une tache bleuâtre, plus ou moins apparente au côté antérieur. Largeur, 40 millimètres; celle de la variété (3) n'est que de 15 millimètres.

80. Vénus aphrodine. *Venus aphrodina.*

V. testá obliquè cordatá, transversim densè striatá, nitidá, griseo-fulvá; ano oblongo, subcordato.

(2) *Var. testá lineolis rufis variè pictá.*

Habite les mers de la Nouvelle Hollande, à l'île aux Kanguroos.

et à cella Maria. Elle est blanche en dedans, ayant souvent une tache bleuâtre au côté antérieur. Largeur, 26 millim. Mus. n.o

81. Vénus de Péron, *Venus Peronii.*

V. testâ ovato-cordatâ, albidâ, intùs aurantiâ et purpureo-nigricante bimaculatâ; sulcis planulatis; natibus lævibus.

Habite les mers de la Nouvelle Hollande, au port du Roi Georges. Espèce très-distincte; lunule ovale, violette; largeur, 36 millimètres. Mus. n.o

82. Vénus aphrodinoïde. *Venus aphrodinoides.*

V. testâ subcordatâ, obliquè conicâ, transversim densè sulcatâ, albidâ intùs violaceo maculatâ.

Habite les mers de la Nouvelle Hollande. Mon cabinet. Elle tient de la *V. Peronii* et de la *V. aphrodina*; mais ses crochets sont plus saillans, ses sillons transverses plus éminens, et son intérieur est fortement taché de violet. Largeur, 36 à 40 millimètres. Mus. n.o

83. Vénus élégantine. *Venus elegantina.*

V. testâ ovato-cordatâ, transversim eleganterque sulcatâ, pallidè fulvâ, subradiatâ; pubè lineatâ anoque violaceis.

Habite les mers de la Nouvelle Hollande. Elle a une tache aurore à l'intérieur, et quelques taches violettes à la charnière. Largeur, 25 à 29 millimètres. Mus. n.o

84. Vénus flambée. *Venus flammea.*

V. testâ subcordatâ, transversim sulcatâ, albidâ, lineis spadiceis angularibus pictâ; natibus lævibus; ano oblongo.

Venus flammea. Gmel. n.o 38.

Schroet. Einl. in Conch. 3. p. 200. t. 8. f. 12.

Habite la mer Rouge. Mus. n.o Elle est blanche à l'intérieur, avec une légère teinte aurore sous les crochets. Largeur, 30 millimètres.

85. Vénus onduleuse. *Venus undulosa.*

V. testâ trigonâ, sublævigatâ, albidâ; lineis rufis transversis undulosis confertissimis; ano oblongo, rufescente.

Mus. n.o

Habite les mers de la Nouvelle Hollande, à la baie des chiens marins, et au port du Roi Georges. *Péron.* Elle a des stries transverses, très-fines, et des lignes rousses, ondulées, en zig-zag, très-serrées et très-délicates. Largeur, 31 millimètres.

86. Vénus naine. *Venus pumila.*

V. testâ ovato-rotundatâ, tenui, albido-griseâ, fusco maculatâ aut radiatâ; striis transversis; ano lanceolato.

Habite la Méditerranée, à Cette. Elle est blanche, un peu jaunâtre à l'intérieur. Son corselet est étroit et court. Largeur, 12 millimètres. Cabinet de M. *Defrance.*

87. Vénus ovale. *Venus ovata.*

V. testâ ovato-trigonâ, parvulâ, longitudinaliter sulcatâ, striis transversis decussatâ; umbonibus rubellis.

Venus ovata. Maton, act. soc. linn. 8. p. 85. t. 2. f. 4.

Habite la Manche, près de Valogne. Cabinet de M. *Defrance.* On ne l'y trouve que fort petite. Largeur, environ 10 millimètres.

88. Vénus souillée. *Venus inquinata.*

V. testâ cordato-rotundatâ, tumidâ, albido-lutescente, spurcâ; striis transversis concentricis: longitudinalibus obsoletissimis; natibus lævibus.

An Venus triangularis? Maton, act. soc. linn. 8. p. 83.

Habite dans la Manche, à Cherbourg. Cabinet de M. *de Gerville.* Coquille peu commune, de taille médiocre, raccourcie, bombée, à crochets saillans. Largeur, 26 millim.

Etc. Je passe sous silence beaucoup de Vénus des auteurs, n'ayant pas eu occasion de les voir.

Espèces fossiles.

1. Vénus casinoïde. *Venus casinoides.*

V. testâ cordatâ, obliquâ, compressâ, anticè angulatâ; sulcis transversis sublamellosis, supernè crebrioribus.

Mon cabinet.

Habite.... Fossile d'Italie. Elle est applatie comme la vénus lévantine, et rapprochée de la *venus casina*, par ses lames nombreuses, mais fort peu élevées. On en trouve, près de Bordeaux, une variété moins grande, à lames plus écartées.

2. Vénus paphie. *Venus paphia.*

V. testâ subcordatâ, subcompressâ, obliquâ; rugis transversis crassissimis.

Mon cabinet.

Habite..... Fossile de Wilminston, dans la Caroline du Nord. *Michaux.*

3. Vénus aratine. *Venus aratina.*

V. testâ subcordatâ, trigonoideâ; sulcis transversis concentricis; ano cordato; margine interiore crenulato.

Mon cabinet.

Habite.... Fossile de la Touraine. *Lapylaie.* Elle est petite, sillonnée comme la cythérée erycine ou cedo-nulli; mais elle est moins transverse.

4. Vénus oblique. *Venus obliqua.*

V. testâ elongato-rotundatâ, læviusculâ; natibus recurvatis, obliquis, secundis.

Annales du Mus. 7. p. 62 et vol. 9. pl. 32. f. 7.

Habite..... Fossile de Grignon, Pontchartrain.

5. Vénus calleuse. *Venus callosa.*

V. testâ orbiculato-cordatâ, subangulatâ; natibus prominulis, obliquè incurvis; valvis intùs callosis.

Annales du Mus. 7. p. 130 et vol. 9. pl. 32. f. 6.

Habite.... Fossile de Grignon. Mon cabinet. A l'extérieur, elle est légèrement et inégalement striée en travers.

6. Vénus natée. *Venus texta.*

V. testâ ovatâ, transversâ, striis obliquis bifariis delicatissimè cancellatâ; ano ovato.

Annales du Mus. 7. p. 130.

Habite.... Fossile de Grignon. Mon cabinet.

Etc. Voyez, pour d'autres espèces, la Conchyliologie fossile de *Brocchi*, vol. 2. t. 12. 13. et 14. Voyez aussi la conchyl. min. de *Swerby*, n.os 4, 12, 24, 27 et 31.

VÉNÉRICARDE. (Venericardia.)

Coquille équivalve, inéquilatérale, suborbiculaire, le plus souvent à côtes longitudinales rayonnantes.

Deux dents cardinales obliques, dirigées du même côté.

Testa æquivalvis, inæquilatera, suborbiculata; sæpiùs costis longitudinalibus radiantibus.

Dentes duo cardinales obliqui secundi.

OBSERVATIONS.

Les *vénéricardes* semblent faire le passage des conques aux cardiacées; elles ont entièrement l'aspect des bucardes, par leurs côtes rayonnantes, et elles tiennent aux conques par leur charnière, qui serait semblable à celle des vénus, si elle avait, sur chaque valve, une troisième dent divergente. Néanmoins, il paroît qu'elles ne diffèrent des cardites que parce qu'elles manquent de dent lunulaire, leurs deux dents obliques représentant la dent latérale des cardites, qui est toujours canaliculée. La lunule de ces coquilles est d'ailleurs toujours enfoncée comme celle des cardites, et plus ou moins apparente.

Presque toutes les *vénéricardes* ne sont connues que dans l'état fossile. Dans les petites espèces, le caractère qui distingue ce genre des cardites n'est pas toujours facile à saisir.

ESPECES.

1. Vénéricarde à côtes plates. *Venericardia planicosta.*

V. testâ obliquè cordatâ, crassissimâ; costis planis, integris: posticis anticisque transversim sulcatis.

Annales du Mus. vol. 7. p. 55. et vol. 9. pl. 31. f. 10.

Knorr. foss. part. 2. tab. 23. f. 5.

Sowerby. Conch. min. n.° 9. tab. 50.

(2) *Eadem? Minor.* Annales du Mus. 9. tab. 32. f. 2.

Habite... Fossile se trouvant en France, en Angleterre et dans l'Italie, en Piémont et à Florence. Le *chama rhomboidea*, Brocch. Conch. 2. p. 523. tab. 16. f. 12, semble une variété de cette espèce; la lunule est enfoncée et très-apparente.

2. Vénéricarde pétonculaire. *Venericardia petunculaRis.*

V. testá orbiculari, subæquilaterá; costis convexis, subimbricatis: lateralibus muricatis.

Annales du Mus. 7 p. 58. n.° 6.

Venus de l'Oise. *Cambry*, descript. du dép. de l'Oise, pl. 7. f. 1.

Habite..... Fossile des environs de Beauvais, à Bracheux. Mus. n.° Mon cabinet. Elle a la forme d'un peigne sans oreillettes; sa lunule, très-enfoncée, paraît à peine en-dehors.

3. Vénéricarde imbriquée. *Venericardia imbricata.*

V. testá suborbiculatá; costis convexis, imbricato-squamosis, nodosis, asperis.

Venus imbricata. Gmel. p. 3277.

List. t. 497. f. 52. Encycl. pl. 274. f. 4.

Chemn. Conch. 6 t. 30. f. 314. 315.

Annales du Mus. 7. p. 56. n.° 3. et vol. 9. pl. 32. f. 1.

Habite.... Fossile de Grignon. Mus. n.° Mon cabinet. Très-commune. On en trouve une variété à Courtagnon. La vénéricarde tuilée, n.° 8 des Annales, me paraît n'être aussi qu'une variété de cette espèce.

4. Vénéricarde australe. *Venericardia australis.*

V. testá suborbiculatá, minimá, purpureo tinctá; costis angustis, imbricato-squamosis, subnodosis.

Habite les mers de la Nouvelle Hollande. Largeur, 4 à 5 mill. Je l'ai trouvée dans le sable que renfermait une coquille de cette région. Je crois que c'est l'analogue vivant de la vénéricarde imbriquée, dont je n'ai que des individus très-jeunes; elle lui ressemble en petit. Mon cabinet.

5. Vénéricarde côtes-aigues. *Venericardia acuticosta.*

V. testâ suborbiculatâ; costis carinatis, squamosò-dentatis, subasperis.

Annales du Mus. 7. p. 57. n.° 4.

Habite.... Fossile de Courtagnon. Mon cabinet. Sa lunule est apparente. On la trouve aussi à Grignon.

6. Vénéricarde douce. *Venericardia mitis.*

V. testâ suborbiculatâ; costis crebris, separatis, compressis, dorso lævibus: posticis crenulatis.

Mus. n.°

Habite.... Fossile des environs de Paris, à *Boves*. Mon cabin.

7. Vénéricarde décrépite. *Venericardia senilis.*

V. testâ obliquè cordatâ, valdè inæquilaterâ; costis magnis, convexis, obsoletè crenatis, muticis.

Annales du Mus. 7. p. 57. n.° 5.

Habite.... Fossile des environs d'Angers. *Ménard*. La lunule, très-apparente, est en cœur court et enfoncé. Cette coquille a l'aspect d'une cardite, mais est une vénéricarde. Mon cabinet.

8. Vénéricarde côtes-lisses. *Venericardia lævicosta.*

V. testâ obliquè cordatâ; costis convexo-planulatis, dorso lævibus, lateribus dentatis.

Mon cabinet.

Habite..... Fossile des Faluns de Touraine. Largeur, 22 millimètres.

9. Vénéricarde concentrique. *Venericardia concentrica.*

V. testâ suborbiculatâ, depressiusculâ; sulcis transversis concentricis, elevato-lamellosis.

Habite.... Fossile de Chaumont. Brongniart. Petite coquille, élégamment sillonnée comme la *cyth. erycina*. Largeur, 13 millimètres. Mon cabinet.

10. Vénéricarde treillissée. *Venericardia decussata.*

V. testâ suborbiculatâ; costis longitudinalibus striisque transversis cancellatâ; dentibus cardinalibus divaricatis.

Annales du Mus. 7. p. 59. n.o 9.

Habite.... Fossile de Grignon. Mon cabinet. Coquille très-petite, qui semble se rapprocher des lucines, offrant l'apparence d'une dent latérale.

11. Vénéricarde élégante. *Venericardia elegans.*

V. testâ suborbiculatâ; costis creberrimis, elevatis, compressis, dorso squamoso-serratis.

Venericardia elegans. Annales du Mus. 7. p. 59. n.° 10.

Habite.... Fossile de Grignon. Elle tient de très-près à la v. imbriquée: mais ses côtes sont plus étroites, comprimées sur les côtés et serriformes. Mus. n.°

FIN DU CINQUIÈME VOLUME.

www.ingramcontent.com/pod-product-compliance
Ingram Content Group UK Ltd.
Pitfield, Milton Keynes, MK11 3LW, UK
UKHW020304200726
13857UKWH00001B/85

9 782011 92